全国高等职业教育规划教材

电工与电子技术

韩敬东　主编

机 械 工 业 出 版 社

本书根据全国高等职业技术院校教材编委会的有关要求编写，内容包括电路基础、模拟电子技术、数字电子技术三个模块。其中，电路基础部分包括电路分析理论基础、正弦交流电路分析；模拟电子技术部分包括半导体器件与基本放大电路、集成运算放大器、直流稳压电源；数字电子技术部分包括逻辑代数基础、门电路与组合逻辑电路、触发器与时序逻辑电路、脉冲波形的产生与整形、存储器。本教材参考学时数为90学时。

本书可作为高职高专院校机电类专业、自动化类专业、计算机专业和通信工程等专业的教材，也可供有关技术人员自学和参考。

图书在版编目（CIP）数据

电工与电子技术/韩敬东主编. —北京：机械工业出版社，2009.3（2012.7重印）
全国高等职业教育规划教材
ISBN 978-7-111-26070-7

Ⅰ. 电… Ⅱ. 韩… Ⅲ. ①电工技术②电子技术 Ⅳ. TM. TN

中国版本图书馆CIP数据核字（2009）第004897号

机械工业出版社（北京市百万庄大街22号 邮政编码100037）
责任编辑：吴鸣飞 版式设计：张世琴
责任校对：申春香 责任印制：杨 曦
北京鑫海金澳胶印有限公司印刷
2012年7月第1版第4次印刷
184mm×260mm · 15.25印张 · 376千字
10001—13000册
标准书号：ISBN 978-7-111-26070-7
定价：26.00元

凡购本书，如有缺页、倒页、脱页、由本社发行部调换

电话服务
社服务中心：(010)88361066
销售一部：(010)68326294
销售二部：(010)88379649
读者购书热线：(010)88379203

网络服务
门户网：http://www.cmpbook.com
教材网：http://www.cmpedu.com
封面无防伪标均为盗版

出版说明

根据《教育部关于以就业为导向深化高等职业教育改革的若干意见》中提出的高等职业院校必须把培养学生动手能力、实践能力和可持续发展能力放在突出的地位，促进学生技能的培养，以及教材内容要紧密结合生产实际，并注意及时跟踪先进技术的发展等指导精神，机械工业出版社组织全国近60所高等职业院校的骨干教师对在2001年出版的“面向21世纪高职高专系列教材”进行了全面的修订和增补，并更名为“全国高等职业教育规划教材”。

本系列教材是由高职高专计算机专业、电子技术专业和机电专业教材编委会分别会同各高职高专院校的一线骨干教师，针对相关专业的课程设置，融合教学中的实践经验，同时吸收高等职业教育改革的成果而编写完成的，具有“定位准确、注重能力、内容创新、结构合理和叙述通俗”的编写特色。在几年的教学实践中，本系列教材获得了较高的评价，并有多个品种被评为普通高等教育“十一五”国家级规划教材。在修订和增补过程中，除了保持原有特色外，针对课程的不同性质采取了不同的优化措施。其中，核心基础课的教材在保持扎实的理论基础的同时，增加实训和习题；实践性较强的课程强调理论与实训紧密结合；涉及实用技术的课程则在教材中引入了最新的知识、技术、工艺和方法。同时，根据实际教学的需要对部分课程进行了整合。

归纳起来，本系列教材具有以下特点：

（1）围绕培养学生的职业技能这条主线来设计教材的结构、内容和形式。

（2）合理安排基础知识和实践知识的比例。基础知识以“必需、够用”为度，强调专业技术应用能力的训练，适当增加实训环节。

（3）符合高职学生的学习特点和认知规律。对基本理论和方法的论述要容易理解、清晰简洁，多用图表来表达信息；增加相关技术在生产中的应用实例，引导学生主动学习。

（4）教材内容紧随技术和经济的发展而更新，及时将新知识、新技术、新工艺和新案例等引入教材。同时注重吸收最新的教学理念，并积极支持新专业的教材建设。

（5）注重立体化教材建设。通过主教材、电子教案、配套素材光盘、实训指导和习题及解答等教学资源的有机结合，提高教学服务水平，为高素质技能型人才的培养创造良好的条件。

由于我国高等职业教育改革和发展的速度很快，加之我们的水平和经验有限，因此在教材的编写和出版过程中难免出现问题和错误。我们恳请使用这套教材的师生及时向我们反馈质量信息，以利于我们今后不断提高教材的出版质量，为广大师生提供更多、更适用的教材。

机械工业出版社

前 言

本书是根据“全国高等职业院校规划教材编委会”的要求，经过编委会成员的认真讨论并最终确定的高职高专“电工与电子技术”课程的配套教材。

本书在编写中体现以能力为本位的指导思想，强调知识的实用性，降低了理论分析的难度和深度，以“必需”和“够用”为尺度，编排时大量削减分立元器件的介绍，重点突出集成电路的特性和应用。

本书每一章在基础理论知识讲解后都配有实训内容，教师在教学过程中可根据各院校的实际情况，将理论教学安排在实训室进行，以便进一步加强理论与实践的联系，提高学生的动手能力。

参加本书编写的人员及分工如下：山东信息职业技术学院韩敬东（前言和第4、5、10章），山东信息职业技术学院张文（第1章），河南信息职业技术学院叶原（第2章），山东信息职业技术学院王付华（第3章），湖南信息职业技术学院李颖（第6、7章），上海电子职业技术学院郭瑜心（第8、9章）。本书由韩敬东任主编，并统编全稿。北京信息职业技术学院赵便华担任本书的主审。

在本书的内容选取及编写大纲的修订过程中，山东信息职业技术学院的张伟、廉亚囡等老师给予了极大的帮助，在此谨向这些同仁表示诚挚的谢意！

由于编者水平所限，书中的错误和不妥之处在所难免，欢迎广大读者批评指正。

编 者

目　录

第 1 章　电路分析理论基础

本章要点

- 电路与电路模型
- 电流、电压及其参考方向
- 电功率及其性质
- 电阻、电容、电感及其测试
- 基尔霍夫定律及其应用
- 戴维南定理与叠加定理

1.1　电路模型与电路变量

1.1.1　电路与电路模型

1. 电路

电路是电流的流通路径，它是由一些电气设备和元器件按一定方式连接而成的。

电路的种类多种多样，在日常生活以及生产、科研中有着广泛的应用，如各种家用电器的电路、高压输电线路、自动控制线路、邮电通信设备的电路等。

电路的组成方式不同，功能也就不同。电路的一种作用是实现电能的传输和转换，各类电力系统就是典型实例。电路的另一种作用是实现信号的处理，收音机和电视机电路就是这类实例。

图 1-1a 是一个简单的实际电路，它由干电池、开关、小灯泡和连接导线组成。当开关闭合时，电路中有电流通过，小灯泡发光。干电池向电路提供电能；小灯泡是耗能器件，它把电能转化为热能和光能；开关和连接导线的作用是把干电池和小灯泡连接起来，构成电流通路。

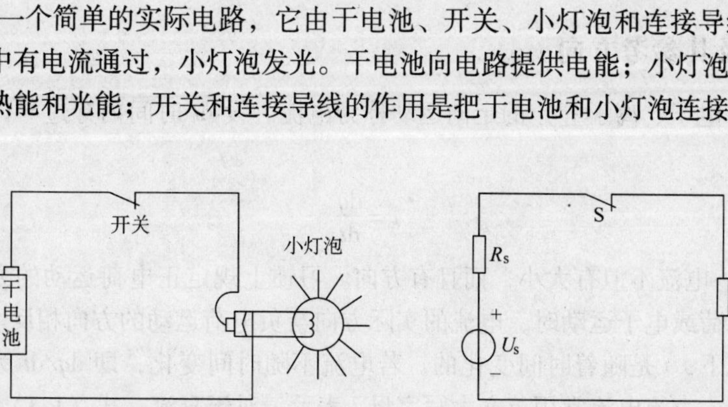

图 1-1　电路的组成
a）实际电路　b）电路模型

电路中提供电能或信号的器件称为电源，如图 1-1a 中的干电池。电路中吸收电能或输出信号的器件称为负载，如图 1-1a 中的小灯泡。在电源和负载之间引导和控制电流的导线和开关等是传输、控制器件。

2. 电路模型

组成电路的实际电气元器件是多种多样的，为了便于分析，常常在一定条件下对实际器件加以理想化，只考虑其中起主要作用的某些效应，而将次要效应忽略，或者将某些效应分别计算。例如，图 1-1a 中，小灯泡不但发光、发热消耗电能，在其周围还会产生一定的磁场，由于产生的磁场较弱，因此可以只考虑其消耗电能的性能而忽略其磁场效应；干电池在工作时不但要对其外部电路提供电能，电池内部也有一定的电能损耗，因此可以将其提供电能的性能与内部电能损耗分别计算；对闭合的开关和导线可只考虑导电性能而忽略在其本身电阻上的电能损耗。为简化问题，在一定的条件下，我们可用足以反映其主要电磁性能的一些理想电路元件或它们的组合来模拟实际电路中的器件。理想电路元件是一种理想化的模型，简称为电路元件。每一种电路元件只表示一种电磁现象，具有某种确定的电磁性能和精确的数学定义。元件特性由其端点上的电流和电压来确切表示。例如，电阻元件是表示消耗电能的元件；电感元件是表示其周围空间存在着磁场且可以储存磁场能量的元件；电容元件是表示其周围空间存在着电场且可以储存电场能量的元件等。上述这些电路元件通过引出端互相连接。具有两个引出端的元件称为二端元件；具有两个以上引出端的元件称为多端元件。

实际电路可以用一个或若干个理想电路元件经理想导体连接起来进行模拟，这便构成了电路模型，简称为电路。图 1-1b 是图 1-1a 的电路模型。实际元器件和电路的种类繁多，而理想电路元件只有有限的几种，用理想电路元件建立的电路模型将使电路的分析大大简化。建立电路模型时应使其外部特性与实际电路的外部特性尽量近似，但两者的性能并不一定也不可能完全相同。同一实际电路在不同条件下往往要求用不同的电路模型来表示。例如，一个线圈在低频时可以只考虑其中的磁场和耗能，甚至有时只考虑磁场就可以了，但在高频时则应考虑电场的影响，而在直流时就只需考虑耗能。因此，建立电路模型一般应指出其工作条件。

1.1.2 电流及其参考方向

带电粒子（电子、离子等）的定向运动称为电流。设 dt 时间内穿过导体横截面的电荷量为 dq，则有

$$i=\frac{\mathrm{d}q}{\mathrm{d}t} \tag{1-1}$$

i 称为电流。电流不但有大小，而且有方向。习惯上规定正电荷运动的方向为电流的实际方向。当负电荷或电子运动时，电流的实际方向与负电荷运动的方向相反。

在通常情况下，i 是随着时间变化的。若电流不随时间变化，即 dq/dt 为定值，这种电流叫做直流电流。直流电流常用英文大写字母 I 表示。对于直流，式（1-1）可写成

$$I=\frac{q}{t} \tag{1-2}$$

式中，q 为时间 t 内通过导体横截面的电荷量。

大小和方向随时间周期性变化的电流称为交流电流，常用英文小写字母 i 表示。

在国际单位制（SI）中，电流的单位是安［培］，符号为A。根据实际需要，电流的单位还有千安（kA）、毫安（mA）、微安（μA）等，它们之间的换算关系是：$1kA=10^{3}A$，$1mA=10^{-3}A$，$1\mu A=10^{-6}A$。

在复杂电路的分析中，电路中电流的实际方向很难预先判断出来；有时，电流的实际方向还会不断改变。因此，很难在电路中标明电流的实际方向。为此，在分析与计算电路时，常可任意规定某一方向作为电流的参考方向或正方向，并用实线箭头表示在电路图上。规定了参考方向以后，电流就是一个代数量了，若电流的实际方向与参考方向一致（如图1-2a所示），则电流为正值；若两者相反（如图1-2b所示），则电流为负值。这样，就可以利用电流的参考方向和正、负值来判断电流的实际方向。实际方向用虚线箭头表示。应当注意，在未规定参考方向的情况下，电流的正、负号是没有意义的。

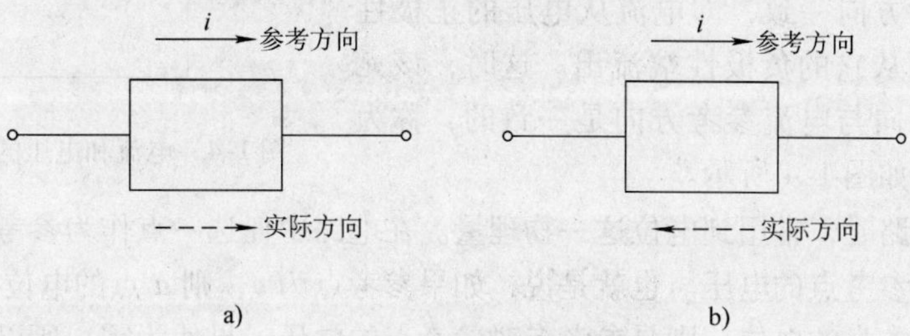

图1-2　电流的参考方向

1.1.3　电压及其参考方向

在电路中，如果电场力把正电荷 dq 从电场中的a点移动到b点所做的功是 dW，则a、b两点间的电压为

$$u_{ab}=\frac{dW}{dq} \tag{1-3}$$

即电路中a、b两点间的电压等于电场力把单位正电荷从a点移动到b点所做的功。

电压的实际方向是使正电荷电能减少的方向，当然也是电场力对正电荷做功的方向。在国际单位制中，电压的单位是伏［特］，符号为V。常用的电压的单位还有千伏（kV）、毫伏（mV）、微伏（μV）等。

大小和方向都不随时间变化的直流电压用大写字母 U 表示。大小和方向随着时间周期性变化的交流电压用小写字母 u 表示。

与电流类似，在电路分析中也要规定电压的参考方向，通常用3种方式表示：

1）采用正（+）、负（-）极性表示，称为参考极性，如图1-3a所示。这时，从正极性端指向负极性端的方向就是电压的参考方向。

2）采用实线箭头表示，如图1-3b所示。

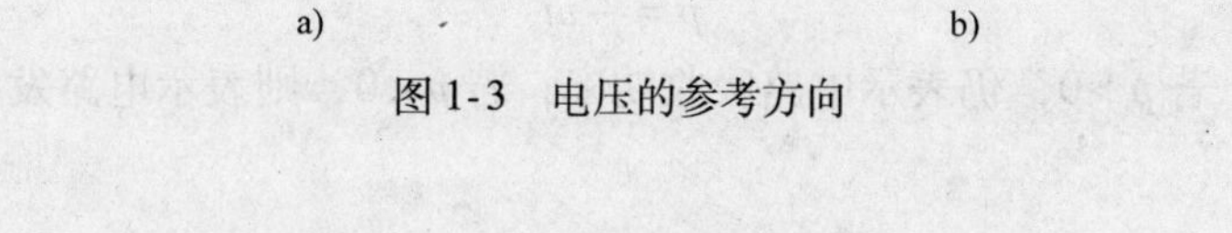

图1-3　电压的参考方向

3）采用双下标表示，如 u_{ab} 表示电压的参考方向由 a 指向 b。

电压的参考方向指定之后，电压就是代数量。当电压的实际方向与参考方向一致时，电压为正值；当电压的实际方向与参考方向相反时，电压为负值。

分析电路时，首先应该规定各电流、电压的参考方向，然后根据所规定的参考方向列写电路方程。不论电流、电压是直流还是交流，它们均是根据参考方向写出的。参考方向可以任意规定，不会影响计算结果，因为参考方向相反时，解出的电流、电压值要改变正、负号，最后得到的实际结果仍然相同。

在电路分析中，既要对电流规定参考方向，又要对电压规定参考方向，两者各自选定，不必强求一致。但为了分析方便，常使同一元件的电流参考方向与电压参考方向一致，即电流从电压的正极性端流入该元件而从它的负极性端流出。这时，该元件的电压参考方向与电流参考方向是一致的，称为关联参考方向，如图 1-4 所示。

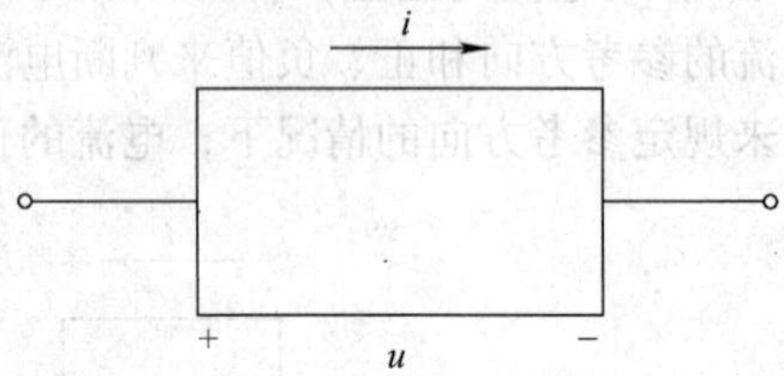

图 1-4　电流和电压的关联参考方向

分析电子电路时，常用到电位这一物理量。在电路中任选一点作为参考点，则某点的电位就是由该点到参考点的电压。也就是说，如果参考点为 o，则 a 点的电位为 $V_a = U_{ao}$。

至于参考点本身的电位，则是参考点对参考点的电压，显然为零，所以参考点又叫零电位点。电位参考点可以任意选取，参考点选择不同，同一点的电位就不同，但电压与参考点的选择无关。工程上常选大地、设备外壳或接地点作为参考点。电子电路中需选各有关部分的公共线作为参考点，常用符号“⊥”表示。电压与电位的关系是：电路中 a、b 两点之间的电压等于这两点之间的电位之差，即

$$u_{ab} = V_a - V_b \tag{1-4}$$

引入电位的概念之后，可以说，电压的实际方向是从高电位点指向低电位点，所以常将电压称为电压降，又称电位差。

1.1.4　电功率

传递转换电能的速率叫电功率，简称功率，用 p 或 P 表示。习惯上，把发出或吸收电能说成发出或吸收功率。

设在 $\mathrm{d}t$ 时间内，电场力将正电荷 $\mathrm{d}q$ 由 a 点移到 b 点，且由 a 点到 b 点的电压降为 u，则在移动过程中电路吸收的能量为

$$\mathrm{d}W = u\mathrm{d}q = ui\mathrm{d}t$$

因此，单位时间内吸收的电能（即功率）为

$$p = \frac{\mathrm{d}W}{\mathrm{d}t} = ui \tag{1-5}$$

式（1-5）表示在电压和电流关联参考方向下，电路吸收的功率。若计算出 $p>0$，则表示电路实际为吸收功率；若计算出 $p<0$，则表示电路实际为发出功率。

当电压和电流为非关联参考方向时，电路吸收的功率为

$$p = -ui \tag{1-6}$$

这样规定后，若 $p>0$，仍表示电路吸收功率；若 $p<0$，则表示电路发出功率。

国际单位制（SI）中，功率的单位为瓦［特］，符号为 W。1W = 1V · A。常用的功率单位还有 kW（千瓦）、MW（兆瓦）和 mW（毫瓦）等。它们之间的关系分别是

$$1\text{MW} = 10^6\text{W}，1\text{kW} = 10^3\text{W}，1\text{mW} = 10^{-3}\text{W}$$

电能的国际单位是焦耳，符号为 J，它等于功率为 1W 的用电设备在 1s 内所消耗的电能。在实际生活中还采用 kW · h（千瓦小时）作为电能的单位，它等于功率为 1kW 的用电设备在 1h（3600s）内所消耗的电能，俗称为 1 度电。

$$1\text{kW} \cdot \text{h} = 3.6 \times 10^6\text{J}$$

在电路的每一瞬间，吸收电能的各元件功率的总和都等于发出电能的各元件功率的总和，或者说，所有元件吸收的功率的代数和为零。这个结论叫做“电路的功率平衡”。

【例 1-1】 如图 1-5 所示电路中，已知元件 A 的 $U = 8\text{V}$，$I = -2\text{A}$；元件 B 的 $U = -6\text{V}$，$I = 3\text{A}$，求元件 A、B 吸收的功率各为多少。

解：元件 A，电压参考方向与电流参考方向相关联，故吸收的功率为

$$P_A = UI = 8 \times (-2)\text{W} = -16\text{W}$$

$P_A < 0$，表明元件 A 实际为发出功率 16W。

元件 B，电压参考方向与电流参考方向非关联，故吸收的功率为

$$P_B = -UI = -(-6) \times 3\text{W} = 18\text{W}$$

$P_B > 0$，表明元件 B 实际为吸收功率，吸收功率 18W。

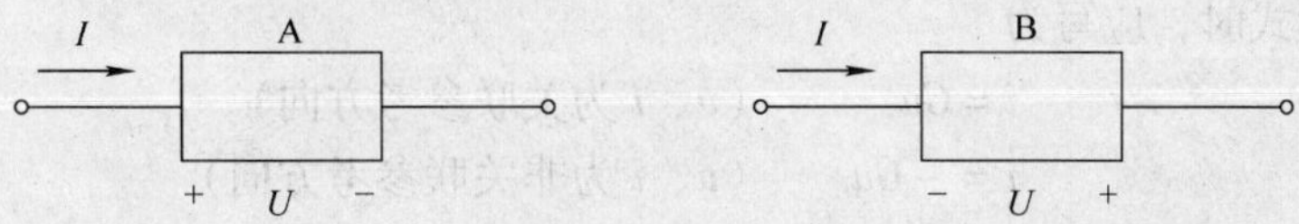

图 1-5　例 1-1 图

1.2　电路元件

电路元件是电路的基本构造单元。研究电路元件的性质及规律性，是研究电工学理论的基础。本节主要介绍 3 种基本的电路元件——电阻元件、电容元件、电感元件，并介绍了这 3 种元件的简单测试。

1.2.1　电阻元件

电阻元件是从实际电阻器抽象出来的理想化电路元件。实际电阻器由电阻材料制成，如线绕电阻、碳膜电阻、金属膜电阻等。电阻元件简称电阻，它是一种对电流呈现阻碍作用的耗能元件。

1. 线性电阻

由欧姆定律可知，电阻元件上的电压与流过它的电流成正比，在电压与电流关联的参考方向下可写成

$$u = Ri \tag{1-7}$$

如果取电流为横坐标，电压为纵坐标，可绘出 $u-i$ 平面上的一条曲线，称为电阻的伏安特性曲线。若伏安特性是通过坐标原点的直线，则称为线性电阻；若伏安特性是通过坐标

原点的曲线，则称为非线性电阻。本书只讨论线性电阻。

线性电阻的电路符号和伏安特性曲线如图 1-6 所示。其伏安特性的斜率即为电阻的阻值。

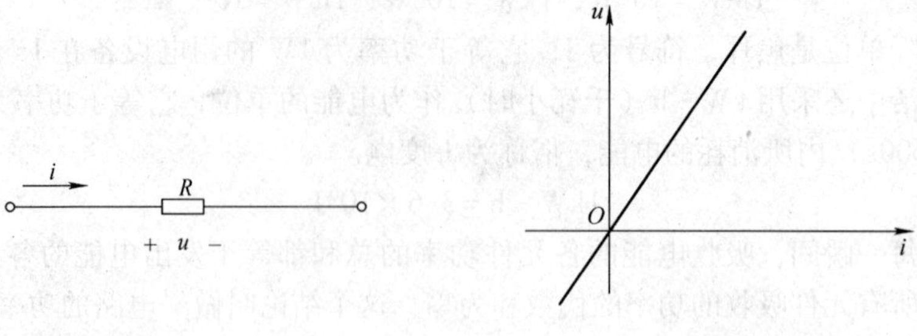

图 1-6 线性电阻的电路符号和伏安特性曲线

如果电阻上电压和电流的参考方向为非关联，则欧姆定律的表达式应改写为

$$u = -Ri \tag{1-8}$$

电阻的倒数叫电导，用符号 G 表示，即

$$G = \frac{1}{R} \tag{1-9}$$

电阻的单位是欧［姆］，符号是 Ω。电导的单位是西［门子］，符号是 S。用电导来表示欧姆定律表达式时，应写为

$$i = Gu \qquad (u、i\text{ 为关联参考方向})$$

$$i = -Gu \qquad (u、i\text{ 为非关联参考方向})$$

2. 电阻元件吸收的功率

对于线性电阻元件，在电压和电流关联参考方向下，任何瞬时吸收的功率为

$$p = ui = Ri^2 = \frac{u^2}{R} = Gu^2 \tag{1-10}$$

由于电阻 R 和电导 G 都是正实数，且 i^2 或 u^2 都为正值，因此功率 P 恒为正值。这说明在任何时刻电阻元件都不可能发出功率，而只能从电路中吸收功率，所以电阻元件是耗能元件。

如果电阻元件把接受的电能转换为热能，则从 t_0 到 t 时间内，电阻元件的发热量为 Q，也就是这段时间内接受的电能为

$$Q = W = \int_0^t p\mathrm{d}t = \int_0^t Ri^2\mathrm{d}t = \int_0^t \frac{u^2}{R}\mathrm{d}t \tag{1-11}$$

若电流不随时间变化，即电阻通过直流电流时，上式变为

$$Q = W = P(t - t_0) = PT = RI^2T = \frac{U^2}{R}T \tag{1-12}$$

式中，$T = (t - t_0)$是电流通过电阻的总时间。

线性电阻元件有两种特殊情况：一种情况是电阻值 R 为无限大，电压为任何有限值时，其电流总是零，这种情况称为“开路”；另一种情况是电阻为零，电流为任何有限值时，其电压总是零，这种情况称为“短路”。

【例 1-2】 额定电压是 220V，额定功率是 40W 的灯泡，其灯丝电阻及额定电流是多

少？每天使用6h，一个月（按30天计算）消耗的电能是多少度？

解：由 $P=UI=\dfrac{U^2}{R}$，得

$$R=\frac{U^2}{P}=\frac{220^2}{40}\Omega=1210\Omega \qquad I=\frac{P}{U}=\frac{40\text{W}}{220\text{V}}=0.18\text{A}$$

一个月消耗的电能为

$$W=PT=40\times10^{-3}\times6\times30\text{kWh}=7.2\text{ 度}$$

1.2.2 电容元件

1. 电容元件的基本概念

电容元件又称电容器，简称电容，是实际电容器的理想化模型。任何两个彼此靠近而又相互绝缘的导体都可以构成电容器。这两个导体叫做电容器的极板，它们之间的绝缘物质叫做电介质。

在电容器的两个极板间加上电压后，极板上分别积聚起等量的异性电荷，在电介质中建立起电场，并且储存电场能量。电源移去后，由于电介质绝缘，电荷仍然可以聚集在极板上，电场继续存在。所以，电容器是一种能够储存电场能量的器件，这就是电容器的基本电磁性能。但在实际中，当电容器两端电压变化时，电介质中往往有一定的介质损耗，而且电介质也不可能完全绝缘，因而也存在一定的漏电流。如果忽略电容器的这些次要性能，就可以用一个代表其基本电磁性能的理想二端元件作为模型。

电容元件是一个理想的二端元件，它的图形符号如图1-7所示。其中，$+q$ 和 $-q$ 代表该元件正、负极板上的电荷量。若电容元件上的电压参考方向规定为由正极板指向负极板，则任何时刻都有以下关系：

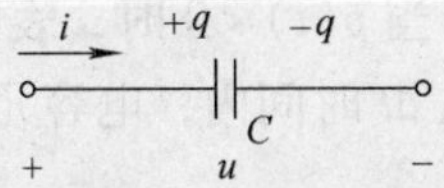

图1-7 线性电容元件的图形符号

$$C=\frac{q}{u} \tag{1-13}$$

其中，C 是表示电容元件容纳电荷本领大小的一个物理量，叫做电容元件的电容量，简称电容。它是一个与电荷 q、电压 u 无关的正实数，但在数值上等于电容元件的电压每升高一个单位所容纳的电荷量。

电容的国际单位为法［拉］，符号是F。电容器的电容量往往比1F小得多，因此常采用μF（微法）、nF（纳法）和pF（皮法）作为单位。其换算关系如下：

$$1\mu\text{F}=10^{-6}\text{F};\ 1\text{nF}=10^{-9}\text{F};\ 1\text{pF}=10^{-12}\text{F}$$

如果电容元件的电容为常量，即不随其电量的变化而变化，这样的电容元件即为线性电容元件。除非特别说明，本书讨论的都是线性电容元件。

电容元件和电容器也简称为电容。所以，“电容”有时指电容元件（或电容器），有时则指电容元件（或电容器）的电容量，应注意区分。

2. 电容元件的 $u-i$ 关系

由式（1-13）可知，当电容元件极板间的电压 u 变化时，极板上的电荷也随着变化，电路中就有了电荷的转移，于是该电容电路中就出现了电流。

对于图1-7所示的电容元件，选择电流的参考方向指向正极板，即与电压 u 的参考方向

关联。假设在时间 dt 内，极板上电荷量改变了 dq，则由电流的定义式有

$$i = \frac{dq}{dt}$$

又根据式（1-13）可得 $q = Cu$，代入上式得

$$i = C\frac{du}{dt} \tag{1-14}$$

这就是关联参考方向下电容元件的电压与电流的约束关系，或称电容元件的 $u-i$ 关系。

式（1-14）表明：任何时刻，线性电容元件的电流与该时刻电压的变化率成正比，只有当极板上的电荷量发生变化时，极板间的电压才发生变化，电容支路才形成电流。因此，电容元件也叫动态元件。如果极板间的电压不随时间变化，则电流为零，这时电容元件相当于开路。因此，电容元件有隔断直流（简称隔直）的作用。

3. 电容元件的储能

如前所述，电容器两极板间加上电源后，极板间产生电压，介质中建立起电场，并储存电场能量，因此，电容元件是一种储能元件。

在电压和电流关联的参考方向下，任一时刻电容元件吸收的功率为

$$p(t) = u(t)i(t) = Cu(t)\frac{du(t)}{dt} \tag{1-15}$$

由式（1-15）可知，电容上电压和电流的实际方向可能相同，也可能不同，因此瞬时功率有可能是正值，也有可能是负值。当 $p(t)>0$ 时，表明电容实际为吸收功率，即电容被充电；当 $p(t)<0$ 时，表明电容实际为发出功率，即电容放电。

在 dt 时间内，电容元件吸收的能量为

$$dW_C(t) = p(t)dt = Cu(t)du(t)$$

设 $t=0$ 时，$u(0)=0$，则从 0 到 t 时间内，电容元件吸收的能量为

$$W_C(t) = \int_0^t p(t)dt = C\int_0^{u(t)} u(t)du(t) = \frac{1}{2}Cu^2(t)$$

即

$$W_C(t) = \frac{1}{2}Cu^2(t) \tag{1-16}$$

由上式可知，电容在任一时刻储存的能量仅与此时刻的电压有关，而与电流无关。电容充电时将吸收的能量全部转化为电场能量，放电时又将储存的电场能量释放回电路，它不消耗能量，因此称电容是储能元件。

【例 1-3】 已知 30μF 的电容两端所加电压 $u(t)=30\sin(314t)$ V，u、i 为关联参考方向，试求电流 $i(t)$的表达式。

解：$i(t) = C\frac{du(t)}{dt} = 30\times10^{-6}\times\frac{d30\sin(314t)}{dt} = 30\times10^{-6}\times30\times314\cos(314t)$ A $=$ $0.28\cos(314t)$ A

1.2.3 电感元件

1. 电感元件的基本概念

用导线绕制的空心线圈或具有铁心的线圈在工程中具有广泛的应用。线圈内有电流 i 流

过时，电流在该线圈内产生的磁通为自感磁通。在图 1-8 中，Φ_L 表示电流 i 产生的自感磁通。其中 Φ_L 与 i 的参考方向符合右手螺旋法则，我们把电流与磁通这种参考方向的关系叫做关联的参考方向。如果线圈的匝数为 N，且穿过每一匝线圈的自感磁通都是 Φ_L，则

$$\Psi_L = N\Phi_L$$

Ψ_L 是电流 i 产生的自感磁链。

电感元件是一种理想的二端元件，它是实际线圈的理想化模型。实际线圈通入电流时，线圈内及周围都会产生磁场，并储存磁场能量。电感元件就是体现实际线圈基本电磁性能的理想化模型。图 1-9 所示为电感元件的图形符号。

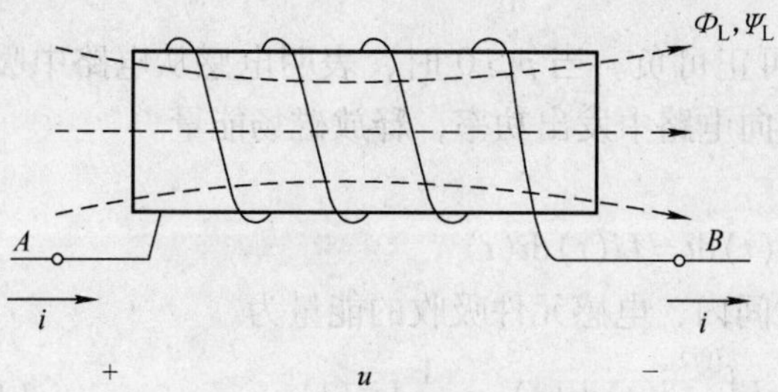

图 1-8 线圈的磁通和磁链

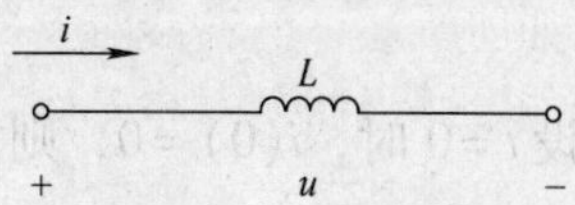

图 1-9 线性电感元件的图形符号

在磁通 Φ_L 与电流 i 参考方向关联的情况下，任何时刻电感元件的自感磁链 Ψ_L 与元件的电流 i 的比称为电感元件的自感系数或电感系数，简称电感，用 L 表示。

$$L = \frac{\Psi_L}{i} \tag{1-17}$$

电感的国际单位为亨［利］，符号是 H，通常还用 mH（毫亨）和 μH（微亨）作为单位。

如果电感元件的电感为常量，而不随通过它的电流的改变而变化，则称为线性电感元件。除非特别指出，否则本书中所涉及的电感元件都是指线性电感元件。

电感元件和电感线圈也称为电感，所以“电感”有时指电感元件，有时则是指电感元件或电感线圈的电感系数，应注意区分。

2. 电感元件的 $u-i$ 关系

电感元件的电流变化时，其自感磁链也随之改变，由电磁感应定律可知，在元件两端会产生自感电压。若选择 u、i 的参考方向都和 Φ_L 关联，则 u 和 i 的参考方向也彼此关联。此时，自感磁链为

$$\Psi_L = Li$$

而自感电压为

$$u = \frac{d\Psi_L}{dt} = \frac{d(Li)}{dt}$$

即

$$u = L\frac{di}{dt} \tag{1-18}$$

这就是关联参考方向下电感元件的电压与电流的约束关系，或称电感元件的 $u-i$ 关系。由式（1-18）可知，电感元件的电压与其电流的变化率成正比。只有当元件的电流发

生变化时，其两端才会有电压。因此，电感元件也是动态元件。电流变化越快，自感电压越大；电流变化越慢，自感电压越小。当电流不随时间变化时，则自感电压为零。所以，在直流电路中，电感元件相当于短路。

3. 电感元件的储能

当电感线圈中通入电流时，电流在线圈内及线圈周围建立起磁场，并储存磁场能量，因此，电感元件也是一种储能元件。

在电压和电流关联参考方向下，电感元件吸收的功率为

$$p(t)=u(t)i(t)=Li(t)\frac{\mathrm{d}i(t)}{\mathrm{d}t} \tag{1-19}$$

同电容一样，电感元件上的瞬时功率可正可负。当 $p>0$ 时，表明电感从电路中吸收功率，储存磁场能量；当 $p<0$ 时，表明电感向电路中发出功率，释放磁场能量。

在 $\mathrm{d}t$ 时间内，电感元件吸收的能量为

$$\mathrm{d}W_{\mathrm{L}}(t)=p(t)\mathrm{d}t=Li(t)\mathrm{d}i(t)$$

设 $t=0$ 时，$i(0)=0$，则从 0 到 t 的时间内，电感元件吸收的能量为

$$W_{\mathrm{L}}(t)=\int_0^t p(t)\mathrm{d}t=L\int_0^{i(t)}i(t)\mathrm{d}i(t)=\frac{1}{2}Li^2(t) \tag{1-20}$$

由上式可知，电感在任一时刻的储能仅与该时刻的电流有关，只要电流存在，电感就储存磁场能量。

【例 1-4】 一纯电感线圈，电压、电流为关联参考方向，$i=50\mathrm{e}^{-0.5t}\mathrm{mA}$，$L=4\mathrm{H}$，求电感上的电压表达式，$t=0$ 时的电感电压，$t=0$ 时的磁场能量。

解：电压、电流为关联参考方向时

$$u_{\mathrm{L}}(t)=L\frac{\mathrm{d}i}{\mathrm{d}t}=4\times\frac{\mathrm{d}50\mathrm{e}^{-0.5t}}{\mathrm{d}t}=-4\times50\times0.5\mathrm{e}^{-0.5t}\mathrm{mV}=-100\mathrm{e}^{-0.5t}\mathrm{mV}$$

$$u_{\mathrm{L}}(0)=-100\mathrm{mV}$$

$$W_{\mathrm{L}}(0)=\frac{1}{2}Li^2(0)=\frac{1}{2}\times4\times2500\times10^{-6}\mathrm{J}=5\times10^{-3}\mathrm{J}$$

1.2.4 电阻、电容、电感元件的简单测试

1. 电阻器的简单测试

电阻器的好坏可以用仪表测试，电阻器的阻值也可以用有关仪器、仪表测出。测试电阻值通常有两种方法，一是直接测试法，另一种是间接测试法。

1）直接测试法就是直接用欧姆表、电桥等仪器仪表测出电阻器阻值的方法。通常测试小于 1Ω 的小电阻时可用单臂电桥，测试 1Ω ~ 1MΩ 电阻时可用电桥或欧姆表（或万用表），而测试 1MΩ 以上的大电阻时应使用兆欧表。用万用表测试电阻时，每换一次档位，均应重新调零，以保证测试结果的准确。

2）间接测试法就是通过测试电阻器两端的电压及流过电阻中的电流，再利用欧姆定律计算电阻器的阻值。此方法常用于带电电路中电阻器阻值的测试。

2. 电容器的简单测试

电容器的常见故障有击穿短路、断路、漏电、容量变小、变质失效及破损等。电容器引线断线、电解液漏液等故障可以从外观看出。电容器内部质量的好坏，可以用仪器检查。常

用的仪器有万用表、数字电容表、电桥等。一般情况下可以用万用表判别其好坏，对质量进行定性分析。

（1）用万用表判别固定电容器漏电阻

用万用表表笔接触电容器的两极，表头指针应向顺时针方向跳动一下（5000pF 以下的小电容看不出跳动），然后逐渐逆时针恢复，即退至 $R=\infty$ 处。如果不能复原，则稳定后的读数表示电容器漏电阻值，其值一般为几百至几千 kΩ，阻值越大表示电容器的绝缘电阻越大，绝缘性越好。应注意，判别时不能用手指同时接触电容器的两个电极，以免影响判别结果。

（2）用万用表判别电容器容量

5000pF 以上的电容器可用万用表电阻档粗略判别其容量的大小。用表笔接触电容器两极时，表头指针应先是一跳，后逐渐复原。将两表笔对调以后，表头指针又是一跳，且跳得更高，而后逐渐复原，这就是电容器充放电的情况。电容器容量越大，指针跳动越大，复原的速度也越慢。根据指针跳动的大小可粗略判断电容器容量的大小。同时，所用万用表电阻档越高，指针跳动的距离也应越大。若万用表指针不动，则说明电容器内部断路或失效。

对于 5000pF 以下的小容量的电容器，用万用表的最高电阻档已看不出充、放电现象，应采用专门的仪器进行测试。

（3）用万用表判别电解电容器极性

根据电解电容器正接时漏电小、反接时漏电大的特性可判别其极性。测试时，先用万用表测一下电解电容器漏电阻值，再将两表笔对调，测一下对调后的电阻值，通过比较，两次测试中漏电阻值小的一次，黑表笔接的是负极，红表笔接的是正极。

（4）用电容表测电容

要测出电容器准确的容量，可以用电容表测试。测试时，首先根据所测电容器容量的大小，选择合适的量限，再将电容器的两脚分别接到电容表两极，直接读出电容器的容量即可。

3. 电感器的简单测试

使用万用表可以对电感器的好坏进行简单测试，其方法是用万用表的欧姆档直接测试电感线圈的直流电阻值，若所测得电阻与估计数值偏差不大，则说明电感器是好的；若测得电阻值为无穷大，则说明电感线圈内部断路；若测得直流电阻值远小于估计值，则说明被测线圈内部匝间击穿短路，不能使用。若想测出电感线圈的准确电感量，则必须使用万用电桥、高频 Q 表或数字式电感电容表。

1.3 电压源与电流源

电源是一种将其他形式的能量转换成电能的装置或设备。常见的直流电源有干电池、蓄电池、直流发电机、直流稳压电源和直流稳流电源等。常见的交流电源有交流发电机、交流稳压电源和各种信号发生器等。实际电源工作时，在一定条件下，有的端电压基本不随外电路而变化，如新的干电池、大型电网等；有的提供的电流基本不随外部电路而变化，如光电池、晶体管稳流电源等。因而得到两种电源模型：电压源和电流源。电压源和电流源是两种有源元件。

1.3.1 理想电压源

理想电压源是从实际电源抽象出来的理想化二端电路元件，简称电压源。其图形符号如图 1-10a 所示，u_S 为电压源的电压，“+”、“-”为电压的参考极性。电压 u_S 是恒定值或某种给定的时间函数，与通过电压源的电流无关。因此，电压源具有以下两个特点：

1）电压源对外提供的电压 $u(t)$ 是恒定值或某种确定的时间函数，不会因所接的外电路不同而改变，即 $u(t)=u_S(t)$。

2）通过电压源的电流 $i(t)$ 随外接电路的不同而不同。

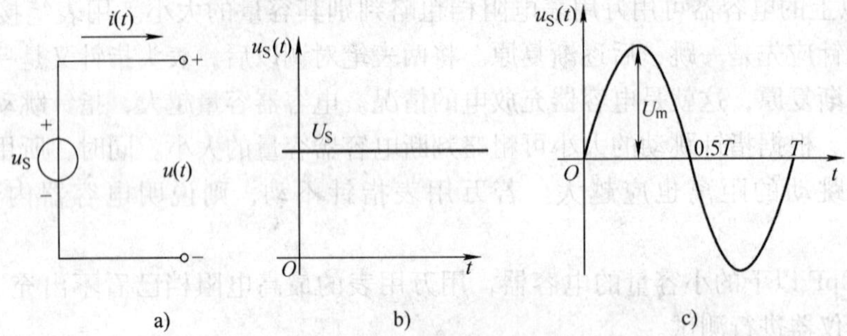

图 1-10 电压源及其电压波形

a）电压源图形符号 b）直流电压波形 c）正弦电压波形

常见的电压源有直流电压源和正弦交流电压源。直流电压源的电压 u_S 是常数，即 $u_S=U_S$（U_S 是常数）。图 1-10b 为直流电压源电压的波形曲线。图 1-10c 是正弦电压源电压 $u_S(t)$ 的波形曲线，正弦交流电压源的电压 $u_S(t)$ 为

$$u_S(t)=U_m\sin\omega t$$

图 1-11 是直流电压源的伏安特性，它是一条与电流轴平行且纵坐标为 U_S 的直线，表明其端电压恒等于 U_S，与电流大小无关。当电流为零，亦即电压源开路时，其端电压仍为 U_S。如果一个电压源的电压 $u_S=0$，则此电压源的伏安特性为与电流轴重合的直线，它相当于短路。

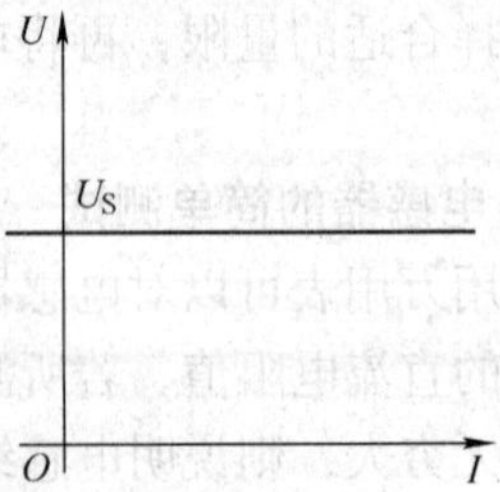

图 1-11 直流电压源的伏安特性

由图 1-10a 知，电压源发出的功率为

$$p=-u_S i$$

$p>0$ 时，电压源实际上是吸收功率，电流实际方向是从电压源的高电位端流向低电位端，电压源是作为负载出现的；$p<0$ 时，电压源实际上是发出功率，电流的实际方向是从电压源的低电位端流向高电位端。电压源中电流可以从 0 变化到无穷大。

实际电压源的端电压会随电流的变化而变化。当电池接上负载电阻时，其端电压会降低，这是电池有内阻的缘故。

由理想电压源的特点可知，其两端电压 U_S 为定值，不随端口电流 I 改变，所以电压源与任何二端元件并联，都可以等效为电压源。

1.3.2 理想电流源

理想电流源也是一个理想的二端电路元件，简称为电流源。有些电子器件或设备在一定范围内工作时能产生恒定电流，例如光电池在一定光线照射下，能被激发产生一定值的电流，该电流与光的照度成正比，它的特性比较接近电流源。电流源的图形符号如图 1-12a 所示，i_S 是电流源的电流，电流源旁边的箭头表示电流 i_S 的参考方向。电流 i_S 是定值或某种给定的时间函数，与其端电压 u 无关。因此，电流源有以下两个特点：

1）电流源向外电路提供的电流 $i(t)$ 是定值或某种确定的时间函数，不会因外电路不同而改变，即 $i(t)=i_S$，i_S 是电流源的电流。

2）电流源的端电压 $u(t)$ 随外接的电路不同而不同。

如果电流源的电流 $i_S=I_S$（I_S 是常数），则为直流电流源。它的伏安特性是一条与电压轴平行且横坐标为 I_S 的直线，如图 1-12b 所示，表明其输出电流恒等于 I_S，与端电压无关。当电压为零，亦即电源短路时，它发出的电流仍为 I_S。

如果一个电流源的电流 $i_S=0$，则此电流源的伏安特性为与电压轴重合的直线，它相当于开路。

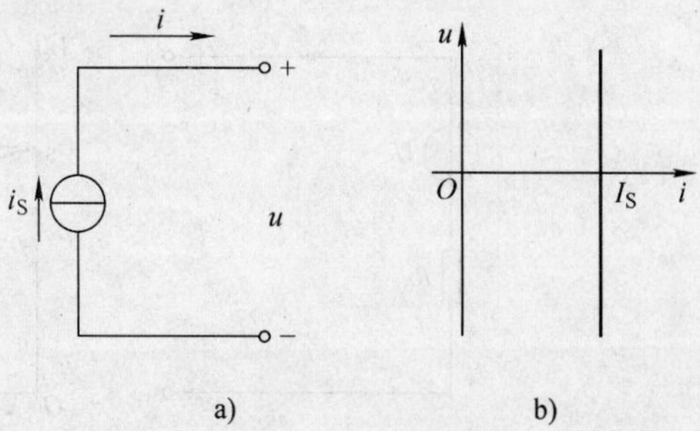

图 1-12　电流源及直流电流源的伏安特性

a）电流源的图形符号　b）直流电流源的伏安特性

由图 1-12a 可知，电流源发出的功率为

$$p=-ui_S$$

$p>0$ 时，电流源实际上是吸收功率，电流源是作为负载出现的；$p<0$ 时，电流源实际上是发出功率。电流源的端电压可以从 0 变化到无穷大。

由理想电流源的特点可知，其输出电流 I_S 为定值，不随端电压 U 的改变而改变，所以电流源与任何二端元件串联，可以等效为电流源。

电压源和电流源，其电压或电流都是给定的时间函数，不受外电路的影响，故称为独立源。在电子电路的模型中还常常遇到另一种电源，它们的电压或电流不是独立的，而是受电路中另一处的电压或电流控制，称为受控源或非独立源。

【例 1-5】 如图 1-13 所示的电路，计算电流源的端电压 U_1、5Ω 电阻两端的电压 U_2 和电路中各元件的功率。

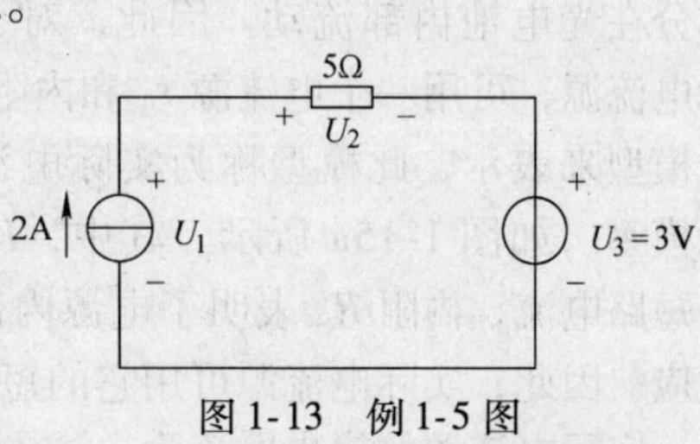

图 1-13　例 1-5 图

解：$U_2=5\times2\text{V}=10\text{V}$

$$U_1=U_2+U_3=10\text{V}+3\text{V}=13\text{V}$$

电流源的电流、电压为非关联参考方向，所以电流源的功率 P_1 为

$$P_1=-U_1I_S=-13\times2\text{W}=-26\text{W}\text{（发出功率）}$$

电阻的电流、电压为关联参考方向，所以

$$P_2=10\times2\text{W}=20\text{W}\text{（吸收功率）}$$

电压源的电流、电压为关联参考方向，所以

$$P_3 = 2 \times 3\text{W} = 6\text{W}（吸收功率）$$

1.3.3 两种实际电源模型及其等效变换

1. 实际电压源模型

理想电压源实际上是不存在的，一个实际的电压源在给外电路提供功率的同时，在其电源内部也会有功率损耗，即实际电源是存在内阻的，其端电压随负载电流的增大而下降。因此，对于一个实际电压源，可用一个电压源 U_S 和内阻 R_S 串联的模型来等效，此模型称为实际电源的电压源模型。如图 1-14a 所示，其中 U_S 就是电源的开路电压，内阻 R_S 有时也称为输出电阻。因此，实际电压源的参数可用开路电压 U_S 和内阻 R_S 来表示。

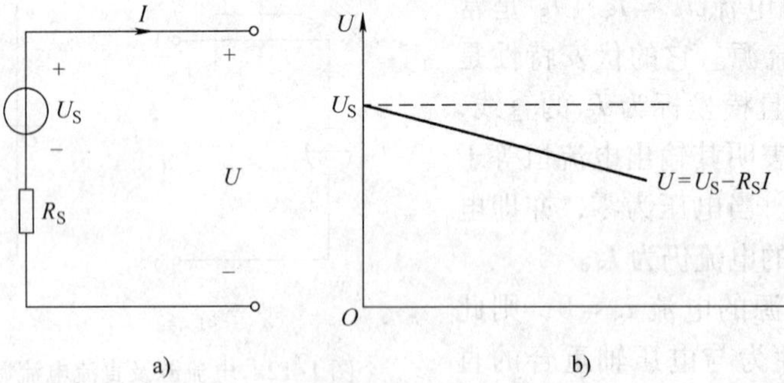

图 1-14 实际电压源模型及伏安特性

实际电压源的端电压为

$$U = U_S - R_S I \tag{1-21}$$

实际电压源的伏安特性如图 1-14b 所示。可见，电源的内阻 R_S 越小，其端电压 U 越接近于 U_S，实际电压源就越接近于理想电压源。

2. 实际电流源模型

同理想电压源一样，理想电流源也是不存在的，实际电流源的输出电流是随着端电压的变化而变化的。例如光电池，被光激发而产生的电流，并不是全部流出，而是有一部分在光电池内部流动。因此，对于一个实际电流源，可用一个电流源 I_S 和内阻 R_S 并联的模型来表示，此模型称为实际电源的电流源模型。如图 1-15a 所示。其中，I_S 是电源的短路电流，内阻 R_S 表明了电源内部的分流效应。因此，实际电流源可用它的短路电流 I_S 和内阻 R_S 这两个参数来表示。

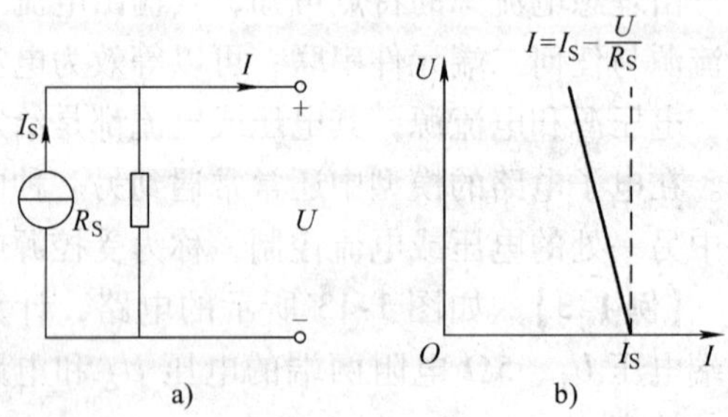

图 1-15 实际电流源模型及伏安特性

实际电流源的输出电流为

$$I = I_S - \frac{U}{R_S} \tag{1-22}$$

实际电流源的伏安特性如图 1-15b 所示。可见，电源的内阻 R_S 越大，其输出电流 I 越接近 I_S，实际电流源就越接近于理想电流源。

3. 两种电源模型的等效变换

两种电源模型之间是可以等效变换的。对外电路来说，任何一个含有内阻的电源都可以等效成一个电压源和内阻的串联或者电流源和内阻的并联电路。这里所说的等效变换，是指对外电路的等效，即变换前后端口处的伏安关系不变。

对于图 1-16a 所示的电压源模型有 $U = U_S - R_S I$，可改写为 $I = \frac{U_S}{R_S} - \frac{U}{R_S}$

对于图 1-16b 所示的电流源模型有 $I = I_S - \frac{U}{R'_S}$

因此，两种电源模型等效变换的条件为

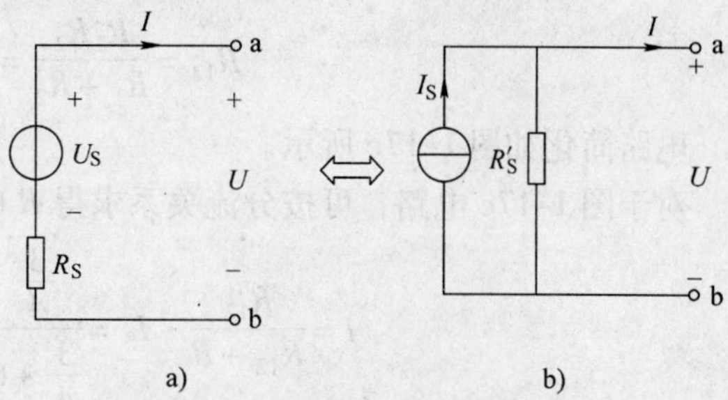

图 1-16 两种电源模型的等效变换

$$I_S = \frac{U_S}{R_S};\ R_S = R'_S \qquad (1\text{-}23)$$

由上式可知，如果已知图 1-16a 所示的电压源模型，则其等效电流源模型如图 1-16b 所示，并且其 $I_S = U_S/R_S$，$R'_S = R_S$；如果已知图 1-16b 所示的电流源模型，则其等效电压源模型如图 1-16a 所示，并且其 $U_S = R'_S I_S$，$R_S = R'_S$。

要注意以下几点：

1）变换前后电压源电压的参考极性与电流源电流的参考方向之间的关系是：电流源 I_S 的方向应从电压源的正极流出。

2）等效是指对外电路等效，对电源内部是不等效的。

3）没有串联电阻的电压源和没有并联电阻的电流源之间没有等效的关系。

【例 1-6】 如图 1-17a 所示电路，已知 $U_{S1} = 10\text{V}$，$U_{S2} = 6\text{V}$，$R_1 = 1\Omega$，$R_2 = 3\Omega$，$R = 6\Omega$。求 R 支路中的电流 I。

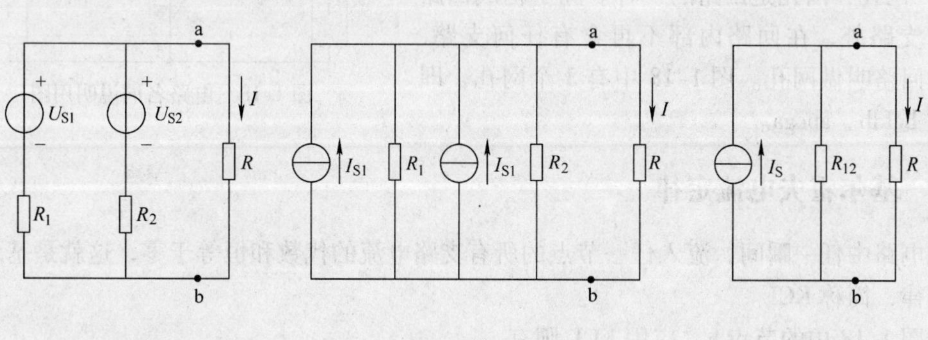

图 1-17 例 1-6 图

解：把每个电压源电阻串联支路变换为电流源与电阻相并联。电路变换如图 1-17b 所示，其中图 1-17b 中两个并联电流源可以用一个电流源代替，其

$$I_{S1} = \frac{U_{S1}}{R_1} = \frac{10}{1}\text{A} = 10\text{A}$$

$$I_{S2}=\frac{U_{S2}}{R_2}=\frac{6}{3}\text{A}=2\text{A}$$

$$I_S=I_{S1}+I_{S2}=10\text{A}+2\text{A}=12\text{A}$$

并联 R_1、R_2 的等效电阻为

$$R_{12}=\frac{R_1R_2}{R_1+R_2}=\frac{1\times3}{1+3}\Omega=\frac{3}{4}\Omega$$

电路简化如图 1-17c 所示。

对于图 1-17c 电路，可按分流关系求得 R 的电流 I 为

$$I=\frac{R_{12}}{R_{12}+R}\cdot I_S=\frac{\frac{3}{4}}{\frac{3}{4}+6}\times12\text{A}=\frac{4}{3}\text{A}=1.3\text{A}$$

1.4 基尔霍夫定律

基尔霍夫定律包括电流定律和电压定律。为了叙述方便，先介绍几个有关的电路名词。

1）支路：电路中流过同一电流的一个分支称为一条支路。图 1-18 中有 6 条支路，即 aed、cfd、agc、ab、bc、bd。

2）节点：三条或三条以上支路的连接点称为节点。图 1-18 中有 4 个节点，即 a、b、c、d。

3）回路：电路中任一闭合路径称为回路。图 1-18 中有 7 个回路，即 abdea、bcfdb、abcga、abdfcga、agcbdea、abcfdea、agcfdea。

4）网孔：网孔是回路的一种。除了构成回路本身的支路外，在回路内部不再含有任何支路，这样的回路叫做网孔。图 1-18 中有 3 个网孔，即 abdea、bcfdb、abcga。

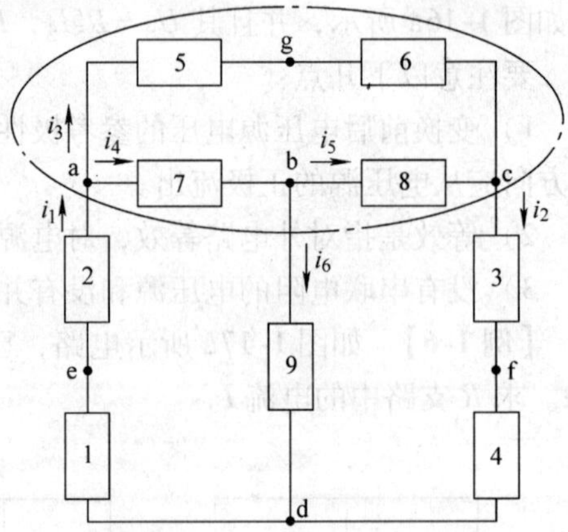

图 1-18 电路名词说明用图

1.4.1 基尔霍夫电流定律

在电路中任一瞬间，流入任一节点的所有支路电流的代数和恒等于零，这就是基尔霍夫电流定律，简称 KCL。

对图 1-18 中的节点 a，应用 KCL 则有

$$i_1-i_3-i_4=0$$

写出一般式子，为

$$\sum I=0 \quad 或 \quad \sum i=0 \tag{1-24}$$

在式（1-24）中，流入节点的电流前取“+”号，流出节点的电流前取“-”号，而电流是流出节点还是流入节点均按电流的参考方向来判定，因此在列写 KCL 方程时，应首先确定各支路电流的参考方向。

1.4.2 基尔霍夫电压定律

在电路中任一瞬间，沿着任一个回路绕行一周，所有电压降的代数和恒等于零，这就是基尔霍夫电压定律，简写为 KVL，用数学表达式表示为

$$\sum U = 0 \quad 或 \quad \sum u = 0 \tag{1-25}$$

在写出式（1-25）时，先要任意规定回路绕行的方向，凡电压的参考方向与回路绕行方向一致者，此电压前面取“+”号，电压的参考方向与回路绕行方向相反者，则电压前面取“-”号。回路的绕行方向可用箭头表示，也可用闭合节点序列来表示。在图 1-18 中，对回路 abcga 应用 KVL，有

$$u_{ab} + u_{bc} + u_{cg} + u_{ga} = 0$$

基尔霍夫电压定律不仅适用于闭合回路，还可以推广应用于任一开口电路，但要将开口处的电压列入方程。

1.4.3 基尔霍夫定律的应用——支路电流法

分析、计算复杂电路的方法很多，现介绍一种最基本的方法——支路电流法。支路电流法是以支路电流为未知量，应用基尔霍夫定律列出与支路电流数目相等的独立方程式，再联立求解。应用支路电流法解题的方法步骤（假定某电路有 b 条支路，n 个节点）如下：

1）首先标定各待求支路的电流参考方向及回路绕行方向。

2）应用基尔霍夫电流定律列出（$n-1$）个节点电流方程。

3）应用基尔霍夫电压定律列出$[b-(n-1)]$个独立的回路电压方程。

4）由联立方程组求解各支路电流。

【例 1-7】 如图 1-19 所示电路，$E_1 = 10V$，$R_1 = 6\Omega$，$E_2 = 26V$，$R_2 = 2\Omega$，$R_3 = 4\Omega$，求各支路电流。

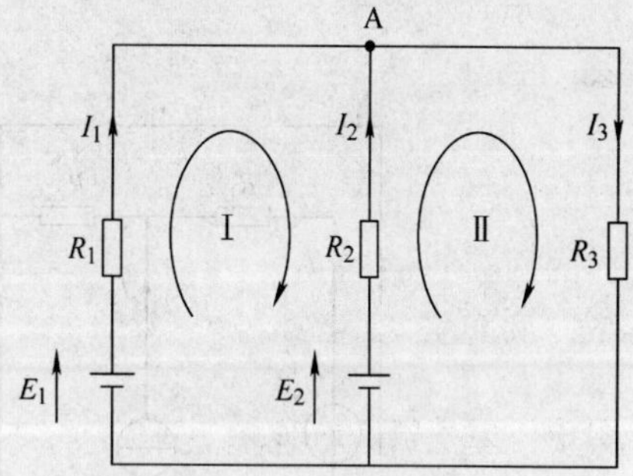

图 1-19 例 1-7 图

解：假定各支路电流方向如图所示，根据基尔霍夫电流定律，对节点 A 有

$$I_1 + I_2 - I_3 = 0$$

设闭合回路的绕行方向为顺时针方向，对回路Ⅰ，有

$$I_1R_1 - I_2R_2 + E_2 - E_1 = 0$$

对回路Ⅱ，有

$$I_2R_2 + I_3R_3 - E_2 = 0$$

以上 3 式代入已知数据，有

$$\begin{cases} I_1 + I_2 - I_3 = 0 \\ 6I_1 - 2I_2 + 26 - 10 = 0 \\ 2I_2 + 4I_3 - 26 = 0 \end{cases}$$

解方程组，得

$$I_1 = -1A，I_2 = 5A，I_3 = 4A$$

这里解得 I_1 为负值，说明实际方向与假定方向相反，同时说明 E_1 此时相当于负载。

1.5 戴维南定理与叠加定理

1.5.1 戴维南定理

对于任意线性有源二端网络，对外电路的作用可以用一个理想电压源和内阻串联的电源模型来等效，其中电压源的电压等于该二端网络的开路电压 U_{OC}，内阻 R_0 等于有源二端网络内部所有独立源作用为零（理想电压源短路，理想电流源开路）情况下的网络的等效电阻，这就是戴维南定理。

戴维南定理可用图 1-20 所示图形来描述。

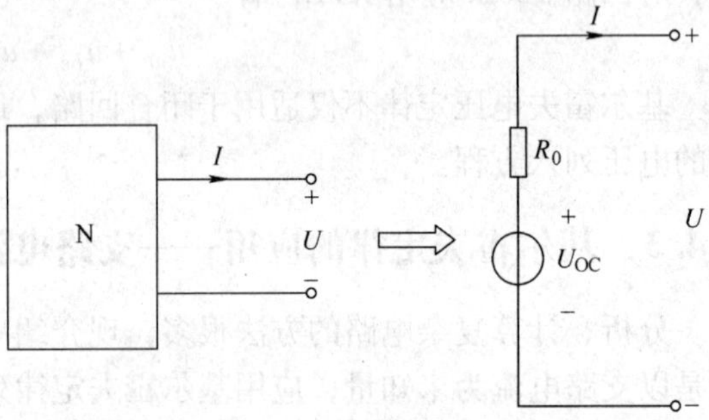

图 1-20 戴维南定理

若只需分析计算线性有源电路中某一支路的电流或电压，则应用戴维南定理具有特殊的优越性。方法为：先将待求支路断开，则待求支路以外的部分就是一个有源二端网络，这时先应用戴维南定理求出该有源二端网络的开路电压 U_{OC}和内阻 R_0，然后接上待求支路，即可求得待求量。

如图 1-21a 为含源二端网络与外电路电阻 R 串联的电路。根据戴维南定理，含源二端网络对外电路的作用可用图 1-21b 中虚线内部电路来等效。

图 1-21b 的等效电路是一个简单电路，其中电流可用下式计算：

$$I=\frac{U_{OC}}{R_0+R} \tag{1-26}$$

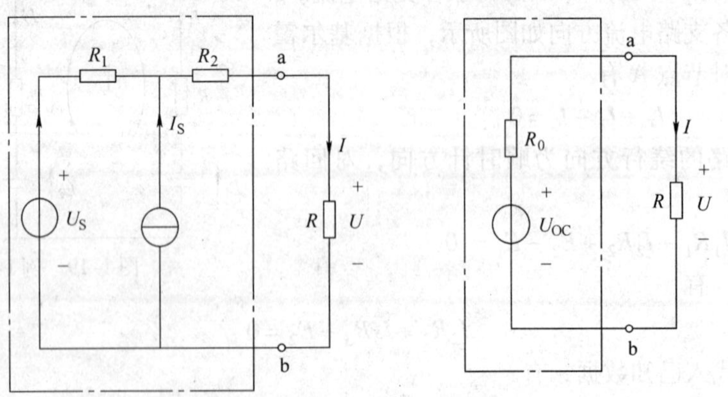

a)　　　　　　b)

图 1-21 戴维南定理的应用

【例 1-8】 如图 1-22a 所示的电路，应用戴维南定理计算通过电阻 R_3 的电流 I_3。

解：将 R_3 电阻支路断开，电路的其余部分就是一个有源二端网络，如图 1-22b 所示。

先计算此网络的开路电压 U_{OC}：

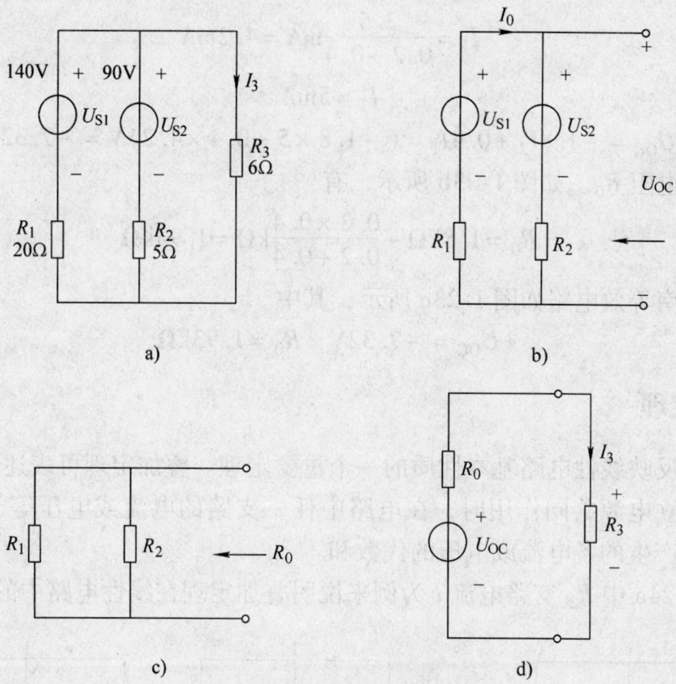

图 1-22　例 1-8 图

$$I_0 = \frac{U_{S1} - U_{S2}}{R_1 + R_2} = \frac{140 - 90}{20 + 5}\mathrm{A} = 2\mathrm{A}$$

$$U_{OC} = U_{S2} + I_0 R_2 = 90\mathrm{V} + 2 \times 5\mathrm{V} = 100\mathrm{V}$$

然后求等效电阻 R_0。如图 1-22c 所示，其等效电阻为

$$R_0 = \frac{R_1 R_2}{R_1 + R_2} = \frac{20 \times 5}{20 + 5}\Omega = 4\Omega$$

画出戴维南等效电路并与待求支路 R_3 相联，如图 1-22d 所示。可求得

$$I_3 = \frac{U_{OC}}{R_0 + R_3} = \frac{100}{4 + 6}\mathrm{A} = 10\mathrm{A}$$

【例 1-9】　求图 1-23a 所示电路的戴维南等效电路。

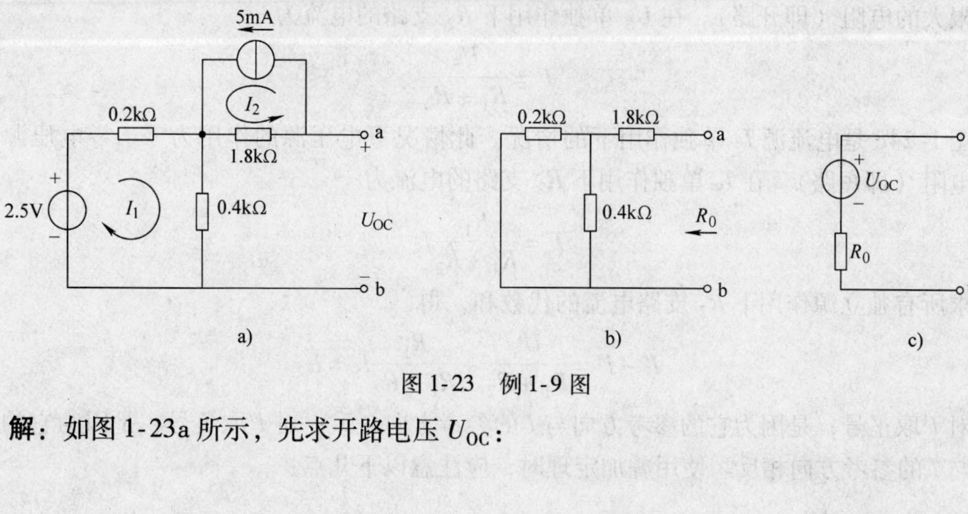

图 1-23　例 1-9 图

解：如图 1-23a 所示，先求开路电压 U_{OC}：

$$I_1=\frac{2.5}{0.2+0.4}\text{mA}=4.2\text{mA}$$

$$I_2=5\text{mA}$$

$$U_{OC}=-1.8I_2+0.4I_1=(-1.8\times5+0.4\times4.2)\text{V}=-7.32\text{V}$$

然后求等效电阻 R_0。如图 1-23b 所示，有

$$R_0=1.8\text{k}\Omega+\frac{0.2\times0.4}{0.2+0.4}\text{k}\Omega=1.93\text{k}\Omega$$

画出的戴维南等效电路如图 1-23c 所示，其中

$$U_{OC}=-7.32\text{V},\ R_0=1.93\text{k}\Omega$$

1.5.2 叠加定理

叠加定理是反映线性电路基本性质的一个重要定理。叠加定理可表述如下：在线性电路中，当有多个独立电源共同作用时，在电路中任一支路的电流或电压等于各电源单独作用时，在该支路中产生的各电流或电压的代数和。

下面以图 1-24a 中 R_2 支路电流 I 为例来说明叠加定理在线性电路中的应用。

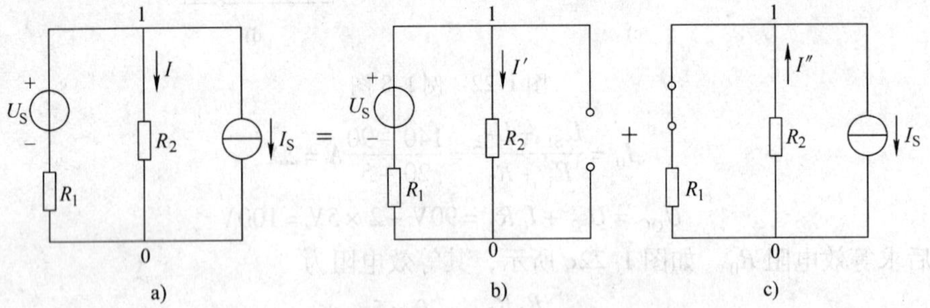

图 1-24　叠加定理应用

图 1-24a 是一个含有两个独立源的线性电路，由支路电流法，可求得 R_2 支路电流为

$$I=\frac{U_S}{R_1+R_2}-\frac{R_1}{R_1+R_2}I_S$$

图 1-24b 是电压源 U_S 单独作用下的情况。此情况下电流源的作用为零，零电流源相当于无限大的电阻（即开路）。在 U_S 单独作用下 R_2 支路的电流为

$$I'=\frac{U_S}{R_1+R_2}$$

图 1-24c 是电流源 I_S 单独作用下的情况。此情况下电压源的作用为零，零电压源相当于零电阻（即短路）。在 I_S 单独作用下 R_2 支路的电流为

$$I''=\frac{R_1}{R_1+R_2}I_S$$

求所有独立源作用下 R_2 支路电流的代数和，得

$$I'-I''=\frac{U_S}{R_1+R_2}-\frac{R_1}{R_1+R_2}I_S=I$$

对 I' 取正号，是因为它的参考方向与 I 的参考方向一致；对 I'' 取负号，是因为它的参考方向与 I 的参考方向相反。使用叠加定理时，应注意以下几点：

1）只能用来计算线性电路的电流和电压，对非线性电路，叠加定理不适用。

2）叠加时要注意电流和电压的参考方向，求其代数和。

3）化为几个单独电源的电路来进行计算时，所谓电压源不作用，就是在该电压源处用短路代替，电流源不作用，就是在该电流源处用开路代替。

4）电压、电流可以叠加，但不能用叠加定理来计算功率，因为功率与电流或电压之间不是线性关系。如图1-24中电阻 R_2 的功率 $P_3=I^2R_2=(I'-I'')^2R_2\neq I'^2R_2-I''^2R_2$。

【例1-10】 如图1-25a所示的电路，已知 $R_1=16\Omega$，$R_2=4\Omega$，$U_S=10V$，$I_S=6A$，用叠加定理求电流 I_1 和 I_2。

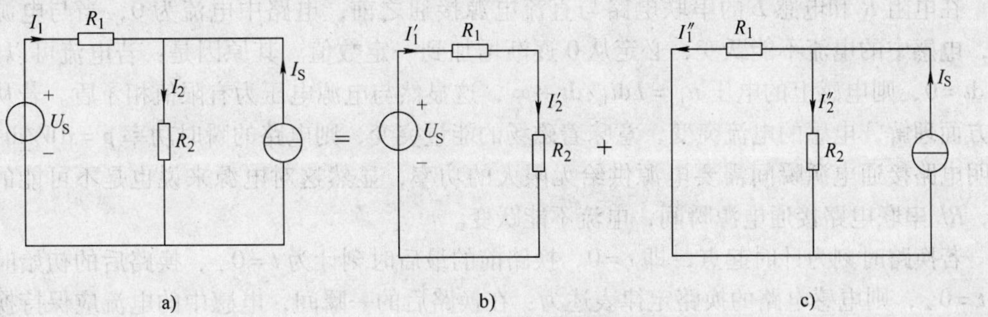

图1-25 例1-10电路

解：电路由两个电源共同作用。电压源 U_S 单独作用时，电流源 I_S 开路，电路如图1-25b所示，可求得

$$I_1'=I_2'=\frac{U_S}{R_1+R_2}=\frac{10}{16+4}A=0.5A$$

当电流源 I_S 单独作用时，电压源 U_S 短路，电路如图1-25c所示，可求得

$$I_1''=\frac{R_2}{R_1+R_2}I_S=\frac{4}{16+4}\times 6A=1.2A$$

$$I_2''=\frac{R_1}{R_1+R_2}I_S=\frac{16}{16+4}\times 6A=4.8A$$

由叠加定理得

$$I_1=I_1'-I_1''=0.5A-1.2A=-0.7A$$

$$I_2=I_2'+I_2''=0.5A+4.8A=5.3A$$

1.6 一阶电路的瞬态响应

如果研究的电路中，所有的激励和响应在一定的时间内都恒定不变或按一定的规律周期性变化，这种工作状态称为稳定状态，简称稳态。而在实际电路中，经常发生电路状态的改变，如开关的通断、电信号的突变、元件参数的变化、连接方式的改变等，这些情况统称为换路。发生换路时，电路通常从一种稳定状态进入另一种稳定状态，并认为换路是立即完成的。

在含有电容、电感等储能元件的电路中，由于这些元件上能量的积累和释放需要一定的时间，储能不可能跃变，而需要有一个过渡过程，又称动态过程。实际电路中的过渡过程一般是瞬间完成的，故又称为瞬态过程，简称瞬态。

研究电路的瞬态过程具有重要的实际意义。例如，电子电路中常利用电容器的充放电过程来完成积分、微分、多谐振荡等，以产生或变换电信号。在电力系统中，由于过渡过程的出现将会引起过电压或过电流，若不采取一定的保护措施，就可能损坏电气设备。因此，要认识过渡过程的规律，充分利用它的特点，防止其危害。

1.6.1 换路定律

1. 电感电路

在电阻 R 和电感 L 的串联电路与直流电源接通之前，电路中电流为0，当与电源接通后，电感中的电流不能跃变，必定从0逐渐增加到一定数值。其原因是：若电流可以跃变，即 $dt=0$，则电感上的电压 $u_L=Ldi_L/dt\to\infty$，这显然与电源电压为有限值相矛盾。若从能量的方面理解，电感的电流突变，意味着磁场的能量突变，则电路的瞬时功率 $p=dW/dt\to\infty$，说明电路接通电源瞬间需要电源供给无限大的功率，显然这对电源来说也是不可能的。因而，RL 串联电路接通电源瞬间，电流不能跃变。

若换路时刻为计时起点，即 $t=0$，换路前的最后时刻计为 $t=0_-$，换路后的初始时刻计为 $t=0_+$，则电感电路的换路定律表述为：在换路后的一瞬间，电感中的电流应保持换路前一瞬间的数值而不能跃变，即

$$i_L(0_+)=i_L(0_-) \tag{1-27}$$

2. 电容电路

在电阻 R 和电容 C 的串联电路与直流电源接通之前，电容上的电压为0，当与电源接通后，电容两端的电压不能跃变，必定从0逐渐增加到一定数值。其原因是：若电压可以跃变，即 $dt=0$，则电路中的电流 $i_C=Cdu_C/dt\to\infty$，这显然与电源电流为有限值相矛盾。若从能量的方面理解，电容的电压突变，意味着电场的能量突变，则电路的瞬时功率 $p=dW/dt\to\infty$，说明电路接通电源瞬间需要电源供给无限大的功率，显然这对电源来说也是不可能的。因而，RC 串联电路接通电源瞬间，电压不能跃变。

电容电路的换路定律表述为：在换路后的一瞬间，电容中的电压应保持换路前一瞬间的数值而不能跃变，即

$$u_C(0_+)=u_C(0_-) \tag{1-28}$$

换路定律仅适用于换路瞬间，即换路后的瞬间，电容电压和电感电流都应保持换路前瞬间的数值而不能跃变。而其他的量，如电容上的电流、电感上的电压、电阻上的电压和电流都是可以跃变的。

3. 初始值的计算

换路后的最初瞬间（$t=0_+$时刻）的电流、电压值统称为初始值。研究线性电路的过程时，电容电压的初始值 $u_C(0_+)$及电感电流的初始值 $i_L(0_+)$可按换路定律来确定。其他可以跃变的量的初始值要根据 $u_C(0_+)$、$i_L(0_+)$和应用基尔霍夫定律及欧姆定律来确定。

对于较复杂的电路，为了便于求得初始条件，在求得 $u_C(0_+)$和 $i_L(0_+)$后，可将电容元件代之以电压为 $u_C(0_+)$的电压源，将电感元件代之以电流为 $i_L(0_+)$的电流源。这样替代后的电路叫做原电路在 $t=0_+$时的等效电路，可按电阻性电路进行计算。

【例1-11】 图1-26a所示电路中，已知 $U_S=12V$，$R_1=4k\Omega$，$R_2=8k\Omega$，$C=1\mu F$，开

关 S 原来处于断开状态，电容上电压 $u_C(0_-)=0$。求开关 S 闭合后，$t=0_+$ 时，各电流及电容电压的数值。

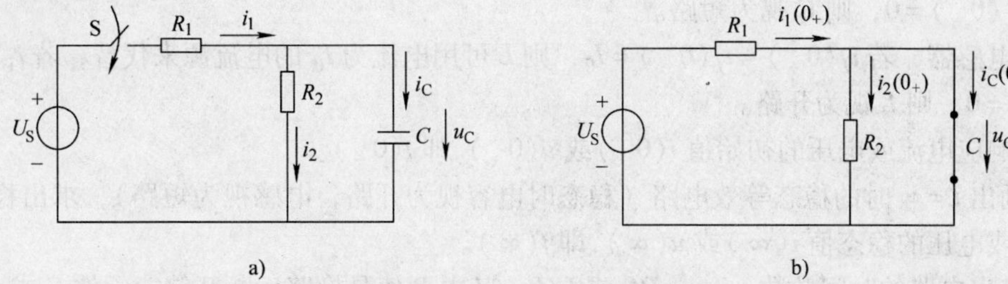

图 1-26　例 1-11 电路图

a）电路原理图　b）$t=0_+$ 时的等效电路

解：选定有关参考方向如图所示。

1）由已知条件可知 $u_C(0_-)=0$。

2）由换路定律可知 $u_C(0_+)=u_C(0_-)=0$。

3）求其他各电流、电压的初始值。画出 $t=0_+$ 时刻的等效电路，如图 1-26b 所示。由于 $u_C(0_+)=0$，所以在等效电路中电容相当于短路，故有

$$i_2(0_+)=\frac{u_C(0_+)}{R_2}=\frac{0}{R_2}=0$$

$$i_1(0_+)=\frac{U_S}{R_1}=\frac{12}{4\times10^3}\text{A}=3\text{mA}$$

由 KCL 有

$$i_C(0+)=i_1(0_+)-i_2(0_+)=3\text{mA}-0=3\text{mA}$$

1.6.2　一阶电路的三要素分析法

只有一个储能元件(电感或电容)的电路称为一阶电路,分析一阶电路中各元件的电压、电流的变化规律常用求解电路微分方程的方法,但该方法较为复杂。现介绍分析一阶电路的另一种简便方法——三要素分析法。

一阶电路中各处电压或电流的响应都是从初始值开始,按指数规律逐渐增长或逐渐衰减到新的稳态值,从初始值过渡到稳态值的时间与电路的时间常数 τ 有关。因此,一阶电路的响应都是由初始值、稳态值及时间常数这三个要素决定的。只要知道了换路后电路的初始值、稳态值及时间常数,就可直接写出一阶电路的响应,这种求解一阶电路响应的方法称为三要素法。设 $f(0_+)$ 表示电压或电流的初始值，$f(\infty)$ 表示电压或电流的新稳态值，τ 表示电路的时间常数，$f(t)$ 表示要求解的电压或电流。这样，电路的全响应表达式为

$$f(t)=f(\infty)+[f(0_+)-f(\infty)]\text{e}^{-\frac{t}{\tau}} \tag{1-29}$$

三要素法简单方便，尤其对求解复杂的一阶电路特别简便。下面归纳出用三要素法解题的一般步骤：

1）画出换路前（$t=0_-$）的等效电路（电容视为开路，电感视为短路），求出电容电压 $u_C(0_-)$ 或电感电流 $i_L(0_-)$。

2）根据换路定律 $u_C(0_+)=u_C(0_-)$，$i_L(0+)=i_L(0_-)$，画出换路瞬间（$t=0_+$）的

等效电路。

对于电容器，若 $u_C(0_+)=u_C(0_-)=U_0$，则 C 可用电压为 U_0 的电压源来代替，若 $u_C(0_+)=u_C(0_-)=0$，则 C 视为短路。

对于电感器，若 $i_L(0_+)=i_L(0_-)=I_0$，则 L 可用电流为 I_0 的电流源来代替，若 $i_L(0_+)=i_L(0_-)=0$，则 L 视为开路。

求出响应电流或电压的初始值 $i(0_+)$ 或 $u(0_+)$，即 $f(0_+)$。

3）画出 $t=\infty$ 时的稳态等效电路（稳态时电容视为开路，电感视为短路），求出稳态下响应电流或电压的稳态值 $i(\infty)$ 或 $u(\infty)$，即 $f(\infty)$。

4）求出电路的时间常数 τ。$\tau=RC$ 或 L/R，其中 R 值是换路后断开储能元件 C 或 L，由储能元件两端看进去，用戴维南等效电路求得的等效内阻。

5）根据所求得的三要素，代入式（1-29）即可得电路中电流或电压的响应表达式。

【例 1-12】 如图 1-27a 所示的电路，已知 $R_1=100\Omega$，$R_2=400\Omega$，$C=125\mu F$，$U_S=200V$，在换路前电容有电压 $u_C(0_-)=50V$。求 S 闭合后电容电压和电流的变化规律。

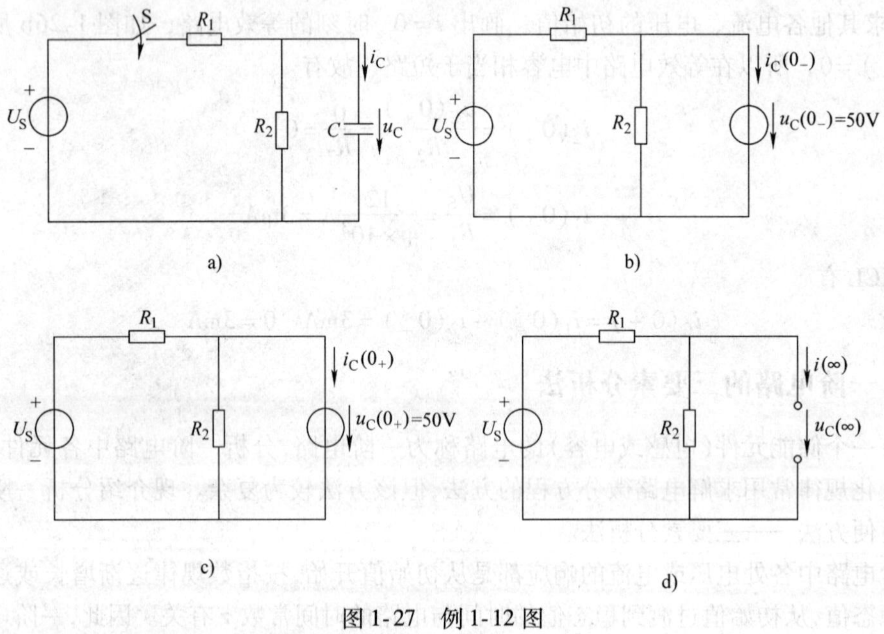

图 1-27 例 1-12 图

解： 用三要素法求解。

1）画出 $t=0_-$ 时的等效电路，如图 1-27b 所示。由题意已知 $u_C(0_-)=50V$。

2）画出 $t=0_+$ 时的等效电路，如图 1-27c 所示。由换路定律可得 $u_C(0_+)=u_C(0_-)=50V$。

3）画出 $t=\infty$ 时的等效电路，如图 1-27d 所示。

$$u_C(\infty)=\frac{U_S}{R_1+R_2}R_2=\frac{200}{100+400}\times 400V=160V$$

4）求电路时间常数 τ。由图 1-27d 电路可知，从电容两端看过去的等效电阻为

$$R_0=\frac{R_1R_2}{R_1+R_2}=\frac{100\times 400}{100+400}\Omega=80\Omega$$

于是

$$\tau = R_0 C = 80 \times 125 \times 10^{-6}\text{s} = 0.01\text{s}$$

5）由式（1-29）得

$$u_C(t) = u_C(\infty) + [u_C(0_+) - u_C(\infty)]e^{-\frac{t}{\tau}}$$

$$= 160 + (50 - 160)e^{-\frac{t}{0.01}} = 160 - 110e^{-100t}\text{V}$$

$$i_C(t) = C\frac{du_C(t)}{dt} = 1.375e^{-100t}\text{A}$$

画出 $u_C(t)$ 和 $i_C(t)$ 的变化规律，如图 1-28 所示。

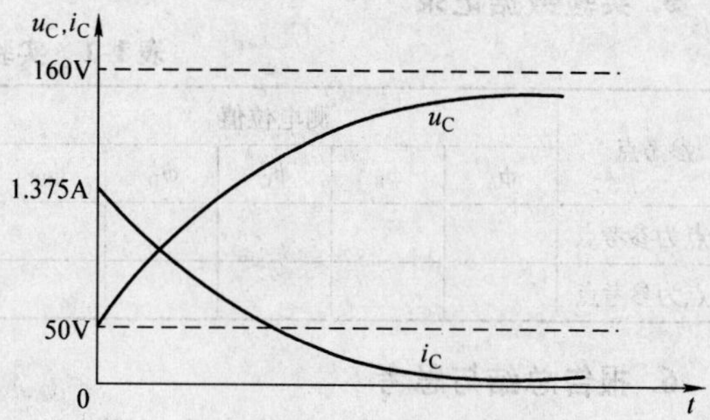

图 1-28　例 1-12 波形图

1.7　实训

1.7.1　电位的测量和基尔霍夫电压定律验证

1. 实验目的

1）进一步理解电压、电位的概念。

2）学会电路中电位的测量方法。

3）验证基尔霍夫电压定律。

2. 实验原理与说明

1）电路中任意选定一点为参考点，令参考点的电位为零，则某一点电位为该点到参考点的电压。参考点不同，则各点电位不同。

2）测量电路中电位。首先选电路中一点为参考点，将电压表连接在被测点和参考点之间，电压表的读数就是该点的电位。当电压表的正极接被测点，负极接参考点，电压表正向偏转时，读数取正；若此时电压表反偏，交换表笔，读数取负，电位为负值。电路中电位相等的点为等电位点。

3）基尔霍夫电压定律（KVL）：$\sum U = 0$。

3. 实验仪器与设备

1）直流稳压电源 1 台

2）万用表 1 只

3）电路板 1 块

4. 实验内容

1）按图 1-29 接线，调稳压电源电压 $U_{S1} = 9\text{V}$（左边），$U_{S2} = 6\text{V}$（右边），用万用表电压档测出。然后将左右两路电源接入电路板。

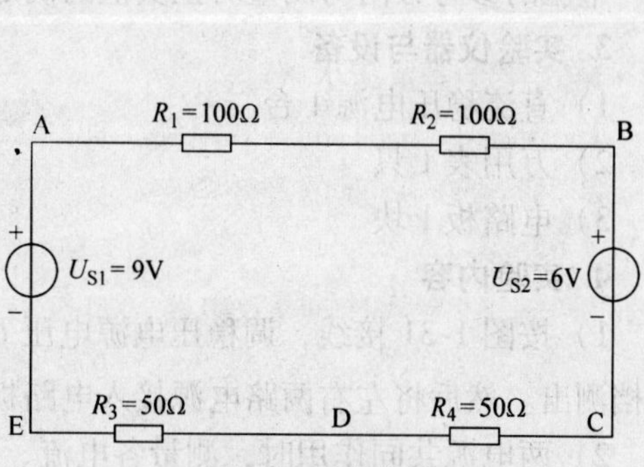

图 1-29　接线图

2）以 D 点为参考点，分别测 A、B、C、、D、E 各点电位，记入表 1-1 中。

3）以 E 点为参考点，分别测 A、B、C、、D、E 各点电位，记入表 1-1 中。

4）根据上面的数据分别计算各点之间的电压，记入表 1-1 中。

5. 实验数据记录

表 1-1　实验数据记录

参考点	测电位值					测电压值					验证 KVL
	ϕ_A	ϕ_B	ϕ_C	ϕ_D	ϕ_E	U_{AB}	U_{BC}	U_{CD}	U_{DE}	U_{EA}	$\sum U=?$
D 点为参考点											
E 点为参考点											

6. 报告总结与思考

1）用实验数据说明，电路中选不同点做参考点，对电位有无影响？对电压有无影响？

2）按表中数据验证是否符合基尔霍夫电压定律。

1.7.2　基尔霍夫电流定律和叠加定理验证

1. 实验目的

1）验证基尔霍夫电流定律和叠加定理。

2）加深对电流、电压参考方向的理解。

3）进一步熟悉直流稳压电源、万用表的使用方法。

2. 实验原理与说明

1）基尔霍夫电流定律（KCL）：$\sum I=0$。

2）叠加定理：在线性电路中，当有两个或两个以上的独立电源作用时，则任意支路的电流或电压，都可以认为是电路中各个电源单独作用而其他电源不作用时，在该支路中产生的各电流分量或电压分量的代数和。

3）电压、电流的参考方向。如图 1-30 所示，设电流参考方向由 A 到 B，则当电流从电流表正极流入负极流出，电流表正向偏转，电流的实际方向与参考方向一致；若电流表反向偏转，将电流表正负极交换后，读取读数，电流即为负值，电流的实际方向与参考方向相反。

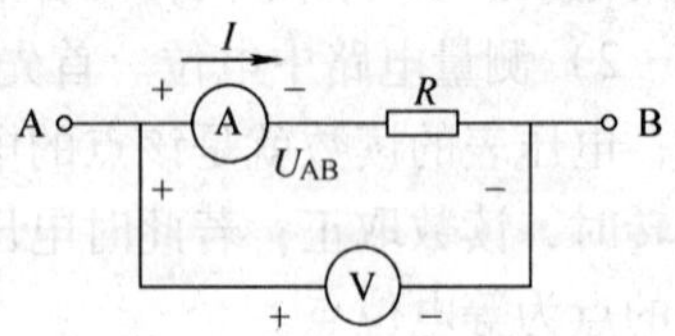

图 1-30　参考方向

电压的参考方向与测量时正负值的确定与电流类似。

3. 实验仪器与设备

1）直流稳压电源 1 台

2）万用表 1 只

3）电路板 1 块

4. 实验内容

1）按图 1-31 接线，调稳压电源电压 $U_{S1}=9V$（左边），$U_{S2}=6V$（右边），用万用表电压档测出。然后将左右两路电源接入电路板。

2）两电源共同作用时，测量各电流、电压值。

开关 S_1、S_2 分别合向 1—1′、3—3′，接通 U_{S1}、U_{S2}，上面的接线端子用导线连接。电压档量限取 10V，电流档量限取 100mA（根据预习中计算出的电流值和电压值，选取万用表

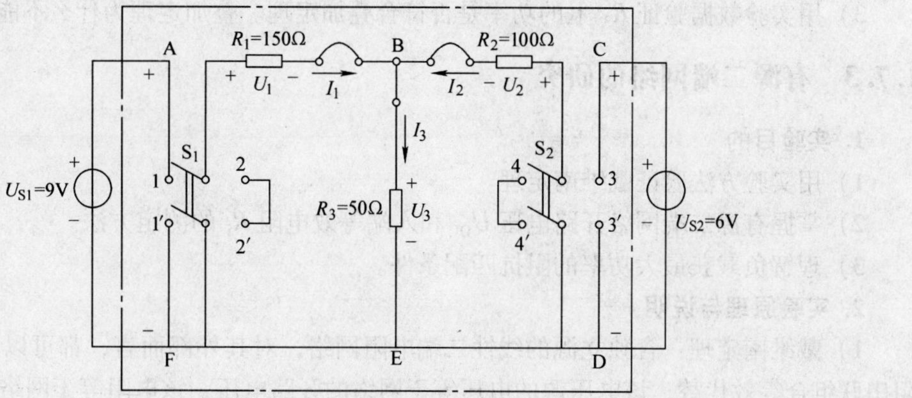

图 1-31　接线图

电压档和电流档的合适量限），根据图中电压、电流的参考方向，测量各电流、电压值，并确定正负号，记入表 1-2 中。

3）电源 U_{S1} 单独作用时，测量各电流、电压值。

开关 S_1 合向 1—1′，开关 S_2 合向 4—4′，电源 U_{S2} 不作用，按上述方法测出 U_1'、U_2'、U_3' 和 I_1'、I_2'、U_3'，并确定正负号，记入表 1-3 中。

4）电源 U_{S2} 单独作用时，测量各电流、电压值。

开关 S_1 合向 2—2′，开关 S_2 合向 3—3′，电源 U_{S1} 不作用，按上述方法测出 U_1''、U_2''、U_3'' 和 I_1''、I_2''、I_3''，并确定正负号，记入表 1-3 中。

5. 实验数据记录

表 1-2　实验数据记录

电源	电流/mA			验证 KCL	电压/V		
U_{S1} 和 U_{S2} 共同作用	I_1	I_2	I_3	节点 B：$\sum I=?$	U_1	U_2	U_3

表 1-3　实验数据记录

电源	电流/mA			电压/V		
U_{S1} 单独作用	I_1'	I_2'	I_3'	U_1'	U_2'	U_3'
U_{S2} 单独作用	I_1''	I_2''	I_3''	U_1''	U_2''	U_3''
验证叠加定理	$I_1=I_1'+I_1''$	$I_2=I_2'+I_2''$	$I_3=I_3'+I_3''$	$U_1=U_1'+U_1''$	$U_2=U_2'+U_2''$	$U_3=U_3'+U_3''$

6. 报告总结与思考

1）根据表 1-2 和表 1-3 的实验数据，验证 KCL 和叠加定理的正确性，分析产生误差的原因。

2）实验中为什么要假定电流、电压的参考方向？与电流、电压的测量及数值正负有什么关系？

3）用实验数据验证 R_3 上的功率是否符合叠加定理。叠加定理为什么不能适用于功率？

1.7.3　有源二端网络的研究

1. 实验目的

1）用实验方法验证戴维南定理。

2）掌握有源二端网络开路电压 U_{OC} 和入端等效电阻 R_i 的测定方法。

3）理解负载获最大功率的阻抗匹配条件。

2. 实验原理与说明

1）戴维南定理：含独立源的线性二端电阻网络，对其外部而言，都可以用电压源和电阻串联组合等效代替；该电压源的电压等于网络的开路电压，该电阻等于网络内部所有独立源作用为零情况下网络的等效电阻。

2）开路电压 U_{OC} 的测定方法

① 直接测量：有源二端网络入端等效电阻 R_i 与电压表内阻 R_V 相比可忽略不计时，用电压表直接测量开路电压 U_{OC}（见图 1-32）。

② 补偿法：当入端等效电阻 R_i 较大时，用电压表直接测量误差较大，采用补偿法测 U_{OC} 较准确。图 1-33 中 U_{S1} 为另一直流电压源，可变电阻 R 接成分压器使用，G 为检流计，V 为电压表，调可变电阻，使检流计 G 指示为 0，电压表 V 的读数即为开路电压 U_{OC}。

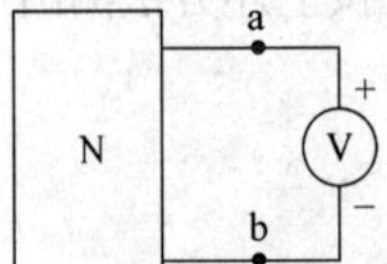

图 1-32　电压表测量开路电压

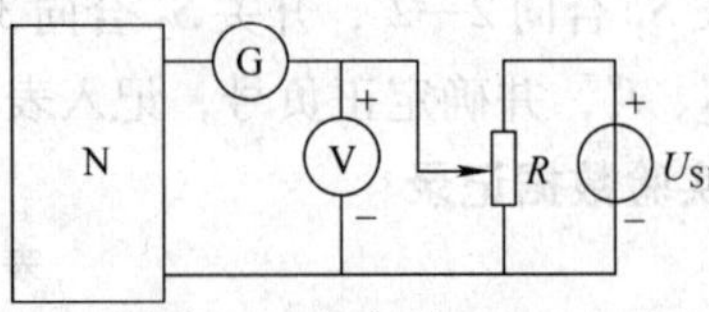

图 1-33　补偿法测量开路电压

3）入端等效电阻 R_i 的测定方法：

① 外加电压源：使有源二端网络内独立源作用为 0，端钮上外加电源电压 U，测量端钮电流 I，如图 1-34 所示，则 $R_i = \dfrac{U}{I}$。

② 开路短路法：分别测量有源二端网络的开路电压 U_{OC} 和短路电流 I_{SC}，则 $R_i = \dfrac{U_{OC}}{I_{SC}}$。

③ 半偏法：先测出有源二端网络的开路电压 U_{OC}，再按图 1-35 接线，R_L 为电阻箱电阻，调 R_L 使其端电压 U_{RL} 即电压表的读数 V 为开路电压 U_{OC} 的一半，即 $U_{RL} = \dfrac{1}{2}U_{OC}$，此时 $R_L = R_i$。本次实验测 R_i 即采用半偏法。

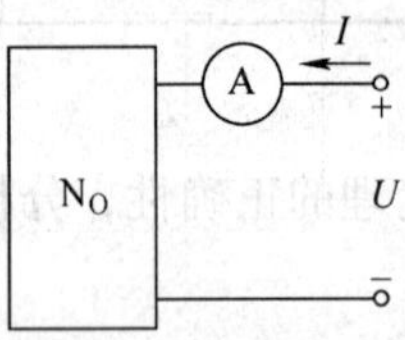

图 1-34　外加电压源测 R_i

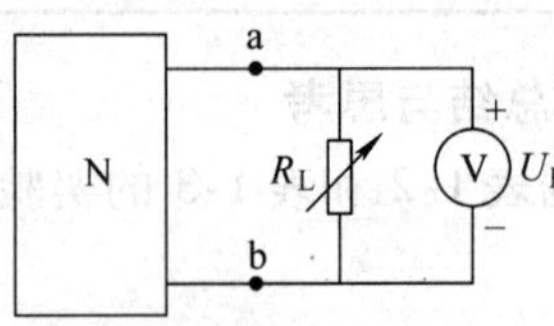

图 1-35　半偏法测 R_i

4）当负载电阻等于等效电源内阻，即 $R_L = R_i$ 时，负载 R_L 将获得最大功率，称负载阻抗匹配。

3. 实验仪器与设备

1）直流稳压电源1台

2）电流表1只

3）电压表1只

4）电路板1块

5）电阻箱2只

4. 实验内容

1）测量有源二端网络的开路电压 U_{OC} 和入端等效电阻 R_i。调直流稳压电源 $U_S = 10V$（用电压表测出），然后与电路板相连接组成有源二端网络如图1-36所示。用直接测量法测出a、b端开路电压 U_{OC}。然后采用半偏法，在ab端接电阻箱，调电阻箱电阻，使其两端电压表电压为 $\frac{1}{2}U_{OC}$，则电阻箱电阻即为入端电阻 R_i（如图1-37所示）。将 U_{OC} 和 R_i 的数据记入表1-4中。

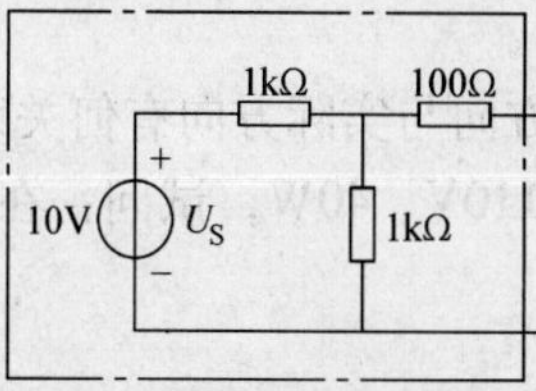

图1-36　接线图

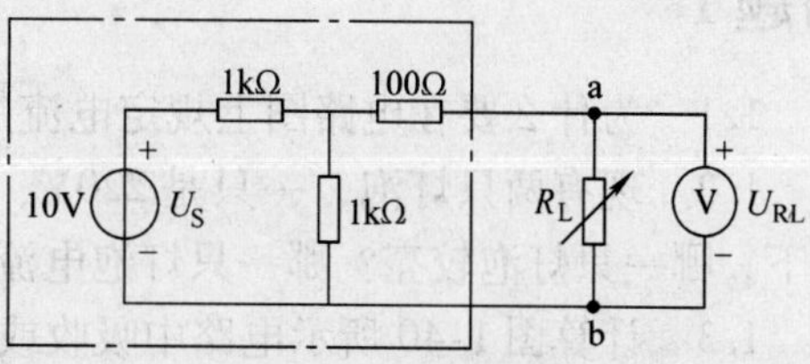

图1-37　测 R_i

2）测定有源二端网络的外特性。在有源二端网络a、b端钮上，按图1-38接线，取电阻箱电阻 R_L 为表1-4中所列各值，用电压表V和电流表A测出相应的电压和电流记入表1-4中。

3）测定戴维南等效电路的外特性。按图1-39接线，图中 U_{OC} 和 R_i 即为实验内容1）中有源二端网络的开路电压 U_{OC} 和入端等效电阻 R_i，U_{OC} 从直流稳压电源取得，R_i 从电阻箱取得。a、b端接另一电阻箱作为负载电阻 R_L，取表1-4中所列各电阻值，测出相应的端电压 U 和电流 I，记入表1-4中。

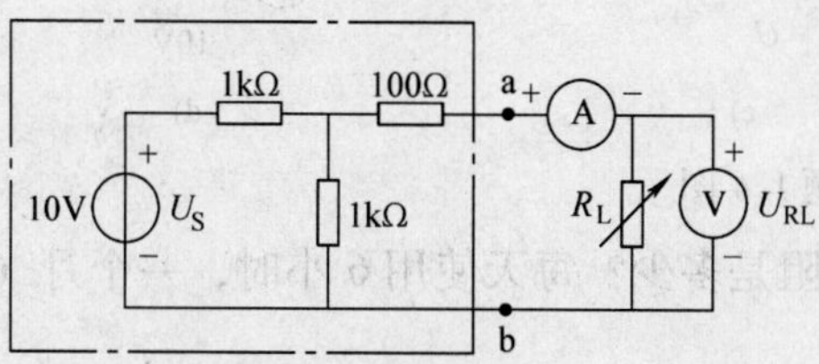

图1-38　接线图

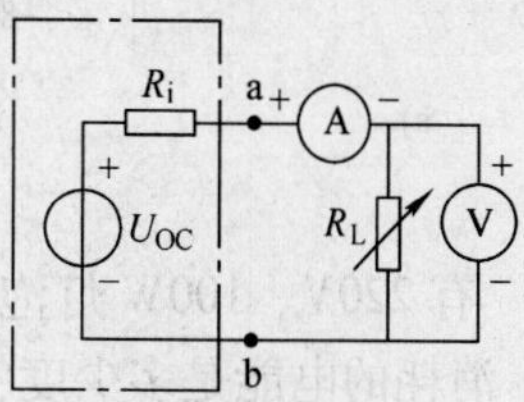

图1-39　接线图

5. 实验数据记录

表 1-4 实验数据记录

<table>
<tr><td colspan="2">有源二端网络</td><td colspan="11">开路电压 U_{OC} = V 入端等效电阻 R_i = Ω</td></tr>
<tr><td colspan="2">负载电阻 R_L/Ω</td><td>0</td><td>100</td><td>200</td><td>300</td><td>400</td><td>450</td><td>500</td><td>600</td><td>700</td><td>800</td><td>900</td></tr>
<tr><td rowspan="3">有源二端网络</td><td>U/V</td><td></td><td></td><td></td><td></td><td></td><td></td><td></td><td></td><td></td><td></td><td></td></tr>
<tr><td>I/mA</td><td></td><td></td><td></td><td></td><td></td><td></td><td></td><td></td><td></td><td></td><td></td></tr>
<tr><td>$P=I^2R_L$/W</td><td></td><td></td><td></td><td></td><td></td><td></td><td></td><td></td><td></td><td></td><td></td></tr>
<tr><td rowspan="3">戴维南等效电路</td><td>U/V</td><td></td><td></td><td></td><td></td><td></td><td></td><td></td><td></td><td></td><td></td><td></td></tr>
<tr><td>I/mA</td><td></td><td></td><td></td><td></td><td></td><td></td><td></td><td></td><td></td><td></td><td></td></tr>
<tr><td>$P=I^2R_L$/W</td><td></td><td></td><td></td><td></td><td></td><td></td><td></td><td></td><td></td><td></td><td></td></tr>
</table>

6. 报告总结与思考

1）根据表 1-4 的实验数据，绘出有源二端网络和戴维南等效电路的外特性即 U—I 曲线。根据特性曲线说明两个电路等效的意义。

2）根据表 1-4 的实验数据，绘出有源二端网络的负载功率与负载电阻 R_L 的关系曲线 $[P=f(R_L)]$，在曲线上找出负载功率的最大点，该点是否符合 $R_L=R_i$ 的条件？

习题 1

1.1 为什么要在电路图上规定电流的参考方向？参考方向与实际方向有何关系？

1.2 现有两只灯泡，一只是 220V、100W，另一只是 110V、40W，试问：在规定的电压下，哪一只灯泡较亮？哪一只灯泡电流较大？

1.3 计算图 1-40 所示电路中吸收或发出的功率。

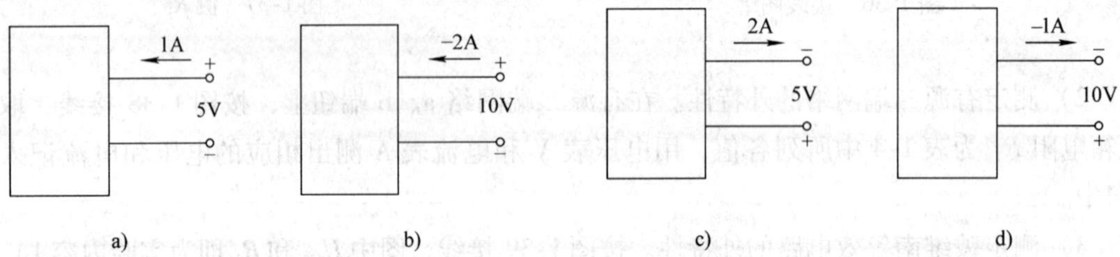

图 1-40 题 1.3 图

1.4 计算图 1-41 所示电路中的 U 或 I。

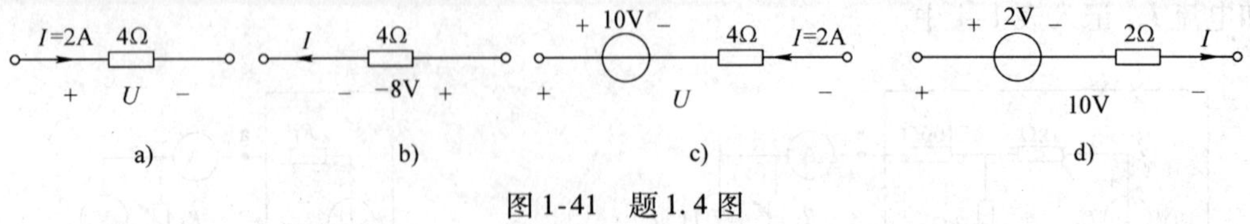

图 1-41 题 1.4 图

1.5 有 220V、100W 灯泡一个，其灯丝电阻是多少？每天使用 6 小时，一个月（按 30 天计算）消耗的电能是多少度？

1.6 在关联参考方向下，已知 $C=0.5\mu F$，求以下各电流 i。

1）$u=100V$，$i=$ ________ A。

2）$u=0.01t$V，$i=$ ________ A。

3）$u=200\sin1000t$V，$i=$ ________ A。

1.7　某电容器容量 $C=5\mu F$，所加电压为 $u=200e^{-1000t}$V，设电压、电流为关联参考方向，求流过电容器的电流 i。

1.8　在关联的参考方向下，已知 $L=2H$，通过电感的电流 i 为以下各值时，求电感的电压 u_L。

1）$i=100A$，$u_L=$ ________ V。

2）$i=0.1tA$，$u_L=$ ________ V。

3）$i=2\sin314tA$，$u_L=$ ________ V。

1.9　用一个等效电源替代图 1-42 中各有源二端网络。

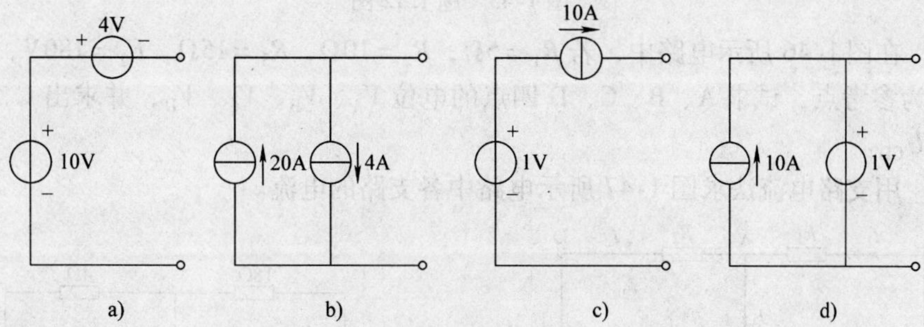

图 1-42　题 1.9 图

1.10　求图 1-43 所示电路的等效电压源模型。

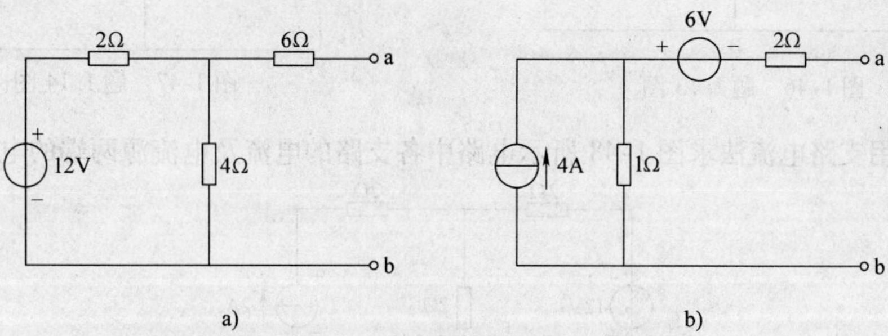

图 1-43　题 1.10 图

1.11　求图 1-44 所示电路的等效电流源模型。

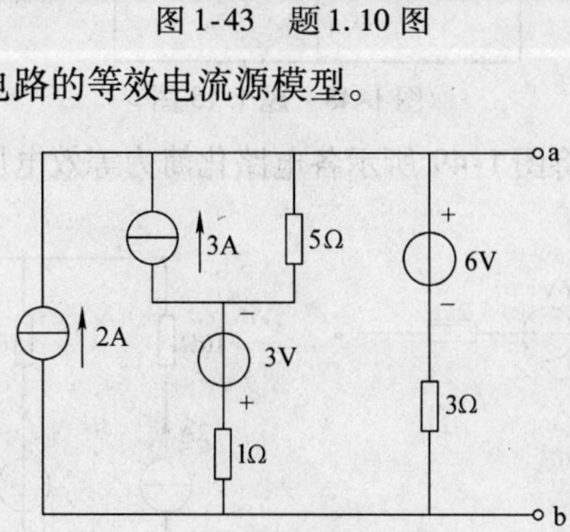

图 1-44　题 1.11 图

1.12　求图 1-45 所示有源二端网络的最简等效电路。

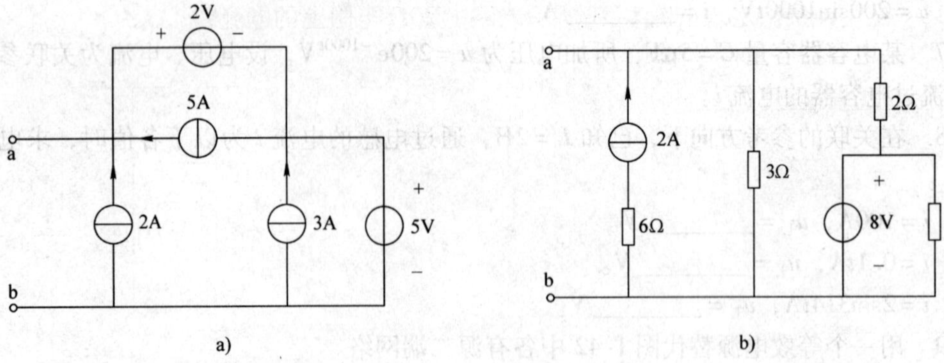

图 1-45　题 1.12 图

1.13　在图 1-46 所示电路中，若 $R_1=5\Omega$，$R_2=10\Omega$，$R_3=15\Omega$，$E_1=180\text{V}$，$E_2=80\text{V}$，若以 B 点为参考点，试求 A、B、C、D 四点的电位 V_A、V_B、V_C、V_D，并求出 C、D 两点之间的电压 U_{CD}。

1.14　用支路电流法求图 1-47 所示电路中各支路的电流。

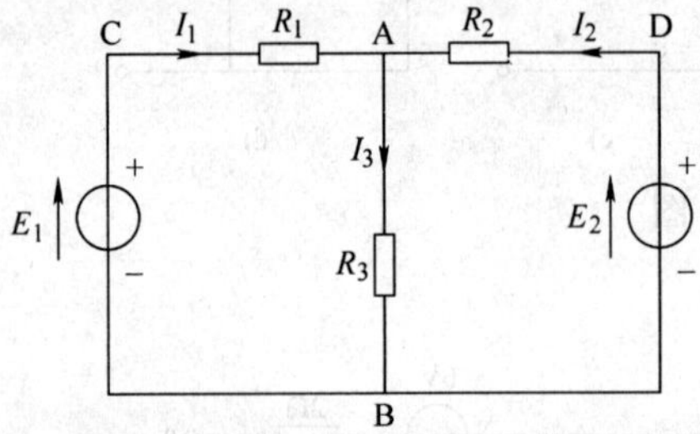

图 1-46　题 1.13 图

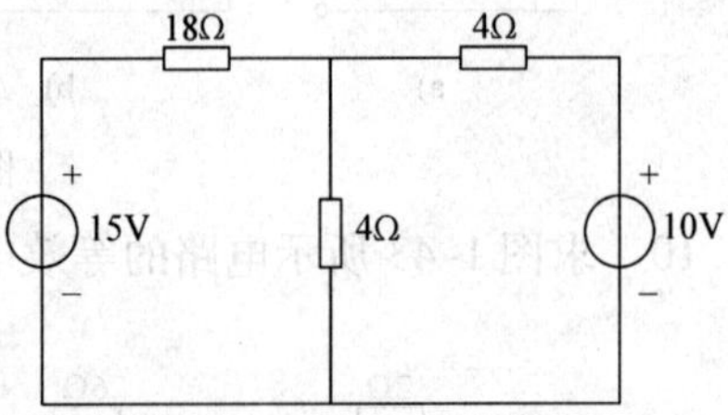

图 1-47　题 1.14 图

1.15　用支路电流法求图 1-48 所示电路中各支路的电流及电流源两端的电压。

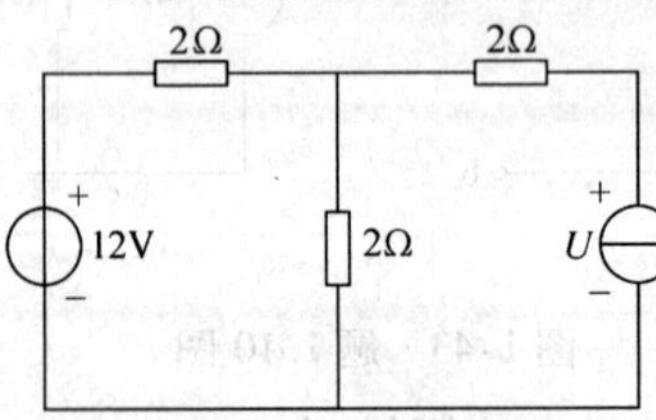

图 1-48　题 1.15 图

1.16　应用戴维南定理将图 1-49 所示各电路化简为等效电压源模型。

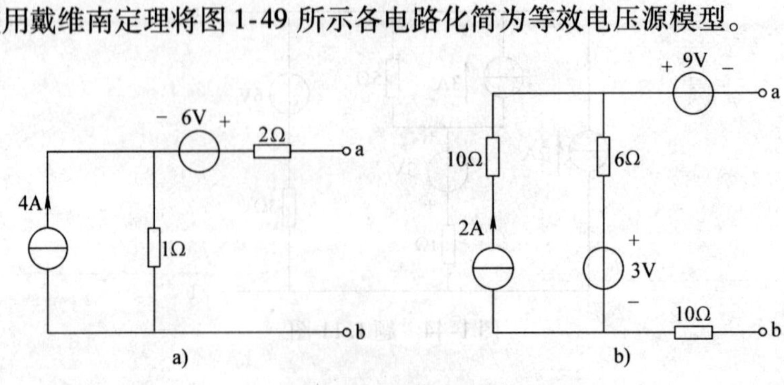

图 1-49　题 1.16 图

1.17　试用戴维南定理求图 1-50 所示电路中电阻 R 上的电流 I。

1.18　试用戴维南定理求图 1-51 所示电路中 20Ω 电阻上的电流 I。

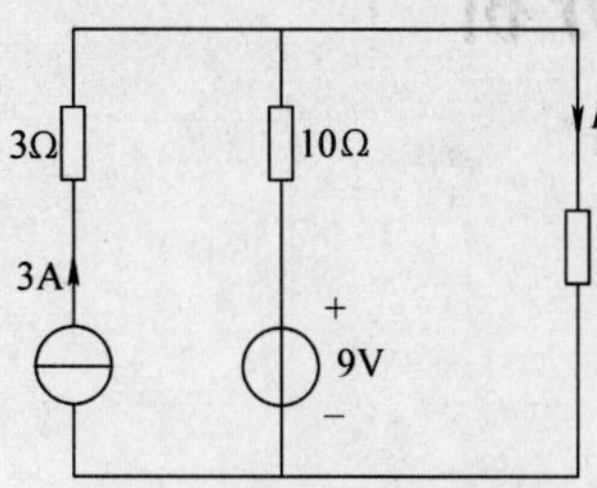

图 1-50　题 1.17 图

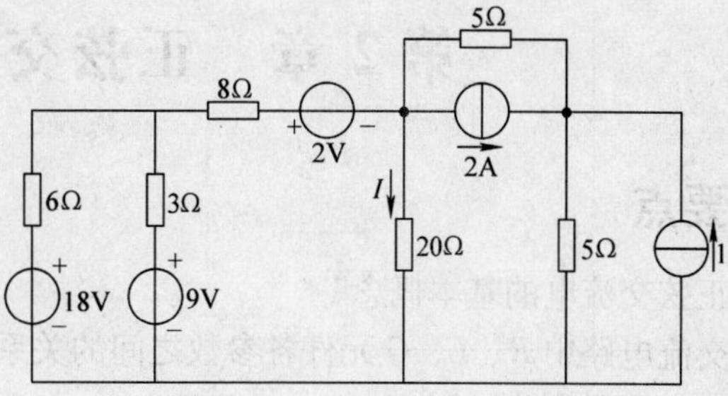

图 1-51　题 1.18 图

1.19　试用叠加定理求图 1-52 所示电路中的电压 U。

1.20　试用叠加定理求图 1-53 所示电路中的电流 I。

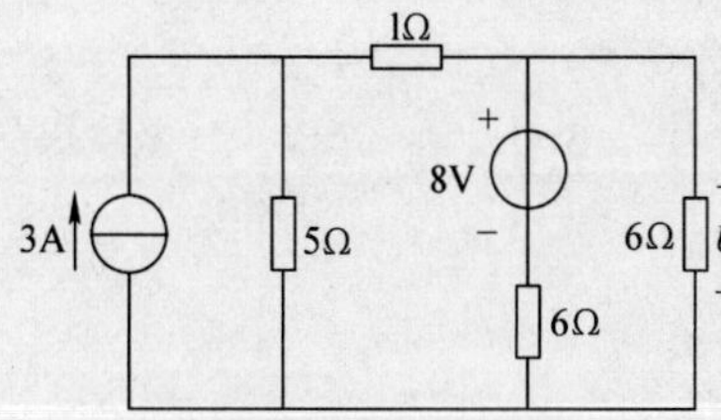

图 1-52　题 1.19 图

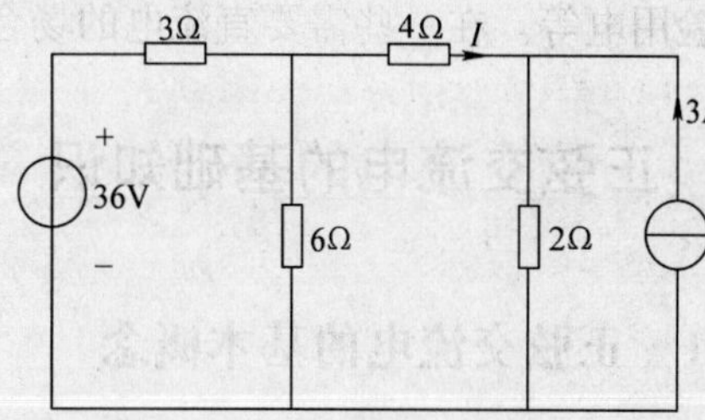

图 1-53　题 1.20 图

1.21　由换路定律知，在换路瞬间电感上的电流、电容上的电压不能跃变，那么电容上的电流，电感上的电压以及电阻上的电压、电流是否可以跃变？

1.22　如图 1-54 所示电路中，已知 $U_S = 12V$，$R_1 = 4\Omega$，$R_2 = 8\Omega$，$R_3 = 4\Omega$，$u_C(0_-) = 0$，$i_L(0_-) = 0$，当 $t = 0$ 时开关 S 闭合。求开关 S 闭合后各支路电流的初始值和电感上电压的初始值。

1.23　如图 1-55 所示电路中，$u_C(0_-) = 0$，$U_S = 6V$，$R_1 = 10k\Omega$，$R_2 = 20k\Omega$，$C = 10^3 pF$，求 $t \geqslant 0$ 时的 u_C、u_O 和 i。

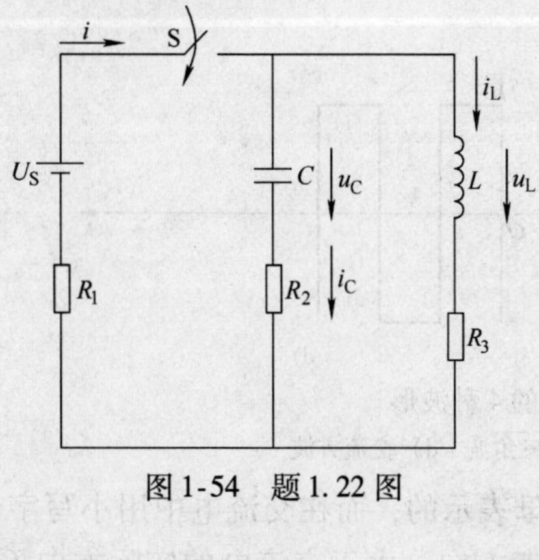

图 1-54　题 1.22 图

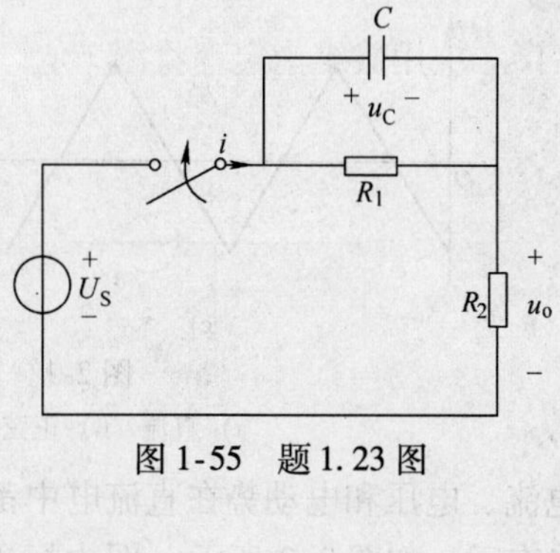

图 1-55　题 1.23 图

第 2 章　正弦交流电路分析

本章要点

- 正弦交流电的基本概念
- 交流电路中 R、L、C 元件各参数之间的关系
- RLC 串联电路
- 三相交流电
- 互感和理想变压器

现代技术中广泛应用的电能大部分是交流电，如发电厂提供的电能、生活生产用电、科学实验用电等。在一些需要直流电的场合，也常用整流设备把交流电变换成直流电。

2.1　正弦交流电的基础知识

2.1.1　正弦交流电的基本概念

大小和方向都不随时间变化的电流、电压和电动势是直流电。大小和方向随时间做周期性变化的电流、电压和电动势统称为交流电。交流电中随时间按正弦函数规律变化的叫正弦交流电，简称交流电（或正弦量）。图 2-1 所示为直流电和交流电的 4 种波形图。

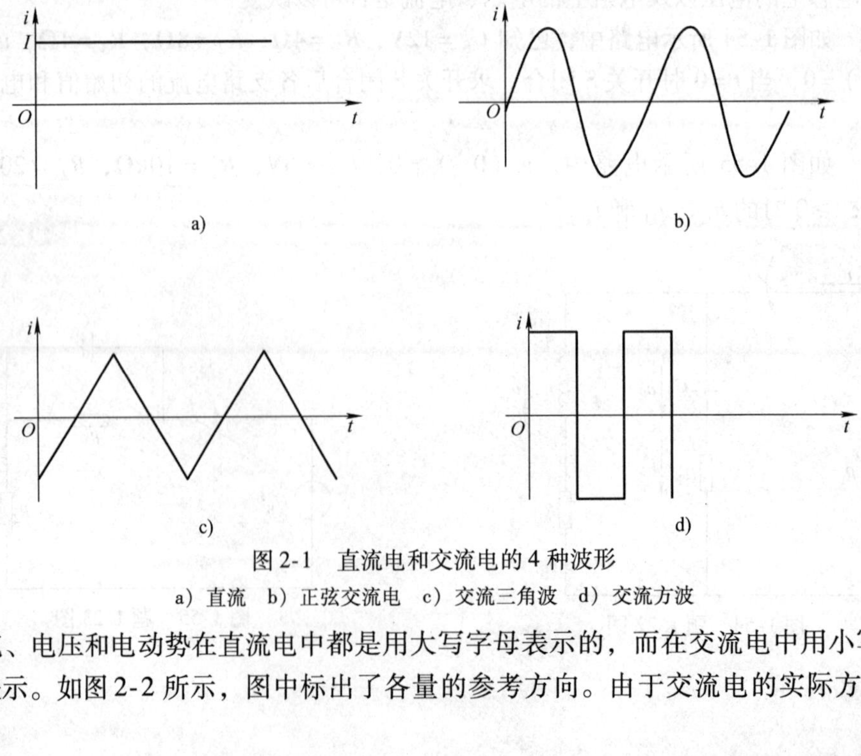

图 2-1　直流电和交流电的 4 种波形

a）直流　b）正弦交流电　c）交流三角波　d）交流方波

电流、电压和电动势在直流电中都是用大写字母表示的，而在交流电中用小写字母 u、i、e 来表示。如图 2-2 所示，图中标出了各量的参考方向。由于交流电的实际方向不断变

化，所以当交流电的实际方向与所选定的参考方向一致时，这一瞬间交流电的值是正值，反之就为负值。

【例 2-1】 图 2-3 是参考方向为 a 到 b 情况下，某元件中电流 i 随时间 t 作正弦变化的曲线（波形图），问 t_1、t_2、t_3 时刻电流的大小及方向，并画出各时刻电流的实际方向。

图 2-2 交流电的参考方向

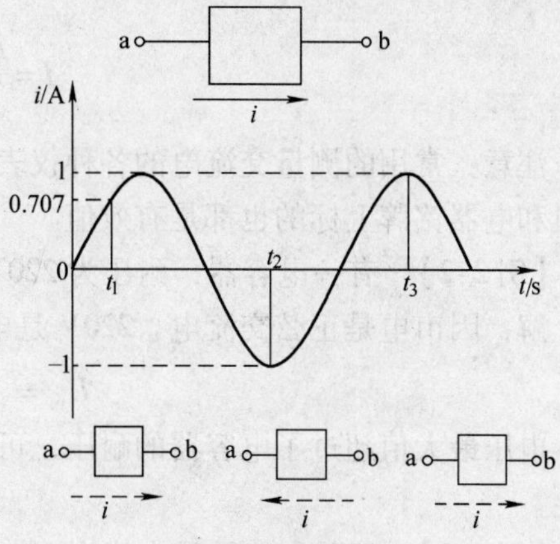

图 2-3 例 2-1 图

解：t_1 时刻，电流 $i(t_1)=0.707\text{A}$，表示 t_1 时刻电流的大小为 0.707A，实际方向与参考方向一致，由 a 到 b。

t_2 时刻，$i(t_2)=-1\text{A}$，表示 t_2 时刻电流大小为 1A，实际方向与所选参考方向相反，由 b 到 a。

t_3 时刻，$i(t_3)=1\text{A}$，表示 t_3 时刻电流大小为 1A，实际方向与参考方向一致，由 a 到 b。

图 2-3 下方用虚线箭头表示出了各时刻电流的实际方向。

注意：因为参考方向是任意选取的，所以在交流电路中，习惯上像直流电路中一样，把元件上的电压和电流的参考方向选为关联方向。

2.1.2 正弦交流电的要素

1. 瞬时值、最大值和有效值

（1）瞬时值

交流电每一瞬间的值称为瞬时值，用 u、i、e 表示，交流电瞬时值的大小和方向都在不停变化。

（2）最大值（振幅值）

交流电在一个周期内所能达到的最大数值称为最大值（或振幅值），用 E_m、U_m、I_m 表示，如图 2-4 所示，它表示交流电的强弱或高低。

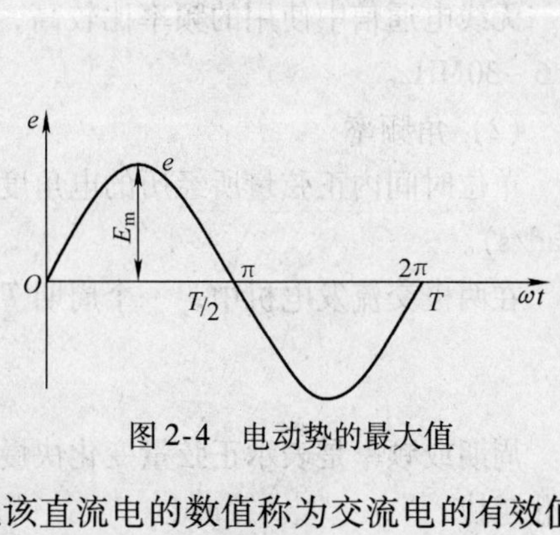

图 2-4 电动势的最大值

（3）有效值

交流电的大小和方向时刻都在变化，不能确切表示周期量的大小，因此引入有效值来表示交流电的大小。如果交流电和直流电通过同样阻值的电阻，在相同时间内产生的热量相等，即热效应相同，就把该直流电的数值称为交流电的有效值。用 E、U、I 表示交流电的有效值。正弦交流电的有效值和最大值的关系是：

$$E=\frac{E_{\mathrm{m}}}{\sqrt{2}}=0.707E_{\mathrm{m}}$$

$$U=\frac{U_{\mathrm{m}}}{\sqrt{2}}=0.707U_{\mathrm{m}} \tag{2-1}$$

$$I=\frac{I_{\mathrm{m}}}{\sqrt{2}}=0.707I_{\mathrm{m}}$$

注意：常用的测量交流电的各种仪表在测量正弦交流电时，所指示的数字均为有效值。电机和电器铭牌上标的也都是有效值。

【例 2-2】 有一电容器，耐压为 220V，问能否接在 220V 市电电源上？

解：因市电是正弦交流电，220V 是电压的有效值，则电压的最大值为

$$U_{\mathrm{m}}=\sqrt{2}\times 220\mathrm{V}=311\mathrm{V}$$

电压最大值超过了电容器的耐压，可能击穿电容器，所以此电容器不能接在 220V 的市电上。

【例 2-3】 正弦电流的最大值为 10A，求用安培表测出的数值为多少？

解：因安培表测出的是正弦交流电的有效值，故有

$$I=\frac{I_{\mathrm{m}}}{\sqrt{2}}=\frac{10}{1.414}\mathrm{A}=7.07\mathrm{A}$$

用安培表测出的数值为 7.07A。

2. 周期、频率及角频率

（1）周期和频率

交流电完成一次周期性变化所需的时间，称为交流电的周期，用 T 表示，单位为秒（s）。

交流电在 1s 内完成周期性变化的次数，称为交流电的频率，用 f 表示，单位为赫兹（Hz），简称赫。频率常用的单位还有千赫（kHz）和兆赫（MHz）。

显然，周期和频率成倒数关系，即

$$f=\frac{1}{T} \tag{2-2}$$

无线电通信中使用的频率比较高，如常见收音机的中波段一般为 100～1500kHz，短波为 6～30MHz。

（2）角频率

单位时间内正弦量所经历的电角度称为角频率或电角频率，用 ω 表示，单位为弧度/秒（rad/s）。

在两极交流发电机中，一个周期 T 内，正弦量经历的电角度为 2π 弧度，所以

$$\omega=\frac{2\pi}{T}=2\pi f \tag{2-3}$$

周期或频率是表示正弦量变化快慢的物理量，周期越短（频率或角频率越大），交流电变化越快。

【例 2-4】 我国供电频率是 50Hz（简称工频），求其周期与角频率。

解：

$$T=\frac{1}{f}=\frac{1}{50}\text{s}=0.02\text{s}$$

$$\omega=2\pi f=2\times3.14\times50\text{rad/s}=314\text{rad/s}$$

3. 相位、初相及相位差

（1）初相与相位

如图 2-5 所示，φ 是正弦量在计时起点（$t=0$）时的角度，叫做初相位，简称初相。而正弦量在任意时刻对应的角度（$\omega t+\varphi$），称为正弦量的相位或相位角，相位与初相的单位都是度（或弧度 rad）。

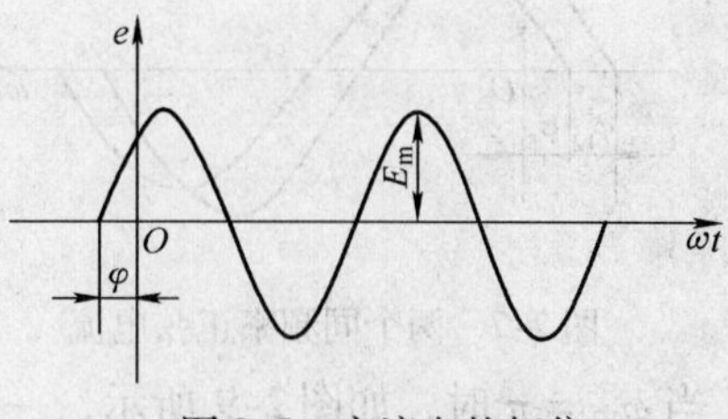

图 2-5　交流电的相位

正弦量的初相及相位确定了正弦量在计时起点或某一时刻 t 的瞬时值，反映了正弦量在计时起点或某一时刻 t 的状态。正弦量的初相和相位都和计时起点的选择有关。

注意：由于相位角的周期是 2π，规定 $|\varphi|$ 不能超过 π 弧度（180°）。

由于正弦量一个周期中瞬时值两次为零，所以规定由负值向正值变化过程中的零点叫做正弦量的零值。如取正弦量的零值瞬间为计时起点，则初相 $\varphi=0$。图 2-6 给出了几种不同计时起点的正弦电流的波形图。

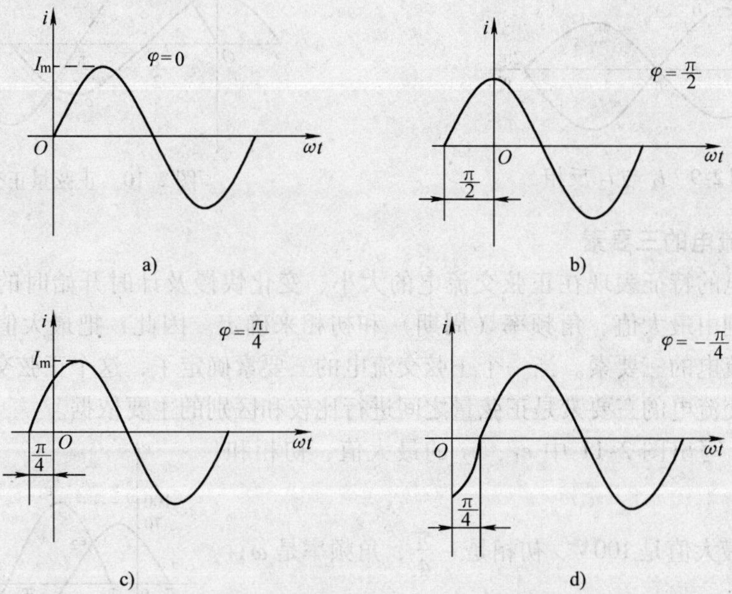

图 2-6　几种不同计时起点的正弦电流

（2）相位差。两个同频率正弦量的相位之差，称为相位差。

例如，若 i_1 的相位是$(\omega t+\varphi_1)$，i_2 的相位是$(\omega t+\varphi_2)$，则 i_1、i_2 的相位差为

$$\varphi_{12}=(\omega t+\varphi_1)-(\omega t+\varphi_2)=\varphi_1-\varphi_2$$

如图 2-7 所示，i_1 比 i_2 早 φ_{12} 角度到达零值或最大值，称 i_1 比 i_2 越前 φ_{12}，或者说 i_2 比 i_1 滞后 φ_{12}。

同频率正弦量的相位差不随时间改变，是一常数，且等于初相之差。对两个同频率正弦量的计时起点做同样改变时，它们的相位和初相也随之改变，但两者之间的相位差始终不变。

注意：规定相位差的绝对值不超过 180°。

当 $\varphi_{12}=0$ 时，如图 2-8 所示，两个正弦量同时到达零值（或振幅值），称这两个正弦量同相。

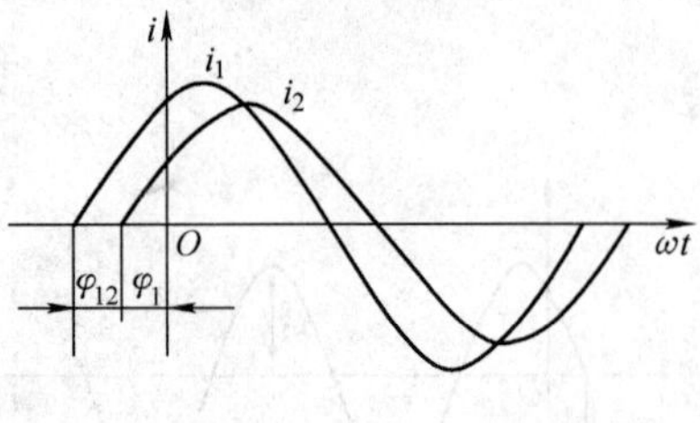

图 2-7　两个同频率正弦电流

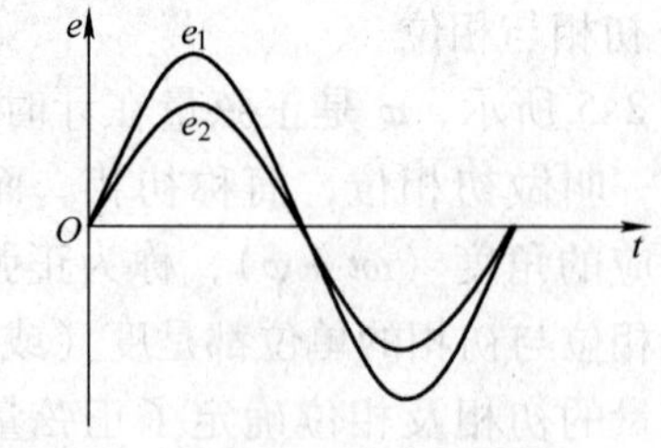

图 2-8　正弦量同相

当 $\varphi_{12}=\pi$ 时，如图 2-9 所示，一个正弦量到达正的最大值时，另一个正弦量到达负的最大值，称这两个正弦量反相。

当 $\varphi_{12}=\pi/2$ 时，如图 2-10 所示，一个正弦量较另一个正弦量越前 90°，称这两个正弦量正交。

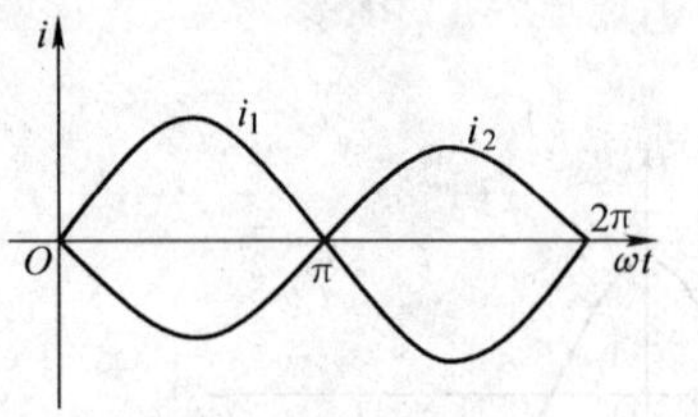

图 2-9　i_1 与 i_2 反相

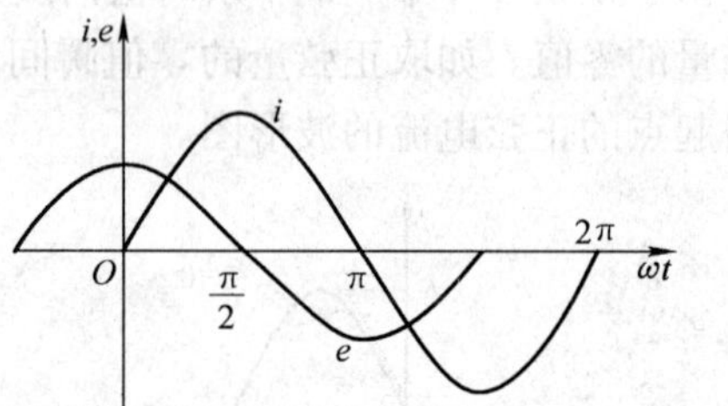

图 2-10　正弦量正交

4. 正弦交流电的三要素

正弦交流电的特征表现在正弦交流电的大小、变化快慢及计时开始时的初始角度三方面，而它们分别由最大值、角频率（周期）和初相来确定。因此，把最大值、角频率和初相叫做正弦交流电的三要素。当一个正弦交流电的三要素确定了，这个正弦交流电也就唯一确定了。正弦交流电的三要素是正弦量之间进行比较和区别的主要依据。

【例 2-5】　写出图 2-11 中 e_1、e_2 的最大值、初相和角频率。

解：e_1 的最大值是 100V、初相是 $-\dfrac{\pi}{4}$、角频率是 ω；

e_2 的最大值是 70V、初相是$\dfrac{\pi}{6}$、角频率是 ω。

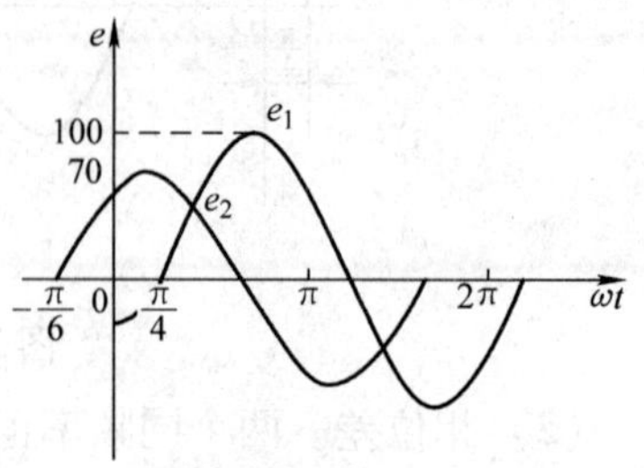

图 2-11　例 2-5 图

2.1.3　正弦量的相量表示

为了便于分析问题和解决问题，一个正弦量可采用多种不同方法来表示。

1. 波形图表示法

横坐标表示角度 ωt（或时间 t），纵坐标表示随时间变化的电动势、电压或电流的瞬时值，如图 2-12 所示就是正弦交流电波形图。

波形图的优点是：不仅可以反映出交流电的最大值、初相及角频率，还可以直接看出交流电随时间的变化趋势、以及同频率的不同正弦量间的超前和滞后关系。

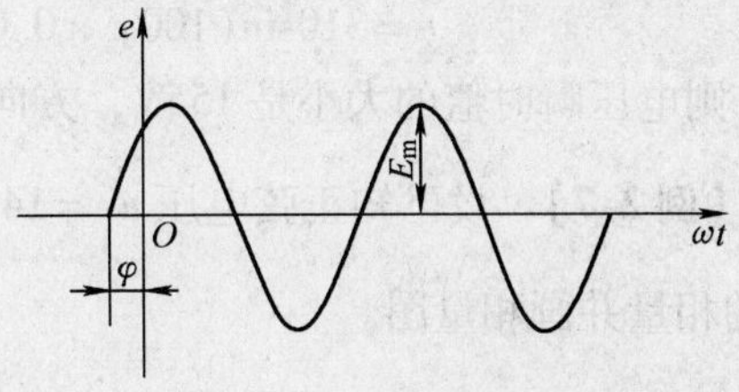

图 2-12　正弦交流电的波形图

2. 解析式表示法

解析式表示法即函数表示法，如图 2-12 所示正弦电动势的解析式为

$$e = E_m \sin(\omega t + \varphi) \tag{2-4}$$

如果知道了交流电的三要素，就可以确定它的解析式。

解析式的优点是：可以方便地算出交流电任何瞬间的值。

3. 相量表示法

如图 2-13 所示作一矢量，矢量的长度按比例等于正弦量的有效值（或最大值），矢量的初始位置和横轴夹角等于初相 φ，并以角速度 ω 绕原点逆时针旋转，称该矢量是此正弦量的有效值（或最大值）相量。用符号 $\dot{E}$、$\dot{U}$、$\dot{I}$（或 $\dot{E}_M$、$\dot{U}_M$、$\dot{I}_M$）表示，加点表示它是时间的函数。

同频率的几个正弦量的相量可以画在同一幅图上，这样的图叫相量图。例如有三个同频率的正弦量

$$e = 60\sin(\omega t + 60°)\,\text{V}$$
$$u = 60\sin(\omega t + 30°)\,\text{V}$$
$$i = 5\sin(\omega t - 30°)\,\text{A}$$

它们的相量图如图 2-14 所示。

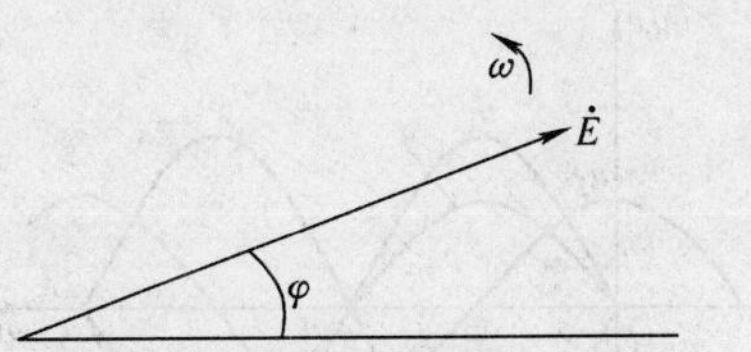

图 2-13　电动势有效值相量

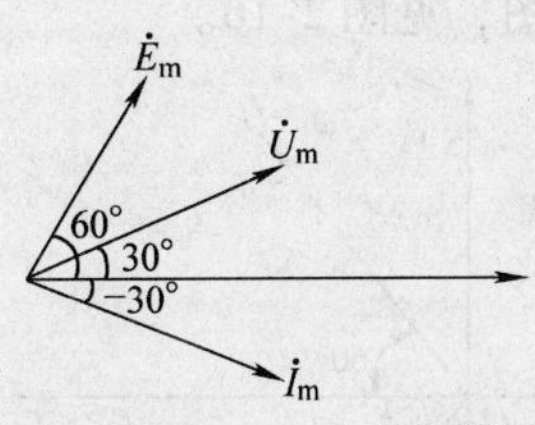

图 2-14　e、u、i 的相量图

正弦量的相量除了可以用图形表示，还可以用式子表示，图 2-14 中各正弦量的最大值相量为

$$\dot{E}_M = 60\angle 60°\,\text{V}$$
$$\dot{U}_M = 60\angle 30°\,\text{V}$$
$$\dot{I}_M = 5\angle -30°\,\text{A}$$

注意：若无特殊说明，今后提到的相量都是指有效值相量。

【例 2-6】　已知某正弦交流电压的最大值是 310V，频率是 50Hz，初相是 30°，写出它的解析式，并求 0.01s 时电压的瞬时值大小、方向及相位角。

解　电压的解析式为

$$u = U_m \sin(\omega t + \varphi) = 310\sin(100\pi t + 30°)\,\text{V}$$

$t = 0.01\text{s}$ 时电压的瞬时值为

$$u = 310\sin(100\pi \times 0.01 + 30°)\text{V} = 310\sin210°\text{V} = -155\text{V}$$

则电压瞬时值的大小是155V，方向与参考方向相反，相位角是210°。

【例2-7】 设已知正弦电压 $u_1 = 141\sin(\omega t + \frac{\pi}{3})\text{V}$，$u_2 = 70.7\sin(\omega t - \frac{\pi}{3})\text{V}$，写出 u_1 和 u_2 的相量并画相量图。

解
$$\dot{U}_1 = \frac{141}{\sqrt{2}}\angle\frac{\pi}{3} = 100\angle\frac{\pi}{3}\text{V}$$

$$\dot{U}_2 = \frac{70.7}{\sqrt{2}}\angle -\frac{\pi}{3}\text{V} = 50\angle -\frac{\pi}{3}\text{V}$$

相量图如图2-15所示。

【例2-8】 在选定的参考方向下，已知两正弦量的解析式为 $i = -6\sin\omega t\text{A}$，$u = 10\sin(\omega t + 200°)\text{V}$，求每个正弦量的振幅值和初相。

解 （1）分析：由于最大值应是正值，而电流解析式前有负号，所以通过改变初相把负号去掉，即 $i = -6\sin\omega t = 6\sin(\omega t \pm \pi)\text{A}$，则振幅值 $I_m = 6\text{A}$，初相 $\varphi_i = \pi$（或 $\varphi_i = -\pi$）。

（2）分析：电压的初相大于π，应把初相变成绝对值小于π的角，即

$$u = 10\sin(\omega t + 200°) = 10\sin(\omega t - 160°)\text{V}$$

则振幅值 $U_m = 10\text{V}$，初相 $\varphi_u = -160°$。

【例2-9】 试作 $u_1 = U_{m1}\sin\omega t$，$i = I_m\sin\omega t$，$u_2 = U_{m2}\sin(\omega t + 90°)$，$e = E_m\sin(\omega t - 180°)$ 的波形图，并说明各量与 i 的相位关系。

解 以 ωt 为横轴，按一定比例标出 $\frac{\pi}{2}$、π等，纵轴代表 u、i、e，分别作出 u_1、u_2、i 和 e 的波形图，见图2-16。

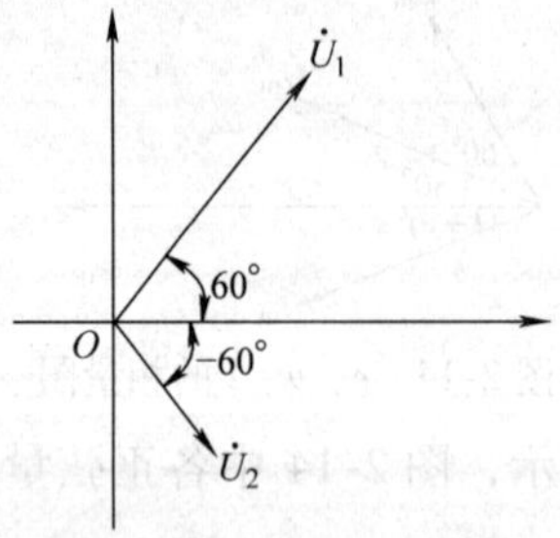

图2-15 例2-7 相量图

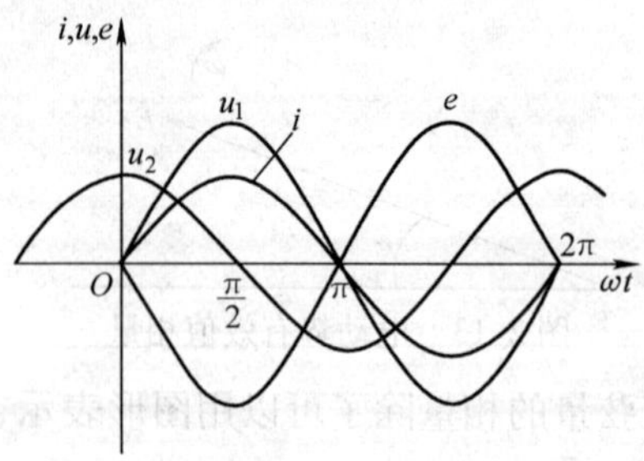

图2-16 例2-9图

正弦量 u_1 与 i 初相都为零，$\varphi_{u_1i} = 0 - 0 = 0$，所以 u_1 与 i 同相。

正弦量 u_2 与 i 的相位差：

$\varphi_{u_2i} = 90° - 0° = 90°$，所以 u_2 与 i 正交。

正弦量 e 与 i 的相位差为 $\varphi_{ei} = -180° - 0° = -180°$，所以 e 与 i 反相。

【例2-10】 两个电压频率均为50Hz，相量分别为 $\dot{U}_1 = 220\angle 30°\text{V}$，$\dot{U}_2 = 110\angle -60°\text{V}$，写出这两个电压的解析式。

解
$$\omega = 2\pi f = 2\pi \times 50 = 314\text{rad/s}$$

$$U_{m1} = 220\sqrt{2}\text{V} \quad u_1 = 220\sqrt{2}\sin(314t + 30°)\text{V}$$

$$U_{m2} = 110\sqrt{2}\text{V} \quad u_2 = 110\sqrt{2}\sin(314t - 60°)\text{V}$$

4. 相量运算

相量类似矢量，加减运算时同样用平行四边形法则：两个同频率正弦量进行加法运算时，先作出与正弦量相对应的相量图，并以这两相量为平行四边形的两个邻边，作平行四边形。这两个相量邻边所夹对角线就是两相量的和，即对角线的长度表示和的值，对角线与水平轴正方向的夹角为和的初相，角频率不变。

【例 2-11】 已知 $i_1=10\sqrt{2}\sin(314t+\frac{\pi}{3})\text{A}$，$i_2=10\sqrt{2}\sin(314t-\frac{\pi}{3})\text{A}$，求 i_1+i_2。

解：（1）如图 2-17 所示作出与 i_1、i_2 相对应的相量 $\dot{I}_1$、$\dot{I}_2$，并作平行四边形，画出对角线 $\dot{I}$。

（2）由平行四边形法则可知 $\dot{I}=\dot{I}_1+\dot{I}_2$

（3）由于 $I_1=I_2=10$，并且 $\dot{I}_1$ 和 $\dot{I}_2$ 与 x 轴正方向的夹角均为 $\frac{\pi}{3}$，则 $I=I_1=I_2=10$。

（4）$\dot{I}$ 与水平轴正方向一致，即初相角为 0。

所以 $$i=i_1+i_2=10\sqrt{2}\sin 314t\text{A}$$

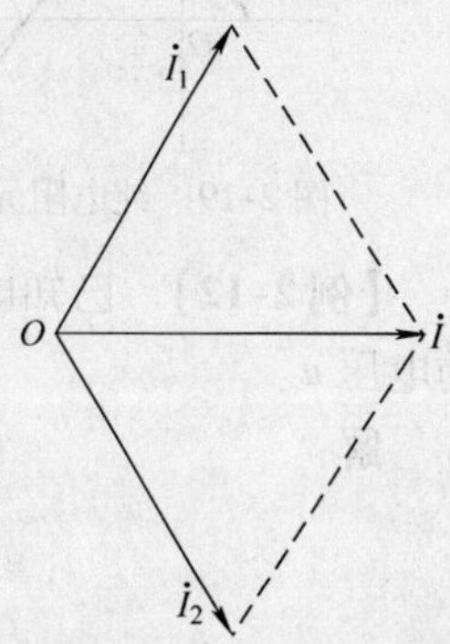

图 2-17 例 2-11 图

若求两矢量的差，如 $\dot{I}_1-\dot{I}_2$，可改为求 $\dot{I}_1+(-\dot{I}_2)$，即画出 $\dot{I}_2$ 的反方向相量 $-\dot{I}_2$，使其与 $\dot{I}_1$ 相加即可。

注意：只有同频率正弦量才能画在同一相量图中，也只有同频率正弦量才能借助平行四边形法则进行加减运算。

2.2 正弦交流电路中单一元件的约束关系

在正弦交流电路中，电压和电流都是随时间变化的。如果电路中含有 R、L、C 元件，电压和电流之间的关系如何呢？本节就来研究正弦交流电路中只含单一元件的电路，称为单一参数正弦交流电路。

2.2.1 纯电阻元件的电流、电压关系

白炽灯、电炉等电路元件接在交流电路中，都可以看成是纯电阻电路。如图 2-18 所示，选定电流和电压的参考方向关联，若在电阻两端加正弦电压 $u_R=U_{Rm}\sin(\omega t+\varphi_u)$，则根据欧姆定律，电路中的电流为

图 2-18 纯电阻的电流、电压

$$i_R=\frac{u_R}{R}=\frac{U_{Rm}\sin(\omega t+\varphi_u)}{R}=I_{Rm}\sin(\omega t+\varphi_i) \tag{2-5}$$

结论：

1）纯电阻电路中，当外加正弦电压时，电流也是正弦形式，且电流与电压的频率相同，如图 2-19 所示。

2）电流与电压的相位相同。

$$\varphi_u = \varphi_i \tag{2-6}$$

3）电阻元件电流和电压的瞬时值、有效值、最大值及相量都符合欧姆定律形式。

$$u = iR \quad U_{\mathrm{R}} = I_{\mathrm{R}}R \quad U_{\mathrm{Rm}} = I_{\mathrm{Rm}}R \quad \dot{U}_{\mathrm{R}} = R\,\dot{I}_{\mathrm{R}} \tag{2-7}$$

相量图如图 2-20 所示。

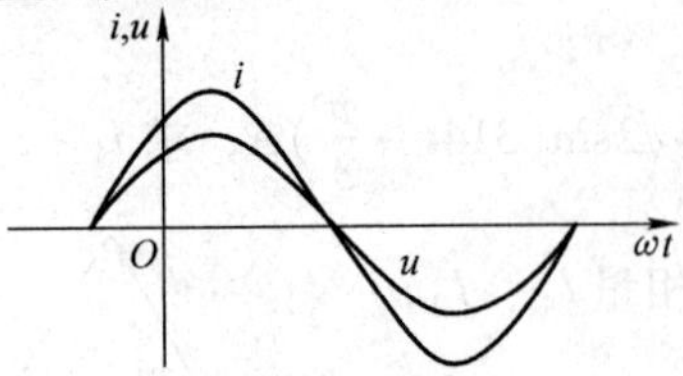

图 2-19　纯电阻元件上 u、i 波形图

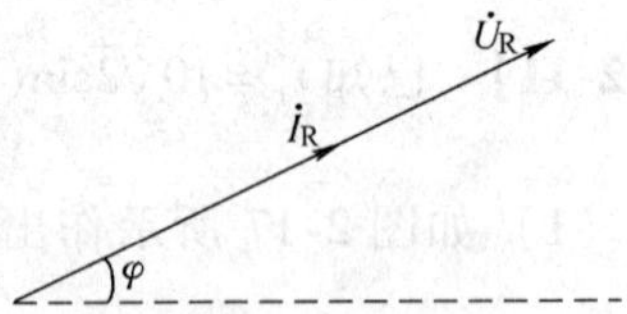

图 2-20　纯电阻的电压电流相量图

【例 2-12】 已知电阻 $R = 10\Omega$，通过的电流 $i = 1.1\sqrt{2}\sin$（$100t - 120°$）A，求电阻两端的电压 u。

解：

$$U_{\mathrm{Rm}} = I_{\mathrm{Rm}}R$$

$$U_{\mathrm{Rm}} = I_{\mathrm{Rm}}R = 1.1\sqrt{2} \times 10\mathrm{V} = 11\sqrt{2}\mathrm{V}$$

$$u = 11\sqrt{2}\sin(100t - 120°)\,\mathrm{V}$$

2.2.2　纯电容元件的电流、电压关系

由于电容器的损耗很小，一般情况下可以看作纯电容。对于仅含有纯电容元件的电路，在电容元件两端加正弦交流电压时，电容器极板上的电荷量随电压变化，电路中形成电流。如图 2-21a 所示，电流和电压的参考方向关联时，如外加电压为 $u_{\mathrm{C}} = U_{\mathrm{Cm}}\sin(\omega t + \varphi_u)$，则有

$$i_{\mathrm{C}} = C\frac{\mathrm{d}u_{\mathrm{C}}}{\mathrm{d}t} = C\frac{\mathrm{d}[U_{\mathrm{Cm}}\sin(\omega t + \varphi_u)]}{\mathrm{d}t} = CU_{\mathrm{Cm}}\omega\cos(\omega t + \varphi_u)$$

$$= C\omega U_{\mathrm{Cm}}\sin\left[\omega t + \left(\varphi_u + \frac{\pi}{2}\right)\right] = I_{\mathrm{Cm}}\sin(\omega t + \varphi_i) \tag{2-8}$$

结论：

1）纯电容电路中，当外加正弦电压时，电流也是正弦形式，且电流与电压的频率相同。

2）电流超前电压$\frac{\pi}{2}$，如图 2-21b 所示，则有

$$\varphi_i = \varphi_u + \frac{\pi}{2} \tag{2-9}$$

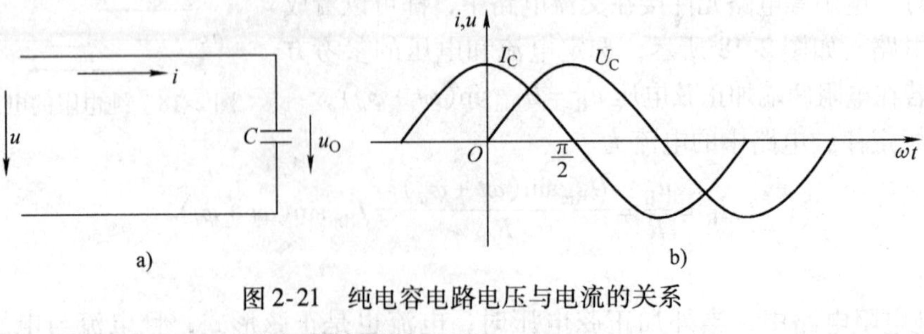

图 2-21　纯电容电路电压与电流的关系

3）电容元件电流和电压的大小关系是

$$I_{Cm} = U_{Cm}\omega C = \frac{U_{Cm}}{\frac{1}{\omega C}} = \frac{U_{Cm}}{X_C}$$

$$I_C = \frac{U_C}{X_C} \tag{2-10}$$

$$\dot{U}_C = \dot{I}_C X_C \angle -90° = -j\dot{I}_C X_C \tag{2-11}$$

纯电容元件电流和电压的最大值、有效值符合欧姆定律形式，但瞬时值不符合欧姆定律形式。式中

$$X_C = \frac{1}{\omega C} = \frac{1}{2\pi f C} \tag{2-12}$$

X_C 称为电容电抗，简称容抗，单位为欧姆。它是电容在正弦电流情况下，阻碍电流通过能力大小的反映。

容抗 X_C 与 C 和 f 成反比。电容 C 一定时，容抗 X_C 与频率 f 成反比，即 f 愈高，X_C 愈小。图 2-22 画出了 X_C 与 f 的关系曲线。当 $f\to\infty$ 时，$X_C\to 0$，这时电容相当于短路；当 $f=0$ 时（相当于在直流情况下），$X_C\to\infty$，这时电容相当于开路，表明直流电不能通过电容，这就是电容器的“隔直流通交流”作用。

式（2-11）是电容元件电流与电压之间的相量关系式，相量图如图 2-23 所示。

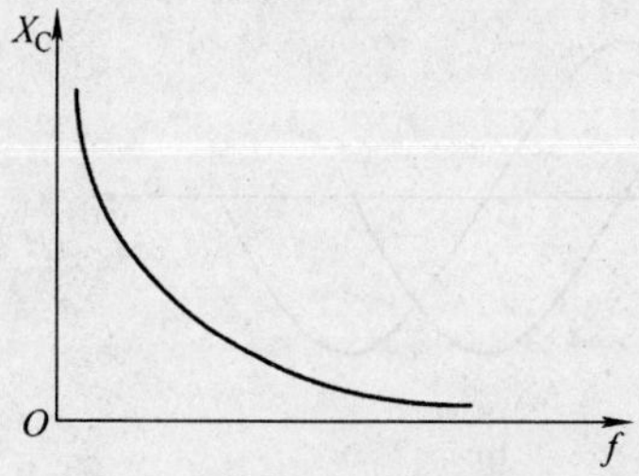

图 2-22　纯电容电路中容抗与频率的关系曲线

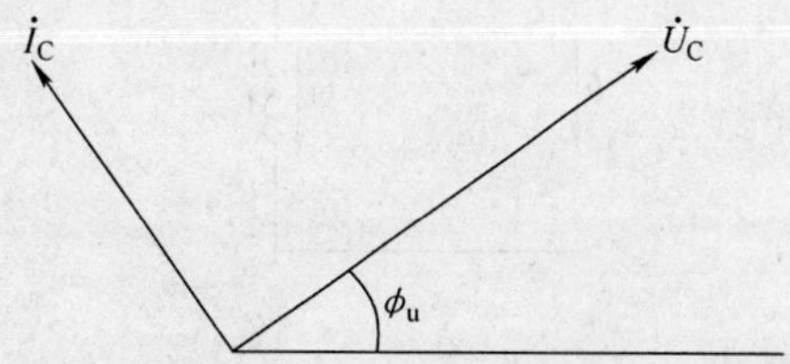

图 2-23　纯电容电路电流和电压的相量图

【例 2-13】　有一容量 $C=2\mu F$ 的电容器，现把它分别接到直流电源、50Hz 正弦交流电源、500Hz 正弦交流电源三种不同电源上，若电压都是 220V，求其容抗和电流有效值。

解：（1）直流电源的频率可视为零，即 $f=0$

$$X_{C1} = \frac{1}{\omega_1 C} = \frac{1}{2\pi f_1 C} = \infty$$

$$I_1 = \frac{U_C}{X_{C1}} = 0$$

（2）将电容接于 50Hz、220V 的交流电源上，则有

$$X_{C2} = \frac{1}{\omega_2 C} = \frac{1}{2\pi f_2 C} = \frac{1}{2\pi \times 50 \times 2 \times 10^{-6}}\Omega = 1592\Omega$$

$$I_2 = \frac{U_C}{X_{C2}} = \frac{220}{1592}A = 0.138A$$

（3）将电容接于 500Hz、220V 的交流电源上，则有

$$X_{C3} = \frac{1}{\omega_3 C} = \frac{1}{2\pi f_3 C} = \frac{1}{2\pi \times 500 \times 2 \times 10^{-6}}\Omega = 159.2\Omega$$

$$I_3=\frac{U_C}{X_{C3}}=\frac{220}{159.2}A=1.38A$$

比较计算结果可知，电压一定时，频率愈高，容抗愈小，电流愈大。

2.2.3　纯电感元件的电流、电压关系

当电感线圈的电阻小到可以忽略不计时，这个电感线圈就可以看作纯电感线圈。当正弦交流电通过电感线圈时，线圈内的磁场随之变化，线圈中产生感应电压。在如图2-24a所示关联方向下，设电流为 $i_L=I_{Lm}\sin(\omega t+\varphi_i)$，则电感元件的端电压为

$$u_L=L\frac{di_L}{dt}=L\omega I_{Lm}\cos(\omega t+\varphi_i)=L\omega I_{Lm}\sin(\omega t+\varphi_i+\frac{\pi}{2})$$

$$=U_{Lm}\sin(\omega t+\varphi_u) \tag{2-13}$$

结论：

1）纯电感电路中，当通过正弦电流时，电压也是正弦形式，且电压与电流的频率相同。

2）电压超前电流 $\frac{\pi}{2}$，如图2-24b所示，有

$$\varphi_u=\varphi_i+90° \tag{2-14}$$

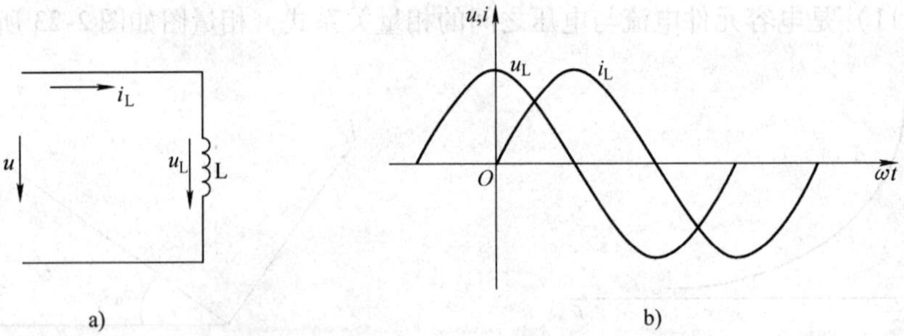

图2-24　纯电感元件上电压与电流关系

3）电感元件电流和电压的大小关系是

$$U_{Lm}=\omega LI_{Lm}=X_LI_{Lm}\quad 或\quad U_L=\omega LI_L$$

即

$$I_{Lm}=\frac{U_{Lm}}{X_L}\quad 或\quad I_L=\frac{U_L}{X_L} \tag{2-15}$$

$$\dot{U}_L=\dot{I}_LX_L\angle 90°=j\dot{I}_LX_L \tag{2-16}$$

电感元件电流和电压的最大值与有效值都符合欧姆定律形式，但瞬时值不符合欧姆定律形式。式中

$$X_L=\omega L=2\pi fL \tag{2-17}$$

X_L 称为电感元件的电抗，简称感抗，单位是欧姆。

感抗 X_L 与 f 及 L 呈正比关系。在 f 一定时，L 愈大，X_L 愈大。当 L 一定时，f 越高电流变化也就越快，X_L 也愈大。当 $f\to\infty$ 时，$X_L\to\infty$，这时电感相当于开路；当 $f=0$ 时（相当于在直流情况下），$X_L=0$，这时线圈相当于短路，表明直流电通过电感时没有任何阻碍，这就是电感线圈的“阻交流通直流”作用。

当电压 U 一定时，感抗 X_L 愈大，电流 I_L 愈小，可见 X_L 的作用和电阻相似。X_L 是表征电感对交流电阻碍能力大小的一个物理量。

式（2-16）是电感元件电压与电流之间的相量关系式，相量图如图 2-25 所示。

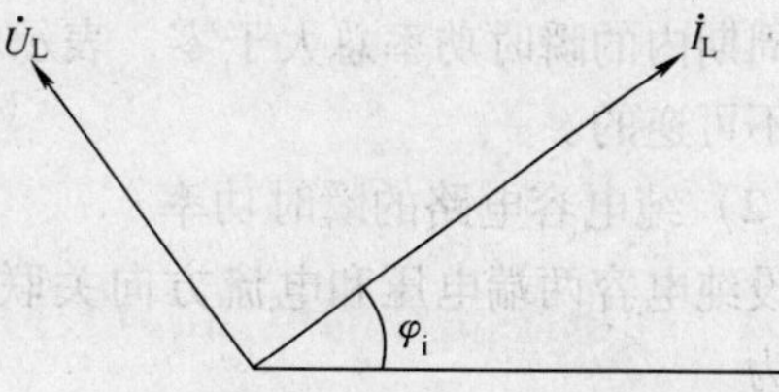

图 2-25　纯电感电压电流相量图

【例 2-14】　已知一纯电感电路 $L=2H$，$u_L=311\sin(100t-30°)$ V，求电感电流 i_L，并画出相量图。

解：选定电流 i_L 与电压 u_L 的参考方向一致，则有

$$U=\frac{311}{\sqrt{2}}V=220V$$

$$X_L=\omega L=100\times2\Omega=200\Omega$$

$$I=\frac{U}{X_L}=\frac{220}{200}A=1.1A$$

因为电感元件的电压在相位上越前电流 90°，即电流滞后电压 90°，所以

$$\varphi_i=-30°-90°=-120°$$

$$i_L=1.1\sqrt{2}\sin(100t-120°)\ A$$

相量图如图 2-26 所示。

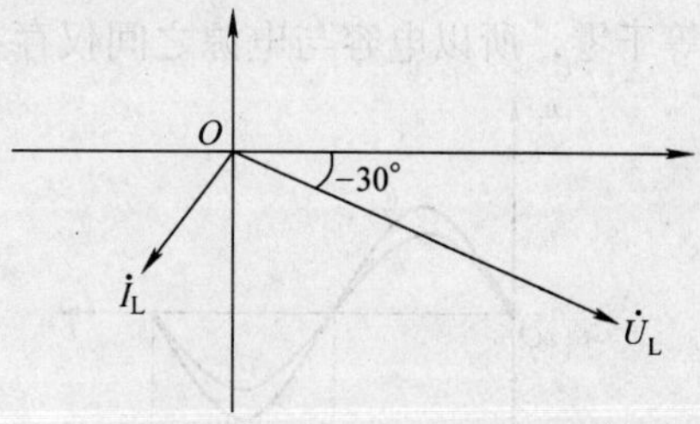

图 2-26　例 2-14 相量图

2.2.4　电阻、电容、电感的功率

1. 瞬时功率

正弦交流电路在某一瞬间所吸收或发出的功率，称为瞬时功率，用小写字母 p 表示，u、i 参考方向关联时，有

$$p=ui \tag{2-18}$$

以 u 为参考量，二端网络端口处的电压和电流分别为

$$u=\sqrt{2}U\sin\omega t \qquad i=\sqrt{2}I\sin(\omega t+\varphi)$$

则瞬时功率为

$$p=ui=2UI\sin\omega t\cdot\sin(\omega t+\varphi)=UI\cos\varphi-UI\cos(2\omega t+\varphi)$$

由此可见，瞬时功率由两部分组成，即恒定分量 $UI\cos\varphi$ 和瞬时分量 $UI\cos(2\omega t+\varphi)$，且瞬时分量变化速度是原角频率的两倍。

注意：当正弦电流和电压参考方向一致时，$p>0$ 表示二端网络吸收或消耗能量；$p<0$ 表示二端网络发出或产生能量。

（1）纯电阻电路的瞬时功率

设纯电阻两端电压和电流方向关联时，如纯电阻两端电压为 $u=U_m\sin\omega t$，则纯电阻内电流为

$$i=I_m\sin\omega t$$

所以瞬时功率为

$$p=ui=2UI\sin^2\omega t=2UI\left(\frac{1-\cos2\omega t}{2}\right)$$

$$=UI-UI\cos2\omega t$$

由于电压和电流同相，所以瞬时功率总是正值，波形图如图 2-27 所示。纯电阻元件在

一个周期内的瞬时功率总大于零，表示电阻总是消耗功率，把电能转换成热能，这种能量转换是不可逆的。

（2）纯电容电路的瞬时功率

设纯电容两端电压和电流方向关联时，如纯电容两端电压为 $u=U_m\sin\omega t$，则纯电容的电流为

$$i=I_m\sin(\omega t+90°)$$

所以瞬时功率为 $p=ui=U_m\sin\omega t\cdot I_m\sin(\omega t+90°)=U_mI_m\sin\omega t\cos\omega t$

$$=\frac{1}{2}U_mI_m\sin2\omega t=UI\sin2\omega t$$

电容元件的瞬时功率是随时间变化的正弦函数，其频率为电源频率的两倍，u 或 i 变化一周，功率变化两周。图 2-28 是纯电容的功率曲线，瞬时功率为正值时，电容元件吸取电源的电能，即电容充电，把电能储存在电容元件的电场中；瞬时功率为负值时，电容发出能量，即电容把电场能量归还给电源，电容器放电。纯电容元件在一个周期内的瞬时功率平均值等于零，所以电容与电源之间仅存在着能量的转换，而不消耗能量。

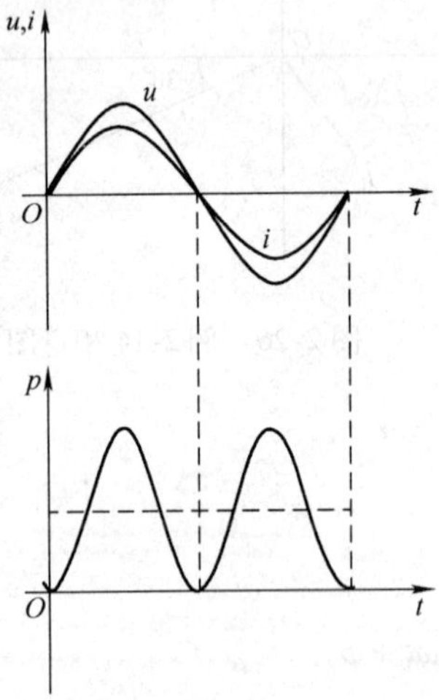

图 2-27　电阻电压电流瞬时功率波形图

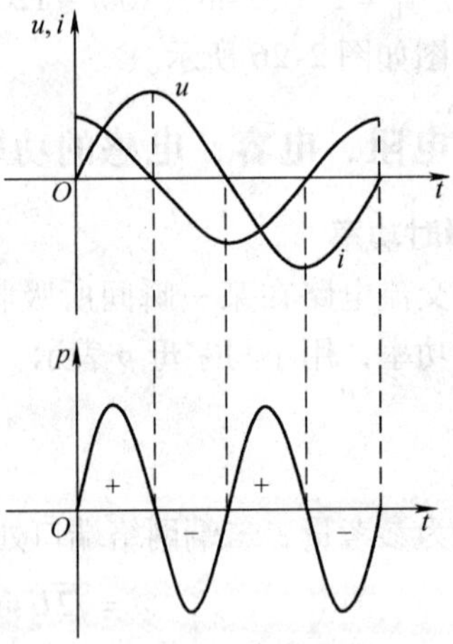

图 2-28　电容电压电流瞬时功率波形图

（3）纯电感电路的瞬时功率

设纯电感两端电压和电流方向关联，如纯电感电压为 $u=U_m\sin\omega t$，则纯电感的电流为

$$i=I_m\sin(\omega t-90°)$$

所以瞬时功率为 $p=ui=-U_mI_m\sin\omega t\cos\omega t=-\frac{1}{2}U_mI_m\sin2\omega t$

$$=-UI\sin2\omega t$$

电感元件的瞬时功率是随时间变化的正弦函数，其频率是电源频率的两倍，波形图与电容元件波形图反向。瞬时功率为负值时，电感元件发出能量，即电感把储存在线圈磁场内的磁能归还给电源；瞬时功率为正值时，电感吸收能量，即电感把电源的能量存储在线圈磁场中。在一个周期内能量消耗也为零，说明电感元件也不消耗能量，只是把电源的电能与电感元件磁场内的磁能进行周期性的转换。

图 2-29 为电感功率图。

2. 平均功率

瞬时功率在一个周期内的平均值称为平均功率，用大写字母 P 表示，即

$$P = \frac{1}{T}\int_0^T p(t)\,\mathrm{d}t$$

对于电阻元件来说，其平均功率为

$$P = \frac{1}{T}\int_0^T p\mathrm{d}t = U_R I_R = I_R^2 R = \frac{U_R^2}{R} \qquad (2\text{-}19)$$

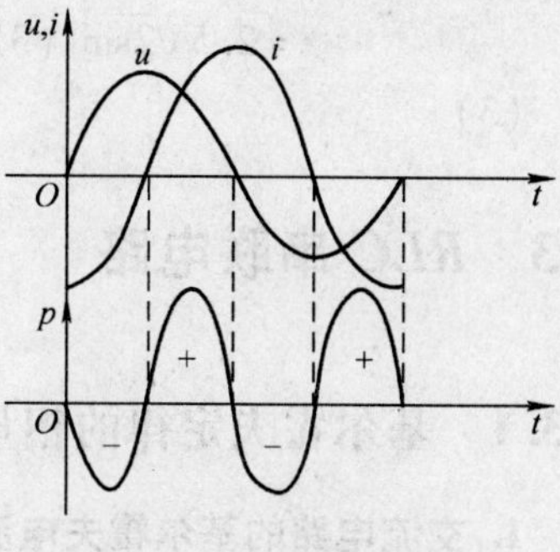

图 2-29　电感功率图

功率的单位为 W（瓦），工程上也常用 kW（千瓦）作计量单位，$1\text{kW} = 10^3\text{W}$。

注意：平均功率反映了元件实际消耗电能的情况，所以又称有功功率，简称功率。例如 40W 的灯泡，就是指灯泡的平均功率是 40W。

对于纯电感或纯电容元件来说，有

$$P = \frac{1}{T}\int_0^T p\mathrm{d}t = \frac{1}{T}\int_0^T UI\sin 2\omega t = 0$$

纯电感或纯电容元件不消耗能量。

【例 2-15】　有一电阻 $R = 100\Omega$，通过的电流 $i = 1.1\sqrt{2}\sin(100t - 120°)$ A，求电阻消耗的功率。

解
$$I = 1.1\text{A}$$
$$P = I^2 R = 1.1^2 \times 100\text{W} = 121\text{W}$$

【例 2-16】　工频电路中，电阻的电压 $\dot{U} = 100\angle 30°\text{V}$，$P = 100\text{W}$，求电阻值和电流。

解　工频电路 $\omega = 314\text{rad/s}$

（1）
$$R = \frac{U^2}{P} = \frac{100^2}{100}\Omega = 100\Omega$$

（2）
$$\dot{I} = \frac{\dot{U}}{R} = \frac{100\angle 30°}{100}\text{A} = 1\angle 30°\text{A}$$

所以电流
$$i = \sqrt{2}\sin(314t + 30°)\ \text{A}$$

3. 无功功率

纯电容或纯电感电路的平均功率虽然等于零，但电容或电感与电源之间的能量交换始终在进行着，瞬时功率不为零。为了反映这种能量交换的规模，把瞬时功率的最大值称为无功功率，用符号 Q 表示，单位为乏尔（var）。

电容的无功功率为
$$Q_C = U_C I_C = I_C^2 X_C = \frac{U_C^2}{X_C} \qquad (2\text{-}20)$$

电感的无功功率为
$$Q_L = U_L I_L = I_L^2 X_L = \frac{U_L^2}{X_L} \qquad (2\text{-}21)$$

【例 2-17】　电感 $L = 0.127\text{H}$，接在工频电路中，电压 $\dot{U} = 100\angle 30°\text{V}$。求 X_L、i、Q。

解　（1）
$$X_L = \omega L = 314 \times 0.127\Omega = 40\Omega$$

（2）
$$I = \frac{U}{X_L} = \frac{100}{40}\text{A} = 2.5\text{A}$$

$$i = 2.5\sqrt{2}\sin\ (314t + 30° - 90°)\ \text{A} = 2.5\sqrt{2}\sin\ (314t - 60°)\ \text{A}$$

(3)
$$Q = UI = 100 \times 2.5\text{var} = 250\text{var}$$

2.3 *RLC* 串联电路

2.3.1 基尔霍夫定律的相量形式

1. 交流电路的基尔霍夫电流定律

基尔霍夫电流定律的根据是电流的连续性原理。在交流电路里，任一瞬间电流也是连续的，因此在交流电路里，基尔霍夫电流定律可写为

$$\sum i = 0 \tag{2-22}$$

因为正弦交流电路中，各电流都是与电源频率相同的正弦量，所以电流的相量也应符合基尔霍夫电流定律

$$\sum \dot{I} = 0 \quad 或 \quad \sum \dot{I}_m = 0 \tag{2-23}$$

电流的正负同在直流电路中一样，由参考方向决定，参考方向指向节点的电流为正，背离节点的电流就为负。

2. 交流电路的基尔霍夫电压定律

交流电路的任一瞬间都遵从能量守恒定律，所以基尔霍夫电压定律也适用于交流电路的任一瞬间，即

$$\sum u = 0 \tag{2-24}$$

因为正弦交流电路中，各段电压都是与电源同频率的正弦量，所以相量形式的 KVL 为

$$\sum \dot{U} = 0 \quad 或 \quad \sum \dot{U}_m = 0 \tag{2-25}$$

电压的正负同在直流电路中一样由参考方向决定，若参考方向与回路的环绕方向相同的电压为正，参考方向与回路的环绕方向相反的电压就为负。

2.3.2 *RLC* 串联电路分析

电阻、电感和电容的串联电路，包含了三种不同的电路参数，是在实际工作中常常遇到的典型电路。图 2-30 所示的就是 *RLC* 串联电路。

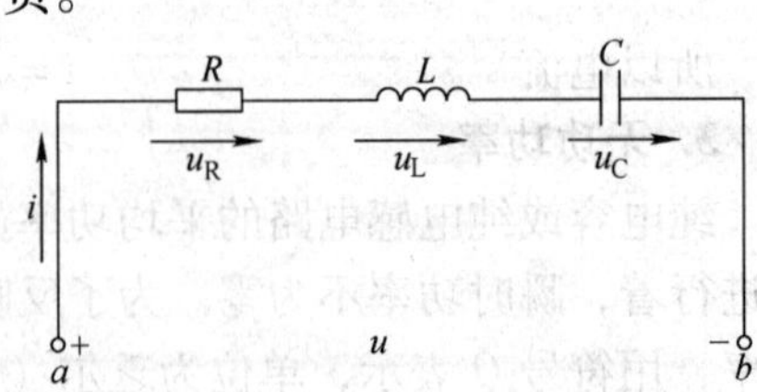

图 2-30 *RLC* 串联电路

1. *RLC* 串联电路电压间的关系

由于元件串联，任一瞬间通过各元件的电流都相同，设通过的电流为 $i = I_m \sin\omega t$

电阻两端的电压为 $$u_R = RI_m \sin\omega t$$

电感两端的电压为 $$u_L = X_L I_m \sin\ \left(\omega t + \frac{\pi}{2}\right)$$

电容两端的电压为 $$u_C = X_C I_m \sin\ \left(\omega t - \frac{\pi}{2}\right)$$

电路总电压的瞬时值为 $u = u_R + u_L + u_C$

电路总电压的相量为 $\dot{U} = \dot{U}_R + \dot{U}_L + \dot{U}_C$

图 2-31 是 i、u_R、u_L、u_C 的相量图，应用平行四边形法则，则总电压的大小为

$$U = \sqrt{U_R^2 + (U_L - U_C)^2} \tag{2-26}$$

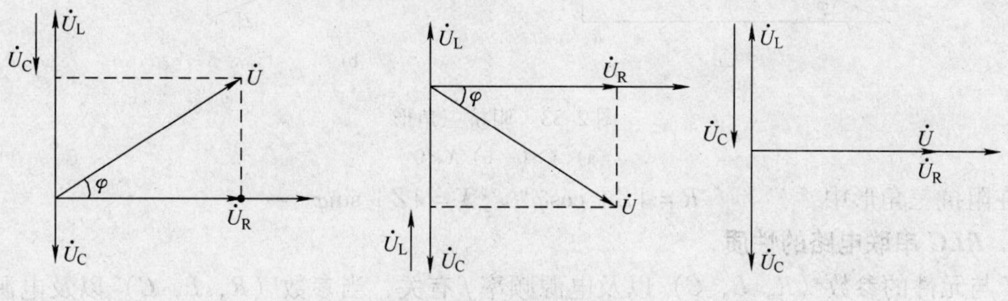

图 2-31 RLC 串联电路相量图

总电压与电流的相位差为 $\varphi = \arctan \dfrac{U_L - U_C}{U_R}$ (2-27)

注意：当 $U_L > U_C$ 时，$\varphi > 0$，总电压超前电流；当 $U_L < U_C$ 时，$\varphi < 0$，总电压滞后电流；当 $U_L = U_C$ 时，$\varphi = 0$，总电压与电流同相。

由图 2-31 可以看出，U、U_R、$(U_L - U_C)$ 是直角三角形的三个边，这个直角三角形称为电压三角形，如图 2-32 所示。

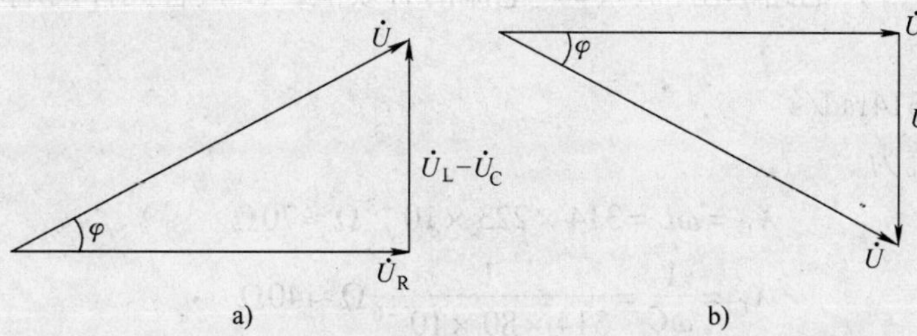

图 2-32 电压三角形

a) $U_L > U_C$ b) $U_C > U_L$

在电压三角形中 $U_R = U\cos\varphi$ $U_L - U_C = U\sin\varphi$

2. *RLC* 串联电路的阻抗

将 $U_R = RI$，$U_C = X_C I$，$U_L = X_L I$ 代入式（2-26）中，可以得到

$$U = \sqrt{(RI)^2 + I^2 (X_L - X_C)^2} = I\sqrt{R^2 + (X_L - X_C)^2}$$

$$I = \frac{U}{\sqrt{R^2 + (X_L - X_C)^2}} = \frac{U}{\sqrt{R^2 + X^2}} = \frac{U}{|Z|} \tag{2-28}$$

其中，$X = X_L - X_C$，X 称为 RLC 串联电路的电抗，单位为 Ω。

$|Z| = \sqrt{R^2 + X^2} = \sqrt{R^2 + (X_L - X_C)^2}$ 称为 RLC 串联电路的阻抗，单位为 Ω。阻抗是电压与电流有效值的比，不是相量，所以 Z 的上面不加点。

阻抗 $|Z|$、电阻 R 和电抗 X 也组成一个与电压三角形相似的直角三角形，称阻抗三角形。如图 2-33 所示，由于三个量都不是相量，所以各边都不画箭头。阻抗 $|Z|$ 与电阻 R 的

夹角 φ 称阻抗角，$\varphi=\arctan\dfrac{X}{R}$，它的大小由电路的参数（$R$，$L$，$C$）以及电源频率 f 决定。

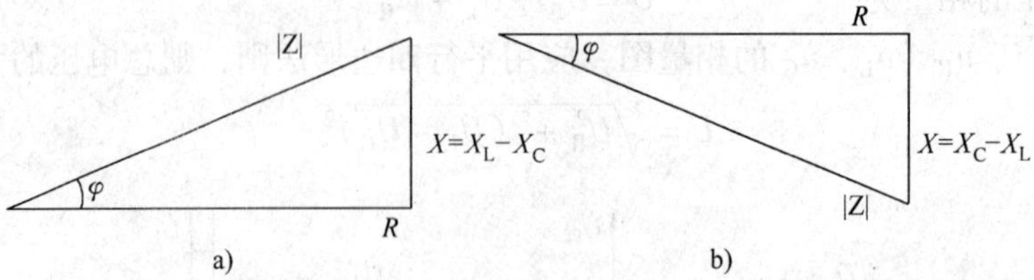

图 2-33　阻抗三角形

a）$X>0$　b）$X<0$

在阻抗三角形中　　　$R=|Z|\cos\varphi$　　$X=|Z|\sin\varphi$

3. *RLC* 串联电路的性质

X 与元件的参数（R，L，C）以及电源频率 f 有关，当参数（R，L，C）以及电源频率 f 不同时，电路呈现不同的性质。

当 $X_L>X_C$ 时，$X>0$，$\varphi>0$，总电压超前电流 φ，电路对外呈电感性质，称感性电路。

当 $X_L<X_C$ 时，$X<0$，$\varphi<0$，总电压滞后电流 φ，电路对外呈电容性质，称容性电路。

当 $X_L=X_C$ 时，$X=0$，$\varphi=0$，总电压与电流同相，电路对外呈电阻性质，称阻性电路，也叫串联谐振。

【例 2-18】　在 *RLC* 串联电路中，已知 $R=40\Omega$、$L=223\text{mH}$、$C=80\mu\text{F}$，若外加工频电压 $U=220\text{V}$，试求：（1）电路的阻抗；（2）电流的有效值；（3）各元件两端电压的有效值；（4）判断电路的性质。

解：工频　$\omega=314\text{rad/s}$

（1）电路的阻抗为

$$X_L=\omega L=314\times223\times10^{-3}\Omega\approx70\Omega$$

$$X_C=\frac{1}{\omega C}=\frac{1}{314\times80\times10^{-6}}\Omega\approx40\Omega$$

$$|Z|=\sqrt{R^2+(X_L-X_C)^2}=\sqrt{40^2+(70-40)^2}\Omega=50\Omega$$

（2）电流的有效值为

$$I=\frac{U}{|Z|}=\frac{220}{50}\text{A}=4.4\text{A}$$

（3）各元件两端的电压有效值分别为

$$U_R=IR=4.4\times40\text{V}=176\text{V}$$

$$U_L=IX_L=4.4\times70\text{V}=308\text{V}$$

$$U_C=IX_C=4.4\times40\text{V}=176\text{V}$$

（4）因为 $X_L>X_C$，则 $\varphi>0$，总电压超前电流 φ，所以电路呈电感性。

4. *RLC* 串联电路的功率

（1）有功功率

在 *RLC* 串联电路中，只有电阻消耗能量，而电感和电容不消耗能量，因此 *RLC* 串联电路中的平均功率，就是电阻上消耗的能量，即

$$P=U_RI=UI\cos\varphi \tag{2-29}$$

式中，U 是总电压，φ 是阻抗角。

（2）无功功率

电感和电容虽然不消耗能量，但与电源之间进行着周期性的能量交换，它们的无功功率分别为

$$Q_L = U_L I \quad Q_C = U_C I$$

因为电感和电容两端的电压在任何时刻都是反向的，所以 Q_L 和 Q_C 的符号总相反。因此，整个电路的无功功率为线圈和电容上的无功功率之差

$$Q = Q_L - Q_C = (U_L - U_C) I = UI\sin\varphi \tag{2-30}$$

（3）视在功率

电路中电流与总电压的乘积称为视在功率（S），即

$$S = UI \tag{2-31}$$

$$S = \sqrt{P^2 + Q^2} \tag{2-32}$$

视在功率又称表功功率，单位为伏安（VA）。视在功率是电器设备的容量。可以看出，P、Q、S 也组成一个直角三角形，称功率三角形，如图 2-34 所示。

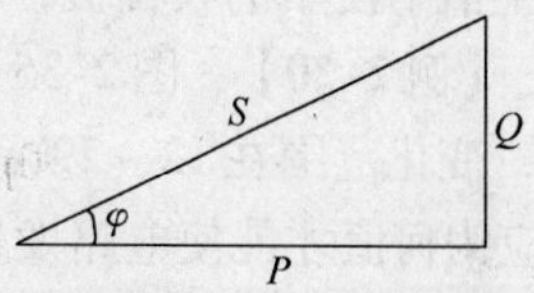

图 2-34　功率三角形

在功率三角形中，有　$P = S\cos\varphi \quad Q = S\sin\varphi$

对于串联电路，由于功率三角形、电压三角形和阻抗三角形都是相似三角形，则有

$$\cos\varphi = \frac{P}{S} = \frac{U_R}{U} = \frac{R}{|Z|}$$

$\cos\varphi$ 称为功率因数，功率因数越大电源的利用率越高，所以要尽量提高功率因数以提高电源的利用率。功率因数常用 λ 表示，$\lambda = \cos\varphi$。

【例 2-19】　由 $R = 2\Omega$、$L = 2\text{mH}$、$C = 25\mu\text{F}$ 组成的 RLC 串联电路，接在 $u = 141\sin(10000t + 30°)$ V 的电源上，求电流 I、有功功率 P、无功功率 Q 及视在功率 S。

解　$|Z| = \sqrt{R^2 + \left(\omega L - \frac{1}{\omega C}\right)^2} = \sqrt{2^2 + \left(10000 \times 2 \times 10^{-3} - \frac{10^6}{10000 \times 25}\right)^2}\Omega$

$= \sqrt{2^2 + 16^2}\Omega = 16.1\Omega$

电流　$I = \frac{U}{|Z|} = \frac{100}{16.1}\text{A} = 6.21\text{A}$

有功功率　$P = UI\cos\varphi = UI \times \frac{R}{|Z|} = 100 \times 6.21 \times \frac{2}{16.1}\text{W} = 77.1\text{W}$

无功功率　$Q = UI\sin\varphi = UI \times \frac{X}{|Z|} = 100 \times 6.21 \times \frac{16}{16.1}\text{var} = 617.1\text{var}$

视在功率　$S = UI = 100 \times 6.21\text{VA} = 621\text{VA}$

2.3.3　串联电路的谐振

RLC 串联电路中，当电源的角频率 ω、电路的参数 L 和 C 满足一定的条件时，电路中的电流与电压同相位的现象称为串联谐振。

1. 串联谐振的条件

若谐振，则有　$\varphi = 0$

即 $$X=\omega L-\frac{1}{\omega C}=0 \tag{2-33}$$

上式就是谐振的条件。显然调节电源的角频率 ω 或电路的参数 L 和 C 都能使电路谐振。若谐振频率用 ω_0（f_0）表示，则有

$$\omega_0=\frac{1}{\sqrt{LC}} \quad f_0=\frac{1}{2\pi\sqrt{LC}} \tag{2-34}$$

谐振时的频率 f_0（或角频率 ω_0）由电路的参数 L 和 C 决定，是电路所固有的，与 u、i 无关，所以 f_0（或 ω_0）常称为电路的固有频率（或固有角频率）。

当电源频率 f_s 等于电路的固有频率（即 $f_s=f_0$）时，电路发生谐振。所以电感 L 和电容 C 固定不变时，可改变电源频率使电路谐振。

当电源的频率一定时，可改变电路的参数 L 和 C，从而改变电路的固有频率 f_0，使 f_0 等于电源频率 f_s，电路也可以发生谐振现象。调节 L 或 C 使电路谐振的过程称为调谐。我们日常生活中使用的收音机，就是通过调电容使电路发生谐振，达到接收信号的目的。

【例 2-20】 图 2-35 所示电路中，已知 $L=500\mu H$，C 为可变电容，变化范围在 12~290pF，$R=10\Omega$，若信号源频率为 700kHz，则 C 应为何值才能使电路发生谐振？

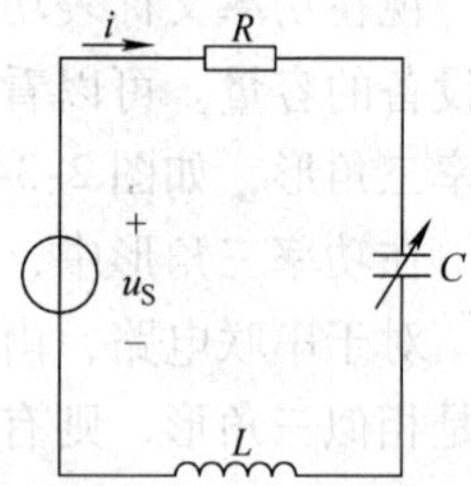

图 2-35 例 2-20 图

解： 由于电源频率一定，电感也一定，则可调电容使其谐振

由 $\omega_s=\frac{1}{\sqrt{LC}}$，得

$$C=\frac{1}{\omega_s^2 L}=\frac{1}{(2\pi f_s)^2 L}=\frac{1}{(2\pi\times700\times10^3)^2\times500\times10^{-6}}F=\frac{1}{9.66\times10^9}F$$

$$=103.5\times10^{-12}F=103.5pF$$

2. 串联谐振电路的基本特征

（1）谐振时的阻抗

因谐振时 $X=0$，则阻抗

$$|Z|=\sqrt{R^2+X^2}=R=|Z_0| \tag{2-35}$$

阻抗最小，且为纯电阻 R。

感抗 $$X_{L0}=\omega_0 L=\sqrt{\frac{L}{C}}=\rho \tag{2-36}$$

容抗 $$X_{C0}=\frac{1}{\omega_0 C}=\sqrt{\frac{L}{C}}=\rho \tag{2-37}$$

其中 $$\rho=\omega_0 L=\frac{1}{\omega_0 C}=\sqrt{\frac{L}{C}} \tag{2-38}$$

ρ 称为电路的特性阻抗，单位为 Ω。它的大小由构成电路的元件参数 L 和 C 决定，而与谐振频率的大小无关。谐振时，感抗和容抗相等且等于特性阻抗。

（2）谐振时的电流

电源电压为 U_s 时，有 $$\dot{I}_0=\frac{\dot{U}_s}{Z_0}=\frac{\dot{U}_s}{R} \tag{2-39}$$

因为谐振时阻抗最小为 R，所以 I_0 最大且与 U_s 同相。

（3）谐振时的电感电压和电容电压

谐振时，电感上电压为 $U_{L0}=I_0X_L=\dfrac{U_s}{R}\times\omega_0L=\dfrac{\rho}{R}U_s=QU_s$

电容上电压为 $U_{C0}=I_0X_C=\dfrac{U_s}{R}\times\dfrac{1}{\omega_0C}=\dfrac{\rho}{R}U_s=QU_s$

其中

$$Q=\frac{\rho}{R}=\frac{\omega_0L}{R}=\frac{X_L}{R}=\frac{I^2X_L}{I^2R}=\frac{Q_L}{P} \tag{2-40}$$

$$Q=\frac{\rho}{R}=\frac{1}{R\omega_0C}=\frac{X_C}{R}=\frac{I^2X_C}{I^2R}=\frac{Q_C}{P} \tag{2-41}$$

Q 称为串联谐振电路的品质因数。它是电路中电感（或电容）的无功功率 Q_L（或 Q_C）与电路中电阻的有功功率 P 之比；也是电路中的感抗值 X_L（或容抗值 X_C）与电路中电阻值 R 之比。谐振时电感电压和电容电压大小相等，相位相反，其大小为电源电压 U_s 的 Q 倍，即

$$U_{L0}=U_{C0}=QU_s \tag{2-42}$$

所以串联谐振又称为电压谐振。

电路的 Q 值一般在 50～200 之间。因此，即使电源电压不高，在谐振时，电路元件上的电压仍可能很高（$U_{L0}=U_{C0}=QU_s$）。特别对于电力电路来说，这就必须注意到元件的耐压问题，并且设法避免串联谐振，但在无线电技术中常利用谐振获取信号。

（4）谐振时的功率

因谐振时，$\varphi=0$，则无功功率

$$Q=Q_L-Q_C=S\sin\varphi=0$$

即谐振时电感和电容之间进行着能量交换，而与电源之间没有能量交换，电源只向电阻提供有功功率，即 $P=S$。

【例 2-21】 已知 RLC 串联电路中，$L=30\mu H$，$C=211pF$，$R=9.4\Omega$，电源电压 $U_s=100\mu V$。若电路谐振，求电源频率 f_s、回路的特性阻抗 ρ、回路的品质因数 Q 及 U_{C0}。

解： $f_s=\dfrac{1}{2\pi\sqrt{LC}}=\dfrac{1}{2\times3.14\times\sqrt{30\times10^{-6}\times211\times10^{-12}}}\text{Hz}$

$=2\times10^6\text{Hz}=2\text{MHz}$

$$\rho=\omega_0L=2\pi f_sL=2\times3.14\times2\times10^6\times30\times10^{-6}\Omega=377\Omega$$

$$Q=\frac{\rho}{R}=\frac{377}{9.4}=40$$

$$U_{C0}=QU_S=40\times100\times10^{-6}\text{V}=4\times10^{-3}\text{V}=4\text{mV}$$

2.4 三相交流电

2.4.1 三相交流电的概念

1. 对称三相电源

前面讲的都是单相交流电源，即电源输出只有两个端口。如三个单相交流电源按一定方

式组合成一个电源，则称为三相交流电源。它可以同时提供三个电压，分别是

$$
\begin{aligned}
u_A &= U_m \sin\omega t \\
u_B &= U_m \sin(\omega t - 120°) \\
u_C &= U_m \sin(\omega t + 120°)
\end{aligned} \tag{2-43}
$$

或

$$
\begin{aligned}
\dot{U}_A &= U\angle 0° \\
\dot{U}_B &= U\angle -120° \\
\dot{U}_C &= U\angle 120°
\end{aligned} \tag{2-44}
$$

图2-36是三相电源的相量图和波形图。可以看出，由于对称，三相正弦量之和为零，即

$$\dot{U}_A + \dot{U}_B + \dot{U}_C = 0 \quad u_A + u_B + u_C = 0$$

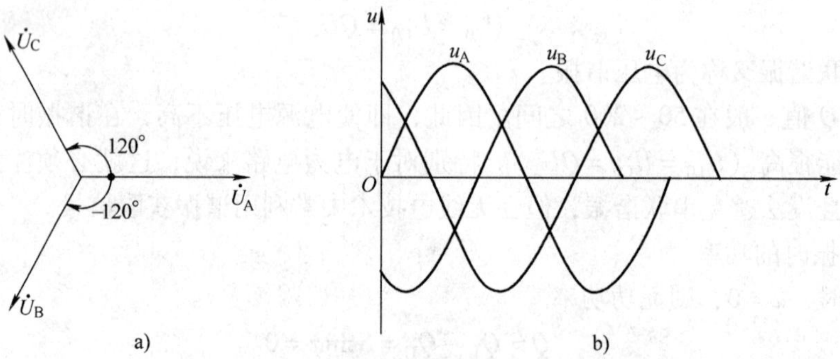

图2-36　对称三相电源的相量图和波形图

a）相量图　b）波形图

三相电源向外供电的常见方式有：星形（Y）联结和三角形（△）联结。三相发电机通常采用星形联结，而三相变压器常用三角形联结。

2. 对称三相电源的星形联结

将提供三相电源的发电机绕组的相尾X、Y、Z连接在一起称为中性点N，从中点引出的线称中线。相头A、B、C各引出一根线作输出线称端线（俗称火线），这种联结称为星形联结，如图2-37所示。有中线的称三相四线制，无中线的称三相三线制。

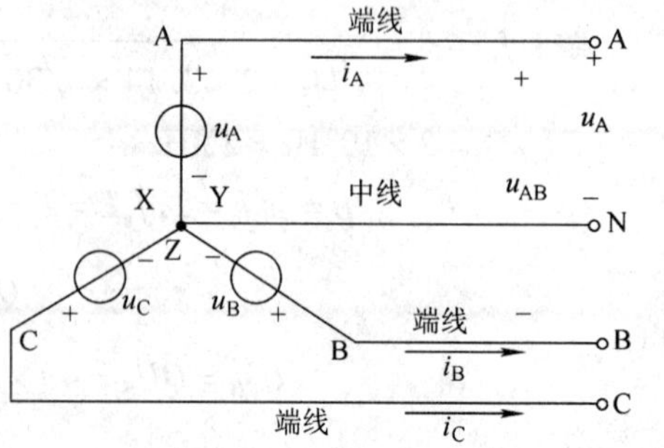

图2-37　三相电源的星形联结

端线间的电压叫线电压，分别用 u_{AB}、u_{BC}、u_{CA}表示，U_l 表示线电压的有效值。

电源每相绕组两端的电压，即端线与中线间的电压称为电源的相电压，分别用 u_A、u_B、u_C 表示，U_p 用来表示相电压的有效值。

根据基尔霍夫电压定律，有

$$\dot{U}_{AB} = \dot{U}_A - \dot{U}_B$$

$$\dot{U}_{BC} = \dot{U}_B - \dot{U}_C$$

$$\dot{U}_{CA} = \dot{U}_C - \dot{U}_A$$

由相量图 2-38 可以得出

$$U_1 = \sqrt{3}U_p \qquad (2\text{-}45)$$

$$\dot{U}_{AB} = \sqrt{3}\dot{U}_A \angle 30°$$

$$\dot{U}_{BC} = \sqrt{3}\dot{U}_B \angle 30° \qquad (2\text{-}46)$$

$$\dot{U}_{CA} = \sqrt{3}\dot{U}_C \angle 30°$$

结论：当三个相电压对称时，三个线电压也是对称的，线电压的有效值 U_1 是相电压有效值 U_p 的 $\sqrt{3}$倍，线电压越前相应相电压 30°。

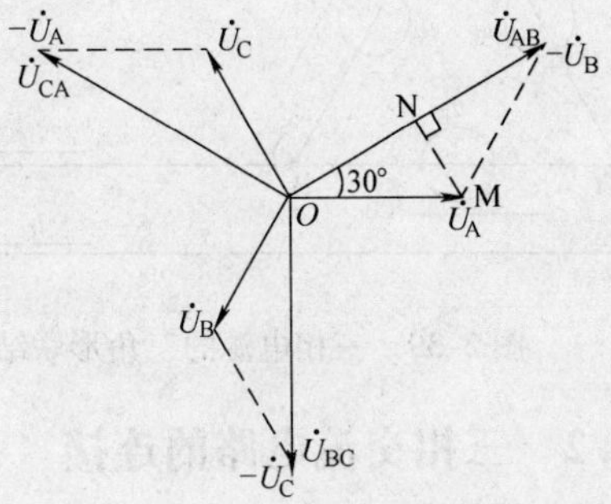

图 2-38　三相电源星形联结时电压相量图

电源星形联结并引出中线可以供应两套对称三相电压，一套是对称的相电压，另一套是对称的线电压。目前电力网的低压供电系统（市电）中，电源就是中性线接地（零线）的星形联结。此系统供电的线电压为 380V，相电压为 220V，常写作“电源电压 380V/220V”。

【例 2-22】 星形联结的三相对称电源，线电压 $u_{AB} = 380\sqrt{2}\sin 100\pi t$V，写出其他线电压和相电压的解析式。

解：从线电压的对称关系有

$$u_{BC} = 380\sqrt{2}\sin(100\pi t - 120°)\ \text{V}$$

$$u_{CA} = 380\sqrt{2}\sin(100\pi t + 120°)\ \text{V}$$

从线电压和相电压的关系，可以得出相电压分别是

$$u_A = \frac{380\sqrt{2}}{\sqrt{3}}\sin(100\pi t - 30°)\ \text{V} = 220\sqrt{2}\sin(100\pi t - 30°)\ \text{V}$$

$$u_B = 220\sqrt{2}\sin(100\pi t - 150°)\ \text{V}$$

$$u_C = 220\sqrt{2}\sin(100\pi t + 90°)\ \text{V}$$

3. 对称三相电源的三角形联结

把三相电源的三相绕组头尾依次连接成一个闭合回路，再分别从三个连接点引出三根端线，称为三角形联结，见图 2-39。显然三角形联结是三线制。

由图 2-39 可以看出，线电压与相电压相同，即

$$U_1 = U_p \quad \dot{U}_1 = \dot{U}_p \qquad (2\text{-}47)$$

三相电源接成三角形时，三相绕组构成闭合回路。因回路对称，$u_A + u_B + u_C = 0$，所以在负载断开时电源绕组内并无电流。若某相绕组接反，回路不对称时，回路内电压和不为零，这时即使外部没有负载，由于发电机每相绕组本身阻抗较小，闭合回路内将产生很大的电流，使绕组过热甚至烧坏。所以三相电源作三角形联结时，为保证三角形联结正确，应先将三相绕组接成开口三角形，经电压表闭合，如图 2-40 所示。如此表的读数是零，说明连接正确，撤去电压表将电路闭合，否则重新连接。

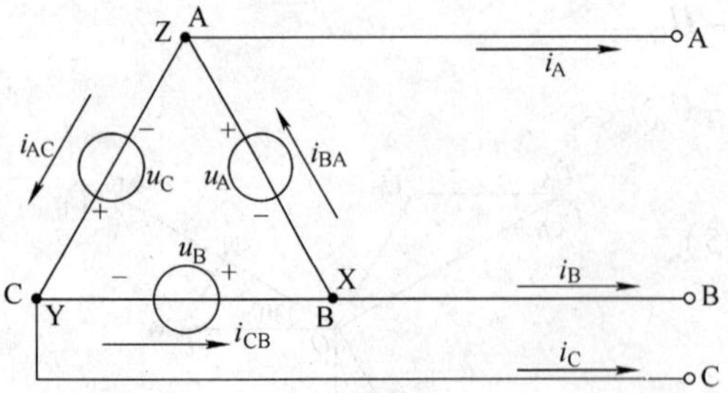

图 2-39　三相电源的三角形联结

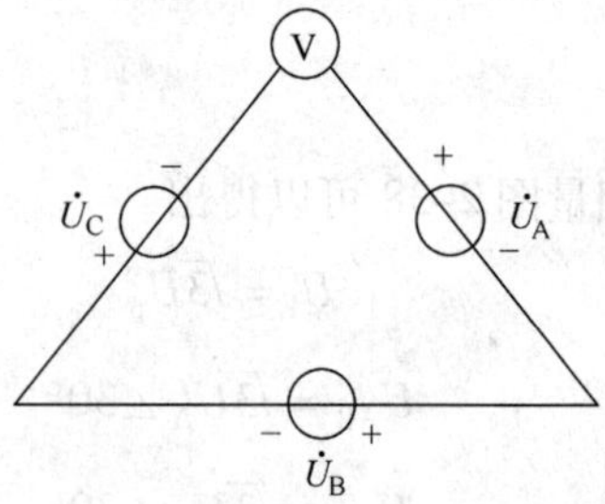

图 2-40　三角形接法测试图

2.4.2　三相交流电路的连接

与三相电源连接的负载为三相负载，其中与每一相电源连接的负载称为三相负载的一相。三相负载也有星形联结和三角形联结。三相负载与三相电源按一定方式连接起来组成三相电路。

1. 三相交流电路的星形联结

三相负载星形联结，就是把三相负载的一端共同连接成一点 N_1，另一端分别接到电源的端线上，如图 2-41 所示。

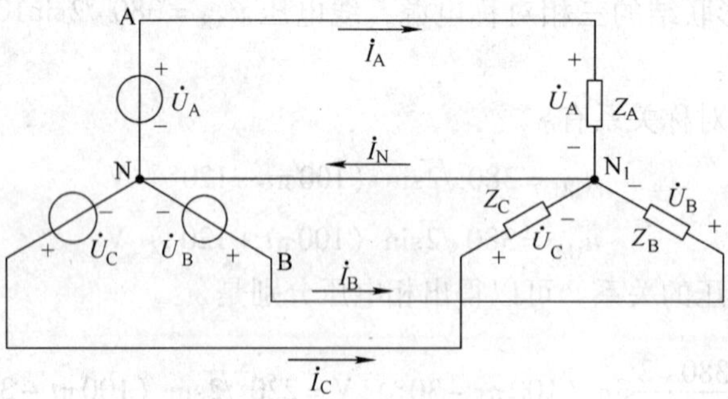

图 2-41　三相负载的星形联结

每相负载的电压称为负载的相电压，参考方向规定为自端线指向负载中性点 N_1，用 u'_A、u'_B、u'_C 表示。在三相四线制中，因为有中线的存在，每相负载的工作情况与单相交流电路相同。若忽略连接导线的阻抗（线路上的损耗），则负载相电压等于发电机绕组上对应的相电压，即

$$\dot{U}'_A = \dot{U}_A,\ \dot{U}'_B = \dot{U}_B,\ \dot{U}'_C = \dot{U}_C$$

通过端线的电流叫做线电流，参考方向规定为自电源端指向负载端，用 i_A、i_B、i_C 表示，有效值以 I_l 表示。流过负载的电流叫做相电流，参考方向与相电压关联，有效值为 I_p。星形联结电路中的线电流与相应的相电流显然是相等的，

即

$$I_l = I_p \quad \dot{I}_l = \dot{I}_p \tag{2-48}$$

若每相负载的复数阻抗都相同，则称为对称负载。三相电路中若电源对称，负载也对称，则称为对称三相电路。

对于三相对称电路，相电流也是对称的，其相量和等于零，即中线电流为零，说明 N 点与 N_1 点是等电位点，中线断开对负载的相电压与相电流无任何影响。因此，可以省去中

线，成为三相三线制对称电路。

（1）三相三线制对称电路

对称的三相三线制电路中，电源和负载都是对称的，如要计算电压、电流的有效值，由于对称性只需计算任一相就可以了。即

$$U_p=\frac{U_1}{\sqrt{3}},\ I_p=I_1=\frac{U_p}{|Z|}$$

每相功率因数为
$$\lambda=\cos\varphi=\frac{R}{|Z|}$$

式中，$|Z|$ 是每相负载的阻抗；R 是每相负载的电阻；φ 是每相负载的阻抗角。

三相感应电动机就是对称三相负载，故采用对称三相三线制供电。

【例 2-23】 如三相对称负载作星形联结，设每相的电阻为 $R=12\Omega$，感抗为 $X_L=16\Omega$，电源线电压 $U_1=380V$，试求相电流及线电流。

解 由于负载对称，相电压为

$$U_p=\frac{U_1}{\sqrt{3}}=\frac{380}{\sqrt{3}}V=220V$$

$$|Z|=\sqrt{R^2+X_L^2}=\sqrt{12^2+16^2}\Omega=20\Omega$$

因为是星形联结，相电流和线电流相同，即

$$I_1=I_p=\frac{U_p}{|Z|}=\frac{220}{20}A=11A$$

（2）三相四线制电路

三相负载很多情况下是不对称的，最常见的照明电路就是不对称负载，照明电路必须连接成有中性线的星形三相电路，即三相四线制电路。

由于三相负载不对称，而负载的相电压都是220V，所以相电流不对称，即中线电流不为零，此时中线不能断开，否则可能造成危险。因此三相负载不对称时，必须连接成三相四线制电路，而且任何时候中线上都不能装熔丝（保险丝），有时甚至用钢线做中线。

【例 2-24】 不对称三相负载电路的各项参数如图 2-42a 所示，当 C 相和中线断开时，会出现什么情况？

解 由于 C 相和中线断开，电路就变成图 2-42b，即 40W 灯和 100W 灯串联后接在 380V 电压之间。

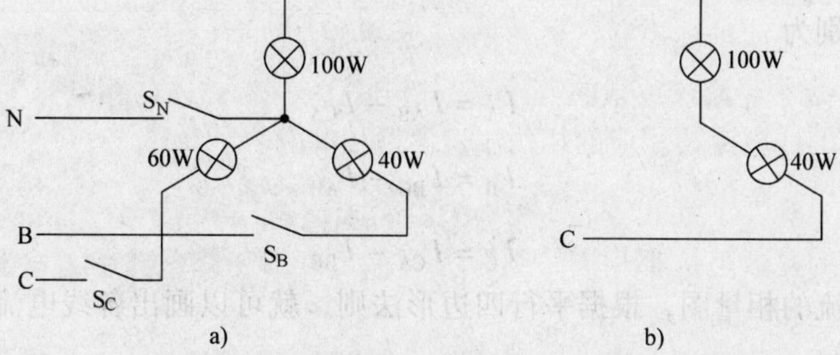

图 2-42 例 2-24 图

40W 灯的阻值是 $$R_1=\frac{U^2}{P_1}=\frac{220^2}{40}\Omega=1210\Omega$$

100W 灯的阻值是 $$R_2=\frac{U^2}{P_2}=\frac{220^2}{100}\Omega=484\Omega$$

各灯两端的电压是 $$U_1=\frac{U_1}{R_1+R_2}\times R_1=271\text{V}$$

$$U_2=\frac{U_1}{R_1+R_2}\times R_2=109\text{V}$$

由于 100W 灯的电阻比 40W 灯的电阻小，所以 100W 的灯两端分得的电压也小，实际吸收的功率少，灯较暗。而 40W 的灯两端的电压大于 220V，可能被烧毁。

2. 三相交流电路的三角形联结

当三相负载接成三角形时，就构成三相三角形负载，见图 2-43。负载为三角形联结时不用中线，故不论负载对称与否，电路均为三相三线制。

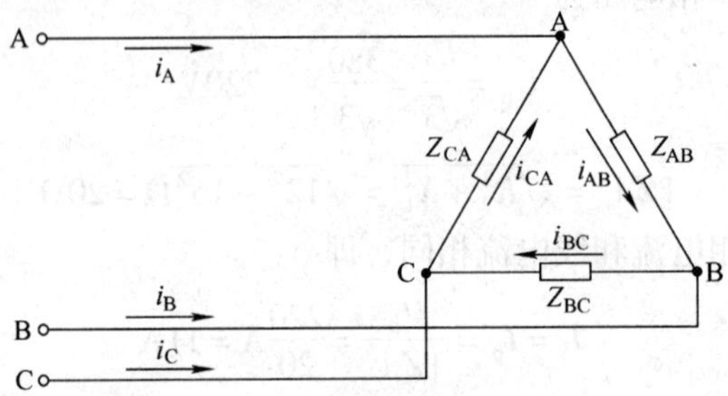

图 2-43　连接成三角形的负载

规定三角形联结时，负载相电压与线电压参考方向相同，故负载相电压等于线电压，即 $U_1=U_p$，$\dot{U}_1=\dot{U}_p$。

以 i_{AB}、i_{BC}、i_{CA} 表示各相电流，如相电流与相电压的参考方向关联，则有

$$\dot{I}_{AB}=\frac{\dot{U}_{AB}}{Z_{AB}},\ \dot{I}_{BC}=\frac{\dot{U}_{BC}}{Z_{BC}},\ \dot{I}_{CA}=\frac{\dot{U}_{CA}}{Z_{CA}}$$

若三相负载对称，有 $$Z_{AB}=Z_{BC}=Z_{CA}=Z$$

则对称电源对称负载的相电流为 $$I_{AB}=I_{BC}=I_{CA}=\frac{U_{AB}}{Z}$$

即负载相电流也是对称的。

各线电流分别为

$$\dot{I}_A=\dot{I}_{AB}-\dot{I}_{CA}$$

$$\dot{I}_B=\dot{I}_{BC}-\dot{I}_{AB}$$

$$\dot{I}_C=\dot{I}_{CA}-\dot{I}_{BC}$$

由负载相电流的相量图，根据平行四边形法则，就可以画出各线电流的相量图，如图 2-44 所示。

可以看出，负载相电流对称时，线电流也是对称的，线电流是对应负载相电流的$\sqrt{3}$倍，

而滞后于对应相电流 30°，即

$$I_l = \sqrt{3} I_p \tag{2-49}$$

$$\begin{aligned} \dot{I}_A &= \sqrt{3}\,\dot{I}_{AB} \angle -30° \\ \dot{I}_B &= \sqrt{3}\,\dot{I}_{BC} \angle -30° \\ \dot{I}_C &= \sqrt{3}\,\dot{I}_{CA} \angle -30° \end{aligned} \tag{2-50}$$

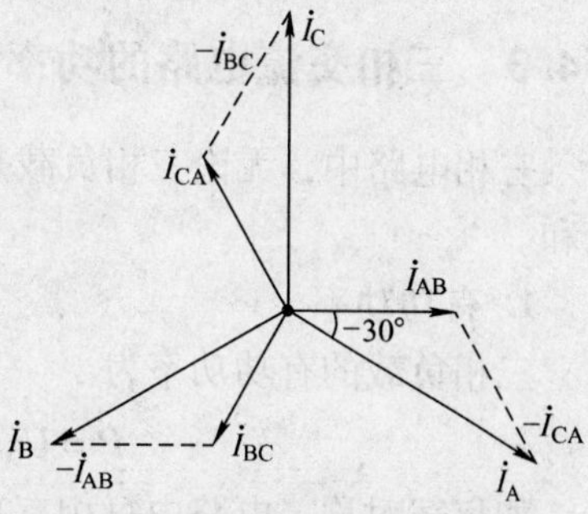

图 2-44　三角形负载的电流相量图

对于对称电路来说，求电压或电流的有效值时，计算任一相都可以。

$$U_p = U_l,\ I_p = \frac{U_p}{|Z|},\ I_l = \sqrt{3} I_p$$

根据 KCL 定律，三角形负载三个线电流之和恒为零，与电路是否对称及负载如何连接无关。

$$\dot{I}_A + \dot{I}_B + \dot{I}_C = 0$$

【例 2-25】　有三个 100Ω 的电阻，将它们连接成星形或三角形，分别接到线电压为 380V 的对称三相电源上。求线电压、相电压、线电流和相电流各是多少？

解：负载作星形联结，如图 2-45a 所示。

负载的线电压为　$U_l = 380\text{V}$

相电压为　$U_p = \dfrac{U_l}{\sqrt{3}} = \dfrac{380}{\sqrt{3}}\text{V} = 220\text{V}$

线电流等于相电流　$I_p = I_l = \dfrac{U_p}{R} = \dfrac{220}{100}\text{A} = 2.2\text{A}$

负载作三角形联结，如图 2-45b 所示。

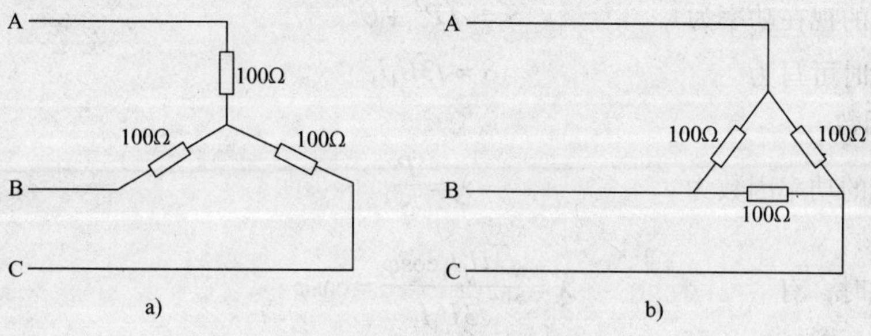

图 2-45　例 2-25 图

负载的线电压和相电压相等　$U_l = U_p = 380\text{V}$

相电流为　$I_p = \dfrac{U_p}{R} = \dfrac{380}{100}\text{A} = 3.8\text{A}$

线电流为　$I_l = \sqrt{3} I_p = \sqrt{3} \times 3.8\text{A} \approx 6.58\text{A}$

结论：对称负载三角形联结时，线电流是对称负载星形联结时线电流的 3 倍。

$$I_{\Delta l} = 3 I_{Yl}$$

2.4.3 三相交流电路的功率

三相电路中，无论三相负载是否对称，负载总有功功率或无功功率等于各相的相应功率之和。

1. 有功功率

三相负载的有功功率为 $P = P_A + P_B + P_C$

$$P = U_A I_A \cos\varphi_A + U_B I_B \cos\varphi_B + U_C I_C \cos\varphi_C$$

如负载对称，电路中每相有功功率相同，则

$$P = 3U_p I_p \cos\varphi \tag{2-51}$$

对于星形联结，有 $U_p = \dfrac{U_1}{\sqrt{3}}$，$I_p = I_1$

而三角形联结，有 $U_p = U_1$，$I_p = \dfrac{I_1}{\sqrt{3}}$

代入式（2-51），都有 $P = \dfrac{3}{\sqrt{3}} U_1 I_1 \cos\varphi = \sqrt{3} U_1 I_1 \cos\varphi$ （2-52）

注意：式（2-52）中，φ 是负载相电压和负载相电流之间的相位差，而不是线电压与线电流之间的相位差。三相电动机铭牌上标明的有功功率都是指三相总有功功率。

2. 无功功率

三相负载的无功功率为

$$\begin{aligned} Q &= Q_A + Q_B + Q_C \\ &= U_A I_A \sin\varphi_A + U_B I_B \sin\varphi_B + U_C I_C \sin\varphi_C \end{aligned}$$

同上，对称电路中，无论负载为何种联结，三相无功功率均是

$$Q = 3U_p I_p \sin\varphi = \sqrt{3} U_1 I_1 \sin\varphi \tag{2-53}$$

3. 视在功率

三相负载的视在功率为 $S = \sqrt{P^2 + Q^2}$ （2-54）

对称负载时可写为 $S = \sqrt{3} U_1 I_1$ （2-55）

4. 功率因数

三相负载的功率因数为 $\lambda = \dfrac{P}{S}$

对称负载时，有 $\lambda = \dfrac{\sqrt{3} U_1 I_1 \cos\varphi}{\sqrt{3} U_1 I_1} = \cos\varphi$

即对称电路中，三相电路的功率因数等于每相负载的功率因数 $\lambda = \cos\varphi$。

【例 2-26】 一个 3kW 的三相电动机，绕阻为星形联结，接在 $U_1 = 380\text{V}$ 的三相电源上，$\lambda = \cos\varphi = 0.8$，试求负载的相电压及相电流。

解

对于星形联结，有 $I_p = I_1 = \dfrac{P}{\sqrt{3} U_1 \cos\varphi} = \dfrac{3000}{\sqrt{3} \times 380 \times 0.8}\text{A} = 5.7\text{A}$

$$U_p = \frac{U_1}{\sqrt{3}} = \frac{380}{\sqrt{3}}\text{V} = 220\text{V}$$

2.5 互感与变压器

互感与变压器都是多端元件，在实际电子电路中应用非常广泛。

2.5.1 互感电路的概念

1. 互感现象

单个线圈中的电流发生变化时，线圈中产生变化的磁通 Φ 和变化的磁链（$\Psi = N\Phi$），从而在线圈中感应出电压（自感电压）的现象叫自感现象。变化的磁链与产生该磁链的电流的比，称为线圈的自感系数，用 L 表示，$L = \Psi/i$。

如果在匝数为 N_1 的线圈Ⅰ附近，放置另一个匝数为 N_2 的线圈Ⅱ，如图2-46所示。当线圈Ⅰ中通过变化的电流 i_1 时，在线圈Ⅰ中产生变化的自感磁通 Φ_{11} 和变化的自感磁链（$\Psi_{11} = N_1\Phi_{11}$），进而产生自感电压 U_{L1}。由于两线圈放置得很近，磁通 Φ_{11} 中一部分磁通 Φ_{21} 穿过线圈Ⅱ，对线圈Ⅱ来说，这部分磁通叫互感磁通。随着 i_1 的变化，互感磁通 Φ_{21} 和互感磁链（$\Psi_{21} = N_2\Phi_{21}$）也变化，因而在线圈Ⅱ中同样也产生感应电压 U_{21}。同理，如果线圈Ⅱ中有电流 i_2 变化，线圈Ⅱ中会产生自感电压 U_{L2}，而在线圈Ⅰ中也会产生感应电压 U_{12}。这种因为一个线圈中电流变化而在另一个线圈中产生感应电压的现象称为互感现象。由于互感作用而产生的电压称为互感电压。两线圈的磁通相互穿过对方线圈的现象称为磁耦合（匝链）。

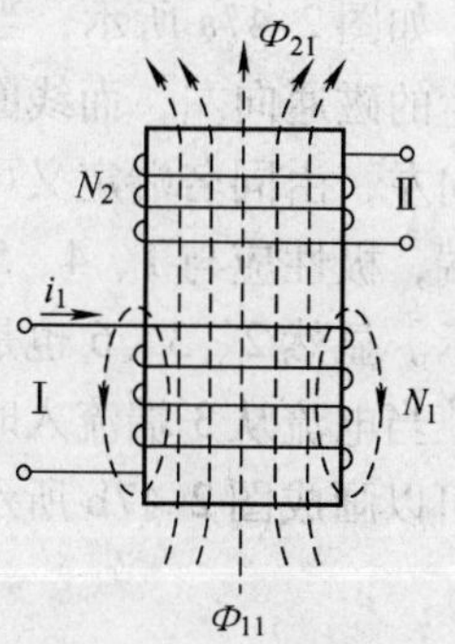

图2-46 两线圈的互感

2. 互感系数

在两个有磁耦合的线圈中，互感磁链与产生此磁链的电流的比值，叫做这两个线圈的互感系数，简称互感，用符号 M 表示。即

$$M_{21} = \frac{\Psi_{21}}{i_1} \quad M_{12} = \frac{\Psi_{12}}{i_2} \tag{2-56}$$

对于理想线圈有

$$M_{21} = M_{12} = M \tag{2-57}$$

互感系数的单位是亨（H）。互感系数只和这两个线圈的结构、几何尺寸、相互位置及磁介质有关。当用磁性材料作耦合磁路时，M 是变量。

3. 耦合系数

两个线圈耦合，一般情况下电流的磁通只有部分相互交链，彼此不交链部分称为漏磁通。为了说明两耦合线圈相互交链磁通的多少，即两个线圈耦合的紧密程度，引入耦合系数 k。

$$k = \frac{M}{\sqrt{L_1 L_2}} \tag{2-58}$$

可以推出

$$k = \sqrt{\frac{M_{12}M_{21}}{L_1 L_2}} = \sqrt{\frac{\Psi_{12}\Psi_{21}}{\Psi_{11}\Psi_{22}}} = \sqrt{\frac{\Phi_{12}\Phi_{21}}{\Phi_{11}\Phi_{22}}}$$

通常 $\Phi_{21} < \Phi_{11}$，$\Phi_{12} < \Phi_{22}$ 所以

$$0 \leqslant k \leqslant 1$$

k 接近零时为松耦合；k 近似1时为紧耦合；$k=1$ 时为全耦合，此时自感磁通都是互感

磁通。k 的大小与线圈的结构、两线圈的相互位置及周围磁介质的性质有关，改变两线圈的相互位置可以改变 M 的大小，这就是可变电感器的原理。

2.5.2 互感线圈同名端的测试方法

在电子电路中，对于两个或两个以上的有电磁耦合的线圈，常常需要知道互感电压的极性。例如，LC 正弦波振荡器中，必须使互感线圈的极性正确连接，才能产生振荡。但是在实际的电路图上，要把每个线圈的绕法和各线圈的相对位置都画出来，运用楞次定律来判断感应电压的极性是不实际的，因此在电路图中用同名端标记来解决这一问题。

1. 同名端的概念

当两相邻线圈通入电流后，所产生的磁通方向相同，即相互增强，则这两个线圈的电流流入端为同名端，用“ * ”或“ · ”表示。同名端电压极性相同。

如图 2-47a 所示，当线圈 a 中通以电流 i（实际方向如图中虚线箭头所示），在线圈 a 中产生的磁通向左，而线圈 b 中电流从端 4 进入、线圈 c 中电流从端 5 进入时，产生的磁通也都向左，由同名端定义可知 1、4、5 端为同名端，电压极性相同。因 2、3、6 端都是电流输出端，极性应与 1、4、5 的极性相反。如 1、4、5 为正极，2、3、6 就为负极，如图 2-47a 所示。显然 2、3、6 也是同名端。

当电流从 3 端流入时，由同名端定义，用同名端“ • ”标出后，图 2-47a 的三个线圈就可以画成图 2-47b 所示的简单形式。

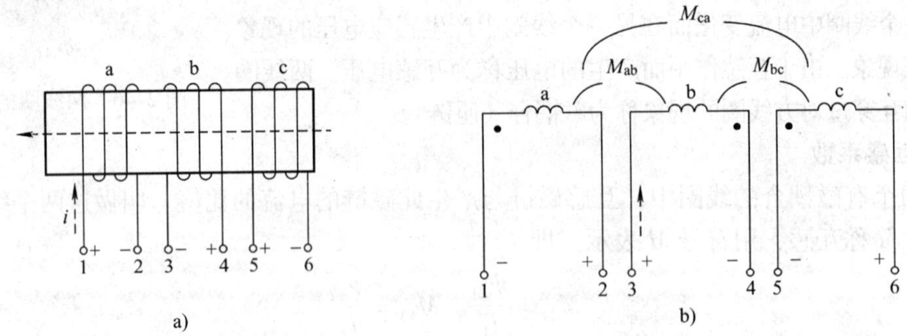

图 2-47 线圈的同名端

2. 同名端的判断方法

若两互感线圈中分别有电流 i_1、i_2 流入，且 i_1 产生的磁通与 i_2 产生的磁通是相互增强的，那么 i_1、i_2 的流入端口就是同名端，这就是同名端的判断方法。

如图 2-48 所示，由同名端的判断方法，标出了互感线圈的同名端。

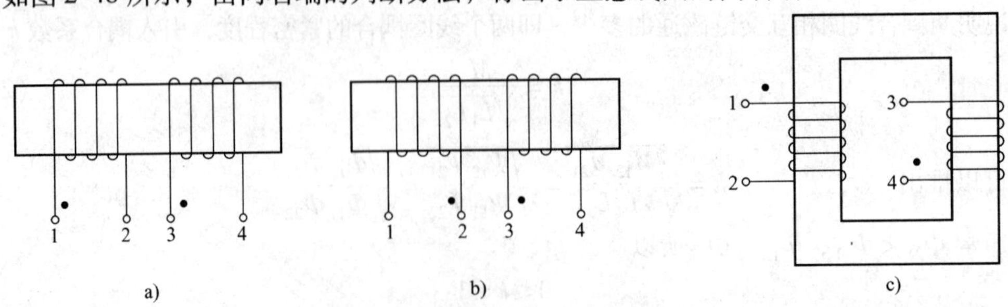

图 2-48 互感线圈同名端的判断

对于图 2-49，因为没有一根磁感应线可以同时穿过这三个线圈，所以这三个线圈不像图 2-47a 中的三个线圈那样具有共同的同名端，而只能每两个线圈之间有同名端，所以有三组同名端，须用不同的符号来区分。对于线圈 a、b 来说，其同名端 1、4 用“•”表示，线圈 b、c 的同名端 3、6 用“*”表示，线圈 c、a 的同名端 6、1 用“△”表示。

在实际工作中，有时会碰到两个互感线圈的绕向无法判别的情况。例如有些设备中的线圈是封装着的。这时常用试验方法来测定两线圈的同名端，接线方式如图 2-50 所示。按下开关电路接通瞬间，电流 i 由端子 1 流入，如果此时电流计 G 向正方向偏转，则与电流计 G 正端相连的端子 3 和端子 1 是同名端。因为 1 端是高电位，3 端这时也是高电位。若电流计 G 反向偏转，则端子 4 和端子 1 是同名端。

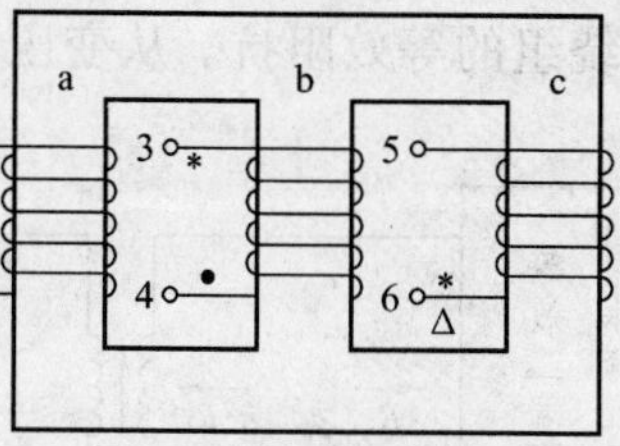

图 2-49　三个线圈的同名端标记

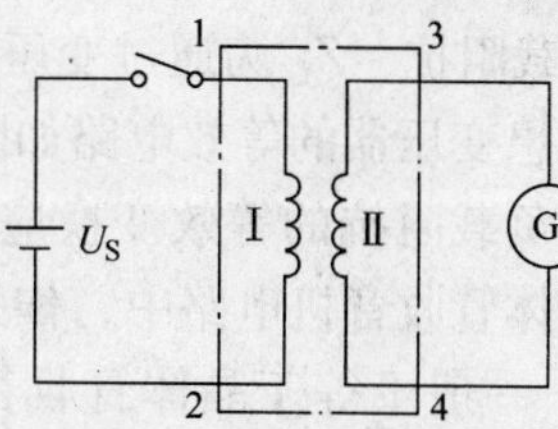

图 2-50　同名端的测定

2.5.3　理想变压器

1. 理想变压器

利用互感耦合实现从一个电路向另一个电路传递能量和信号的装置称为变压器。理想变压器是实际变压器忽略某些条件而抽象出的理想化装置。它由两个耦合线圈组成，电路图如图 2-51 所示。其中与电源相连的线圈为原线圈（一次绕组），与负载相连的线圈为副线圈（二次绕组）。

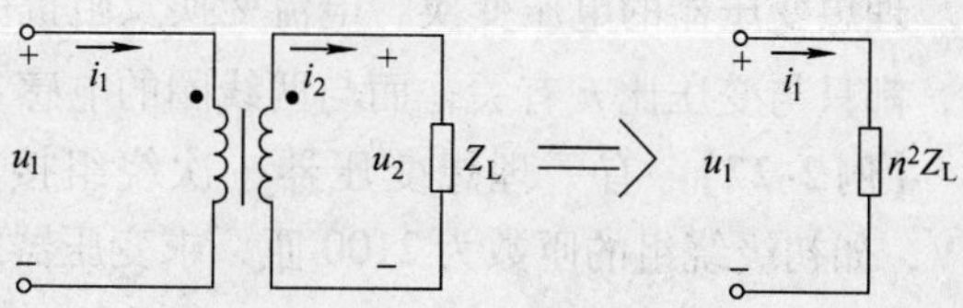

图 2-51　理想变压器的等效电路

2. 理想变压器的电压比

变压器中电压、电流的参考方向关联时，若一次绕组匝数为 N_1，二次绕组匝数为 N_2，则有

$$\frac{U_1}{U_2}=\frac{N_1}{N_2}=n \tag{2-59}$$

一、二次绕组的端电压与它们的匝数成正比。$n=\frac{N_1}{N_2}$称为变压器的变压比（或变换系数）。

当 $n>1$ 时，$U_1>U_2$，称为降压变压器；当 $n<1$ 时，$U_1<U_2$，称为升压变压器。

3. 理想变压器的电流比

由于理想变压器不储能也不耗能，只传递能量，所以一次、二次绕组的功率相等，即

$$U_1I_1=U_2I_2$$

则有

$$\frac{I_1}{I_2}=\frac{U_2}{U_1}=\frac{N_2}{N_1}=\frac{1}{n} \tag{2-60}$$

一次绕组电流 I_1 和二次绕组电流 I_2 与它们的端电压成反比，因而高压端的电流小，可用细导线作绕组；低压端的电流大，则用粗导线作绕组。

又
$$I_1=\frac{1}{n}I_2$$

即 I_2 增大时，I_1 也增大；I_2 减小时，I_1 也随之减小。

4. 理想变压器的阻抗变换

图 2-51a 中从一次绕组端看进去的输入阻抗为

$$Z=\frac{U_1}{I_1}=\frac{nU_2}{\frac{1}{n}I_2}=n^2Z_L \tag{2-61}$$

Z 为负载阻抗，Z_L 为通过变压器等效变换到一次绕组的等效阻抗。从变压器一次侧看进去时，理想变压器的等效电路如图 2-51b 所示。

变压器负载阻抗的等效变换应用非常广泛。例如，在晶体管收音机电路中，作为负载的扬声器电阻 R_L，一般不等于晶体管收音机二端网络的等效内阻 R_i，这就需要用变压器进行等效变换，以满足 $R_i=n^2R_L$，达到阻抗匹配，此时扬声器获得最大的功率，如图 2-52 所示。

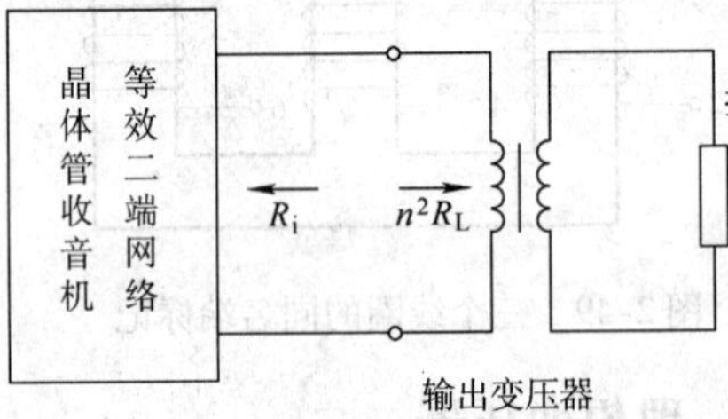

图 2-52　阻抗变换的应用

理想变压器的电压变换、电流变换及阻抗变换，都只与变压比 n 有关，而与两线圈的电感 L_1、L_2 及互感 M 无关。

【例 2-27】 有一理想变压器一次绕组接在 220V 电压上，测得二次绕组的端电压为 22V，如初级绕组的匝数为 2100 匝，求变压器的变压比和二次绕组的匝数。

解：
$$n=\frac{U_1}{U_2}=\frac{220}{22}=10$$

由 $N_1/N_2=n$，得

$$N_2=\frac{N_1}{n}=\frac{2100}{10}\text{匝}=210\text{ 匝}$$

【例 2-28】 某晶体管收音机输出变压器的一次绕组匝数 $N_1=230$ 匝，二次绕组匝数 $N_2=80$ 匝。原来配有音圈阻抗为 8Ω 的电动扬声器，现在要改接 4Ω 的扬声器，问输出变压器二次绕组的匝数应如何变动（一次绕组匝数不变）。

解　设输出变压器二次绕组变动后的匝数为 N'_2，则

当 $R_L=8\Omega$ 时，
$$Z=n^2\times R_L=\left(\frac{230}{80}\right)^2\times 8\Omega$$

当 $R_L=4\Omega$ 时，
$$Z'=n'^2\times R'_L=\left(\frac{230}{N'_2}\right)^2\times 4\Omega$$

根据题意 $Z=Z'$，即
$$\frac{230^2}{(80)^2}\times 8=\frac{230^2}{(N'_2)^2}\times 4$$

则
$$N'_2=\frac{80}{\sqrt{2}}\text{匝}\approx 57\text{ 匝}$$

2.6 实训

2.6.1 电阻、电容、电感元件的频率特性

1. 实验目的

验证电阻、感抗、容抗与频率的关系，测定 R-f，X_L-f 与 X_c-f 特性曲线。

2. 实验原理

在正弦交变信号作用下，R、L、C 元件在电路中的抗流作用与信号频率关系如下：

1）纯电阻元件 R 的阻抗 $Z=R$。

2）纯电感元件 L 的感抗 $X_L=2\pi fL$。

3）纯电容元件 C 的容抗 $X_C=\dfrac{1}{2\pi fC}$。

3. 实验设备（见表 2-1）

表 2-1 实验设备

序号	名称	型号与规格	数量
1	函数信号发生器	15Hz ~ 150kHz	1
2	晶体管毫伏表	1mV ~ 300V	1
3	被测电路元件	$R=1\text{k}\Omega$，$C=1\mu\text{F}$ $L=15\text{mH}$，$r=100\Omega$	1

4. 实验内容与步骤

实验线路如图 2-53 所示，R、L、C 为被测元件，r 为电流取样电阻。改变信号源的频率，分别测量每一元件两端的电压，而流过被测元件的电流 I，则可由 U_r/r 计算得到。

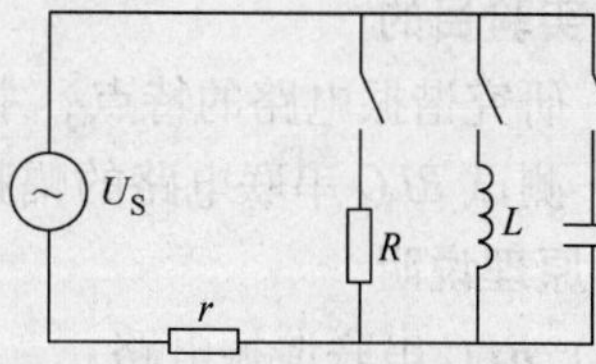

图 2-53 R、L、C 频率特性线路图

1）将函数信号发生器输出的正弦信号接至实验电路的输入端，并用晶体管毫伏表测量，使输入电压的有效值为 $U_S=3\text{V}$，并保持不变。

2）调信号源的输出频率从 100Hz 逐渐增至 5kHz，并使开关分别接通 R、L、C 三个元件，用晶体管毫伏表分别测量 U_R、U_L、U_C 及相应的 U_r 之值，并通过计算得到各频率点时的 R、X_L 与 X_C 之值，记入表 2-2 中。

表 2-2 元件的阻抗频率特性

	频率 f/kHz	100	200	500	1k	2k	3k	4k	5k
R	U_r/mV								
	$I_R=U_r/r$/mA								
	U_R/mV								
	$R=U_R/I_R$/kΩ								

（续）

频率 f/kHz		100	200	500	1k	2k	3k	4k	5k
L	U_r/mV								
	$I_R = U_r/r$/mA								
	U_L/mV								
	$X_L = U_L/I_L$/kΩ								
C	U_r/mV								
	$I_c = U_r/r$/mA								
	U_c/mV								
	$X_c = U_c/I_c$/kΩ								

5. 实验注意事项

晶体管毫伏表属于高阻抗电表，测量前必须先用测笔短接两个测试端钮，使指针逐渐回零后再进行测量。

6. 预习思考题

1）测量 R、L、C 元件的频率特性时，如何测量流过被测元件的电流？为什么要与它们串联一个小电阻？

2）在直流电路中，C 和 L 的作用如何？

7. 实验报告

1）根据表中实验数据，在坐标纸上分别绘制 R、L、C 三个元件的频率特性曲线。

2）根据实验数据，总结归纳出本次实验的结论。

2.6.2 *RLC* 串联电路幅频特性的测定

1. 实验目的

1）研究谐振电路的特点，掌握电路品质因数 Q 的物理意义。

2）测试 RLC 串联电路的幅频特性曲线，观测串联谐振现象。

2. 原理说明

（1）RLC 串联谐振电路

在 R、L、C 串联电路中，当正弦交流信号源的频率 f 改变而幅值 U_i 维持不变时，电路中的感抗、容抗随之而变，电路中的电流也随 f 而变。

$$I = \frac{U_i}{\sqrt{(R+r)^2 + \left(\omega L - \frac{1}{\omega C}\right)^2}}$$

当 $\omega L = \frac{1}{\omega C}$ 时，电路谐振，谐振频率为

$$f_0 = \frac{1}{2\pi\sqrt{LC}}$$

当输入电压 U_i 维持不变时，在不同频率信号的激励下，测出 R 两端的电压 U_o 之值，然后以 f 为横坐标，以电流 I（$I = \frac{U_o}{R}$）为纵坐标，绘出光滑的曲线，即为电流谐振曲线。

(2) 串联谐振的特征

1) 阻抗 $Z_0 = R + r$ 为最小，且是纯电阻性的。

2) 感抗与容抗相等，即 $X_L = X_C$。

3) 谐振电流最大，$I_0 = \dfrac{U_i}{R + r}$；

4) 当 $X_L = X_C > R$ 时，$U_{L0} = U_{C0} = QU_i$，当 Q 值很大时，$U_{L0} = U_{C0} >> U_i$ 称为过电压现象。

(3) 谐振电路的品质因数

RLC 串联谐振电路品质因数 Q 的定义为 $Q = \dfrac{U_{L0}}{U_i} = \dfrac{U_{C0}}{U_i}$

故可通过测量谐振时，C 和 L 上的电压 U_{L0} 和 U_{C0} 及输入电压 U_i，从而求得 Q 值的大小。

Q 值越大，曲线越尖锐，通频带越窄，电路的选择性越好。在恒压源供电时，电路的品质因数、选择性与通频带只决定于电路本身的参数，而与信号源无关。

3. 实验设备（见表 2-3）

表 2-3 实验设备

序号	名称	型号与规格
1	函数信号发生器	15Hz ~ 150kHz
2	交流毫伏表	1mV ~ 300V
3	谐振电路实验电路板	$R = 330\Omega$，$1k\Omega$ $C = 0.01\mu F$，$L \approx 25mH$

4. 实验内容与步骤

按图 2-54 组成测量电路，取 $R = 330\Omega$，用交流毫伏表监测信号源输出电压，使 $U_i = 1V$，并保持不变。

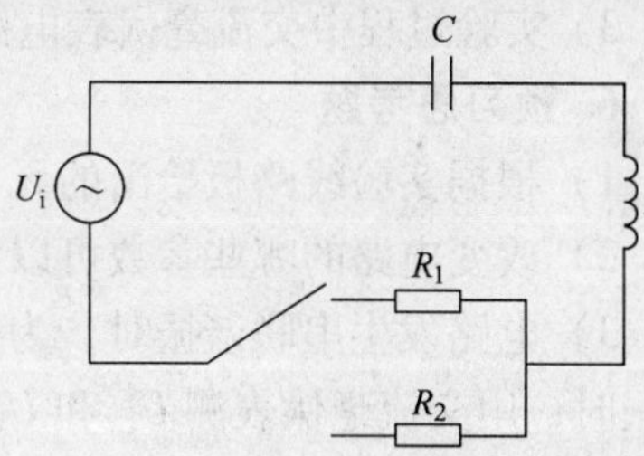

图 2-54 RLC 串联电路幅频特性的测定

(1) 寻找谐振点，观察谐振现象

谐振时应满足三个条件：

1) 维持 $U_i = 1V$ 不变。

2) 电路中的电流 I（或 U_R）为最大。

3) U_L 应略大于 U_C（线圈中包含有导线电阻 r）。

先估算出谐振频率 f_0'，并将毫伏表接在 R（330Ω）两端，令信号源的频率在 f_0' 左右由小逐渐变大（注意要维持信号源的输出电压不变），当 U_R 的读数为最大时，读得的频率值即为实际的谐振频率 f_0，同时测出谐振时的 U_{RO}、U_{CO} 与 U_{LO} 之值（注意及时更换毫伏表的量限），数据记入表 2-4 中，计算谐振电流 I_0 和电路的品质因数 Q。

表 2-4 谐振点测试

R/Ω	F_0'/Hz	f_0/Hz	U_{RO}/V	U_{LO}/V	U_{CO}/V	I_0/mA	Q
330							
1000							

(2) 测绘谐振曲线

在谐振点f_0两侧，按频率递增或递减依次各取8个测量点（f_0附近多取几点），逐点测出U_R值，数据记入表2-5中，并计算出电流值。

表2-5 谐振曲线的测量

f/kHz 测量值									
U_R/V									
$I=U_R/R$/mA									

$U_i=1V$，$R=330\Omega$

（3）改变电阻值，取$R=1k\Omega$，重复上述测量过程，数据记入表2-6中。

表2-6 谐振曲线的测量

f/kHz 测量值									
U_R/V									
$I=U_R/R$/mA									

$U_i=1V$，$R=1000\Omega$

5. 实验注意事项

1）测试频率点的选择应在靠近f_0附近多取几点，在改变频率测试前，应观察信号输出，使其维持1V输出不变。

2）在测量U_C和U_L数值前，应将毫伏表的量限改大，而且在测量U_L与U_C时毫伏表的“+”端接C与L的公共点，其接地端分别触及L和C的非公共点。

3）实验过程中交流毫伏表电源线采用两线插头。

6. 预习思考题

1）根据实验线路板给出的元件参数值，估算电路的谐振频率。

2）改变电路的哪些参数可以使电路发生谐振？如何判别电路是否发生谐振？

3）电路发生串联谐振时，为什么输入电压不能太大？如果信号源给出1V的电压，电路谐振时，用交流毫伏表测U_L和U_C，应该选择用多大的量限？

4）电路谐振时，对应的U_L与U_C是否相等？如有差异，原因何在？

5）影响R、L、C串联电路的品质因数的参数有哪些？

7. 实验报告

1）根据测量数据，在同一坐标中绘出不同Q值时的两条电流谐振曲线$I-f$。

2）计算出通频带与Q值，说明不同的R值对电路通频带与品质因数的影响。

3）对两种不同测Q值的方法进行比较，分析误差原因。

4）谐振时，比较输出电压U_o与输入电压U_i是否相等，试分析原因。

5）通过本次实验，总结归纳串联谐振电路的特性。

习题2

2.1 正弦量的三要素是________、________、________。

2.2 正弦量的有效值是最大值的________倍。

2.3　正弦量的频率是 207kHz，周期是________。

2.4　已知一正弦电流 $i=10\sin\left(314t-\dfrac{\pi}{6}\right)$ A，其振幅是________，角频率是________，频率是________，周期是________，初相是________。

2.5　选定参考方向后，电流的解析式为 $i=54\sin\left(314t+\dfrac{\pi}{3}\right)$ A，如把参考方向换成与选定的方向相反，则电流的解析式为________。

2.6　已知 $u_A=311\sin 3140t$V，$u_B=311\sin\left(3140t-\dfrac{\pi}{3}\right)$ V，则 u_A 与 u_B 的相位差是________；u_B 与 u_A 的相位差是________。

2.7　图 2-55 给出 i 和 u 的波形，则 u 的初相是________，i 的初相是________，u ________（填越前或滞后）i ________ rad。

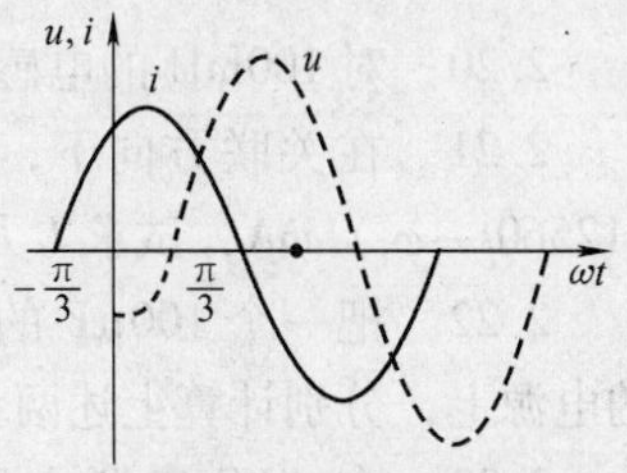

图 2-55　习题 2.7 图

2.8　已知 $E_m=10$V，$\varphi_e=\dfrac{\pi}{4}$，$I_m=1$A，$\varphi_i=-\dfrac{2}{3}\pi$，$\omega=31400$rad/s，则 $e=$________，$i=$________，且________越前________角度________。

2.9　三个正弦电流 i_1、i_2、i_3 的最大值分别为 1A、2A 和 3A，角频率都是 ω。若 i_1 较 i_2 越前 30°，较 i_3 滞后 150°，试以 i_3 为参考量，三个电流的解析式分别是 $i_1=$________、$i_2=$________、$i_3=$________。

2.10　纯电感的感抗 $X_L=$________，其电压和电流的相位差是________；纯电容的容抗 $X_C=$________，其电压和电流的相位差是________。

2.11　串联谐振时，阻抗最________，等于________；电流最________，等于________；感抗 X_L ________容抗 X_C ________特性阻抗 ρ，U_{C0} ________ U_{L0} ________ QU_i。

2.12　RLC 串联电路中，R 上的功率叫________功率，用________表示，运算公式为________，单位是________；L 及 C 上的功率叫________功率，用________表示，运算公式为________，单位是________；总功率叫________功率，用________表示，运算公式为________，单位是________。

2.13　正弦电流 $i_{(t_1)}=0.2$A，$i_{(t_2)}=-0.5$A 各代表什么含义？

2.14　已知一正弦电压的振幅为 310V，频率为 50Hz，初相为 $\pi/4$，试写出其解析式，并绘出波形图。

2.15　对于三个正弦电压

$$u_A=141\sin 314t\text{V}$$

$$u_B=141\sin\left(314t-\frac{2}{3}\pi\right)\ \text{V}$$

$$u_C=141\sin\left(314t+\frac{2}{3}\pi\right)\ \text{V}$$

试问：(1) u_A 比 u_B、u_B 比 u_C、u_C 比 u_A 越前或滞后各是多少；(2) 若选 u_B 为参考正弦量，试重写它们的解析式。

2.16　写出 $i_1=2\sqrt{2}\sin(314t+60°)$ A，$u=220\sqrt{2}\sin 314t$，$i_2=4\sqrt{2}\sin(314t-30°)$ A，

$i_3 = 3\sqrt{2}\sin(314t + 90°)$ A 对应的相量，并画出相量图。

2.17 求下列相量所代表的正弦量的瞬时值表达式（设角频率为 ω）：

$$\dot{U} = -50\angle 30°\text{V}、\dot{I} = 20\angle 45°\text{A}$$

2.18 在下列电压、电流中：$u_1 = U_{m1}\sin(\omega t + \varphi_1)$，$u_2 = U_{m2}\sin(\omega t - \varphi_2)$，$u_3 = U_{m3}\sin(3\omega t + \varphi_3)$，$i_4 = I_{m4}\sin(\omega t + \varphi_4)$，$i_5 = I_{m5}\sin(\omega t + \varphi_5)$，$i_6 = I_{m6}\sin(\omega t - \varphi_6)$，哪几个正弦量能用相量法进行加减运算？

2.19 已知在 10Ω 电阻上通过的电流 $i = 5\sin\left(314t + \frac{\pi}{6}\right)$ A，试求电阻两端电压的有效值，写出电压解析式。

2.20 对 100mH 的电感，外加 $u = 220\sqrt{2}\sin 314t$V，在关联方向下，求 i。

2.21 在关联方向下，电感两端 $u_L = 120\sin(12560t + 45°)$ V，通过电流 $i_L = 100\sin(12560t - \varphi_i)$ mA，试求 L 及 φ_i。

2.22 把一个 100μF 的电容器，先后接在角频率为 50rad/s 或 500rad/s、电压为 220V 的电源上，分别计算上述两种情况下的容抗及通过的电流。

2.23 在 RLC 串联电路中，已知 $L = 0.1$H，$C = 30\mu$F，求信号频率分别为 50Hz、5000Hz 时的电抗，并说明何时为容性，何时为感性。

2.24 在 RLC 串联电路中，已知 $R = 8\Omega$，$L = 0.07$H，$C = 122\mu$F，总电压 $U = 120$V，$f = 50$Hz，试求电路中电流 I，电压 U_R，U_L，U_C，并画出相量图。

2.25 在 RLC 串联电路中，已知 $\dot{I} = 4\angle 0°$A，电压相量 $\dot{U} = 80\angle 30°$V，求阻抗及电路的性质。

2.26 已知某交流电路，电源电压 $u = 100\sqrt{2}\sin\omega t$V，电路中的电流 $i = \sqrt{2}\sin(\omega t - 60°)$ A，求电路的有功功率、无功功率和视在功率。

2.27 在 RLC 串联谐振电路中，$L = 400$mH，$C = 0.1\mu$F，$R = 20\Omega$，电源电压为 0.1V，求谐振频率、特性阻抗、品质因数、谐振时的电容及电感电压。

2.28 在 RLC 串联谐振电路中，特性阻抗是 1000Ω，谐振频率是 $\omega = 10^6$rad/s，求 C、L。

2.29 一对称三相电源星形联结，已知 $\dot{U}_A = 220\angle -130°$V，求其他相电压和线电压，并作相量图。

2.30 一组对称电流中的 $\dot{I}_A = 10\angle -60°$A，频率是 50Hz，试写出（1）$i_A$，$i_B$，$i_C$；（2）作相量图；（3）求 $\dot{I}_A + \dot{I}_B + \dot{I}_C$。

2.31 在三角形联结的发电机中，如果 $\dot{I}_{AB} = 1$A，求 $\dot{I}_{CA}$、$\dot{I}_{BC}$、$\dot{I}_A$，$\dot{I}_B$，$\dot{I}_C$。

2.32 三个阻抗相等的电阻星形联结后，接到线电压为 380V 的三相电源上，线电流为 2A，现把这三个电阻接成三角形，接到线电压为 220V 的三相电源上，线电流为多少？

2.33 三角形联结对称负载每相复阻抗 $Z = (30 + \text{j}40)\ \Omega$，接于线电压 380V 的三相电源上，求各相电流及线电流。

2.34 三相电动机每相绕组的额定电压为 220V，现欲接到线电压为 220V 的三相电源上，此发动机应如何连接？若已知电动机每相的 $R=30\Omega$，求电动机的相电流、线电流。

2.35　发电机是星形联结，负载也是星形联结，发电机的相电压 $U_p=1000V$，负载每相均为 $R=50\Omega$，$X_L=25\Omega$。试求（1）相电流。（2）线电流；（3）线电压。

2.36　连接成星形的对称负载，接在一对称的三相电压上，线电压上 380V，负载每相阻抗 $Z=8+j6\Omega$。求每相负载的电压、电流和功率。

2.37　三相电动机接于 380V 线电压上运行，测得线电流为 14.9A，功率因数为 0.866，求电动机的功率。

2.38　三相四线电路中，线电压为 380V，今在 A 相中接 20 盏灯，B 相接 30 盏灯，C 相接 40 盏灯，灯泡的额定电压皆为 220V，功率皆为 100W，问电源供给的功率是多少瓦？

2.39　对称三相感性负载在线电压为 380V 的三相电源作用下，通过的线电流 17.2A，输入功率 7.5kW，求负载的功率因数。

2.40　线圈的自感为 $L_1=5mH$，$L_2=4mH$。

（1）若 $k=0.5$，求互感 M；

（2）若 $M=3mH$，求耦合系数 k；

（3）若两线圈全耦合，求 M。

2.41　变压器一次、二次绕组的匝数各为 2000 匝和 50 匝，一次绕组电流为 0.1A，负载电阻 $R_L=10\Omega$，试求一次绕组的电压和负载获得的功率。

2.42　晶体管收音机，原配好 4Ω 的扬声器，今改接 8Ω 的扬声器，已知输出变压器的一次绕组匝数为 $N_1=250$ 匝，二次绕组匝数 $N_2=60$ 匝，若一次绕组匝数不变，问二次绕组的匝数应如何变动，才能阻抗匹配？

2.43　某收音机的输入回路（调谐回路），可简化为 RLC 串联电路，已知电感 $L=300\mu H$，今欲接收某广播电台中波段信号，其频率范围是从 525kHz 至 1605kHz. 试求电容 C 的变化范围。

2.44　对称三相电路，$R=80\Omega$，$X=60\Omega$，电源 $U_l=380V$，当负载分别接成星形、三角形时，求电路的有功功率和无功功率。

第3章　半导体器件与基本放大电路

本章要点

- 半导体材料的特点
- PN 结的形成过程及特点
- 二极管的特性
- 晶体管及其特性
- 晶体管放大电路及其分析方法

3.1　半导体的基本知识

3.1.1　半导体材料

有些物体如金、银、铜、铝、铁等，具有良好的导电性能，称为导体。有些物体如玻璃、橡皮和塑料等，不易导电，称为绝缘体（或非导体）。还有一些物体如锗、硅、砷化镓及大多数的金属氧化物和金属硫化物，它们既不像导体那样容易导电，也不像绝缘体那样不易导电，而是介于导体和绝缘体之间，称为半导体。半导体材料内部的原子都按照一定的规律排列着。绝大多数半导体都是晶体，因此人们往往又把半导体材料称为晶体。

半导体具有热敏特性、光敏特性和掺杂特性。半导体的这些特性被 广泛应用于各个领域，如热敏电阻传感器、光电二极管、太阳能电池等。读者可查阅相关资料进行了解，这里不再详述。

1. 本征半导体

完全纯净的、结构完整的半导体，称为本征半导体。当本征半导体的温度升高或受到光线照射时，其共价键中的价电子就从外界获得能量。由于半导体原子外层的电子不像绝缘体那样被原子核紧紧地束缚着，因此就有少量的价电子在获得足够能量后，挣脱原子核的束缚而成为自由电子，同时在原来共价键上留下了相同数量的空位，由于该空位失去电子，因而带正电，这个带正电的空位称为空穴。所以本征半导体中电子和空穴总是成对出现、数目相等，称为电子－空穴对。这种现象称为本征激发。由于自由电子和空穴都可以参与导电形成电流，因此称它们为载流子。

如没有外界电场作用，自由电子和空穴的运动是杂乱无章的，电子流和空穴流的方向也是不定的，结果互相抵消，没有净电流出现。在电场作用下，这种半导体两端就出现电压，一方面自由电子产生定向移动，形成电子电流；另一方面价电子也按一定方向依次填补空穴，即空穴产生移动，形成空穴电流。这样，半导体内就产生了电流。本征半导体因电场作用而产生的导电现象就叫本征导电。由于电子和空穴所带电荷的极性相反。它们的运动方向也是相反的，因此形成的电流方向是一致的，流过外电路的电流等于两者之和。自由电子和空穴共同参与半导体的导电，这是半导体导电不同于导体导电的一个重要特性。

2. 掺杂半导体

本征半导体中虽然存在两种载流子，但因载流子的浓度很低，导电能力差，同时难以人为控制。如果在本征半导体中人为地掺入少量的某种物质，即可大大改变它的导电性能。按照掺入杂质的不同，可获得 N 型半导体和 P 型半导体两种掺杂半导体。

（1）P 型半导体

在本征半导体（硅或锗的晶体）中掺入三价元素杂质（如硼），因杂质原子的最外层只有 3 个价电子，它与周围硅（锗）原子组成共价键时，缺少一个电子，于是在晶体中便产生一个空穴。当相邻共价键上的电子受到热振动或在其他激发条件下获得能量时，就有可能填补这个空穴，使硼原子成为不能移动的负离子，而原来硅原子的共价键则因缺少一个电子，形成空穴。这样，掺入硼杂质的硅半导体中就具有数量相当的空穴，空穴浓度远大于电子浓度，空穴是多数载流子，电子是少数载流子。这种半导体主要靠空穴导电，称为 P 型半导体。

（2）N 型半导体

在本征半导体中掺入五价元素杂质，如磷、锑、砷等。以掺入磷原子为例，掺入的磷原子取代了某处硅原子的位置，它同相邻的 4 个硅原子组成共价键时，多出了一个电子，这个电子不受共价键的束缚，因此在常温下有足够的能量使它成为自由电子。这样，掺入杂质的硅半导体就具有相当数量的自由电子，且自由电子的浓度远大于空穴的浓度，自由电子是多数载流子，空穴是少数载流子。显然，这种掺杂半导体主要靠电子导电，称为 N 型半导体。

在此还应特别指出，虽然 N 型半导体中有大量带负电的自由电子，P 型半导体中有大量带正电的空穴，但是由于带有相反极性电荷的杂质离子的平衡作用，无论 N 型半导体还是 P 型半导体，都不会对外表现出带电性。

3.1.2 PN 结

P 型或 N 型半导体仅仅是导电能力增强了，但还不具备半导体器件所要求的各种特性。如果通过一定的生产工艺把一块 P 型半导体和一块 N 型半导体结合在一起，则它们的结合处就会形成 PN 结，利用 PN 结的特性就可以制作成各种半导体器件。

1. PN 结的形成

当 P 型半导体和 N 型半导体通过一定的工艺结合在一起时，由于 P 型半导体的空穴浓度高、电子浓度低，而 N 型半导体的自由电子浓度高、空穴浓度低，所以交界面附近两侧的载流子形成了浓度差。浓度差将引起载流子的扩散运动，如图 3-1a 所示。有一些电子要从 N 型区向 P 型区扩散，并与 P 型区的空穴复合；也有一些空穴要从 P 型区向 N 型区扩散，并与 N 型区的电子复合。由于电子和空穴都是带电的，因此扩散的结果就使 P 型半导体和 N 型半导体原来保持的电中性被破坏。P 型区失去空穴，留下了带负电的杂质离子；N 型区失去电子，留下了带正电的杂质离子。半导体中的离子虽然也带电，但由于物质结构的关系，它们不能任意移动，因此并不参与导电。这些不能移动的带电粒子集中在 P 型区和 N 型区交界面附近，形成了一个很薄的空间电荷区，这就是 PN 结。PN 结具有阻碍载流子扩散的特性，因此又称为阻挡层，PN 结的空间电荷区内的载流子浓度已减小到耗尽程度，因此又称为耗尽层。

空间电荷形成了一个由右侧指向左侧的内电场，如图 3-1b 所示。内电场的这种方向将

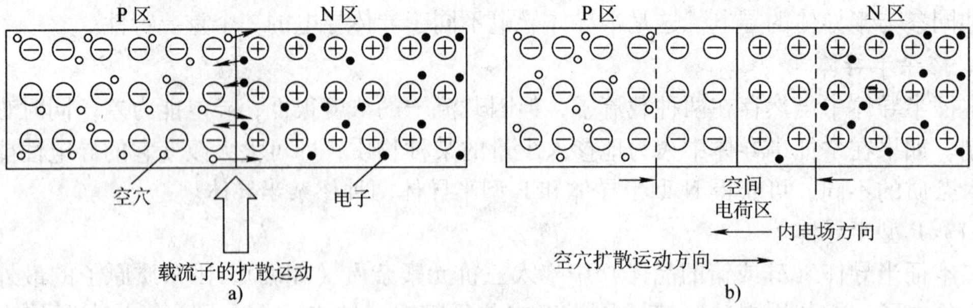

图 3-1　PN 结的形成

对载流子的运动带来两种影响：一是内电场阻碍两个区域多子（多数载流子）的扩散运动；二是在内电场电场力的作用下，使 P 区和 N 区的少子（少数载流子）产生与扩散方向相反的漂移运动。PN 结形成的最初阶段，载流子的扩散运动占优势；随着空间电荷区的建立，内电场逐渐增强，载流子的漂移运动也在加强，最终漂移运动将与扩散运动达到动态平衡。

2. PN 结的特性

如果 P 型区接电源正极，N 型区接电源负极，则称 PN 结上加正向电压（或正向偏置），如图 3-2a 所示。这时电源产生的外电场与 PN 结的内电场方向相反，内电场被削弱，使阻挡层变薄，多子的扩散运动大于漂移运动，形成较大的扩散电流，即正向电流。这时 PN 结的正向电阻很低，处于正向导通状态。正向导通时，外部电源不断向半导体供给电荷，使电流得以维持。

如果在 N 型区接电源正极，而 P 型区接电源负极，则称 PN 结加反向电压（或反向偏置），如图 3-2b 所示。这时外电场与内电场方向一致，增强了内电场，使阻挡层变厚。这就削弱了多子的扩散运动，增强了少子的漂移运动，从而形成微小的漂移电流，即反向电流。这时 PN 结呈现的电阻很高，处于反向截止状态。反向电流由少子漂移运动形成。少子的数量随着温度升高而增多，所以温度对反向电流的影响很大，这正是半导体器件温度特性差的原因。在一定温度下，反向电流不仅很小，而且基本上不随外加反向电压变化。

PN 结还有一个十分重要的特性，即所谓反向击穿特性。当所加反向电压大到一定数值时，PN 结电阻会突然变得很小，反向电流会骤然增大。这种现象叫 PN 结的反向击穿。开始击穿时的电压数值叫反向击穿电压。它直接限制了 PN 结用作整流和检波时的工作电压。

由上述介绍可知，给 PN 结加正向电压时，阻挡层变薄，电阻很小，能形成较大的电流，PN 结导通；而给 PN 结在一定范围内加反向电压时，阻挡层变厚，电阻很大，形成微小的电流，PN 结截止，这就是 PN 结的单向导电性。二极管就是根据这一原理制成的。

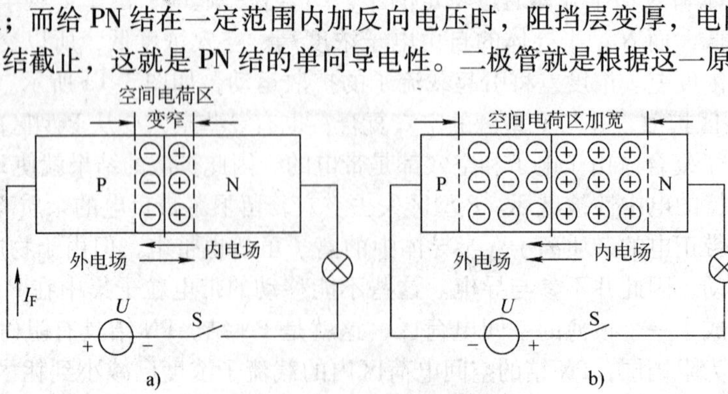

图 3-2　PN 结的单向导电性

3.2 二极管

3.2.1 二极管的结构及分类

1. 二极管的结构

二极管是由一个 PN 结加上引出线和管壳构成的。P 型半导体一侧的引出线称为阳极或正极，N 型半导体一侧的引出线称为阴极或负极。

2. 二极管的分类

按照所用的半导体材料，二极管可分为锗二极管（Ge 管）和硅二极管（Si 管）。

根据其不同用途，二极管可分为检波二极管、整流二极管、稳压二极管、开关二极管等。

按照管芯结构，二极管又可分为点接触型二极管、面接触型二极管及平面型二极管。点接触型二极管的构成如图 3-3a 所示，是用一根很细的铝金属丝压在光洁的半导体晶片表面，通以脉冲电流，使触丝一端与晶片牢固地烧结在一起，形成一个“PN 结”。由于是点接触，只允许通过较小的电流（不超过几十毫安），适用于高频小电流电路，如收音机的检波等。面接触型二极管的“PN 结”面积较大，结构如图 3-3b 所示，允许通过较大的电流（几安到几十安），主要用于把交流电变换成直流电的“整流”电路中。平面型二极管是一种特制的硅二极管，它不仅能通过较大的电流，而且性能稳定可靠，多用于开关、脉冲及高频电路中。

二极管的符号如图 3-3c 所示。

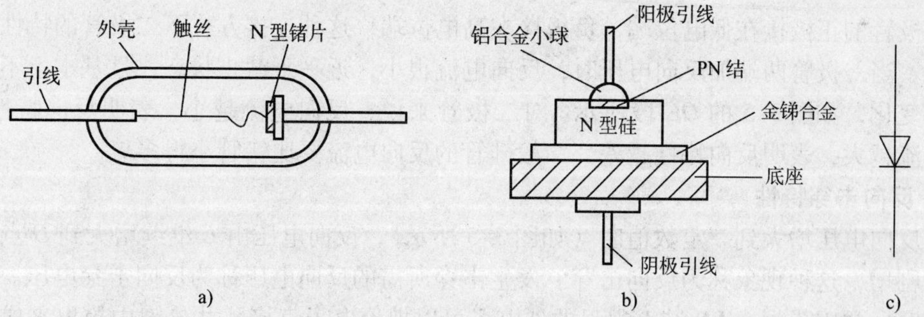

图 3-3　二极管的结构和符号

a）点接触型　b）面接触型　c）符号

3.2.2 二极管的外特性

二极管的外特性是指二极管的两端电压和电流关系的曲线，也称为二极管的伏安特性。二极管最重要的特性就是单向导电性。在电路中，电流只能从二极管的正极流入，负极流出。下面通过简单的实验说明二极管的正向特性和反向特性。测量二极管伏安特性的电路如图 3-4 所示。改变 *RP* 的大小，可以测出不同电压值时所对应的二极管中的电流。把所得的数据画在直角坐标系中，就得到二极管的伏安特性曲线，如图 3-5 所示。

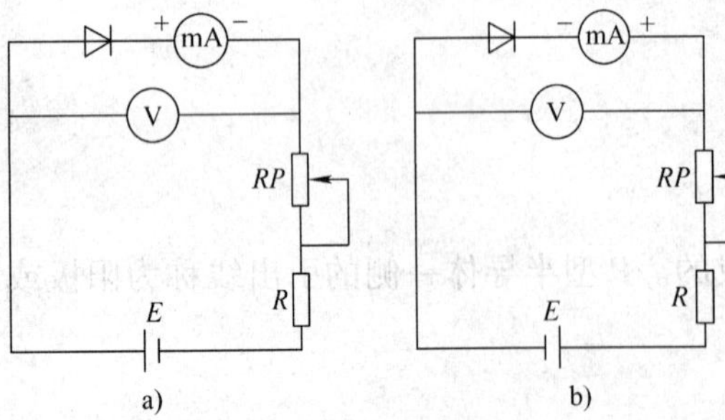

图 3-4　二极管伏安特性测试电路图

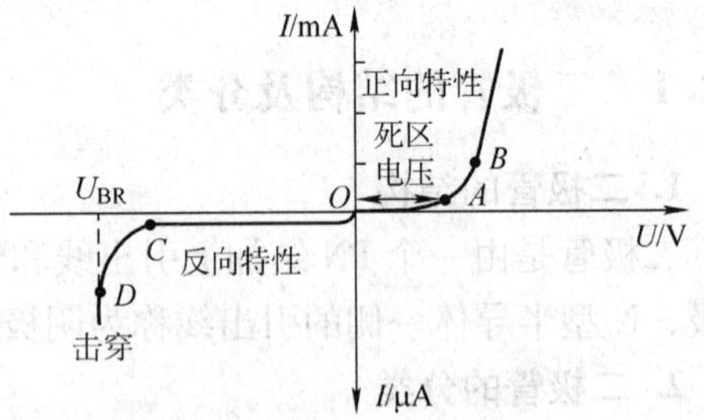

图 3-5　二极管的伏安特性

1. 正向特性

二极管的正极接在高电位端，负极接在低电位端，这种连接方式下二极管的特性称为正向特性。

1）起始段（*OA*）　当二极管为正向接法时，正向电压由 0 开始增大，由于外加电压较小，外电场还不足以克服 PN 结的内电场对载流子扩散运动的阻力，所以二极管呈现很大的正向电阻，正向电流很小，几乎等于 0。当正向电压超过一定数值后，内电场大为削弱，电流迅速增大。这个一定数值的正向电压称为死区电压，其大小与管子的材料及环境温度有关。一般硅管的死区电压为 0.5V，锗管约为 0.2V。

2）导通段（*AB*）　如图 3-5 所示，在特性曲线 *B* 点以后，二极管在电路中相当于一个开关的导通状态。在正常使用条件下，二极管的正向电流在相当大的范围内变化，而二极管两端电压的变化却不大。小功率硅管的导通压降约为 0.6～0.7V，锗管约为 0.2～0.3V。

2. 反向特性

二极管的正极接在低电位端，负极接在高电位端，这种连接方式下二极管的特性称为反向特性。当二极管两端加反向电压时，反向电流很小，近乎于截止状态，且基本上不随外加电压而变化，如图 3-5 的 *OC* 段所示。对二极管来说，反向电流越小，表明反向特性越好；反向电流越大，表明反向特性越差。一般硅管的反向电流要比锗管小得多。

3. 反向击穿特性

当反向电压增大到一定数值时（如图 3-5 所示），反向电压由 *C* 继续增大到 *D* 点时，电流突然剧增，这种现象称为反向击穿。发生击穿所需的反向电压称为反向击穿电压。之所以产生击穿，是因为加在 PN 结上很强的外电场可以把价电子直接从共价键中拉出来成为载流子，这叫做齐纳击穿。此外，强电场使 PN 结中的少数载流子获得足够的动能，去撞击其他原子，把更多的价电子从共价键中撞击出来，这些撞击出来的载流子，又去撞击更多的原子，如同雪崩一样，这叫做雪崩击穿。上述两种击穿效应能产生大量的电子－空穴对，从而使反向电流剧增。

无论是齐纳击穿还是雪崩击穿，如果去掉反向电压，二极管仍能恢复工作，这属于电击穿。如果去掉反向电压，二极管不能恢复工作，说明发生了热击穿，二极管已损坏。热击穿是应该避免的。

一般二极管正常工作时，是不允许反向击穿的。而有一些特殊的二极管，如后面要学到的稳压管，却常常工作在反向击穿状态。

温度对二极管的特性影响较大。当温度升高时，正反向电流都随着增大，特别是反向电流急剧增大；而反向击穿电压则要下降，二极管的导通压降则要降低。

4. 二极管的理想模型

理想二极管的电压电流特性是在正向偏置时，其管压降为0V，而当二极管处于反向偏置时，认为它的电阻为无穷大，电流为零。在实际电路中，当电源电压远比二极管的管压降大时，通常将二极管视为理想模型，利用此法来近似分析是非常方便的。

3.2.3 二极管的主要参数

用来表示二极管的性能好坏和适用范围的技术指标，称为二极管的参数，它是合理选用二极管的依据。不同类型的二极管有不同的特性参数。

1. 最大整流电流 I_{FM}

I_{FM}是指长期工作时，二极管能允许通过的最大正向平均电流值。在选用二极管时，工作电流不能超过它的最大整流电流。因为电流通过管子时会使管芯发热，温度上升，温度超过容许限度（硅管为140℃左右，锗管为90℃左右）时，就会使管芯过热而损坏。所以，二极管使用中不要超过二极管额定正向工作电流值。例如，常用的1N4001～4007型锗二极管的额定正向工作电流为1A。

2. 最高反向工作电压 U_{RM}

U_{RM}是指二极管工作时所能承受的反向电压峰值，也就是通常所说的耐压值。为了防止二极管因反向击穿而损坏，通常标定的最高反向工作电压要比反向击穿电压低一些。在选用二极管时，加在二极管两端的反向电压峰值不允许超过这一数值，以保证二极管能正常工作，不至于反向击穿而损坏。例如，1N4001二极管反向耐压为50V，1N4007反向耐压为1000V。

3. 反向电流 I_R

I_R是指二极管未击穿时的反向电流值。此值越小，二极管的单向导电性能越好。由于温度升高，反向电流会急剧增大，所以在使用二极管时要注意温度的影响。例如2AP1型锗二极管，在25℃时反向电流若为250μA，温度升高到35℃，反向电流将上升到500μA，不仅失去了单向导电特性，还会使管子过热而损坏。又如2CP10型硅二极管，25℃时反向电流仅为5μA，温度升高到75℃时，反向电流也不过160μA。故硅二极管比锗二极管在高温下具有较好的稳定性。

4. 最高工作频率 f_M

f_M主要由PN结的结电容大小决定，超过此值，二极管的单向导电性将不能很好地体现。

3.2.4 特殊二极管及其应用

二极管的类型较多，一般用作整流使用。另外还有很多特殊的二极管，如稳压二极管、光敏二极管、发光二极管等，这里简单的作一介绍。

1. 稳压二极管

稳压二极管是一种用特殊工艺制造的面接触型半导体二极管，这种管子的掺杂重，击穿电压值低，正向特性和普通二极管一样。当反向电压增加到某一定值时，反向电流剧增，产生反向击穿，反向击穿特性很陡峭。击穿时通过管子的电流在很大范围内变化，而管子两端的电压却几乎不变，如图3-6a 所示。稳压二极管就是利用这一特性来实现稳压的。因此，在使用时，稳压管必须反向偏置（利用正向稳压的除外）。另外，稳压管可以串联使用，一般不能并联使用，因为并联有时会因电流分配不匀而引起管子过载损坏。稳压管的符号如图 3-6b 所示。

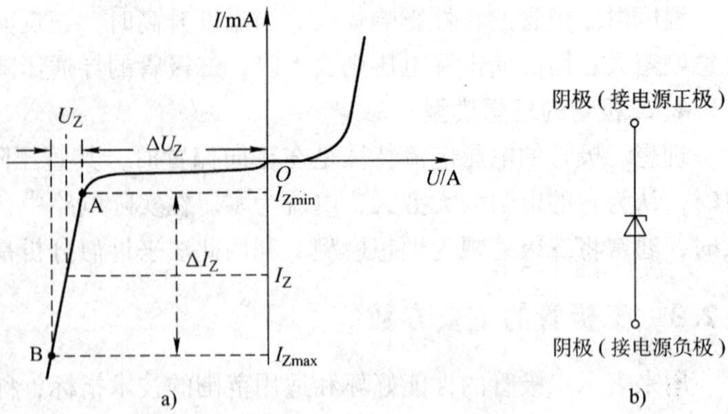

图 3-6　稳压管的伏安特性曲线和符号

a）伏安特性曲线　b）符号

2. 光敏二极管

光敏二极管又称为光电二极管，它的结构与普通二极管类似，但在它的 PN 结处，能通过管壳上的一个玻璃窗口接收外部的光照。它的 PN 结工作在反向偏置状态，其反向电流随光照强度增加而上升。通过回路电阻 R_L 可获得电信号，从而实现光电转换或光电控制。光敏二极管的应用很广泛，主要用于需要光电转换的自动探测、控制装置，在光导纤维通信与系统中还可以作为接收器件等。其外形及符号如图 3-7a、b 所示。

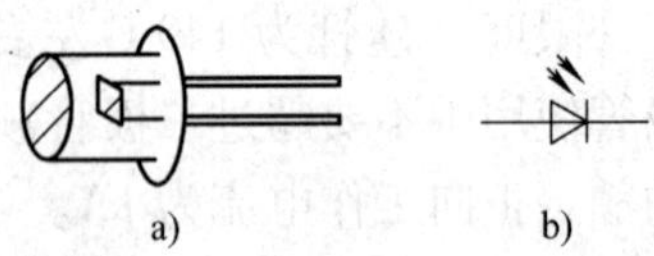

图 3-7　光敏二极管的外形及符号

3. 发光二极管

发光二极管简称 LED，是一种固态发光器件，常用砷化镓、磷化镓等制成，其外形和符号如图 3-8a、b 所示。

发光二极管是用特殊的半导体材料（如砷化镓等）制成的，当载流子复合时，释放出的能量是一种光谱辐射能。砷化镓半导体辐射红光；磷化镓半导体辐射绿光或黄光等。

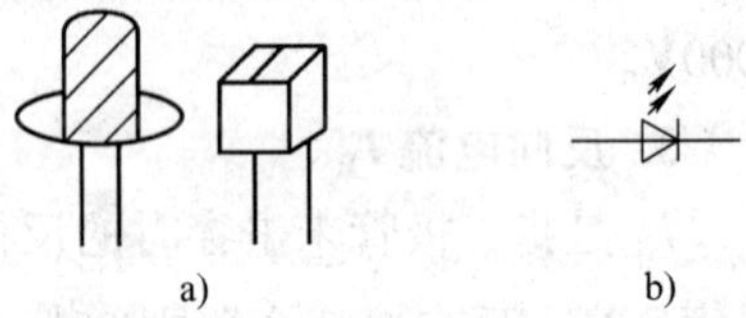

图 3-8　发光二极管的外形与符号

现在有越来越多的发光二极管用作照明。它还常用作显示器件，除单个使用外，也常做成七段数码显示或点阵式显示器件，工作电流一般在几毫安至几十毫安之间。发光二极管的另一种重要用途是通信，它将电信号变为光信号，通过光缆传输，然后再用光敏二极管接收，再现电信号。这种通信方式具有成本低、容量大等优点，成为通信方式的主要途径。

4. 激光二极管

激光二极管的物理结构是在发光二极管的结间安置一层具有光活性的半导体，其端面经过抛光后具有部分反射功能，因而形成光谱振腔。在正向偏置的情况下，LED 结发射出光来，并与光谱振腔相互作用，从而进一步激励从结上发射出单波长的光，这种光的物理性质与材料有关。

激光二极管在计算机的光盘驱动器、激光打印机中的打印头等小功率光电设备中得到了广泛的应用。

5. 变容二极管

二极管两端的电容特性随着电压的改变而变化，可以用于电视机、收音机的高频接受部分，用于调台使用。

3.3 晶体管[⊖]

二极管内部只有一个PN结，若在二极管P或N型半导体的旁边，再加上一块N或P型半导体，这种结构的器件内部有两个PN结，且N型半导体和P型半导体交错排列形成三个区，具有这种结构特性的器件称为双极型晶体管（BJT），通常简称为晶体管。晶体管在电路中常用字母VT（也用V）来表示。因晶体管内部的两个PN结相互影响，使晶体管呈现出单个PN结所没有的电流放大的功能，开拓了PN结应用的新领域，促进了电子技术的发展。它是放大电路最基本的元件之一。本节主要介绍它的基本结构、工作原理和特性参数。

3.3.1 晶体管的结构及特性

1. 晶体管的内部结构及结构特点

（1）晶体管的内部结构

晶体管由两个PN结构成，这两个PN结是由三层半导体形成的，根据三层半导体区排列的不同方式，可分为NPN型和PNP型两种类型，如图3-9和图3-10所示。

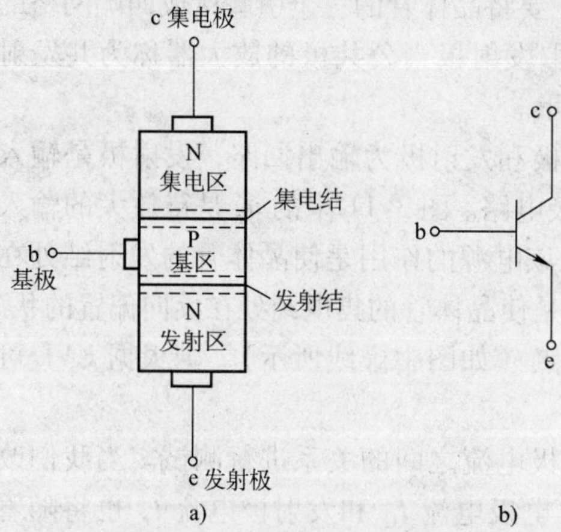

图3-9 NPN型晶体管的结构及符号

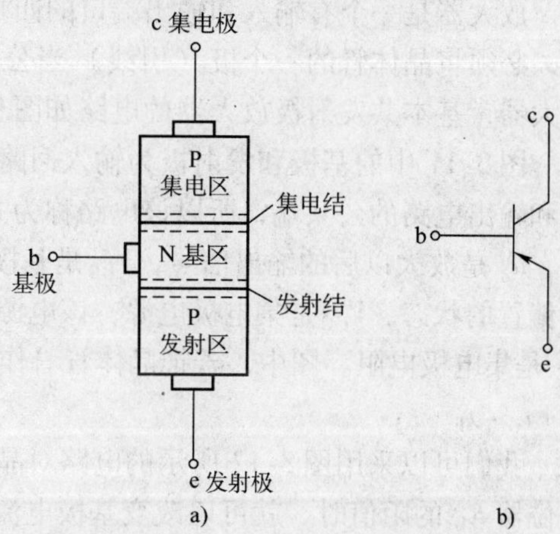

图3-10 PNP型晶体管的结构及符号

NPN型晶体管的结构与符号如图3-9所示。在三层半导体区中，位于中间的一层叫基区；其中一侧的半导体区专门用来发射载流子，叫发射区；另一侧专门用来收集载流子，叫集电区，如图3-9a所示。发射区和基区之间的PN结叫发射结，集电区和基区之间的PN结叫集电结。图3-9b是NPN型晶体管的符号，符号中箭头的指向表示发射结处在正向偏置时电流的流向。

根据同样的原理，也可以组成PNP型晶体管，图3-10a、b分别为PNP型晶体管的结构和符号。

由图3-9和图3-10可知，两种类型晶体管符号的差别仅在发射结箭头的方向上，箭头

⊖ 这里的“晶体管”即一般常说的“三极管”，根据最新的国家标准应写作“晶体管”。

的指向是代表发射结处在正向偏置时电流的流向，这样有利于记忆 NPN 和 PNP 型晶体管的符号，同时还可根据箭头的方向来判别晶体管的类型。

从三层半导体区分别引出三个电极，相应叫基极、发射极和集电极，分别用字母 b、e、c 来表示。

（2）晶体管的内部结构特点

为了保证晶体管有电流放大作用，晶体管在制造时必须具备以下特点：

- 基区很薄，一般只有几微米到几十微米厚，且掺杂浓度低。
- 发射区掺杂浓度比基区和集电区高得多。
- 集电区低掺杂，且集电结面积比发射结大。

这也是晶体管具有电流放大作用的内部条件。

PNP 和 NPN 两种类型的晶体管，按选用半导体材料的不同，又有硅管和锗管之分。

2. 三极管的电流放大作用

对模拟信号进行处理的最基本的形式是放大。在生产实践和科学实验中，从传感器获得的模拟信号通常都很微弱，只有经过放大后才能进一步处理，或者使之具有足够的能量来驱动执行机构，完成特定的工作。放大电路的核心器件是晶体管。要使晶体管具有电流的放大作用，除了晶体管的内因外，还要有外部条件。晶体管的发射结为正向偏置、集电结为反向偏置是晶体管具有电流放大作用的外部条件。

放大器是一个有输入和输出端口的四端网络，要将晶体管的三个引脚接成四端网络的电路，必须将晶体管的一个极（引线）当公共极。取发射极当公共极的放大器称为共发射极放大器，基本共发射极放大器的电路如图 3-11 所示。

图 3-11 中的基极和发射极为输入回路，集电极和发射极为输出回路，发射极是输入电路和输出电路的公共端，所以该电路称为共发射极电路。图 3-11 中的 u_i 是待放大的输入信号，u_o 是放大以后的输出信号，V_{BB}是基极电源，该电源的作用是使晶体管的发射结处在正向偏置的状态，V_{CC}是集电极电源，该电源的作用是使晶体管的集电结处在反向偏置的状态，R_C 是集电极电阻。图中，若把晶体管看作一个节点（如图中虚线所示），则根据 KVL 可得 $i_B + i_C = i_E$

我们可以采用图 3-12 所示的电路对晶体管各极电流之间的关系进行测试。当我们改变电位器 R_b 的阻值时，就可以改变基极电流 I_B，集电极电流 I_C 和发射极电流 I_E 也将随着改变。其实验结果如表 3-1 所示。

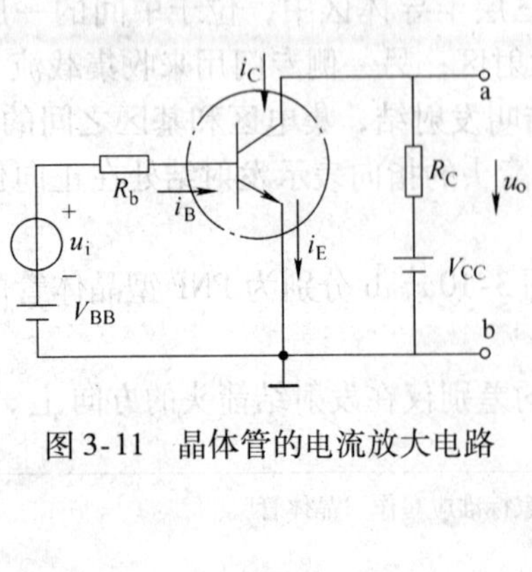

图 3-11　晶体管的电流放大电路

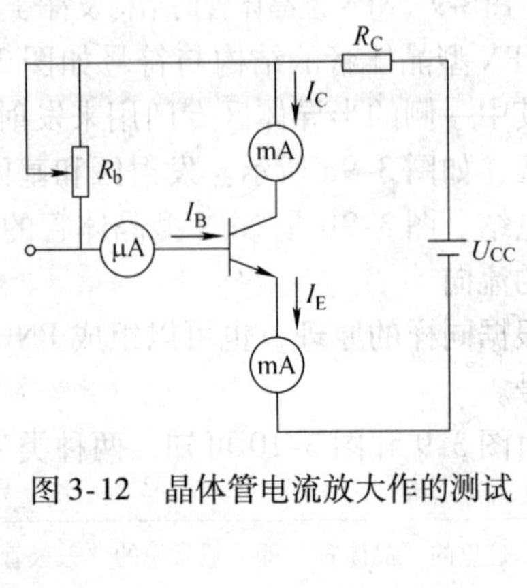

图 3-12　晶体管电流放大作的测试

表 3-1 晶体管电流测量数据 (mA)

I_B	0	0.01	0.02	0.03	0.04	0.05
I_C	0.01	1.04	2.06	3.04	4.10	5.18
I_E	0.01	1.05	2.08	3.07	4.14	5.23

分析表 3-1 中的测量数据，可以得出以下结论：

1）晶体管各极之间的电流分配关系是：

$$I_E = I_C + I_B \tag{3-1}$$

且 $I_C >> I_B$。

2）基极电流 I_B 增大时，集电极电流 I_C 也随之增大。我们把 I_C 与 I_B 的比值叫做晶体管的直流电流放大系数，用 $\bar{\beta}$ 表示，则有

$$I_C = \bar{\beta} I_B \tag{3-2}$$

即 $\bar{\beta} = \frac{I_C}{I_B}$，$\bar{\beta}$ 称为晶体管的直流电流放大倍数。它是描述晶体管基极电流对集电极电流控制能力大小的物理量，它体现了晶体管的电流放大能力。管子的 $\bar{\beta}$ 大，基极电流对集电极电流控制的能力就大。$\bar{\beta}$ 是由晶体管的结构来决定的，一个管子做成以后，其 $\bar{\beta}$ 就确定了。

3）当 I_B 有微小变化时，I_C 即有较大的变化。例如，当 I_B 由 10μA 变到 20μA 时，集电极电流 I_C 则由 1.04mA 变为 2.06mA。这时基极电流 I_B 的变化量为 $\Delta I_B = 0.02\text{mA} - 0.01\text{mA} = 0.01\text{mA}$，而集电极电流的变化量为 $\Delta I_C = 2.06\text{mA} - 1.04\text{mA} = 1.02\text{mA}$，这种用基极电流的微小变化来使集电极电流作较大变化的控制作用，就叫做晶体管的电流放大作用。

我们把集电极电流变化量 ΔI_C 和基极电流变化量 ΔI_B 的比值叫做晶体管交流电流放大系数，用 β 表示，即 $\beta = \Delta I_C / \Delta I_B$。对于图 3-12 所示电路，则 $\beta = 1.02\text{mA}/0.01\text{mA} = 102$。

在工程计算时，可认为 $\bar{\beta} = \beta$。

3.3.2 晶体管的特性曲线

晶体管的特性曲线是描述晶体管各个电极之间电压与电流关系的曲线，它们是晶体管内部载流子运动规律在管子外部的表现。晶体管的特性曲线反映了管子的技术性能，是分析放大电路技术指标的重要依据。晶体管特性曲线可在晶体管图示仪上直观地显示出来，也可从手册上查到某一型号晶体管的典型曲线，还可以用实验电路测得数据，然后逐点描出。晶体管的特性曲线分为输入特性曲线和输出特性曲线。

共发射极晶体管放大电路的特性曲线可用图 3-13a 所示电路测试得出。下面以 NPN 型晶体管为例，来讨论晶体管共射电路的特性曲线

1. 输入特性曲线

当晶体管集电极与发射极之间的电压 U_{CE} 为某定值时，基极电流 I_B 与发射结电压 U_{BE} 的关系称为晶体管的输入特性。这一关系可表示为

$$I_B = f\ (U_{BE})\ /U_{CE} = 常数$$

图 3-13b 为实测的输入特性曲线。显然，这一曲线与二极管正向特性曲线相似。在输入特性曲线上也有一个开启电压，在开启电压内，U_{BE} 虽已大于零，但 i_B 几乎仍为零，只有当 U_{BE} 的值大于开启电压后，i_B 的值与二极管一样随 u_{BE} 的增加按指数规律增大。硅晶体管的

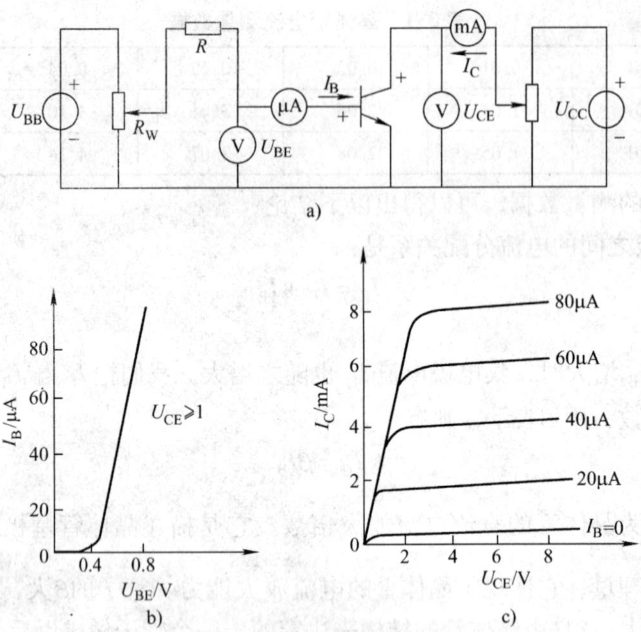

图 3-13　晶体管特性的测试

a）测试电路　b）输入特性曲线　c）输出特性曲线

开启电压约为0.5V，发射结导通电压 U_{on} 约为0.6～0.7V；锗晶体管的开启电压约为0.2V，发射结导通电压约为0.2～0.3V。

因晶体管工作在放大状态时，集电结要反偏，U_{CE}必须大于1V，所以只要给出 $U_{CE}=1V$ 时的输入特性就可以了。

2. 输出特性曲线

输出特性曲线是晶体管在输入电流 i_B 保持不变的前提下，集电极电流 i_C 和管压降 U_{CE} 之间的函数关系，即

$$I_C = f(U_{CE}) / I_B = 常数$$

图3-13c为实测的输出特性曲线。该曲线的测试过程如下：调节 R_W 使 $I_B=40\mu A$，维持这一值不变，逐渐调大 U_{CC}，可测得图3-13c中 $I_B=40\mu A$ 所示的曲线。当取不同的 I_B 值时，可得到图3-13c中所示的曲线族。从输出特性曲线可看出：

1）曲线起始部分较陡。$I_C=0$，$U_{CE}=0$，$U_{CE}\uparrow \rightarrow I_C\uparrow$，说明 I_C 与 U_{CE}成正比。

2）当 U_{CE}增加到大于1V时，曲线变化逐渐趋于平稳。U_{CE}进一步增大，曲线也不再产生显著变化，而呈现一条基本与横轴平行的直线。

3. 晶体管的工作状态

在晶体管的输出特性曲线上，可以把晶体管的工作状态分为三个区域，即截止区、放大区和饱和区，如图3-14所示。

（1）放大状态

晶体管处于放大状态的条件是发射结正偏和集电结反偏。这就是输出特性曲线上 $I_B>0$ 和 $U_{CE}>1V$ 的区域，我们把这个区域叫放大区。

晶体管在放大区的特征是：I_C 由 I_B 决定，而与 U_{CE}关系不大。即 I_B 固定时，I_C 基本不

变，具有恒流的特性。改变 I_B，则可以改变 I_C，而且 I_B 远小于 I_C，表明 I_C 是受控制的受控电流源，有电流放大作用。

（2）截止状态

当晶体管的基极开路或发射结处于反向偏置时，晶体管处于截止状态。

从特性曲线上来看，$I_B=0$ 的那条曲线以下的区域即为截止区，如图 3-14 所示。在此区域内，晶体管没有放大作用。

当晶体管截止时，c、e 之间的电压基本上等于 U_{CC}，而 $I_C\approx0$，故晶体管呈现出高电阻，c、e 之间相当于断路，截止状态的晶体管相当于一个断开的开关。

（3）饱和状态

当发射结、集电结都处于正向偏置时，晶体管处于饱和状态。当集电极外接电阻 R_C 阻值很大，或者基极电流 I_B 较大时，就会出现这种情况。

在输出特性曲线上，饱和区确切范围不易明显地划出，它大致在曲线族的左侧，U_{CE}较小的区域（$U_{CE}<U_{BE}$），如图 3-14 所示。

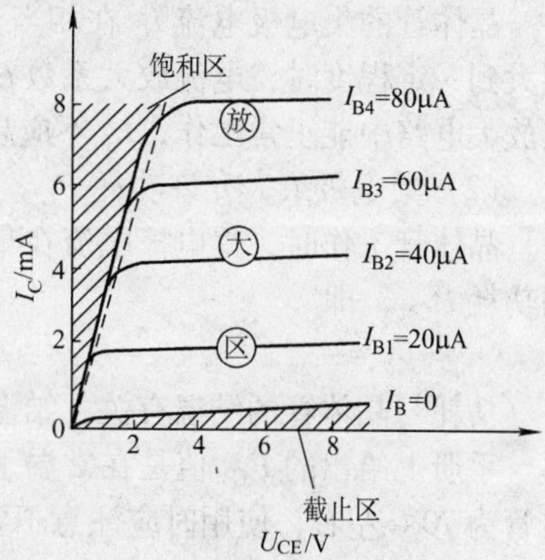

图 3-14　晶体管的三个工作区

当晶体管处于饱和状态时，尽管增大基极电流 I_B 的值，集电极电流 I_C 却基本保持不变，此时晶体管失去了放大作用。饱和时，晶体管 c 与 e 间的电压记作 U_{CES}，称为饱和压降。一般规定小功率硅管的 $U_{CES}\approx0.3\text{ V}$，锗管 $U_{CES}\approx0.1\text{V}$。

当给定一个晶体管的各极电压时，可以计算出 I_C 的最大饱和电流 I_{CS}，由 I_{CS}可以计算出产生此电流所需的 I_{BS}，再由 I_{BS}判断出晶体管是饱和状态还是放大状态。

在图 3-12 中，$I_{cs}=U_{CC}/R_C$，$I_{BS}=I_{cs}/\beta$

若基极实际电流 $I_B>I_{BS}$，晶体管饱和；$0<I_B<I_{BS}$，晶体管工作在放大状态。

3.3.3　晶体管的主要参数

晶体管的参数用来表示管子的性能，是选用晶体管的依据。其主要参数如下。

1. 共射电流放大系数 $\bar{\beta}$和 β

在共射极放大电路中，若交流输入信号为零，则管子各极间的电压和电流都是直流量，此时的集电极电流 I_C 和基极电流 I_B 的比就是 $\bar{\beta}$，$\bar{\beta}$称为共射直流电流放大系数。

当共射极放大电路有交流信号输入时，因交流信号的作用，必然会引起 I_B 的变化，相应的也会引起 I_C 的变化，两电流变化量的比称为共射交流电流放大系数 β，即

$$\beta=\frac{\Delta I_C}{\Delta I_B} \tag{3-3}$$

上述两个电流放大系数 $\bar{\beta}$和 β 的含义虽然不同，但工作在输出特性曲线放大区平坦部分的晶体管，两者的差异极小，可做近似相等处理，故在今后应用时，通常不加区分，直接互相替代使用。

由于制造工艺的分散性，同一型号晶体管的 β 值差异较大。常用的小功率晶体管，β 值一般为 20 ~ 100。β 过小，管子的电流放大作用小；β 过大，管子工作的稳定性差。一般选

用β在40~80之间的管子较为合适。

2. 极间反向饱和电流I_{CBO}和I_{CEO}

1）集电结反向饱和电流I_{CBO}是指发射极开路，集电结加反向电压时测得的集电极电流。常温下，硅管的I_{CBO}在nA（10^{-9}）数量级，通常可忽略。

2）集电极-发射极反向电流I_{CEO}是指基极开路时，集电极与发射极之间的反向电流，即穿透电流。穿透电流的大小受温度的影响较大，穿透电流小的管子热稳定性好。

3. 极限参数

（1）集电极最大允许电流I_{CM}

晶体管的集电极电流I_C在相当大的范围内变化时，其β值基本保持不变，但当I_C的数值大到一定程度时，电流放大系数β值将下降。使β明显减少的I_C即为I_{CM}。为了使晶体管在放大电路中能正常工作，I_C不应超过I_{CM}。

（2）集电极最大允许功耗P_{CM}

晶体管工作时，集电极电流在集电结上将产生热量，产生热量所消耗的功率就是集电极的功耗P_{CM}，即

$$P_{CM}=I_C U_{CE}$$

功耗与晶体管的结温有关，结温又与环境温度、管子是否有散热器等条件相关。

手册上给出的P_{CM}值是在常温下25℃时测得的。硅管集电结的上限温度为150℃左右，锗管为70℃左右，使用时应注意不要超过此值，否则管子将损坏。

（3）反向击穿电压$U_{(BR)CEO}$

反向击穿电压$U_{(BR)CEO}$是指基极开路时，加在集电极与发射极之间的最大允许电压。使用中如果管子两端的电压$U_{CE}>U_{(BR)CEO}$，集电极电流I_C将急剧增大，这种现象称为击穿。管子击穿将造成晶体管永久性的损坏。晶体管电路在电源V_{CC}选得过大，当管子截止时，有可能会使$U_{CE}>U_{(BR)CEO}$，导致晶体管击穿而损坏。一般情况下，晶体管电路的电源电压V_{CC}应小于$1/2U_{(BR)CEO}$。

4. 温度对晶体管参数的影响

几乎所有的晶体管参数都与温度有关，因此不容忽视。温度对下列三个参数影响最大。

（1）对β的影响

晶体管的β随温度的升高将增大，温度每上升1℃，β值约增大0.5%~1%，其结果是在相同的I_B情况下，集电极电流I_C随温度上升而增大。

（2）对穿透电流I_{CEO}的影响

I_{CEO}是由少数载流子漂移运动形成的，它与环境温度关系很大，I_{CEO}随温度上升会急剧增大。温度上升10℃，I_{CEO}将增加一倍。由于硅管的I_{CEO}很小，所以温度对硅管I_{CEO}的影响不大。

（3）对发射结电压U_{be}的影响

与二极管的正向特性一样，温度上升1℃，U_{be}将下降2~2.5mV。

综上所述，随着温度的上升，β值将增大，I_C也将增大，U_{CE}将下降，这对晶体管放大作用不利，使用中应采取相应的措施克服温度的影响。

3.3.4 晶体管的命名方法

国家标准对晶体管的命名方法如下：

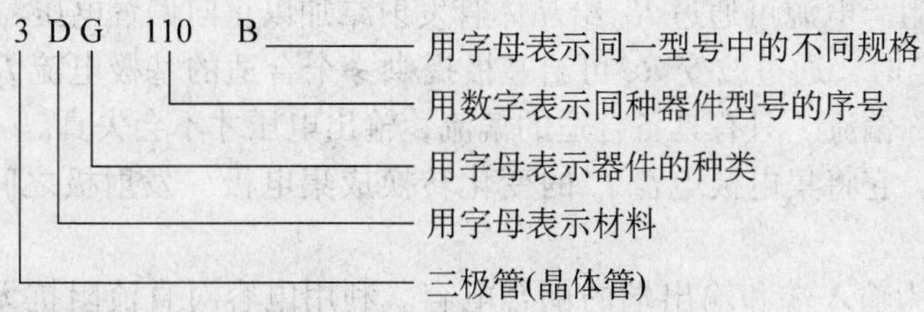

第一位用阿拉伯数字表示电极的个数。

第二位用汉语拼音字母表示管子的管型及材料：A 表示锗 PNP 管、B 表示锗 NPN 管、C 表示硅 PNP 管、D 表示硅 NPN 管。

第三位用汉语拼音字母表示器件的种类：X 表示低频小功率管、D 表示低频大功率管、G 表示高频小功率管、A 表示高频大功率管、K 表示开关管。

晶体管的各种参数已编成手册，可以根据不同的型号进行查找。

3.4 放大电路的基本组成和分析方法

电子设备常常需要把一些微弱信号放大到便于测量和利用的程度。例如收音机天线接收到的无线电信号、传感器得到的信号，有时只有微伏或毫伏的数量级，必须经过放大才能驱动扬声器或者进行观察、记录和控制。

所谓放大，表面上是将信号的幅度由小增大，但放大的实质是能量的转换，即由一个较小的输入信号控制直流电源，使之转换成交流能量输出，驱动负载。

共（发）射极连接的单管交流放大电路是晶体管放大电路的基本形式。下面以简单的共射电路为例，介绍放大电路的组成。

3.4.1 放大电路的基本组成及各元器件的作用

图 3-15 为共射接法的基本放大电路。需要放大的交流信号从输入端 A、B 送入，放大以后的信号从输出端 C、D 取出。发射极是输入回路和输出回路的公共端，故该电路称为共射放大电路。

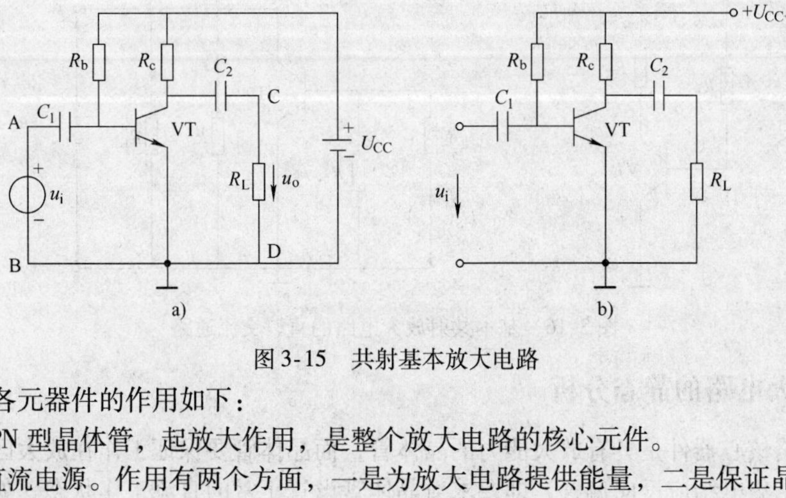

图 3-15　共射基本放大电路

电路中各元器件的作用如下：

VT：NPN 型晶体管，起放大作用，是整个放大电路的核心元件。

U_{CC}：直流电源。作用有两个方面，一是为放大电路提供能量，二是保证晶体管处于放大状态。

R_b：基极偏流电阻。电源可通过 R_b 给晶体管发射结加以正向偏置电压。

另外，当 U_{CC}一定时，通过改变 R_b 可给基极提供一个合适的基极电流 I_B，这个电流通常称为偏置电流，简称偏流。只有具备合适的偏流，输出电压才不会失真。

R_c：集电极电阻。它将集电极电流 i_c 的变化转换成集电极－发射极之间电压 U_{CE}的变化，实现电压放大。

C_1、C_2：分别称为输入端和输出端的耦合电容。利用电容对直流阻抗无穷大、对交流阻抗很小的特点，通过 C_1 把交流信号耦合到晶体管，同时隔断电路与信号源之间的直流通路；通过 C_2 从晶体管集电极把交变输出信号送给负载，同时隔离集电极与负载之间的直流通路。所以，C_1、C_2 的作用是隔离直流，通过交流。

对于图 3-15a 所示电路，在实际应用中为了简化电路，在画图时往往省略电源符号，只画出电源电压的端点并标以 U_{CC}，这样就得到了图 3-15b 所示的习惯画法。

放大电路的分析包含以下两部分：

直流分析：又称为静态分析，用于求出电路的直流工作状态，即基极直流电流 I_B、集电极直流电流 I_C、集电极与发射极间的直流电压 U_{CE}。

交流分析：又称为动态分析，用来求出电压放大倍数、输入电阻和输出电阻。

3.4.2 直流通路和交流通路

当输入信号为零时，电路只有直流电流；当考虑信号的放大时，我们应考虑电路的交流通路。所以在分析、计算具体放大电路前，应分清放大电路的交、直流通路，如图 3-16 所示。由于放大电路中存在着电抗元件，所以直流通路和交流通路不相同。

（1）直流通路

当输入的交流信号为零，只在直流电源作用下，电流的流通路径称为直流通路。画直流通路时，电容视为开路，电感视为短路，交流信号源视为短路。

（2）交流通路

只在交流信号 u_s 的作用下，电流的流通路径称为交流通路。画交流通路时，电容和电感作为电抗元件处理，一般电容按短路处理，电感按开路处理。直流电源因为其两端的电压固定不变，内阻视为零，故在画交流通路时也按短路处理。

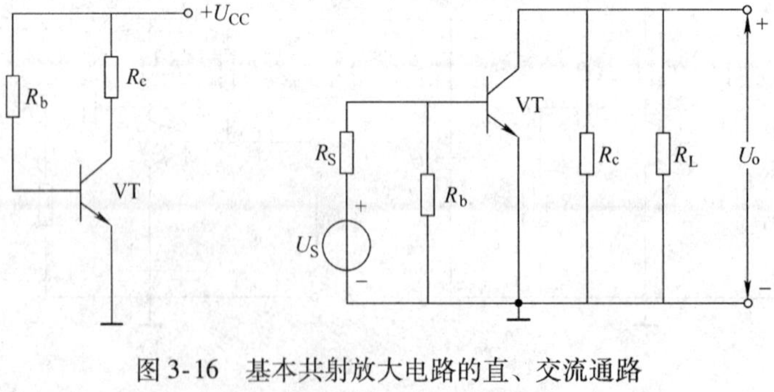

图 3-16　基本共射放大电路的直、交流通路

3.4.3 放大电路的静态分析

放大电路核心器件是具有放大能力的晶体管，而晶体管要保证工作在放大区，其发射结应正向偏置，集电结应反向偏置，即要求对晶体管设置正常的直流工作状态。如何计算出一

个放大电路的直流工作状态，就是我们要讨论的主要问题。

直流工作点又称静态工作点，简称 Q 点，求静态工作点就是求 I_B、I_C、U_{CE}。它可以采用工程近似估算法求出，也可以通过作图的方法求出。此处仅介绍工程近似估算法。

由于晶体管导通时，U_{BE} 变化很小，可视为常数。一般硅管的 $U_{BE}=0.6\sim0.8V$，取 0.7V；锗管的 $U_{BE}=0.1\sim0.3V$，取 0.2V。这就是工程近似估算法的理论基础。

根据放大电路的直流通路，可以估算出该放大电路的静态工作点。

在图 3-16 左图中不难得出：

$$I_{BQ}=\frac{U_{CC}-U_{BE}}{R_b}$$

$$I_{CQ}=\beta I_{BQ}$$

$$U_{CEQ}=U_{CC}-I_{CQ}R_C$$

【例 3-1】 如图 3-15a 所示电路中，已知 $R_b=280k\Omega$，$R_c=3k\Omega$，$U_{CC}=12V$，$\beta=50$，求电流的静态工作点。

解：由图 3-16 所示直流通路得

$$I_{BQ}=\frac{U_{CC}-U_{BE}}{R_b}=\frac{12-0.7}{280\times10^3}\mu A\ =40\mu A$$

$$I_{CQ}=\beta I_{BQ}=50\times40\mu A=2mA$$

$$U_{CEQ}=U_{CC}-I_C R_C=12V-2\times3V=6V$$

静态工作点是放大电路正常工作的重要保证，而静态工作点与电路参数有关。R_b、R_c、U_{CC}大小的变化，会影响交流信号的动态范围，或导致信号的正、负半周动态范围减小，容易引起截止失真或饱和失真。

3.4.4 放大电路的动态分析

放大电路的动态分析是讨论当输入端加入信号 u_i 时，电路的工作情况。由于加进了输入信号，输入电流 i_B 不会静止不动，而是变化的。这样三极管的工作状态将不断变化，故又将加进输入交流信号时的状态称为动态。常用的放大电路的动态分析方法有图解法和微变等效电路法。由于图解法比较繁琐，且在小信号输入时精度较低，在此仅介绍微变等效电路法。

1. 三极管的微变等效电路模型

当输入信号变化的范围很小时，可以认为晶体管电压、电流变化量之间的关系基本上是线性的，即在一个很小的范围内，在静态工作点附近，输入特性和输出特性均可近似地看作是一段直线。因此，就可以给晶体管建立一个小信号的线性模型，如图 3-17 所示，晶体管的 be 之间可以用一个电阻 r_{be} 来表示，ce 之间可以用一个受控电流源来表示，这就是晶体管的微变等效电路。利用微变等效电路，可以将含有非线性元器件（晶体管）的放大电路，转化为我们熟悉的线性电路，然后就可利用电路分析的有关方法求解。

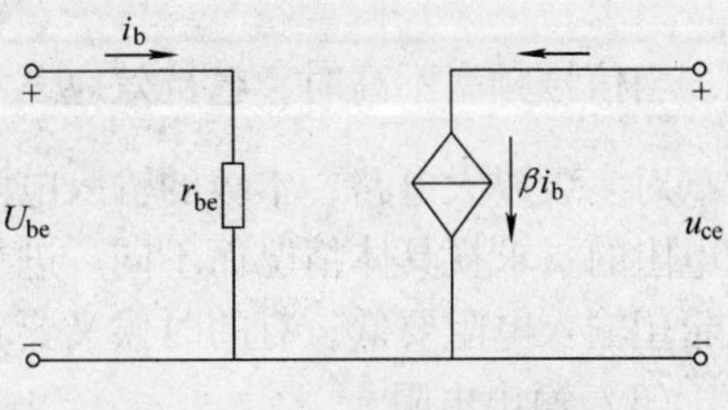

图 3-17 晶体管微变等效模型

电阻 r_{be} 的数值的估算公式为

$$r_{be}\approx200\Omega+(1+\beta)\ 26mV/I_{EQ}$$

其中，I_{EQ}是发射极静态电流（mA），对于小功率晶体管，当I_{EQ} =（1~2）mA时，r_{be}约为1kΩ。而电阻r_{ce}数值较大，如果把晶体管的输出电路看作电流源，r_{ce}也就是电流源的内阻。

其输入端等效为输入电阻r_{be}，输出端等效为可控电流源，其内阻为r_{ce}（与电流源并联），由于r_{ce}一般较大，所以可以忽略不计。

2. 放大电路的性能指标

放大电路动态分析的目的就是要通过分析计算求出放大电路的性能指标。放大电路的性能指标有许多种，这里只介绍几个反映放大器性能的基本性能指标。图3-18中标出了相应的参数。

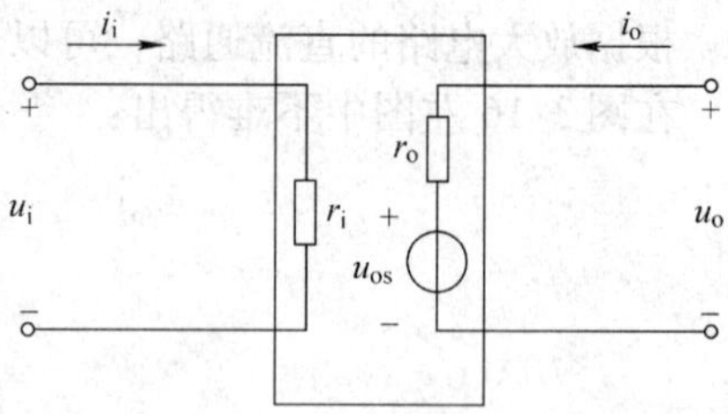

图3-18　放大电路的参数

（1）放大倍数

放大倍数是用于衡量放大电路放大能力的性能指标，常用的有电压放大倍数、电流放大倍数和功率放大倍数。

电压放大倍数A_u：电压放大倍数是衡量放大电路的电压放大能力的指标。它定义为输出电压与输入电压之比，$A_u=\dfrac{u_o}{u_i}$。

电流放大倍数A_i：电流放大倍数定义为输出电流与输入电流之比，$A_i=\dfrac{i_o}{i_i}$。

功率放大倍数A_p：功率放大倍数定义为输出功率与输入功率之比，$A_p=\dfrac{p_o}{p_i}$。

实际工作中，放大倍数常用对数表示。当采用对数表示时，放大倍数叫做增益，单位为分贝（dB），定义如下：

电压增益 $G_u=20\lg|A_u|$

电流增益 $G_i=20\lg|A_i|$

功率增益 $G_p=10\lg|A_p|$

（2）输入电阻r_i

输入电阻是从输入端看进去的放大电路的等效电阻，它可以衡量放大电路对信号源的影响。当信号频率不高时，电抗效应不考虑，则有$r_i=\dfrac{u_i}{i_i}$。

对多级放大电路，本级的输入电阻又构成前级的负载，表明了本级对前级的影响。对输入电阻的要求视具体情况而不同。进行电压放大时，希望输入电阻要高；进行电流放大时，又希望输入电阻要低；有的时候又要求阻抗匹配，希望输入电阻为某一特殊的数值。

（3）输出电阻r_o

输出电阻是从输出端看进去的放大电路的等效电阻，用r_o表示。

由微变等效电路求输出电阻的方法，一般是将输入信号源u_s短路（电流源开路），注意应保留信号源内阻。然后在输出端外接电源u_2，并计算出该电压源供给的电流i_2，则输出电阻由下式算出：

$$r_o=\frac{u_2}{i_2}$$

输出电阻高低表明了放大器所能带动负载的能力。r_o 越小，表明带负载能力越强。

3. 放大电路的性能分析

由晶体管的微变等效模型和图 3-16 所示放大电路的交流通路，可得出如图 3-19 所示的放大电路的微变等效电路。

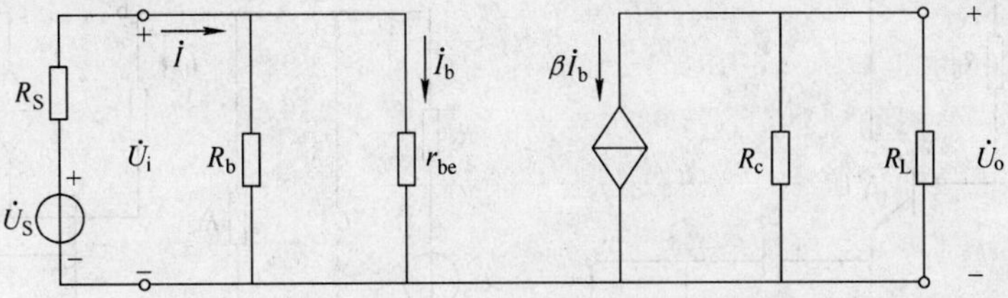

图 3-19　放大电路的微变等效电路

（1）电压放大倍数的计算

$$u_i = u_{be} = i_b r_{be}$$

$$u_o = i_o\ (R_L/R_c)$$

$$i_o = -i_c = -\beta i_b$$

$$A_u = \frac{u_o}{u_i} = -\beta\ (R_L /\!/ R_c)\ /r_{be}$$

若令 $R'_L = R_L /\!/ R_c$，则 $A_u = -\beta R'_L / r_{be}$

上式中的负号表示输出电压 u_o 与输入电压 u_i 的相位相反。当放大电路的输出端开路（未接 R_L）时，$A_u = -\beta R_c / r_{be}$

（2）放大电路输入电阻的计算

$$r_i = u_i / i_i = R_b /\!/ r_{be}$$

当 R_b 比 r_{be} 大很多时，$r_i \approx r_{be}$。它是对交流信号而言的一个动态电阻。

（3）放大电路输出电阻的计算

放大电路对负载（或后级放大电路）来说，是一个信号源，其内阻即为放大电路的输出电阻。它是一个动态电阻。如果放大电路的输出电阻较大，当负载变化时，输出电压的变化较大，也就是说放大电路带负载的能力较差。因此，通常希望放大电路输出级的输出电阻低一些。

放大电路的输出电阻可在信号源短路和输出端开路的条件下求得。以放大电路为例，从它的微变等效电路看出，当 $U_i = 0$，$i_b = 0$ 时，i_c 也为零。共射极放大电路的输出电阻是从放大电路的输出端看进去的一个电阻。因为晶体管的输出电阻 r_{ce}（也和恒流源 βI_b 并联）很高，故 $r_o \approx R_c$。

R_c 一般为几千欧，因此共射极放大电路的输出电阻较高。

通常计算 r_o 时可将信号源短路，在输出端加一交流电压 u_o，以产生一个电流 i_o，则放大电路的输出电阻为 $r_o \approx \frac{u_o}{i_o}$

3.4.5　三种基本组态放大电路的分析

在放大电路中，晶体管的接法有三种，即有三种基本组态，各种实际放大电路都是这三种基本放大电路的变形及组合。前面已经介绍了共发射极放大电路，下面将介绍共集电极放大电路与共基极放大电路。

1. 共集电极放大电路

电路如图 3-20a 所示，信号从基极输入，射极输出，故又称为射极输出器，其等效电路如图 3-20b 所示。

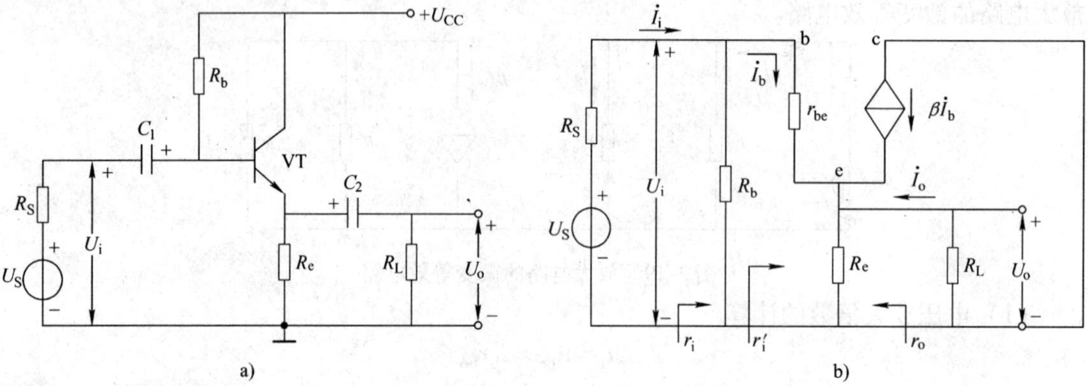

图 3-20　共集电极放大电路及等效电路

a）放大电路　b）等效电路

（1）电压放大倍数

$$A_u = u_o / u_i$$

$$u_o = (1+\beta)\ i_b R'_L \quad 其中\ R'_L = R_e // R_L$$

$$u_i = I_b r_{be} + (1+\beta)\ R'_L i_b$$

$$A_u = \frac{u_o}{u_i} = \frac{(1+\beta)\ R'_L}{r_{be} + (1+\beta)\ R'_L}$$

通常 $(1+\beta)\ R'_L \gg r_{be}$，所以 $A_u < 1$，且 $A_u \approx 1$。即共集电极放大电路的电压放大倍数小于 1 而接近于 1，且输出电压与输入电压同相位，故又称为射极跟随器。

（2）电流放大倍数 A_i

$$A_i = i_o / i_i = -i_e / i_b = -(1+\beta)\ I_b / I_b = -(1+\beta)$$

由此可见，共集电极放大电路具有对电流的放大作用。

（3）输入电阻 r_i

$$r_i = \frac{R_b r'_i}{R_b + r_i}$$

$$r'_i = u_i / i_b = r_{be} + (1+\beta)\ R'_L$$

共集电极放大电路输入电阻高，这是共集电极电路的特点之一。

（4）输出电阻 r_o

按输出电阻的计算办法，信号源 u_s 短路，在输出端加入 u_2，求出电流 i_2，则有

$$r_o = u_2 / i_2$$

其等效电路如图 3-21 所示。经计算可得

$$r_o = \frac{u_2}{i_2} = R_e // \frac{R'_S + r_{be}}{1+\beta}$$

式中，$R'_S = R_S // R_b$。r_o 是一个很小的值。输出电阻小，这是共集电极电路的又一特点。

2. 共基极放大电路

共基极放大电路是从发射极输入信号，从集电极输出信号。其电路和等效电路如图3-22

所示。

（1）电压放大倍数 A_u

$$u_o = -\beta I_b R'_L \quad R'_L = R_c // R_L$$

$$u_i = -I_b r_{be}$$

$$A_u = u_o/u_i = (-\beta I_b R'_L)/(-I_b r_{be}) = \beta R'_L / r_{be}$$

上式与共发射极相同，但输出与输入同相。

（2）输入电阻 r_i

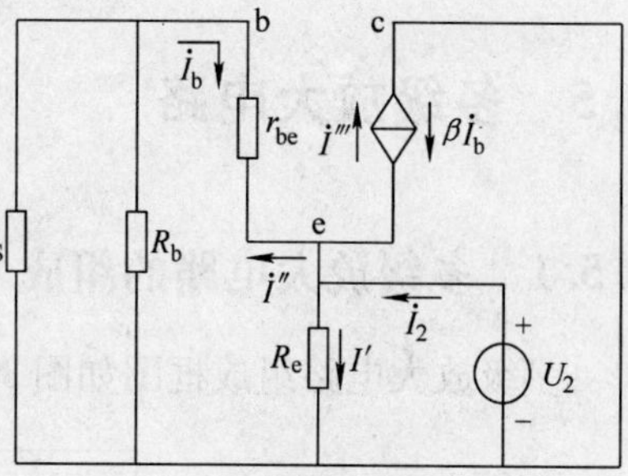

图 3-21 求 r_o 的等效电路

$$r_i = R_e // r'_i$$

$$r'_i = u_i / i'_i$$

$$u_i = -i_b r_{be}$$

$$i'_i = -i_e = -(1+\beta) i_b$$

$$r'_i = u_i / i'_i = r_{be}/(1+\beta)$$

$$r_i = R_e // r'_i = R_e // [r_{be}/(1+\beta)] \approx r_{be}/(1+\beta)$$

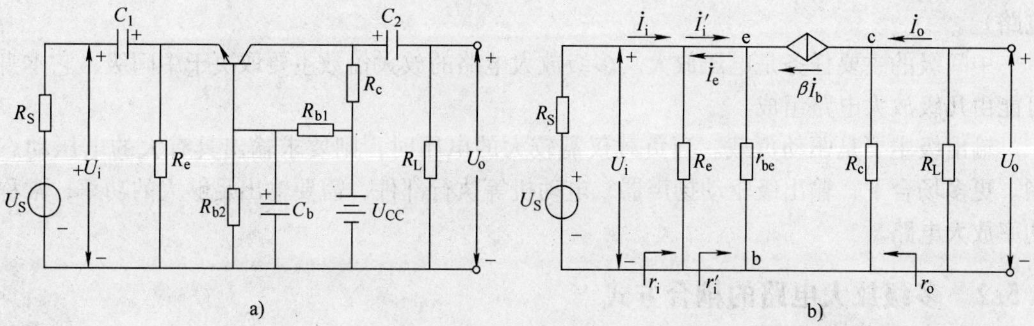

图 3-22 共基极电路和等效电路

a）放大电路 b）等效电路

与共发射极放大电路相比，其输入电阻减小。

（3）输出电阻 r_o

当 $U_s = 0$ 时，$I_b = 0$，$\beta I_b = 0$，故 $r_o = R_c$

（4）电流放大倍数 A_i

$$i_o = I_c \quad i_i = -I_e$$

$$A_i = i_o / i_i = I_c / (-I_e) \approx -1$$

由此可见，共基极放大电路对电流不具有放大作用。

3. 三种基本放大电路的比较

（1）共射极放大电路的电压、电流和功率放大倍数都较大（但反向），输入输出电阻适中，多用于多级放大电路中的中间级。

（2）共集电极放大电路的电压放大倍数约为 1，电流放大倍数大，输入电阻大，输出电阻小，多用于多级放大电路中的输出级。

（3）共基极放大电路的电压放大倍数大，电流放大倍数约为 1，输入电阻小，输出电阻大。

3.5 多级放大电路

3.5.1 多级放大电路的组成

多级放大电路组成框图如图 3-23 所示。

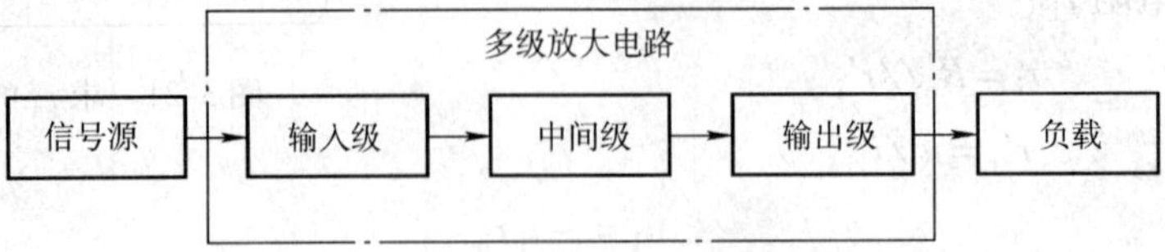

图 3-23 多级放大电路组成方框图

对输入级的要求，与信号源的性质有关。当输入信号源为低阻电压源时，要求输入级必须有高的输入电阻（例如用共集电极放大电路），以减少信号在内阻上的损失。如果输入信号为电流源，为了充分利用信号电流，则要求输入级有较低的输入电阻（如用共基极放大电路）。

中间级的主要任务是电压放大。多级放大电路的放大倍数主要取决于中间级，它本身就可能由几级放大电路组成。

输出级主要是驱动负载。当负载仅需较大的电压时，则要求输出具有大的电压动态范围。更多场合下，输出级驱动扬声器、电动机等执行部件，需要输出足够大的功率，常称为功率放大电路。

3.5.2 多级放大电路的耦合方式

放大电路各级之间信号的传递方式称为耦合，常见的耦合方式有阻容耦合、直接耦合及变压器耦合。下面分别简单介绍。

1. 阻容耦合

通过电阻、电容将前级输出接至下级输入，如图 3-24 所示。从图上看实际上只接入了一个电容，但考虑到输入电阻，则每个电容都与电阻相连，故称这种连接为阻容耦合。

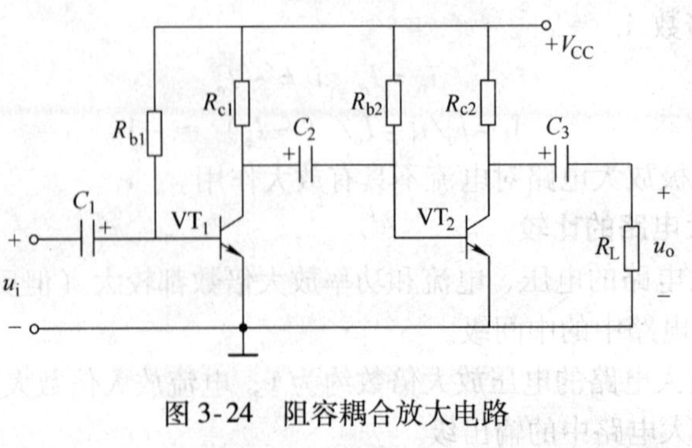

图 3-24 阻容耦合放大电路

阻容耦合的优点：由于前后级是通过电容相连的，所以各级的静态工作点是相互独立的，不互相影响，这给放大电路的分析、设计和调试带来了很大的方便。而且只要电容选的足够大，就可以使得前级输出的信号在一定的频率范围内，几乎不衰减地传到下一级。所以阻容耦合方式在分立元件组成的放大电路中得到广泛的应用。

阻容耦合的缺点：不适用传送缓慢变化的信号，更不能传送直流信号。另外，大容量的电容在集成电路中难以制造，所以阻容耦合在线性集成电路中无法采用。

2. 直接耦合

为了避免电容对低频信号带来的不良影响，去掉图 3-24 中的耦合电容，将前级输出直接连到下一级，称为直接耦合。

3. 变压器耦合

图 3-25 所示电路是变压器耦合的多级放大电路，通过变压器把前级的交流信号传送到后级。而直流电压和电流通不过变压器。变压器耦合主要用于功率放大电路。它的优点是可以实现交流的传送而直流不能通过，还可变换电压和实现阻抗匹配。其缺点是体积大、重量重、频率特性差。

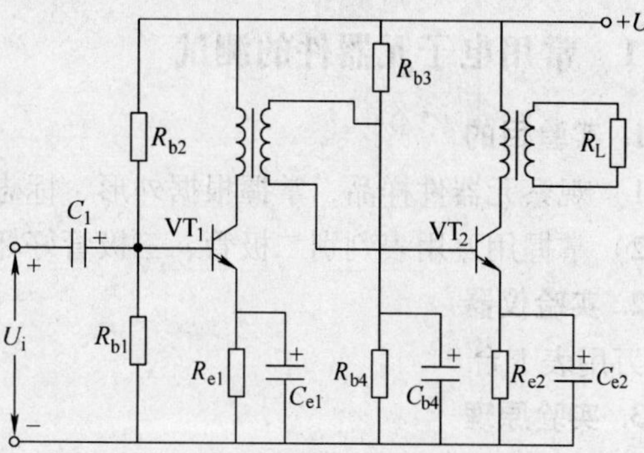

图 3-25　变压器耦合的多级放大电路

3.5.3　多级放大电路的指标计算

1. 电压放大倍数

多级放大电路如图 3-26 所示，其电压放大倍数为：

$$A_u = u_o/u_i = (u_{o1}/u_i)\cdot(u_{o2}/u_{i2})\cdot(u_{o3}/u_{i3}) = A_{u1}\times A_{u2}\times A_{u3}$$

上式说明，多级放大电路的电压放大倍数等于各级电压放大倍数的乘积。但要注意，计算每级电路的放大倍数时，要考虑下级电路输入电阻的影响，因为下级电路的输入电阻相当于本级电路的负载。

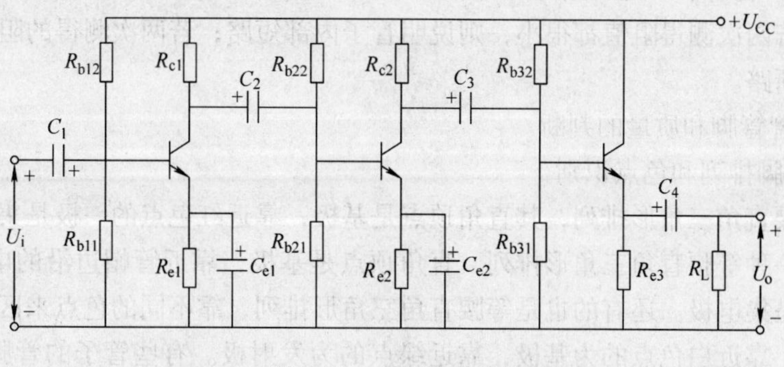

图 3-26　多级放大电路

2. 输入输出电阻

一般说来，多级放大电路的输入电阻就是考虑后级影响后的输入级的输入电阻，而输出电阻就是考虑前级对后级的影响后输出级的电阻。由于多级放大电路的放大倍数为各级放大倍数的乘积，所以，在设计多级放大电路的输入和输出级时，主要考虑输入电阻和输出电阻的要求，而放大倍数的要求由中间级完成。

具体计算输入电阻和输出电阻时，可直接利用已有的公式。但要注意，有的电路形式要考虑后级对输入电阻的影响和前一级对输出电阻的影响。

3.6 实训

3.6.1 常用电子元器件的测试

1. 实验目的

1）观察元器件样品，掌握根据外形、标志识别元器件的方法。

2）掌握用万用表判别二极管、三极管好坏和极性的方法。

2. 实验仪器

万用表1台

3. 实验原理

（1）用万用表测试电阻时，万用表的红表笔接内部电池的负极，黑表笔接内部电池的正极。

（2）半导体二极管极性与质量的判别

一般情况下，二极管有色环的一端为负极，有色点的一端为正极。例如2AP1～2AP7，2AP11～2AP17等。如果是玻璃壳封装，可直接看出极性，即内部连触丝的一头是正极，连半导体片的一头是负极。

如果既无色点，又不是透明封装，则可以用万用表来判别其极性。根据二极管正向导通时导通电阻小，反向截止电阻大的特点，将万用表拨到欧姆档（一般用R×100或R×1k档，不要用R×1或R×10k档，因为R×1档的电流太大，容易烧毁管子，而R×10k档电压太高，可能击穿管子），用万用表的表笔分别接二极管的两个电极，测出一个电阻，然后将两表笔对换，再测出一个阻值，则阻值小的那一次黑表笔所接一端为二极管的正极，另一端即为负极。若两次测得阻值都很小，则说明管子内部短路；若两次测得的阻值都很大，则说明管子内部断路。

（3）晶体管管脚和质量的判断

1）根据管脚排列和色点识别

有一种等腰直角三角形排列，其直角顶点是基极，靠近红色点的一极是集电极，另一极是发射极。另一种等腰直角三角形排列，直角顶点是基极，靠近管帽边沿的电极为发射极，另外一个电极是集电极。还有的也是等腰直角三角形排列，靠不同的色点来区分。靠近红色点的为集电极，靠近白色点的为基极，靠近绿点的为发射极。有些管子的管脚排列成直线，但距离不相等，孤立的一个电极为集电极，中间的为基极，另一个为发射极。四个管脚的晶体管，管壳带有凸缘时，可将管脚朝向自己，则从管壳凸缘开始，顺时针方向排列依次为发射极、基极、集电极和地。对半圆形塑封晶体管，让球面向上，管脚朝自己，则从左到右依次是集电极、基极和发射极。

2）用万用表判别

目前晶体管的种类很多，仅从管脚排列很难判断其管脚，常用万用表判别管脚。其基本原理是：晶体管由两个PN结构成，对于NPN型晶体管，其基极是两个PN结的公共正极，对于 PNP 型晶体管，其基极是两个 PN 结的公共负极，由此可以判断晶体管的基极和管子的管型。而根据当加在晶体管的 BE 结电压为正，BC 结电压为负，晶体管工作在放大状态，此时晶体管的穿透电流较大，r_{CE}较小的特点，可以测出晶体管的发射极和集电极。

首先应判断管子的基极和管型。测试时，假设某一管脚为基极，将万用表拨在 R×100 或 R×1k 档上，用黑表笔接触晶体管的某一管脚，用红表笔分别接触另外两管脚，若测得的阻值相差很大，则原先假设的基极不是基极，需另外假设。若两次测得的阻值都很大，则该极可能是基极，此时再将两表笔对换继续测试，若对换表笔后测得的阻值都较小，则说明该电极是基极，且此晶体管为 PNP 型。同理，黑表笔接假设的基极，红表笔分别接其他两个电极时测得的阻值都很小，则该晶体管的管型为 NPN 型。

判断出管子的基极和管型后，可进一步判断管子的集电极和发射极。以 NPN 管为例，确定基极和管型后，假设其他两只管脚中一只是集电极，另一只即假设为发射极。用手指将已知的基极和假设的集电极捏在一起（但不要相碰），将黑表笔接在假设的集电极上，红表笔接在假设的发射极上，记下万用表指针所指的位置，然后再作相反的假设（即原先假设为 C 的假设为 E，原先假设为 E 的假设为 C），重复上述过程，并记下万用表指针所指的位置。比较两次测试的结果，指针偏转大的（即阻值小的）那次假设是正确的。若为 PNP 型管，测试时，将红表笔接假设的集电极，黑表笔接假设的发射极，其余不变，仍然电阻小的一次假设正确。

4. 实验内容与步骤

（1）用万用表判别二极管的好坏和极性

用万用表判断所给二极管的好坏和极性，将被测二极管的外形画入表格 3-2 中，标出极性，填入测得的正、反向电阻值。

（2）用万用表判断所给晶体管的管脚

用万用表判断所给晶体管的管型和管脚，画出所给三极管的外形图，在表 3-3 中填入被测晶体管的类型及各管脚的极性。

（3）用万用表判断所给晶体管的好坏，将测得的 PN 结正、反向电阻填入表格 3-4，判断晶体管的好坏。

5. 实验结果

（1）二极管的识别与简单测试

表 3-2

被测管型号	外形与极性	正向电阻	反向电阻	万用表档位	质量
				×100Ω	
				×1kΩ	
				×100Ω	
				×1kΩ	

（2）判别晶体管类型与极性

表 3-3

型号	外形图	管型	电极		
			1	2	3
9012					
9013					
3DG6					

（3）判断晶体管好坏（已知极性）

表 3-4

晶体管		电极	电阻（×1kΩ 档）		质量
型号	管型		正向	反向	
		B－E			
		B－C			
		C－E			
		B－E			
		B－C			
		C－E			
		B－E			
		B－C			
		C－E			

3.6.2 单管共射放大电路的研究

1. 实验目的

1）掌握放大器静态工作点调试方法及其对放大器性能的影响。

2）学习测量放大器静态工作点、放大倍数 A_u、输入电阻 r_i、输出电阻 r_0 的方法，了解共射极电路特性。

3）观察静态工作点对放大器性能和输出波形的影响。

4）测试放大器的动态参数。

2. 实验仪器

示波器、毫伏表、函数信号发生器、万用表、直流稳压电源、电路板。

3. 实验原理

图 3-27 为电阻分压式单管共射放大器实验电路图。

1）放大器静态工作点的测量和调试

2）放大器的动态指标测试

放大器的动态指标包括电压放大倍数、输入电阻、输出电阻、最大不失真输出电压（动态范围）和通频带等。

4. 实验内容与步骤

（1）连接线路

按图 3-27 所示连接电路（注意：接线前先测量 +12V 电源，关断电源后再连线），将 RP_1 的阻值调到最大位置。接线完毕仔细检查，确定无误后接通电源。

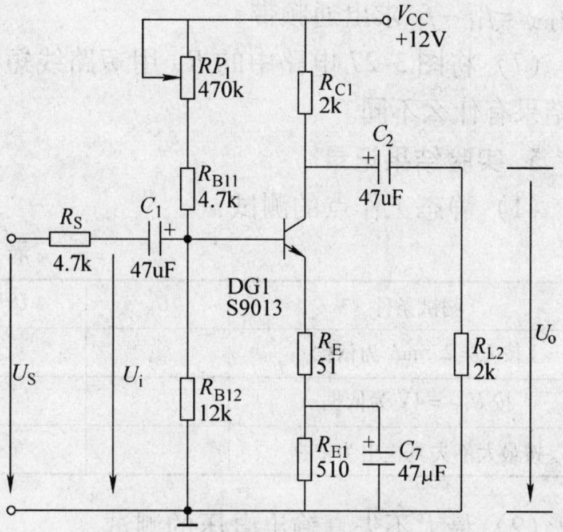

图 3-27　单管共射放大电路

（2）静态工作点的测试

1）按 $I_c=2.5mA$ 为依据进行调试

实验电路如图 3-27 所示，使输入信号 u_i 为零，调节 R_{p1}，使 $I_c=2.5mA$（即 $U_{RC}=5V$），用直流电压表测量 U_b、U_c、U_e 的值，填入表 3-5。

2）按 $U_{CE}=4V$ 为依据进行调试

实验电路如图 3-27 所示，使输入信号 u_i 为零，调节 R_{p1}，使 $U_{CE}=4V$），用直流电压表测量 U_b、U_c、U_e 的值，填入表 3-5。

3）按最大不失真输出为依据进行调试

接入频率为 1kHz 的正弦交流输入电压 u_i，用示波器观测输出电压的波形，慢慢改变 u_i 的值，并不断调节 R_{p1}，使输出达到最大不失真输出，用交流电压表测出此时的输入、输出电压值 U_i 和 U_o，并计算电压放大倍数 A_u 的值，将测量结果记入表 3-6；去掉输入信号 u_i，用万用表测试电路的静态工作点 U_b、U_c、U_e 的值，填入表 3-5。

（3）观察静态工作点对输出波形失真的影响

按最大不失真输出为依据调好电路的静态工作点，测出 U_b、U_c、U_e 值，记入表 3-7 中。使输出达到最大不失真，然后保持输入信号不变，分别增大和减小 R_{p1}，使放大器出现饱和和截止失真，撤去输入信号，分别测出两种失真时的 U_b、U_c、U_e 值记入表 3-7 中，并说明用示波器观测到的波形的失真情况。

（4）电压放大倍数的测试

在放大器输入端加入频率为 1kHz 的正弦波信号 U_s，调节信号发生器的输出幅度旋钮使放大器输入电压 U_i 为 10mV，同时用示波器观察放大器输出电压 U_o 的波形，在不失真的情况下用交流毫伏表测量表 3-8 中三种情况下的 U_o 值，将结果填入表 3-8，并用双踪示波器观察 U_o 与 U_i 相位关系，进行比较。

（5）测放大器输入，输出电阻。

取 $R_c=2k$，$R_L=2k$，调静态工作点使 $I_c=2.5mA$。输入频率为 1kHz 的正弦波，在输出不失真的情况下，用交流毫伏表测量出 U_s、U_i 和 U_L 值。保持 U_s 不变，断开 R_L，测量输出电压 U_o，计算 R_i 和 R_o 的值，记入表 3-9 中。

（6）测量幅频特性曲线

取 $R_c=2k$，$R_L=2k$，调静态工作点使 $I_c=2.5mA$。保持输入信号为 U_i 的幅度不变（一般取放大器输出幅度最大不失真时输入信号幅度的50%），改变信号源频率 f 如表 3-10 所示，逐点测出相应的输出电压 U_o，记入表 3-10 中。根据测试结果绘制电路的幅频特性曲线，并根据幅频特性曲线计算出放大器的下限频率 f_L 和上限频率 f_H，根据通频带的计算公式 $f_{BW}=f_H-f_L$ 求出通频带。

（7）将图 3-27 电路中的 R_E 用短路线短接，再重新做一遍实验。比较两种情况下的实验结果有什么不同。

5. 实验结果记录

（1）静态工作点的测试

表 3-5

测试条件	U_b	U_c	U_e	U_{ce}	U_{be}	I_c
按 $I_c=2.5mA$ 为依据						
按 $U_{CE}=4V$ 为依据						
按最大不失真输出为依据						

（2）最大不失真输出电压的测试

表 3-6

U_o/V	U_i/mV	A_u

（3）静态工作点对波形的影响

表 3-7

R_{pl}	U_b/V	U_e/V	U_c/V	U_{ce}/V	I_c/mA	输出波形失真情况
最大						
合适						
最小						

（4）电压放大倍数的测试

表 3-8

给定参数		实测		实测计算	估算
R_c/Ω	R_L/Ω	U_i/mV	U_o/V	A_u	A_u
2k	∞				
5.1k	∞				
2k	2k				

（5）放大器输入输出电阻的测试

表 3-9

U_s/mV	U_i/mV	$R_i/k\Omega$		U_L/V	U_o/V	$R_o/k\Omega$	
		测量值	计算值			测量值	计算值

（6）幅频特性曲线的测试

表 3-10　（U_i =　　）

f/kHz	10	20	50	100	200	500	1k	2k	5k	10k	20k	50k	100k	200k	500k	1M
U_o/V																
$A_u=U_o/U_i$																

6. 实验报告要求

1）写出实验目的、实验用仪器、实验内容及方法。

2）列表整理测量结果，并把实测的静态工作点、电压放大倍数、输入电阻、输出电阻的值与理论计算值比较（取一组数据进行比较），分析产生误差的原因。

3）总结 R_c、R_L、静态工作点对放大器电压放大倍数、输入电阻及输出电阻的影响。

4）分析讨论在实验过程中出现的问题。

5）电路的幅频特性曲线。

习题 3

3.1　说明下列名词的意义，并指出它们的特点与区别。

（1）自由电子、空穴、载流子。

（2）导体导电、半导体导电、本征半导体导电、N 型半导体导电、P 半导体导电。

3.2　温度升高时，本征半导体导电能力为什么会增强？

3.3　什么是 PN 结的偏置？它的正向与反向偏置各有什么特点？

3.4　选择

（1）下列哪种半导体的导电性受温度影响最大？（　　）

A. 本征半导体　　B. N 型半导体　　C. P 型半导体

（2）杂质半导体中多数载流子的浓度取决于（　　）。

A. 温度　　B. 杂质浓度　　C. 电子空穴对数目

（3）在电场作用下，自由电子与空穴形成的电流方向（　　）。

A. 相同　　B. 相反

（4）P 型半导体中空穴为多数载流子，它呈现的电性为（　　）。

A. 正电　　B. 负电　　C. 电中性

（5）在硅二极管上分别加上正向的 0.5V 与 0.7V 的电压时，二极管呈现的电阻（　　）。

A. 0.5V 时大　　B. 0.7V 时大　　C. 一样大

（6）若用万用表欧姆档测量二极管的正向电阻时，测得的电阻最小时使用的是（　　）档？

A. ×10　　B. ×100　　C. ×1000

（7）晶体管工作在放大区时，b－e 结为（　　），b－c 结为（　　）；工作在饱和区时 b－e 结为（　　），b－c 结为（　　）。

A. 正向偏置　　B. 反向偏置

（8）NPN 型与 PNP 型晶体管的主要区别是（　　）。

A. 由两种材料硅和锗组成　B. 掺入的杂质不同　C. N 区与 P 区的位置不同

（9）晶体管工作在放大区时，当基极电流由 20μA 增加到 40μA 时，集电极从 1mA 增加到 2mA，它的放大倍数 β 为（　　）。

A. 10　　　　　　　　　　　B. 50　　　　　　　　　　　C. 100

3.5　如何用较简单的办法测试稳压管的极性和好坏？

3.6　两个硅稳压管，VZ1 = 6V，VZ2 = 9V。把两者串联时可得到几种稳压值？把两者并联时又如何？

3.7　双极型晶体管有两个 PN 结。如果仿照这种结构，用两个二极管反向串联，并提供必要的外部偏置条件，能获得与三极管相似的电流控制和放大作用吗？为什么？

3.8　对晶体管，$I_C >> I_B$，是否在这个意义上说它有电流放大作用？反之，$I_C < I_E$，是否就没有放大作用？

3.9　怎样利用万用表判断出晶体管的三个极和类型（NPN 或 PNP 型）？

3.10　在图 3-15 中，C_1 和 C_2 的作用是什么？

3.11　在图 3-15 基本发射放大电路中，已知 $U_{CC} = 12V$，$R_b = 400k\Omega$，$R_c = 3k\Omega$，$R_L = 3k\Omega$，晶体管为硅管，电流放大系数 $\beta = 100$，试求出（1）静态工作点 Q；（2）电压放大倍数 A_u、输入电阻 r_i 和输出电阻 r_o。

3.12　在图 3-15 所示放大电路中，已知 $U_{CC} = 12V$，$\beta = 50$，如果要求 $U_{CEQ} = 4V$，$I_{CQ} = 4mA$，试算 R_c 和 R_b 应取多大？

3.13　在图 3-28 所示分压偏置放大电路中，已知 $U_{CC} = 16V$，$R_{b1} = 14k\Omega$，$R_{b2} = 2k\Omega$，$R_c = 10k\Omega$，$R_e = 1.3k\Omega$，$R_L = 20k\Omega$，$\beta = 50$，$r_{be} = 1k\Omega$，$U_{BEQ} = 0.7V$。试求静态工作点。

3.14　在图 3-29 所示电路中，已知 $U_{CC} = 12V$，$R_b = 200k\Omega$，$R_c = 2k\Omega$，$R_L = 4k\Omega$，$C_1 = C_2 = 50\mu F$，晶体管为硅管，电流放大系数 $\beta = 50$。（1）求放大电路的静态工作点；（2）计算输入电阻 r_i 和输出电阻 r_o；（3）分别计算 $R_L = \infty$ 和 $R_L = 4k\Omega$ 时的电压放大倍数。

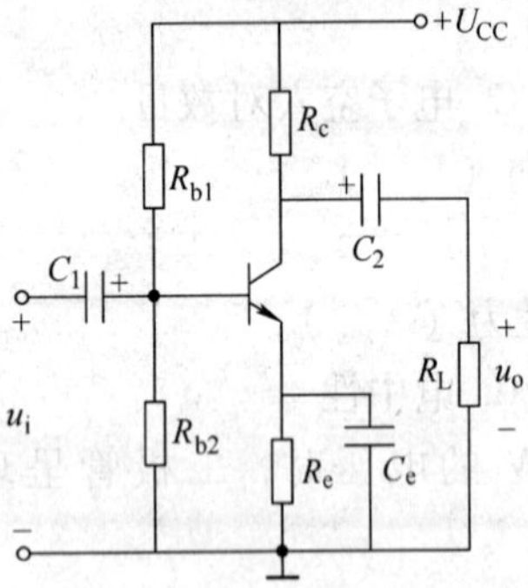

图 3-28　题 3.13 图

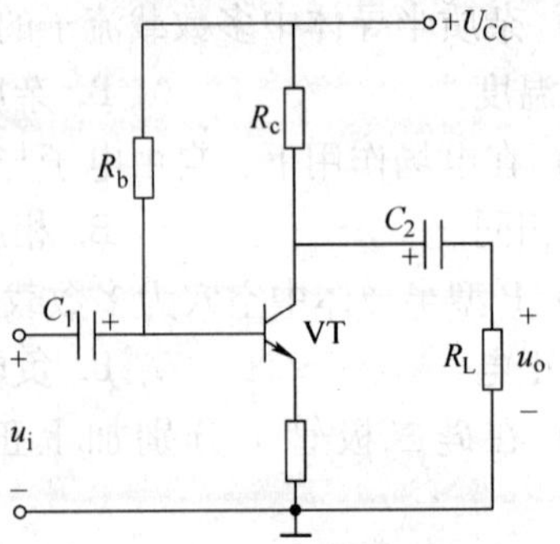

图 3-29　题 3.14 图

第 4 章　集成运算放大器及其应用

本章要点

- 集成运算放大器的组成和主要参数
- 反馈的概念和负反馈的类型
- 负反馈对放大性能的影响
- 集成运放的线性应用和非线性应用

4.1　集成运算放大器简介

4.1.1　集成运算放大器的组成和符号

集成运算放大器是利用半导体制造工艺将二极管、晶体管、电阻、电容等元件及之间连线集成在一块半导体芯片上，完成一定功能的完整电路。集成运算放大器实际上是一种放大倍数很高的直接耦合放大电路，具有性能完备、元件密集度高、体积小、重量轻、工作可靠、价格低等特点，在信号处理、波形转换、自动控制等领域有着广泛的应用。其内部组成原理框图如图 4-1 所示，它由输入级、中间级、输出级和偏置电路等四部分组成。

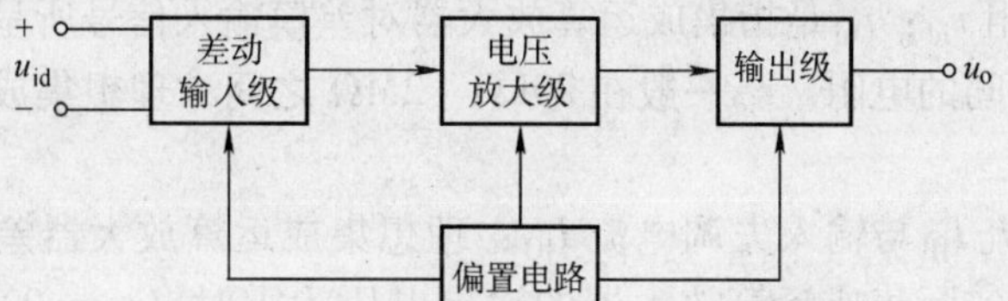

图 4-1　集成运算放大器的组成框图

（1）输入级

输入级是提高运算放大器质量的关键部分，要求其输入电阻高。为了能减小零点漂移和抑制共模干扰信号，输入级都采用具有恒流源的差动放大电路，也称差动输入级。

（2）中间级

中间级的主要作用是提供足够大的电压放大倍数，故也称电压放大级。要求中间级本身具有较高的电压增益。

（3）输出级

输出级的主要作用是输出足够的电流以满足负载的需要，同时还需要有较低的输出电阻和较高的输入电阻，以起到将放大级和负载隔离的作用。

（4）偏置电路

偏置电路的作用是为各级提供合适的工作电流，一般由各种恒流源电路组成。

集成运算放大器的符号如图4-2所示。标“－”号的端子称反相输入端，用u_-表示，从该端输入信号时，输出信号的相位与输入信号的相位相反；标“＋”号的端子称同相输入端，用u_+表示，由该端输入信号时，输出信号的相位与输入信号的相位相同；输出端用u_o表示。▷表示信号传输方向，∞表示理想运放。

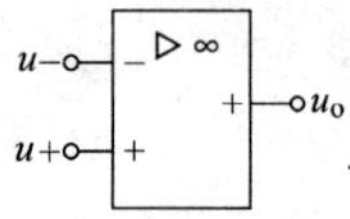

图4-2 集成运算放大器的符号

4.1.2 集成运算放大器的主要参数

集成运算放大器的特性参数是评价其运算放大性能优劣的依据。

1. 极限参数

1）供电电压范围（$+U_{CC}$、$-U_{EE}$，或$+U_s$，$-U_s$）：加到集成运算放大器上的最小和最大允许的安全工作电源电压，称为运放的供电电压范围。

2）功耗P_D：集成运算放大器在规定的温度范围工作时，可以安全耗散的功率。

3）工作温度范围：能保证集成运算放大器在额定的参数范围内工作的温度称为它的工作温度范围。

4）最大差模输入电压U_{idmax}：能安全地加在集成运算放大器的两个输入端之间的最大差模电压称为最大差模输入电压。

5）最大共模输入电压U_{icmax}：能安全地加在集成运算放大器的两个输入端的短接点与运放地线之间的最大电压称为最大共模输入电压。

2. 电气参数

（1）输入特性

1）差模输入电阻r_{id}：r_{id}是指集成运算放大器对差模输入信号所呈现的电阻，即集成运算放大器两输入端之间的电阻。r_{id}一般在20kΩ～2MΩ之间，理想集成运算放大器可看为无穷大。

2）输入偏置电流I_{IB}与输入失调电流I_{IO}：理想集成运算放大器差动输入级的两个输入端电流完全相同，但实际集成运算放大器的输出电压为零时（$u_o=0$），流入两个输入端的电流I_{B1}和I_{B2}不等。I_{B1}与I_{B2}之差称为输入失调电流$I_{IO}=I_{B1}-I_{B2}$，它反映集成运算放大器输入级电流不对称程度，值越小越好。

3）输入失调电压U_{IO}：理想的集成运算放大器在输入电压为零时（$u_i=0$），输出为零（$u_o=0$）。但实际上集成运算放大器的差动输入级元件参数很难做到完全对称，所以当输入电压为零时，输出电压$u_o\neq0$。因此，需要在输入端加一定的补偿电压才能使输出电压为零。这个补偿电压就称为输入失调电压U_{IO}。U_{IO}越小，表明电路匹配越好。

（2）输出特性

1）最大输出电压U_{om}：输出开路时集成运算放大器能输出的最大不失真电压峰值。

2）最大输出电流I_{om}：集成运算放大器在不失真条件下的最大输出电流。

3）输出电阻r_{od}：r_{od}是指集成运算放大器本身输出级的开环输出电阻，r_{od}愈小说明带负载能力愈强，理想集成运算放大器可看为0。

（3）增益特性

1）差模电压放大倍数A_{ud}：集成运算放大器差模输入时的电压放大倍数。

2）共模电压放大倍数 A_{uc}：集成运算放大器共模输入时的电压放大倍数。

3）共模抑制比 K_{CMR}：集成运算放大器差模电压放大倍数与共模电压放大倍数的比值称共模抑制比。

$$K_{CMR}=20\lg\left|\frac{A_{ud}}{A_{uc}}\right| \tag{4-1}$$

K_{CMR}表示集成运算放大器对共模信号的抑制能力，值越大越好，理想值为无穷大。

4）开环电压放大倍数 A_{od}：它是指集成运算放大器在没有外接反馈电路时测出的差模电压放大倍数。

$$A_{od}=U_{od}/U_{id} \tag{4-2}$$

A_{od}越大，运算精度越高，理想值为无穷大。

理想集成运算放大器的性能指标是：开环电压放大倍数 $A_{od}\to\infty$，输入电阻 $r_{id}\to\infty$，输出电阻 $r_{od}\to 0$，$K_{CMR}\to\infty$，此外没有失调、温漂等。理想集成运算放大器并不存在，但实际集成运算放大器各项指标都接近于理想值，因此分析时可视为理想运放。

4.1.3 集成运算放大器的分类

集成运算放大器有4种分类方法。

1. 按其用途分类

集成运算放大器按其用途分为两大类：通用型集成运算放大器；专用型集成运算放大器。

2. 按其供电电源分类

集成运算放大器按其供电电源分类，可分为两类：双电源集成运算放大器；单电源集成运算放大器。其中，单电源集成运算放大器采用特殊设计，在单电源下能实现零输入、零输出。交流放大时，失真较小。

3. 按其制作工艺分类

集成运算放大器按其制作工艺分类，可分为三类：双极型集成运算放大器；单极型集成运算放大器；双极－单极兼容型集成运算放大器。

4. 按运放级数分类

按单片封装中的运放级数分类，集成运算放大器可分为四类：单运放；双运放；三运放；四运放。

4.2 负反馈放大电路

4.2.1 反馈的概念

将放大电路的输出量（电压或电流）的一部分或是全部，通过一定的方式送回到输入端，来影响原输入量（电压或电流）的过程称为反馈。带有反馈的放大电路称为闭环放大电路，没有反馈的放大电路称为开环放大电路。

有反馈的放大电路称为反馈放大电路，组成框图如图4-3a所示。图中A代表没有反馈的放大电路，F代表反馈网络，符号⊗代表信号的比较环节。x_i、x_f、x_{id}和 x_o 分别表示电路的输入量、反馈量、净输入量和输出量。图 4-3b 是一个具体的反馈放大电路。图中除了基本放大电路外，还有一条由 R_f 和 R_1 组成的电路接在输入端和输出端之间，由于它将输出量反送到放大器输入端，因此称为反馈元件，或称反馈网络。u_i、u_f、u_{id} 和 u_o 分别表示电路的输入电压、反馈电压、净输入电压和输出电压。

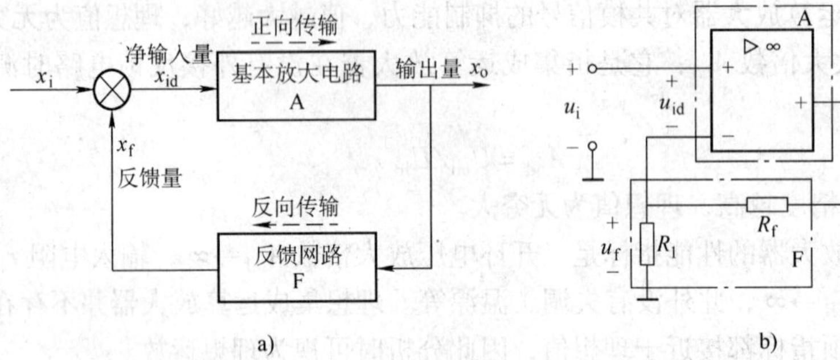

图 4-3　反馈放大电路组成

a）反馈放大电路组成框图　b）反馈放大电路

4.2.2　反馈的类型

1. 正反馈和负反馈

反馈使净输入量得到增强的是正反馈；反馈使净输入量减弱的是负反馈。通常采用“瞬时极性法”判定。方法如下：

1）假定输入信号某一瞬时极性。

2）根据输入与输出信号的相位关系，确定输出信号和反馈信号的瞬时极性。

3）根据反馈信号和输入信号的连接情况，分析净输入量的变化，如果反馈信号使净输入量增强，为正反馈，减小则为负反馈。

【例 4-1】　判断如图 4-4 所示电路反馈的极性。

图 4-4a 中设 u_i 瞬时极性为⊕，信号从同相输入端输入，u_+ 为⊕，输出端 u_o 也为⊕，u_o 经 R_3、R_4 分压后得反馈电压 u_f 也为⊕，将 u_f 引回到输入电路，可看出 u_f 使净输入量增强，故为正反馈。

在图 4-4b 所示电路中，设 u_i 瞬时极性为⊕，从反相输入端输入，因此 u_- 为⊕，u_o 为⊖，由于反相输入端的电位高于输出端的电位，所以反馈电流 I_f 的方向如图所示，根据基尔霍夫电流定律，可得净输入信号 $i_d = i_i - i_f$，反馈信号 i_f 增大，使得净输入信号 i_d 减小，故为负反馈。

在图 4-4c 所示电路中，设输入信号 u_i 瞬时极性为⊕，即晶体管基极瞬时极性为⊕，共射极电路输出电压与输入电压相位相反，所以集电极的瞬时极性为⊖，发射极的瞬时极性为⊕，因此在 R_f 上产生的电流 i_f 如图所示，净输入信号 $i_d = i_i - i_f$，反馈结果使净输入信号减小，说明电路引入了负反馈。

可见对于单级集成运放，反馈支路接在反相输入端时为负反馈，接在同相输入端时为正反馈。

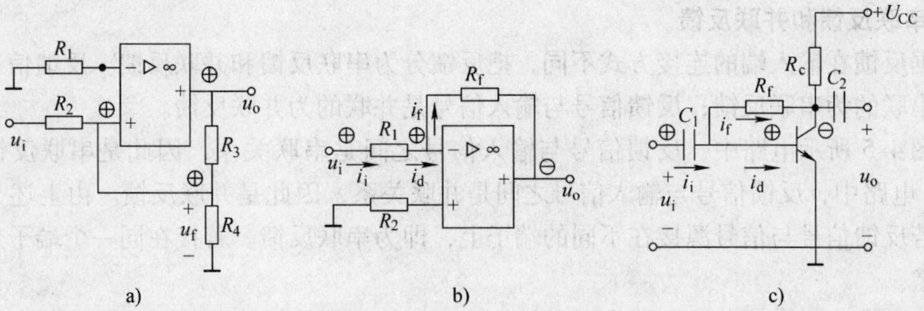

图 4-4　反馈极性的判断

2. 直流反馈和交流反馈

放大电路中存在直流分量和交流分量，若反馈回来的信号是直流量则为直流反馈，若是交流量则为交流反馈。

如图 4-5a 所示电路中，反馈支路是 R_e，由于 R_e 两端并联了 C_e，而电容对交流信号视为短路，所以在 R_e 上产生的反馈电压只有直流成分，故为直流反馈。如果将旁路电容 C_e 去掉，在 R_e 上产生的电压既有直流成分也有交流成分，此时为交直流反馈。

在图 4-5b 所示电路中，C_f 将直流量隔离，只能通过交流成分，故电路引入的是交流反馈。

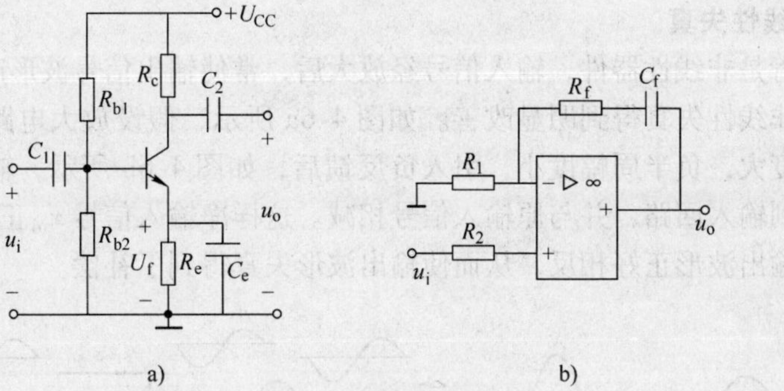

图 4-5　直流反馈和交流反馈的判断

直流负反馈的作用是稳定放大电路的静态工作点，而交流负反馈用以改善放大电路的动态性能。

3. 电压反馈和电流反馈

反馈是将输出量送回放大器输入端，因此反馈是从输出端取样。如果反馈支路的取样对象是输出电压，则为电压反馈；如果反馈支路的取样对象是输出电流，则为电流反馈。如图 4-5a 电路中，去掉旁路电容 C_e，在 R_e 上反馈电压等于输出回路的电流在 R_e 上产生的电压，即 $U_f = I_e R_e$，反馈电路的取样对象是输出电流，故为电流反馈。在图 4-5b 所示电路中，其反馈电压等于输出电压 R_f 和 R_1 上的分压，即 $U_f = \dfrac{R_1}{R_1 + R_2} U_0$，可见反馈支路的取样对象是输出电压，故为电压反馈。

判断电压反馈、电流反馈的简便方法是用负载短路法。即假设将负载 R_L 短路，即 $u_o = 0$，此时若反馈量为零，就是电压反馈，否则为电流反馈。

4. 串联反馈和并联反馈

根据反馈在输入端的连接方式不同，把反馈分为串联反馈和并联反馈。反馈信号和输入信号是串联的为串联反馈；反馈信号与输入信号是并联的为并联反馈。

在图 4-5 所示电路中，反馈信号与输入信号之间是串联关系，因此是串联反馈。在图 4-4b、c 电路中，反馈信号与输入信号之间是并联关系，因此是并联反馈。由上述分析可以看出，若反馈信号与信号源接在不同的端子上，即为串联反馈。若接在同一个端子上，则为并联反馈。

综上所述可组合为 4 种反馈类型（组态），即电流串联负反馈、电压串联负反馈、电流并联负反馈和电压并联负反馈。

4.2.3　负反馈对放大电路性能的影响

1. 提高放大倍数的稳定性

负反馈放大器的放大倍数的稳定性的提高，是以减小放大倍数为代价的。如图 4-3 所示的负反馈放大器方框图中，在输入量 x_i 一定的情况下，若输出量 x_o 有所增加，反馈量 x_f 也相应增加，削弱了输入量，使放大器净输入量 x_{id} 减小，则输出量 x_o 将有所减小而趋于稳定。反之，若输入量 x_i 有所减小，则反馈量 x_f 也相应减小，使放大器净输入量 x_{id} 增大，输出量 x_o 又将增大而趋于稳定。负反馈越深，放大倍数降低越多，放大器工作越稳定。

2. 减小非线性失真

由于晶体管是非线性器件，输入信号经放大后，常使输出信号波形产生非线性失真。引入负反馈可使非线性失真得到明显改善。如图 4-6a 所示，假设放大电路在无负反馈时输出波形正半周幅度大，负半周幅度小，引入负反馈后，如图 4-6b 所示，输出失真波形经过负反馈网络送回到输入回路，并与原输入信号相减。这样净输入信号 x_{id} 正半周小，负半周大，与无反馈时的输出波形正好相反，从而使输出波形失真得到了补偿。

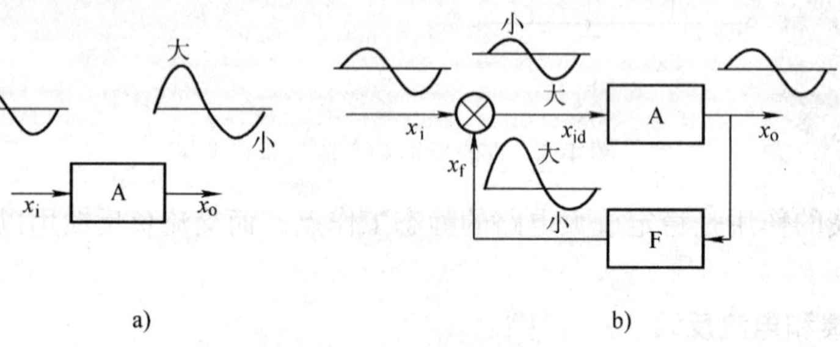

图 4-6　利用负反馈改善非线性失真

3. 扩展通频带

放大器要放大的信号往往不是单一频率的信号，而是一定频段的信号。放大器对不同频率信号的放大效果称为放大器的频率响应，其中放大倍数和频率之间的关系称为幅频特性。在图 4-7 所示的上下两条曲线是同一放大电路无负反馈和有负反馈时的幅频特性曲线。我们规定当放大倍数降低到 0.707 A_{um} 时所对应的两个频率为下限频率 f_L

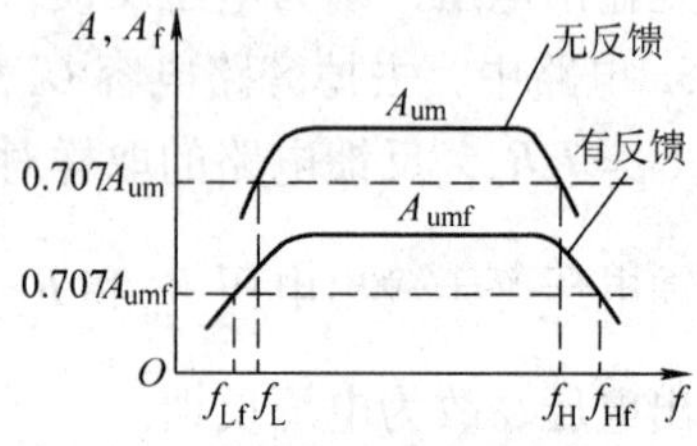

图 4-7　开环与闭环的幅频特性

和上限频率 f_H，在这两个频率之间的频率范围称放大器的通频带，用 BW 表示。

$$BW = f_H - f_L \tag{4-3}$$

通频带愈宽，放大器工作的频率范围愈宽。

阻容电路中耦合电容随频率降低而容抗增大，因此使信号在低频段受到衰减，放大倍数减小；高频段由于晶体管结电容和电路分布电容在高频区容抗小，对信号分流作用增大，使放大倍数减小。因此阻容耦合放大电路中信号在低频区和高频区放大倍数均下降，而负反馈具有稳定放大倍数的作用，使低频区和高频区放大倍数下降的速度减慢，相当于通频带加宽。

负反馈放大器通频带的展宽，同样是以减小放大倍数为代价的。通常情况下，放大电路的增益带宽积为一常数。

4. 改变输入和输出电阻

（1）对输入电阻的影响

凡是串联负反馈，因反馈信号与输入信号串联，故使输入电阻增大；凡是并联负反馈，因反馈信号与输入信号并联，故使输入电阻减小。

（2）对输出电阻的影响

凡是电压负反馈，因具有稳定输出电压的作用，使其接近恒压源，故使输出电阻减小；凡是电流负反馈，因具有稳定输出电流的作用，使其接近恒流源，故使输出电阻增大。

结论：

- 要稳定动态性能，引入交流负反馈；要稳定静态工作点，引入直流负反馈。
- 要稳定输出电压，引入电压负反馈；要稳定输出电流，引入电流负反馈。
- 要提高输入电阻，引入串联负反馈；要减小输入电阻，引入并联负反馈。
- 要减小输出电阻，引入电压负反馈；要增加输出电阻，引入电流负反馈。

4.3 集成运算放大器的应用

4.3.1 集成运算放大器的特点

1. 理想集成运算放大器的性能指标

理想集成运算放大器的主要性能指标有：

1）开环电压放大倍数 $A_{od} \to \infty$；

2）输入电阻 $r_{id} \to \infty$

3）输出电阻 $r_{od} \to 0$

此外还有：没有失调、没有温漂、共模抑制比趋于无穷大等。

尽管理想集成运算放大器并不存在，但由于实际集成运算放大器的技术指标都比较接近理想值，在具体分析时将其理想化是允许的，这种分析所带来的误差一般比较小，可以忽略不计。

2. 集成运算放大器的电压传输特性

集成运算放大器的电压传输特性如图 4-8 所示。图中曲线上升部分的斜率为开环电压放大倍数 A_{od}，此时 u_{od} 与 u_{id} 是线性放大关系，即 $A_{od} = u_{od}/u_{id}$，这个区域称线性工作区；当集成运算放大器输出级的晶体管进入饱和区时，输出电压 u_{od} 的值近似等于电源电压，与 u_{id} 不再呈线性关系，称非线性工作区。

3. 集成运算放大器工作在线性区

集成运算放大器工作在线性区的必要条件是引入深度负反馈。

当集成运算放大器工作在线性区时，$u_{id}=u_{od}/A_{od}$，而 $A_{od}\to\infty$，所以 $u_{id}=u_+-u_-\approx 0$，得

$$u_+\approx u_- \tag{4-4}$$

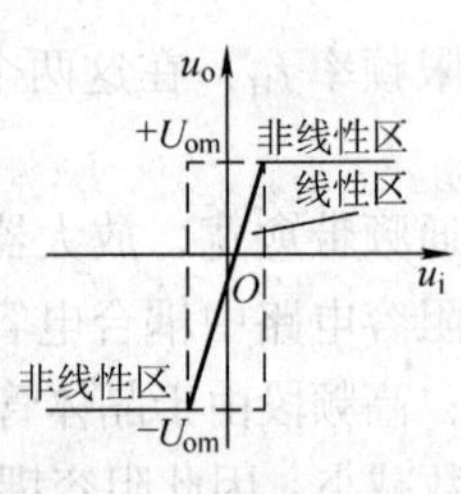

图 4-8　集成运算放大器的电压传输特性

上式说明，同相输入端和反相输入端电压几乎相等，所以称为虚假短路，简称“虚短”。

集成运算放大器的输入电阻 $r_{id}\to\infty$，得

$$i_+\approx i_-\approx 0 \tag{4-5}$$

上式说明，流入集成运算放大器同相输入端和反相输入端的电流几乎为零，所以称虚假断路，简称“虚断”。

4. 集成运算放大器工作在非线性区

当集成运算放大器工作在开环状态或接正反馈时，由于 A_{od}很大，只要有微小电压信号输入，集成运算放大器工作在非线性区，其特点是输出电压只有两种状态，不是正的最大输出电压 $+U_{om}$，就是负的最大输出电压 $-U_{om}$。

当同相端电压大于反相端电压，即 $u_+>u_-$ 时 $u_o=+U_{om}$；

当同相端电压小于反相端电压，即 $u_+<u_-$ 时 $u_o=-U_{om}$。

4.3.2　集成运算放大器的线性应用

1. 反相比例放大器

图 4-9 所示电路为反相比例放大器，又称为反相比例运算电路，它实际上是一个由集成运算放大器组成的电路。

输入信号 u_i 通过 R_1 接到集成运算放大器的反相输入端，反馈电阻 R_f 接在输出端与反相输入端之间，构成电压并联负反馈，则集成运算放大器工作在线性区；同相端加平衡电阻 R_2，主要是使同相端与反相端外接电阻相等，即 $R_2=R_1/\!/R_f$。

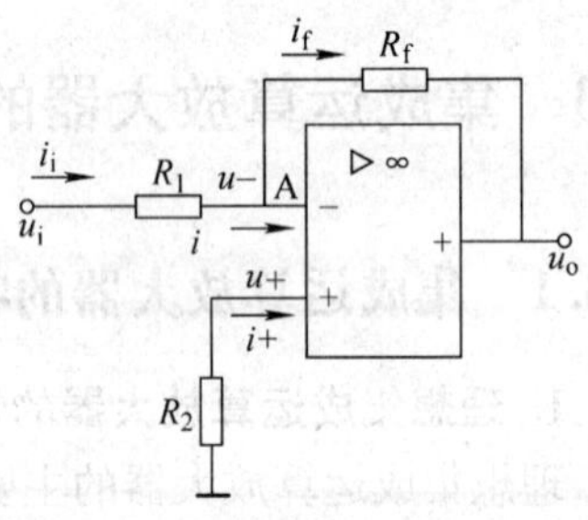

图 4-9　反相比例放大器

根据“虚短”概念，$u_A=u_-\approx u_+=0$，A 点电位接近零，称“虚地”点。根据“虚断”即 $i_+=i_-\approx 0$ 得

$$i_1=i_f \Rightarrow \frac{u_i-u_-}{R_1}=\frac{u_--u_o}{R_f}$$

将 $u_-=0$ 代入上式整理得

$$u_o=-\frac{R_f}{R_1}u_i \tag{4-6}$$

上式表明，输出电压 u_o 与输入电压 u_i 成比例放大关系，且相位相反。此外，由于同相端和反相端对地电压接近零，因此集成运算放大器输入端共模输入电压极小，这是反相输入电路的特点。当 $R_1=R_f$ 时，u_o 和 u_i 大小相等、相位相反，称为反相器。

【例 4-2】 在图 4-9 所示电路中，已知 $R_f=150\mathrm{k}\Omega$，$R_1=30\mathrm{k}\Omega$，$u_i=1\mathrm{V}$，求输出电压 u_o 和闭环电压的放大倍数 A_{uf} 及平衡电阻 R_2。

解
$$u_o=-\frac{R_f}{R_1}u_i=-\frac{150}{30}\times 1\mathrm{V}=-5\mathrm{V}$$

$$A_{uf}=-\frac{u_o}{u_i}=-\frac{R_f}{R_1}=-\frac{150}{30}=-5$$

$$R_2=R_f/\!/R_1=\frac{150\times 30}{150+30}\mathrm{k}\Omega=25\mathrm{k}\Omega$$

2. 同相比例放大器

图 4-10 中输入信号 u_i 通过 R_2 接到集成运算放大器的同相输入端，反馈电阻接其反相输入端，构成电压串联负反馈。

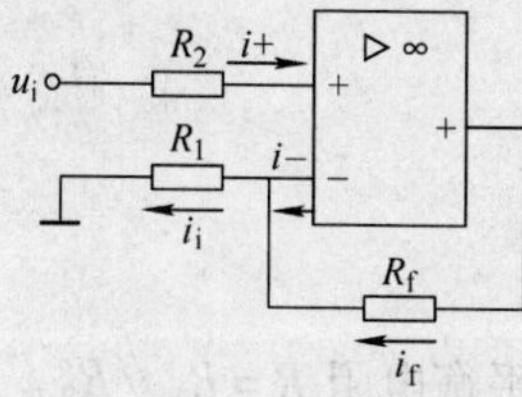

图 4-10 同相比例放大器

根据 $u_+\approx u_-$，再根据 $i_+=i_-\approx 0$ 得

$$u_+\approx u_i,\quad u_i\approx u_-=u_o\frac{R_1}{R_1+R_f}$$

所以

$$u_o=\left(1+\frac{R_f}{R_1}\right)u_i \tag{4-7}$$

上式说明，u_o 与 u_i 为同相比例关系，其特点是集成运算放大器的两输入端电位等于输入电压，存在较高的共模输入电压。

当 $R_f=0$ 或 $R_1=\infty$ 时，如图 4-11 所示，$u_o=u_i$，即输出电压与输入电压大小相等、相位相同，故称为电压跟随器。

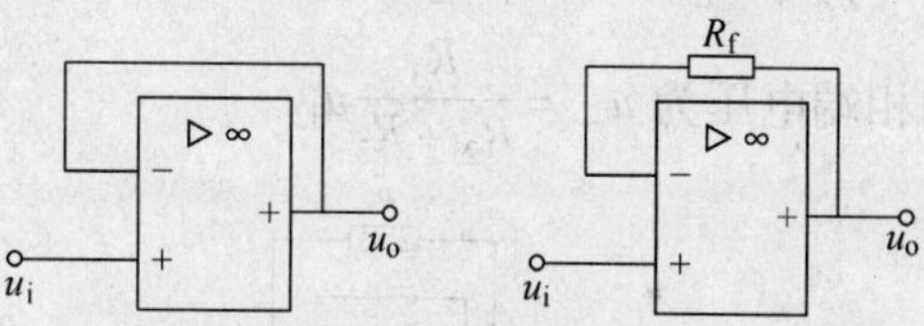

图 4-11 电压跟随器

【例 4-3】 在图 4-10 所示电路中，已知 $R_1=10\mathrm{k}\Omega$，$u_o=10u_i$，试求反馈电阻 R_f 和闭环电压放大倍数 A_{uf}。

解 由 $u_o=\left(1+\frac{R_f}{R_1}\right)u_i$，得

$$1+\frac{R_f}{10}=10$$

因此，有

$$R_f=90\mathrm{k}\Omega,\quad A_{uf}=\frac{u_o}{u_i}=10$$

3. 加法器

图 4-12 所示电路为反相加法器，又称反相加法运算电路。根据“虚断”概念可得 $i_f=i_i$，其中 $i_i=i_1+i_2+\cdots+i_n$；再根据“虚地”概念得

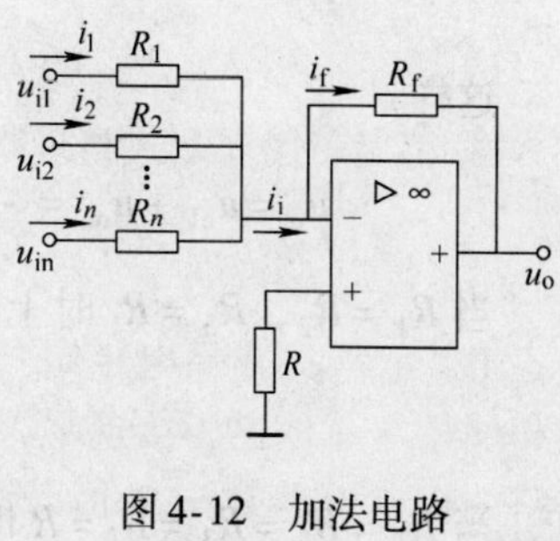

图 4-12 加法电路

$$i_1=\frac{u_{i1}}{R_1},\ i_2=\frac{u_{i2}}{R_2},\ \cdots,\ i_n=\frac{u_{in}}{R_n}，则$$

$$u_o=-R_fi_f=-R_f\left(\frac{u_{i1}}{R_1}+\frac{u_{i2}}{R_2}+\cdots+\frac{u_{in}}{R_n}\right) \tag{4-8}$$

这样，就实现了各信号按比例进行加法运算。

如取 $R_1=R_2=\cdots=R_n=R_f$，则 $u_o=-(u_{i1}+u_{i2}+\cdots+u_{in})$，实现了各输入信号的反相相加。

【例 4-4】 在图 4-12 所示电路中，已知 $u_o=-(6u_{i1}+4u_{i2}+2u_{i3})$，反馈电阻 $R_f=100k\Omega$，求各输入电阻及平衡电阻 R。

解

$$R_1=\frac{R_f}{6}=\frac{100}{6}k\Omega=16.7k\Omega$$

$$R_2=\frac{R_f}{4}=\frac{100}{4}k\Omega=25k\Omega$$

$$R_3=\frac{R_f}{2}=\frac{100}{2}k\Omega=50k\Omega$$

平衡电阻 $R=R_1/\!/R_2/\!/R_3/\!/R_f=16.7k\Omega/\!/25k\Omega/\!/50k\Omega/\!/100k\Omega\approx7.7k\Omega$

4. 减法器

能实现减法运算的电路如图 4-13a 所示。根据叠加定理，首先令 $u_{i2}=0$，当 u_{i1} 单独作用时，电路成为反相输入比例运算电路，如图 4-13b 所示，其输出电压为

$$u_{o1}=-\frac{R_f}{R_1}u_{i1}$$

再令 $u_{i1}=0$，当 u_{i2} 单独作用时，电路成为同相输入比例运算电路，如图 4-13c 所示，同相端电压为 $u_+=\dfrac{R_3}{R_2+R_3}u_{i2}$。

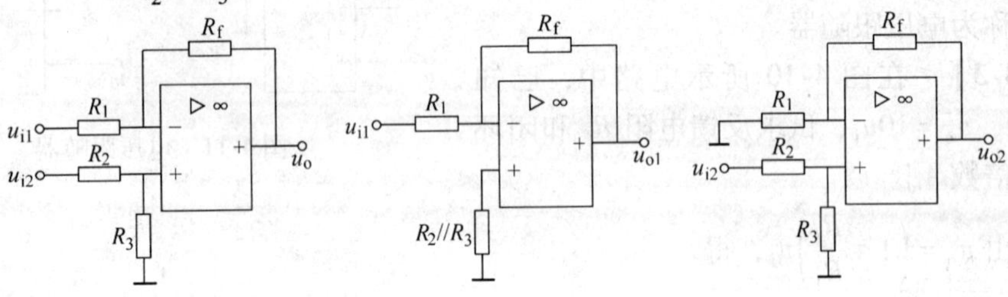

图 4-13 减法电路

其输出电压为

$$u_{o2}=\left(1+\frac{R_f}{R_1}\right)\left(\frac{R_3}{R_2+R_3}\right)u_{i2}$$

这样

$$u_o=u_{o1}+u_{o2}=-\frac{R_f}{R_1}u_{i1}+\left(1+\frac{R_f}{R_1}\right)u_+=\left(1+\frac{R_f}{R_1}\right)\left(\frac{R_3}{R_2+R_3}\right)u_{i2}-\frac{R_f}{R_1}u_{i1}$$

当 $R_1=R_2$，$R_3=R_f$ 时上式则为

$$u_o=\frac{R_f}{R_1}(u_{i2}-u_{i1}) \tag{4-9}$$

当 $R_1=R_2=R_3=R_f=R$ 时，有

$$u_o = u_{i2} - u_{i1} \tag{4-10}$$

因此理想情况下，它的输出电压等于两个输入电压之差，具有很好的抑制共模信号的能力。

【例 4-5】 在图 4-14 所示电路中，已知 $R_1 = 100\text{k}\Omega$，$R_2 = 10\text{k}\Omega$，$R_3 = 9.1\text{k}\Omega$，$R_4 = R_6 = 25\text{k}\Omega$，$R_5 = R_7 = 200\text{k}\Omega$。（1）试分析 A_1、A_2、A_3 是何种运算电路；（2）写出 u_{o1}、u_{o2} 和 u_o 的运算表达式；（3）当 $u_{i1} = 0.5\text{V}$，$u_{i2} = 0.1\text{V}$ 时，输出电压 $u_o = ?$

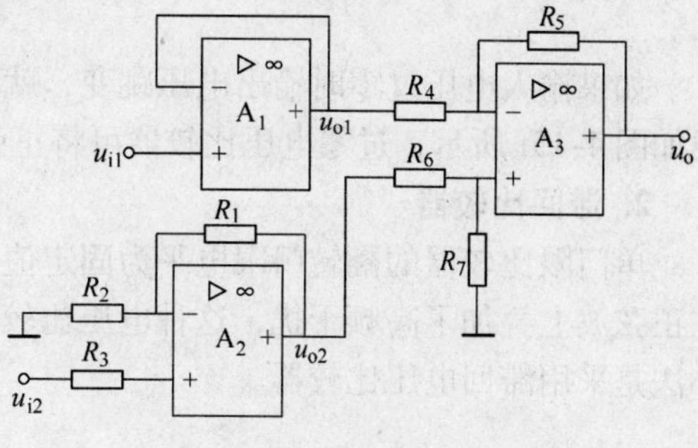

图 4-14 例题 4-5 图

解 （1）A_1 是电压跟随器；A_2 是同相比例放大器；A_3 是减法器。

（2）$u_{o1} = u_{i1}$

$$u_{o2} = \left(1 + \frac{R_1}{R_2}\right)u_{i2} = \left(1 + \frac{100}{10}\right)u_{i2} = 11u_{i2}$$

$$u_o = \frac{R_5}{R_4}(u_{o2} - u_{o1}) = \frac{200}{25}(11u_{i2} - u_{i1})$$
$$= 88u_{i2} - 8u_{i1}$$

（3）$u_o = 88 \times 0.1\text{V} - 8 \times 0.5\text{V} = 4.8\text{V}$

4.3.3 集成运算放大器的非线性应用

电压比较器是集成运算放大器非线性应用的典型电路，其功能是比较两个模拟量的大小，并由输出端的高、低电平来表示比较结果，可分为单门限比较器和滞回比较器。

1. 单门限电压比较器

单门限电压比较器的基本电路如图 4-15a 所示，集成运算放大器处于开环状态，工作在非线性区，输入信号 u_i 加在反相输入端，参考电压 U_{REF} 接在同相输入端。当 $u_i > U_{REF}$，即 $u_- > u_+$ 时，$u_o = -U_{om}$；当 $u_i < U_{REF}$，即 $u_- < u_+$ 时，$u_o = +U_{om}$。电压传输特性如图 4-15b 所示。

若希望当 $u_i > U_{REF}$ 时，$u_o = +U_{om}$，只需将 u_i 与 U_{REF} 调换即可，如图 4-15c 所示，其电压传输特性如图 4-15d 所示。

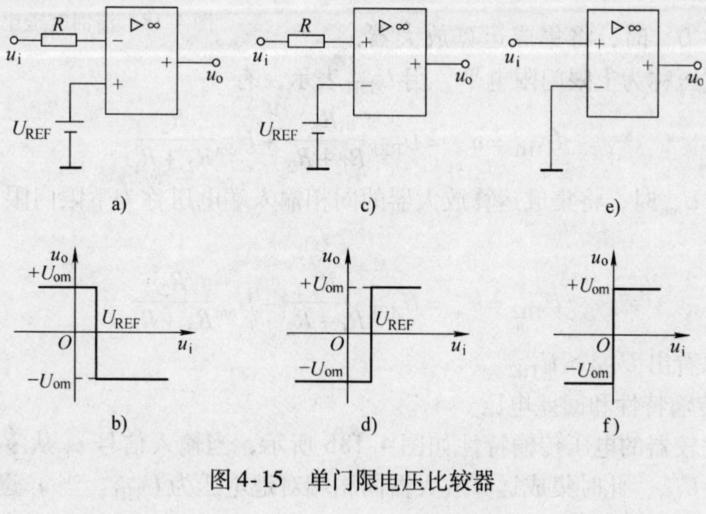

图 4-15 单门限电压比较器

由图4-15b、d可知，输入电压 u_i 变化经过 U_{REF} 时，输出电压发生翻转，这种输出电压从一个电平翻转到另一个电平时所对应的输入电压值称为阈值电压或门限电压，用 U_{TH} 表示。

如果输入电压过零时输出电压跳变，就称为过零电压比较器，如图4-15e所示，特性曲线如图4-15f所示，过零电压比较器可将正弦波转化为方波，如图4-16所示。

2. 滞回比较器

单门限比较器的翻转门限电平为固定值，实际应用中如果测得的信号存在外界干扰，即在正弦波上叠加了高频干扰，这种电压比较器容易出现多次误翻转，如图4-17所示。解决办法是采用滞回电压比较器。

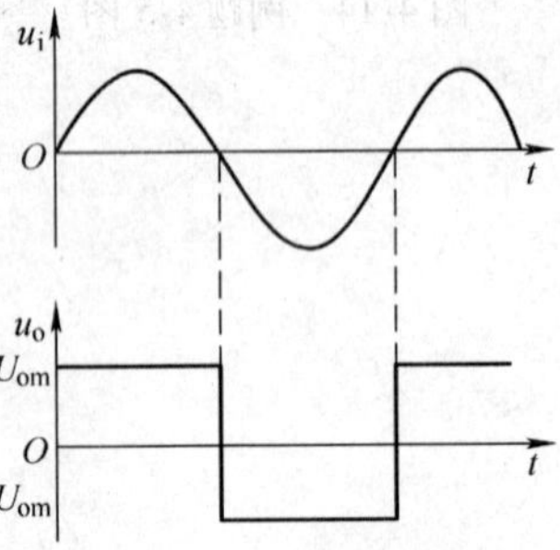

图4-16　过零电压比较器的波形转化作用

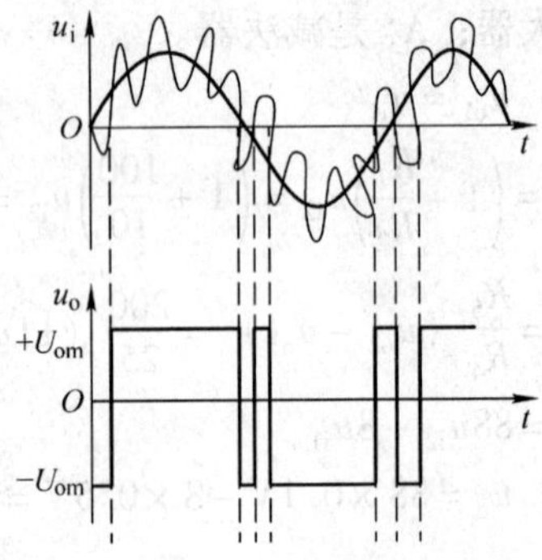

图4-17　外界干扰的影响

（1）电路特点

滞回电压比较器电路是在单门限电压比较器的基础上增加了正反馈元件 R_f 和 R_2。由于集成运算放大器工作在非线性区，输出电压只有两种状态：$+U_{om}$ 和 $-U_{om}$。由图4-18a可知，集成运算放大器的同相端电压是由输出电压和参考电压共同作用产生的，因此 u_+ 有两个。

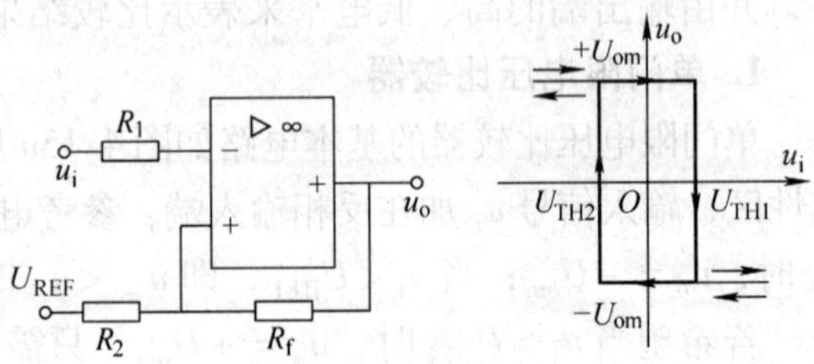

a)　　b)

图4-18　滞回电压比较器

当输出为 $+U_{om}$ 时，将集成运算放大器的同相输入端电压称为上限门限电平，用 U_{TH1} 表示，有

$$U_{TH1}=u_+=U_{REF}\frac{R_f}{R_f+R_2}+U_{om}\frac{R_2}{R_2+R_f} \tag{4-11}$$

当输出为 $-U_{om}$ 时，将集成运算放大器的同相输入端电压称为下限门限电平，用 U_{TH2} 表示，有

$$U_{TH2}=u_+=U_{REF}\frac{R_f}{R_f+R_2}-U_{om}\frac{R_2}{R_2+R_f} \tag{4-12}$$

从上面可以看出 $U_{TH1}>U_{TH2}$。

（2）电压传输特性和回差电压

滞回电压比较器的电压传输特性如图4-18b所示，当输入信号 u_i 从零开始增大时，电路输出电压为 $+U_{om}$，此时集成运算放大器同相端对地电压为 U_{TH1}。当 u_i 逐渐增大到刚超过

U_{TH1}时，电路翻转，输出电压变为$-U_{om}$，这时同相端对地电压变为U_{TH2}，u_i继续增大时，输出保持$-U_{om}$不变。

若u_i从最大值开始下降，当下降到上限门限电平U_{TH1}时，输出并不翻转，只有下降到略小于下限门限电平U_{TH2}时，电路才发生翻转，输出电压变为$+U_{om}$。

由以上分析可以看出，该比较器具有滞回特性，我们把上限门限电平U_{TH1}与下限门限电平U_{TH2}之差称为回差电压，用ΔU_{TH}表示，即

$$\Delta U_{TH}=U_{TH1}-U_{TH2} \tag{4-13}$$

回差电压的存在，大大提高了电路的抗干扰能力。

4.4 实训

4.4.1 比例放大电路的测试

1. 实验目的

1）掌握比例放大电路的测试与方法。

2）测试比例放大电路的传输特性。

2. 实验仪器

低频信号发生器、直流稳压电源、万用表、示波器。

3. 实验电路

实验电路见图4-19。

4. 实验内容与步骤

（1）调好并接好±15V直流电源。

（2）反相比例放大电路的测试

将2端接地，在反相输入端接入$f=1kHz$的正弦信号u_i，用示波器观察输出电压u_o波形，调整输入信号的幅度，得到最大输出不失真输出电压u_o，将u_i接入示波器X输入端，将u_o接入示波器Y输入端，用示波器读出u_i和u_o的峰峰值u_{ipp}和u_{opp}记入表4-1中。观测u_i和u_o的相位关系记入表4-1中。

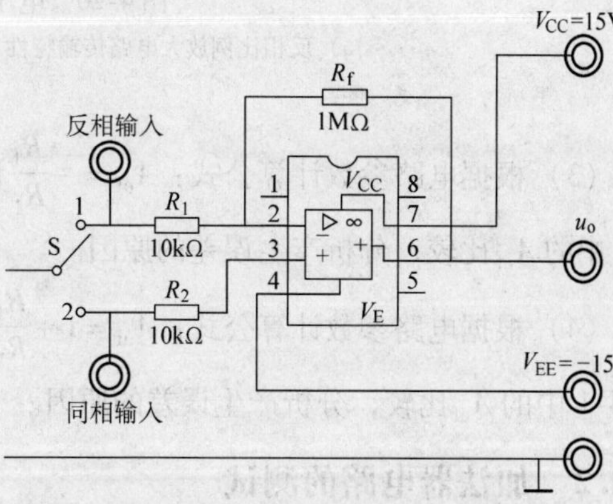

图4-19 比例放大电路实验电路

将示波器X偏转因数旋钮拨到X－Y工作状态，观测电路的传输特性，并绘出电压传输特性曲线。

（3）同相比例放大电路的测试

将1端接地，在同相输入端接入信号，实验内容步骤同反相比例放大电路的测试。

5. 实验数据记录与处理

（1）电压传输特性曲线见图4-20。

（2）根据实验数据计算电路的闭环电压放大倍数$\left(A_{uf}=\frac{u_o}{u_i}=\frac{u_{opp}}{u_{ipp}}\right)$并填入表4-1中。

表 4-1　比例放大电路测试结果

电路形式	u_{ipp}	u_{opp}	A_{uf}	相位关系
反相比例放大电路				
同相比例放大电路				

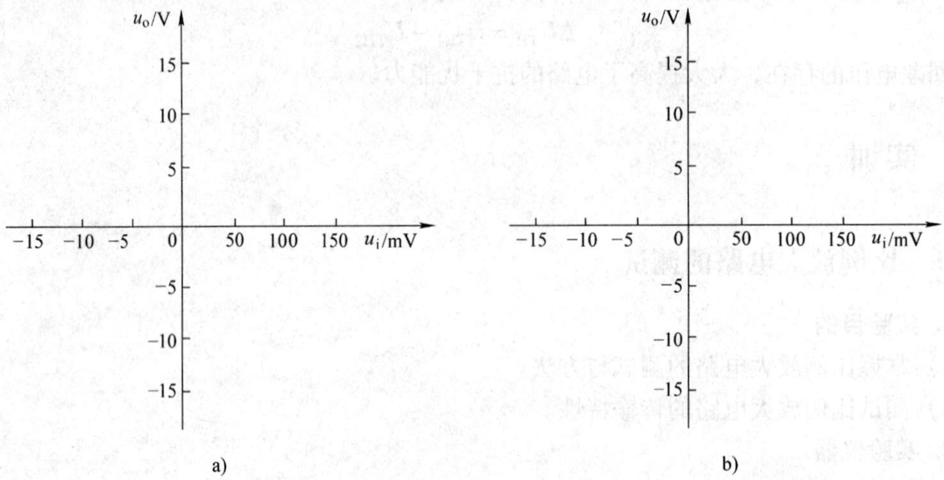

图 4-20　电压传输特性曲线

a）反相比例放大电路传输特性　b）同相比例放大电路传输特性

（3）根据电路参数计算公式：$A_{uf}=-\frac{R_f}{R_1}$计算反相比例放大电路的电压放大倍数，与表 4-1 中的 A_{uf} 比较，分析产生误差的原因。

（4）根据电路参数计算公式：$A_{uf}=1+\frac{R_f}{R_1}$，计算同相比例放大电路的电压放大倍数，与表 4-1 中的 A_{uf} 比较，分析产生误差的原因。

4.4.2　加法器电路的测试

1. 实验目的

（1）进一步熟悉集成运放电路的应用。

（2）掌握反相求和电路的测试方法。

2. 实验仪器

直流稳压电源、万用表。

3. 实验电路

实验电路见图 4-21，由图可得

$$u_o=-\left(\frac{R_f}{R_1}u_{i1}+\frac{R_f}{R_2}u_{i2}\right)=-100(u_{i1}+u_{i2})$$

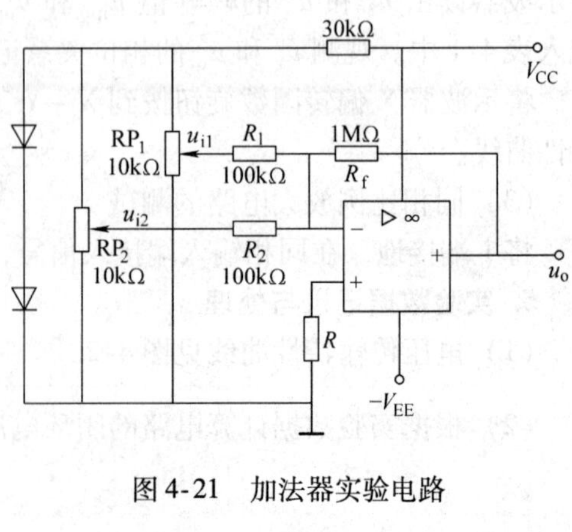

图 4-21　加法器实验电路

4. 实验内容与步骤

（1）调好并接好 ±15V 直流电源。

（2）测试加法器的功能：分别调节 RP_1 和 RP_2，使 u_{i1} 和 u_{i2} 的值如表 4-2 所示，分别测出输出电压 u_o 的值记入表中。

5. 实验数据记录

表 4-2　加法器电路测试结果

u_{i1}/V	0	0	0.1	0.1	0.3	0.3	0.5	0.5	0.8	1
u_{i2}/V	0	0.1	0.1	0.3	0.3	0.5	0.5	0.8	1	1
u_o/V										

6. 思考题

根据测试结果，分析是否对应所有输入电压组合，输出电压都符合 $u_o = -100(u_{i1} + u_{i2})$ 的结论。若不符合，分析其原因。

4.4.3　双门限电压比较器的测试

1. 实验目的

（1）进一步熟悉集成运放电路的应用。

（2）掌握双门限电压比较器的工作原理。

2. 实验仪器

直流稳压电源、万用表。

3. 实验电路

实验电路见图 4-22。

当 $u_i < 5V$ 时，$u_o = u_{oH}$（最大值），发光管亮；

当 $5V < u_i < 10V$ 时，$u_o = u_{oL}$（最小值），发光管灭；

当 $u_i > 10V$ 时，$u_o = u_{oH}$（最大值），发光管亮。

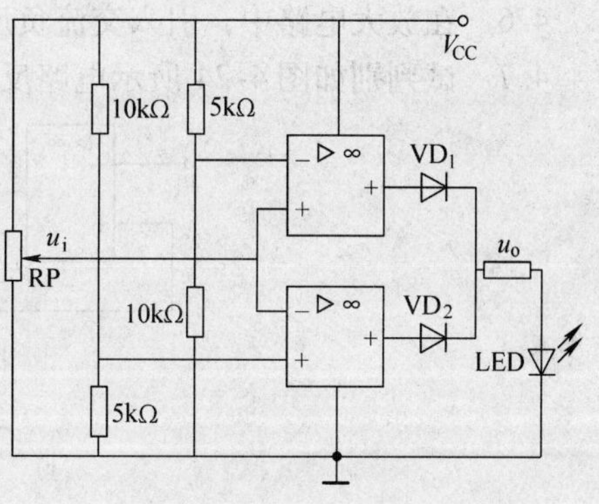

图 4-22　双门限电压比较器实验电路

4. 实验内容与步骤

（1）调好并接好 +15V 直流电源。

（2）调节 RP，改变输入电压 u_i 的值，对应测出使 LED 由亮变灭及由灭变亮时对应的输入电压值 u_i，即为双门限电压比较器的阈值 U_{TH1} 和 U_{TH2}，同时测出最大输出电压 u_{oH} 和最小输出电压 u_{oL}。

5. 实验数据记录

实验数据记录在表 4-3 中，并在图 4-23 中绘出电路的传输特性曲线。

表 4-3　双门限电压比较器测试结果

U_{TH1}/V	U_{TH2}/V	u_{oH}/V	u_{oL}/V

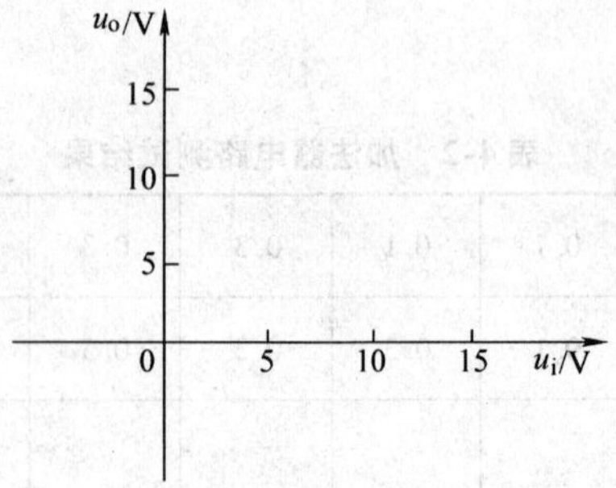

图 4-23　传输特性曲线

习题 4

4.1　集成运算放大器由哪几部分组成？各部分的主要作用是什么？

4.2　理想集成运算放大器有哪些特点？

4.3　理想集成运算放大器工作在线性区和非线性区时的条件是什么？各有什么特点？什么是“虚短”，“虚断”，“虚地”？

4.4　为什么集成运算放大器在线性区应用时必须引入负反馈？

4.5　什么是反馈？什么是直流反馈和交流反馈？直流负反馈和交流负反馈各自的作用是什么？

4.6　在放大电路中，引入交流负反馈后对其性能有哪些改善？

4.7　试判别如图 4-24 所示电路反馈类型。

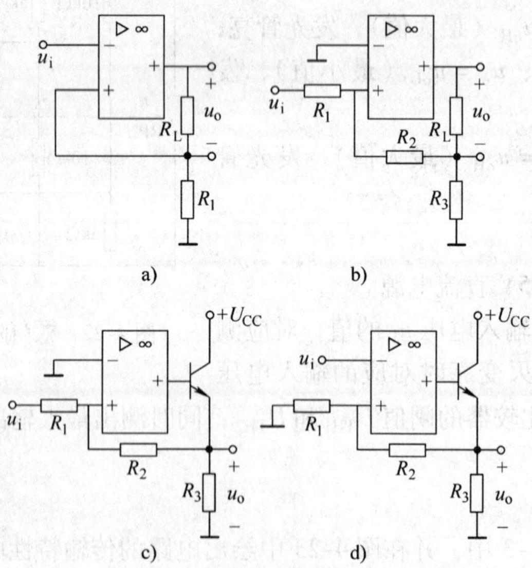

图 4-24　习题 4.7 图

4.8　试设计一个加法器电路，其运算关系为 $u_o = 2u_{i1} + 4u_{i2} + 6u_{i3}$。

4.9　如图 4-25 所示电路，已知 $R_1 = R_2 = 10\text{k}\Omega$，$R_3 = R_f = 51\text{k}\Omega$。试求电路的运算关系。

4.10　如图 4-26 所示电路是一测量电阻的原理电路，试写出被测电阻 R_x 的阻值与输出电压的关系式。

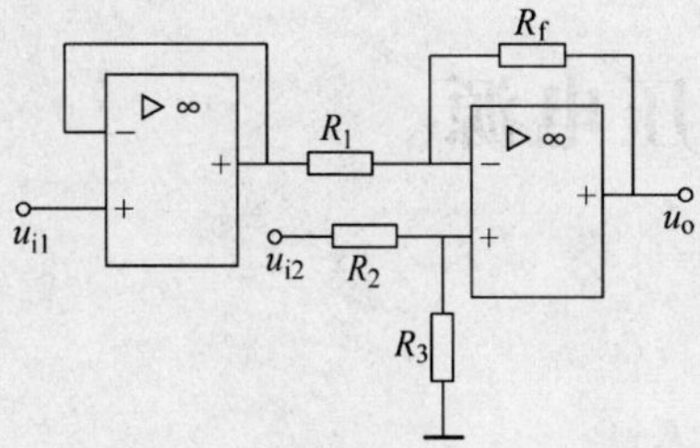

图 4-25　习题 4.9 图

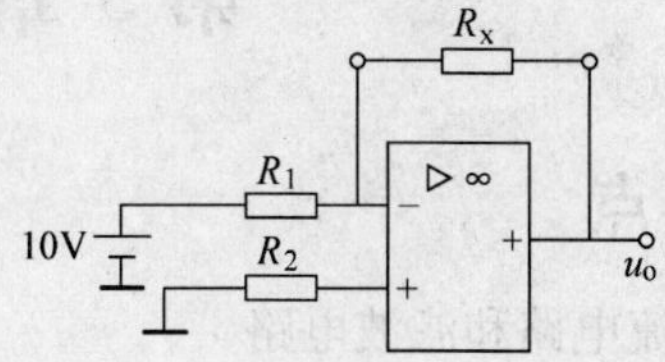

图 4-26　习题 4.10 图

4.11　如图 4-27 所示，电路及其参数如图中标注，试求解输出与输入的运算关系。

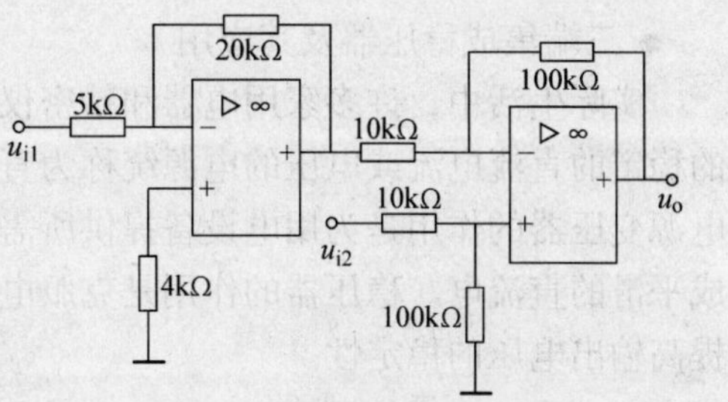

图 4-27　习题 4.11 图

4.12　根据以下要求，分别选择合适的运算电路，并计算反馈电阻 R_f 和平衡电阻 R。

（1）要求实现的运算关系为 $u_o = -5u_i$，其输入电阻 20kΩ；

（2）要求实现的运算关系为 $u_o = -5u_i$，且电路尽量少从信号源索取电流。

4.13　在图 4-28 所示电路中，已知 $R_1 = R_2 = 20\text{k}\Omega$，$R_3 = R_f = 100\text{k}\Omega$。试求输出的运算关系，并说明是何种运算电路。

4.14　如图 4-29 所示滞回比较器电路，已知 $R_1 = 20\text{k}\Omega$，$R_2 = 100\text{k}\Omega$，$U_R = 6\text{V}$，$U_Z = 6\text{V}$。试求输出电压 U_o，门限电平 U_{T1}、U_{T2} 并画出电压传输特性曲线。

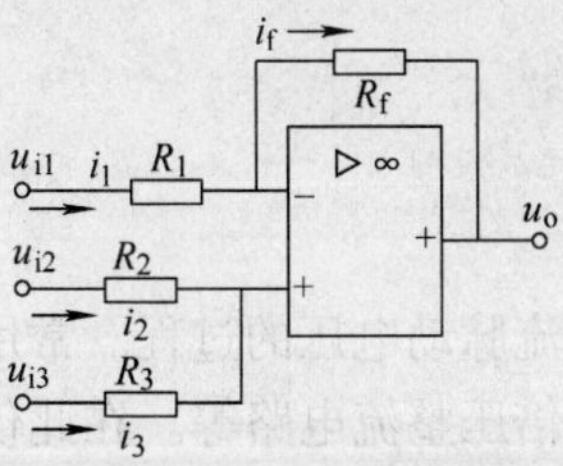

图 4-28　习题 4.13 图

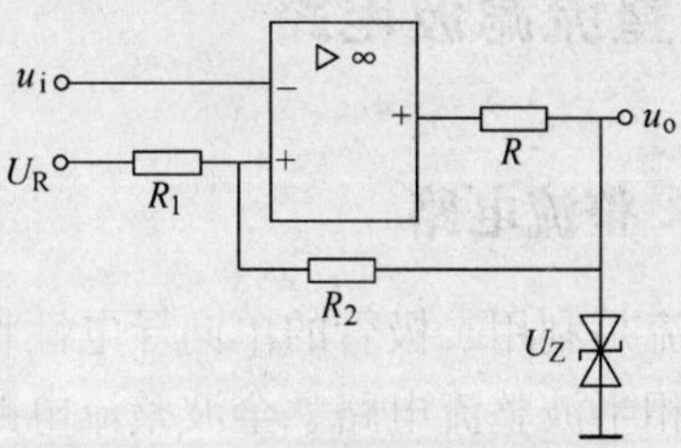

图 4-29　习题 4.14 图

第 5 章　直流稳压电源

本章要点

- 整流电路和滤波电路
- 硅稳压管稳压电路
- 串联型直流稳压电源
- 三端集成稳压器及其应用

实际生活中，许多家用电器和精密仪器都需要有稳定的直流电压。将交流电变换成所需的稳定的直流电流或电压的电源统称为直流稳压电源。图 5-1 为直流稳压电源的组成框图。电源变压器的作用是为用电设备提供所需的交流电压。整流器和滤波器的作用是将交流电变成平滑的直流电。稳压器的作用是克服电网电压、负载及温度变化引起的输出电压的波动，提高输出电压的稳定性。

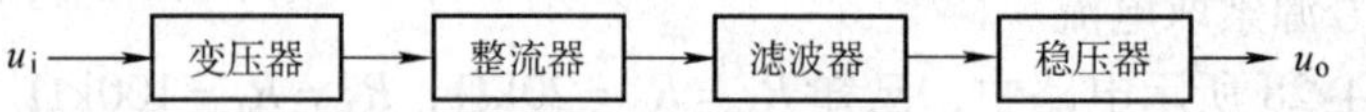

图 5-1　直流稳压电源的组成框图

5.1　整流滤波电路

5.1.1　整流电路

整流是利用二极管的单向导电性将交流电压变换为直流脉动电压的过程。常用的整流电路有单相半波整流电路、全波整流电路、桥式整流电路和倍压整流电路等。在此仅介绍常用的单相半波整流电路和单相桥式整流电路。

1. 单相半波整流电路

单相半波整流电路如图 5-2a 所示，由变压器 T 和整流二极管 VD 组成。如果变压器的一次侧输入正弦电压 u_1，则在二次侧可得到同频率的交流电压 u_2，设 $u_2=\sqrt{2}U_2\sin\omega t$。将交流电加在二极管上，利用二极管的单向导电性，只允许某个半周的交流电通过二极管，这样负载上的电流只有一个方向，从而实现了整流。

当 u_2 为正半周时，A 点电位高于 B 点电位，二极管 VD 正向偏置而导通，电流由 A 端→VD→R_L→B 端，在 R_L 上得到上正下负的电压 u_o。忽略二极管压降时，则 $u_o=u_2$；当 u_2 为负半周时，A 点电位低于 B 点电位，二极管 VD 因反向偏置而截止，电路中没有电流，R_L 上电压 u_o 为零。负载上的电压 u_o 在交流电压整个周期的波形如图 5-2b 所示。

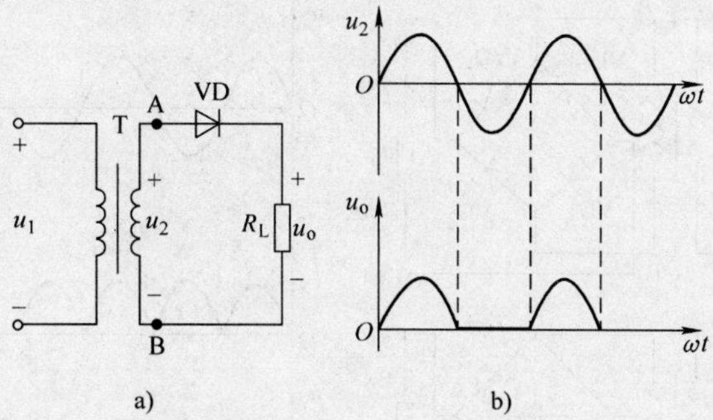

图 5-2　半波整流电路及波形

a）电路　b）波形

可见在交流电压 u_2 的整个周期内，负载 R_L 上将得到一个单方向的脉动直流电压（大小变化、方向不变）。由于流过负载的电流和加在负载两端的电压只有半个周期的正弦波，故称半波整流。

半波整流电路输出电压的平均值为

$$u_o = \frac{1}{2\pi}\int_0^{2\pi} u_o \mathrm{d}(\omega t) = \frac{1}{2\pi}\int_0^{\pi} \sqrt{2}U_2 \sin\omega t \mathrm{d}(\omega t) = \frac{\sqrt{2}}{\pi}U_2 \approx 0.45U_2 \tag{5-1}$$

流过二极管的平均电流为

$$I_D = I_o = \frac{U_o}{R_L} = 0.45\frac{U_2}{R_L} \tag{5-2}$$

二极管承受的反向电压为

$$U_{RM} = \sqrt{2}U_2 \tag{5-3}$$

半波整流电路的优点是电路简单，元件少（只需一只二极管），二极管承受的反向电压低；缺点是交流电压中只有半个周期得到利用，电源利用率低，输出直流电压低，脉动大。欲提高交流电源的利用率，可采用单相桥式整流电路。

2. 单相桥式整流电路

桥式整流电路如图 5-3a 中的上图所示，该电路由变压器 T 和 4 个二极管组成，4 个二极管接成桥式的简化符号如图 5-3a 中的下图所示。

当 u_2 为正半周时，A 端电位高于 B 端电位，整流二极管 VD_1 和 VD_3 导通，VD_2、VD_4 截止，电流由 A 端→VD_1→R_L→VD_3→B 端，在 R_L 上得到上正下负的电压；当 u_2 为负半周时，A 端电位低于 B 端电位，VD_2、VD_4 导通，VD_1、VD_3 截止，电流由 B 端→VD_2→R_L→VD_4→A 端，在 R_L 上同样得到上正下负的电压。这样在 u_2 的整个周期内都有单向脉动电压输出。输出波形如图 5-3b 所示。

（1）R_L 上的直流电压和电流

桥式整流电路输出的直流电压是半波整流的 2 倍，即

$$U_o \approx 0.9U_2 \tag{5-4}$$

根据欧姆定律可得

$$I_o \approx \frac{0.9U_2}{R_L} \tag{5-5}$$

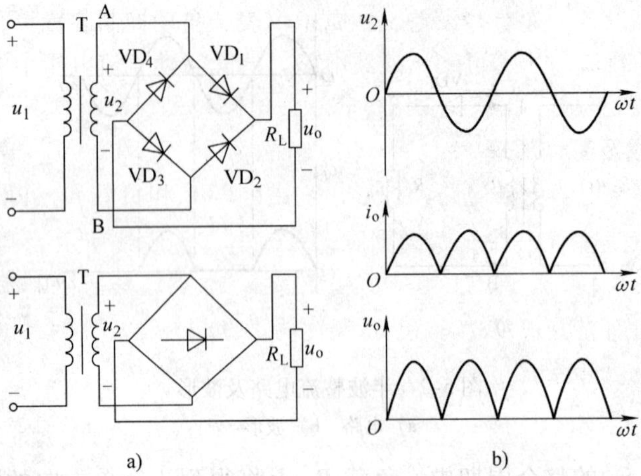

图 5-3　桥式整流电路及波形

a）桥式整流电路及简化符号　b）波形

变压器二次电压 U_2 与 U_o 的关系为

$$U_2 = 1.11U_o \tag{5-6}$$

（2）整流元件的选择

在桥式整流电路中，因为二极管 VD_1、VD_3 和 VD_2、VD_4 在电源变化的一个周期内轮流导通，所以流过每个二极管的电流都等于负载电流的一半，即

$$I_D = \frac{1}{2}I_o = \frac{0.45U_2}{R_L} \tag{5-7}$$

每个二极管在截止时承受的最大反向电压是 U_2 的峰值，即

$$U_{RM} = \sqrt{2}U_2 \tag{5-8}$$

选择二极管时，应选极限参数为

$$I_{FM} > I_D$$

$$U_{RM} > \sqrt{2}U_2 \tag{5-9}$$

I_{FM} 为二极管的最大整流电流；U_{RM} 为最高反向工作电压。

桥式整流电路具有变压器利用率高，平均直流电压高，整流元件承受的反向电压较低等优点，应用十分广泛。

【例 5-1】　一桥式整流电路，要求输出直流电压为 12V，输出直流电流为 100mA，如何选择整流元件？现有整流二极管 VD 是 2CP10，其参数 $I_F = 100mA$，$U_{RM} = 25V$；另一个是 2CP11，参数 $I_F = 100mA$，$U_{RM} = 50V$。

解：变压器二次电压：$U_2 = 1.11U_o = 1.11 \times 12V = 13.32V$

流过二极管的电流为：$I_D = I_o/2 = 100mA/2 = 50mA$

二极管承受的最大反向电压为：$U_{RM} = \sqrt{2}U_2 = 18.6V$

可见，选用 2CP10、2CP11 两者都可以，为了降低成本，应选用 2CP10。

5.1.2　滤波电路

交流电经过整流后可得到的单向脉动直流电压，仅适合对直流电压要求不高的场合使用，如电镀、电解等设备。而有些设备，如电子仪表、自动控制装置等，要求直流电压非常稳定。为获得平滑的直流电压，可采用滤波电路，滤除脉动直流电压中的交流成分。滤波电路一般由 L、C 等元件组成。此处只介绍电容滤波电路。

1. 滤波电路组成及工作原理

图 5-4 为桥式整流电容滤波电路及波形，它由电容 C 和负载 R_L 并联组成。在不加滤波电容的情况下，R_L 两端的电压波形为单向脉动直流电（如虚线所示）。接入滤波电容 C 后，当 u_2 的正半周开始时，若 $u_2 > u_C$，整流二极管 VD_1 和 VD_3 导通，电容 C 被充电，由于充电回路电阻很小，因而充电很快，u_C 和 u_2 变化同步，当 $\omega t = \pi/2$ 时，u_2 达到峰值，C 两端电压 u_C 也就是 u_o 也达到峰值。

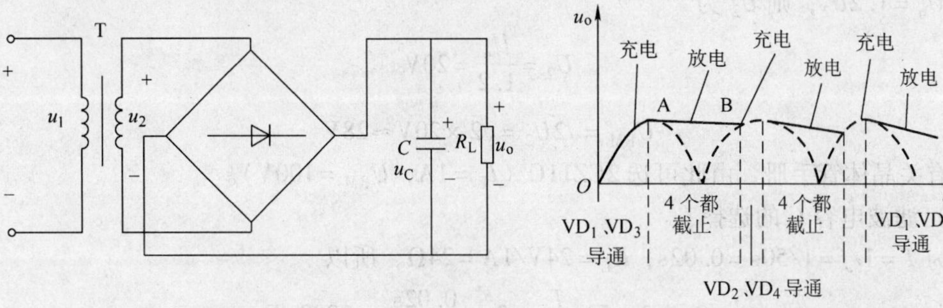

a)　　　　b)

图 5-4　桥式整流电容滤波电路及波形

a）电路　b）波形

当 u_2 由峰值开始下降，使得 $u_2 < u_C$ 时，4 个整流二极管全都截止，电容 C 向 R_L 放电，由于 R_L 一般较大，放电时间常数通常很大，所以放电速度很慢。

当 u_2 进入负半周后，$|u_2|$ 开始逐渐增大，当 $|u_2|$ 增大还没有超过 u_C 时电容仍然放电，直到 $|u_2|$ 增大到略大于 u_C 时，整流二极管 VD_2 和 VD_4 导通，电容 C 又被充电，C 两端电压 u_C 也就是 u_o 将逐渐增大到峰值。如此继续下去电容不断被充电、放电，得到负载上的电压 u_o 的波形如图 5-4b 所示，可以看出输出波形变得平滑，平均电压值也随之升高。

2. 电容滤波电路的特点

（1）电路结构简单，当 R_L 较大时，滤波效果好。但因二次绕组和二极管正向电阻很小，在接通电源使二极管 VD 导通的瞬间，充电电流很大，对整流二极管的冲击很大。实际应用中一般要在每个整流二极管的支路中，串入一个 $(0.05 \sim 0.1)R_L$ 作限流电阻，并在整流管两端并接一个小容量的电容器，以此来保护二极管，但这将增大损耗和电源内阻。

（2）决定放电快慢的是时间常数 R_LC，其值越大，放电速度越慢，输出波形越平滑，当 $R_L = \infty$ 时，电容 C 上电压最高，可达 $\sqrt{2}U_2$ 值。相反，R_LC 越小，则放电速度越快，输出电压脉动幅度越大。因此，为了输出平滑的直流电压，一般要求 R_LC 的取值满足

$$R_LC \geqslant (3 \sim 5)\frac{T}{2} \tag{5-10}$$

由此可确定电容 C 的值为

$$C \geqslant (3 \sim 5)\frac{T}{2R_L} \tag{5-11}$$

(3) 输出直流电压一般为

$$U_o=(1\sim1.2)U_2 \tag{5-12}$$

整流管承受的最高反向工作电压为$\sqrt{2}U_2$。

【例5-2】 一桥式整流电容滤波电路如图5-4a所示，由变压器输入50Hz的交流市电，要求输出直流电压24V，$I_o=1A$，试选择整流二极管VD和滤波电容C。

解：(1) 整流二极管VD的选择

通过每个整流二极管的平均电流为

$$I_D=\frac{1}{2}I_o=\frac{1}{2}\times1A=0.5A$$

取$U_o=1.2U_2$，则U_2为

$$U_2=\frac{U_o}{1.2}=20V$$

$$U_{RM}=\sqrt{2}U_2=\sqrt{2}\times20V\approx28V$$

查有关晶体管手册，由此可选2CZ11C（$I_F=1A$，$U_{RM}=100V$）。

(2) 滤波电容C的选择

因为$T=1/f=1/50s=0.02s$，$R_L=24V/1A=24\Omega$，所以

$$C\geqslant(3\sim5)\frac{T}{2R_L}=5\times\frac{0.02s}{2\times24\Omega}=2000\mu F$$

而电容的耐压值取$(1.5\sim2)U_2=2\times20V=40V$。

故可选择耐压为40V、容量为2000μF的电解电容器。

5.2 稳压电路

经过整流滤波后所得到的直流电压虽然已经比较平滑，但由这种电路提供的直流电压，因电网电压的波动、负载的变化等原因，往往会使电路输出的直流电压不稳定，一般不能满足各种电子设备的要求。因此，为了获得稳定的直流输出电压，需要在滤波电路之后再加上稳压电路。

5.2.1 硅稳压管稳压电路

硅稳压管稳压电路是最简单的一种稳压电路。

1. 电路组成

图5-5所示为硅稳压管稳压电路。R是限流电阻，R_L是负载电阻，VS是稳压二极管，工作在反向击穿区。图中稳压管与负载并联，又称并联式稳压电路。

由图可知$U_o=U_i-I_RR=U_Z$，输出电压U_o就是稳压管两端的电压，即稳压值U_Z。

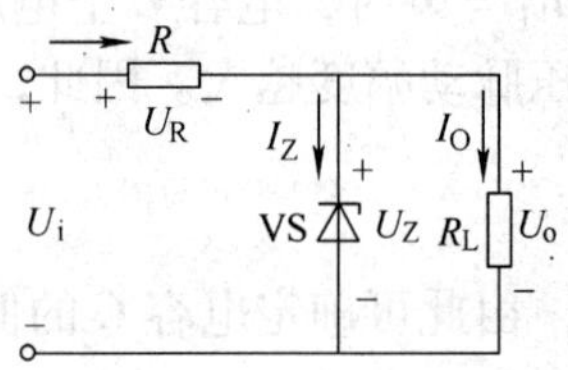

图5-5 硅稳压管稳压电路

2. 稳压原理

当稳压管工作在稳压区时，稳压管两端电压U_Z的微小变化，会引起电流I_Z的较大变化，利用这一特性，可以完成如下的稳压过程。

（1）当负载 R_L 不变时，因电网电压升高使 U_i（整流滤波后的输出电压）增大，输出电压 U_o 也随之增加，但由稳压管的特性可知，U_o 的少许增加将使 I_Z 急剧增加，I_Z 的增加将使总电流 I_R 增加，从而使电阻 R 上的电压增加。这样，U_i 的增加量就转移到电阻 R 上，使输出电压 U_o 保持不变或变化很小。这一过程可简单地表示为

$$U_i\uparrow\rightarrow U_o\uparrow\rightarrow I_Z\uparrow\rightarrow I_R\uparrow\rightarrow U_R\uparrow$$
$$U_o\downarrow\leftarrow$$

若电网电压下降，则稳压过程中的箭头方向全部相反，原理完全相同，不再重述。

（2）当稳压电路输入电压 U_i 不变，负载电阻 R_L 减小时，输出电压 U_o 将减小，稳压管两端电压 U_Z 减小，电流 I_Z 急剧减小，结果使总电流 I_R 减小，从而使电阻 R 上的电压减小，输出电压 U_o 增大。这一过程可简单地表示为：

$$R_L\downarrow\rightarrow U_o\downarrow\rightarrow I_Z\downarrow\rightarrow I_R\downarrow\rightarrow U_R\downarrow$$
$$U_o\uparrow\leftarrow$$

同理，当负载电流 I_o 减小时，则稳压过程与上述相反，不再重述。

3. 限流电阻的计算

由上面分析可知，硅稳压管稳压电路的稳压原理实际上是通过稳压管两端电压 U_Z 的微小变化，引起电流 I_Z 的较大变化，通过电阻 R 起电压调整作用，从而保证输出电压基本恒定，达到稳压作用。因此限流电阻的合理选择会直接影响稳压电路的性能。选取限流电阻的基本原则是保证稳压管处于反向击穿的工作区域，即 $I_{Zmin}<I_Z<I_{Zmax}$。I_Z 过小，管子稳压性能差或不能稳压，过大会损坏稳压管。

第一种情况：当输入电压 U_i 最大且负载中电流 $I_o=I_{omin}$（即输出电流最小）时，流过稳压二极管的电流最大，但不能超过 I_{Zmax}，为此限流电阻要取得足够大，即

$$R\geqslant\frac{U_{imax}-U_Z}{I_{Zmax}+I_{omin}} \tag{5-13}$$

第二种情况：当输入电压最小且负载中电流最大时，流过稳压二极管的电流最小，但不能小于 I_{Zmin}，为此限流电阻应尽量取小，即

$$R\leqslant\frac{U_{imin}-U_Z}{I_{Zmin}+I_{omax}} \tag{5-14}$$

限流电阻 R 应在其可选的最大值与最小值之间选取，即

$$\frac{U_{imax}-U_Z}{I_{Zmax}+I_{omin}}\leqslant R\leqslant\frac{U_{imin}-U_Z}{I_{Zmin}+I_{omax}} \tag{5-15}$$

【例 5-3】 如图 5-5 所示，稳压管 VS 的参数为 $U_Z=9V$，$I_{Zmin}=5mA$，$I_{Zmax}=33mA$，输入电压 $U_i=15V$，变化率为 $\pm10\%$，负载电流为 $I_{omin}=2mA$，$I_{omax}=10mA$，试选取限流电阻 R 的值。

解：先求 U_i 变化的最大、最小值：

$$U_{imax}=15V+15V\times10\%=16.5V$$
$$U_{imin}=15V-15V\times10\%=13.5V$$

因此限流电阻的选取范围为

$$\frac{U_{imax}-U_Z}{I_{Zmax}+I_{omin}}\leqslant R\leqslant\frac{U_{imin}-U_Z}{I_{Zmin}+I_{omax}}$$

$214\Omega \leqslant R \leqslant 300\Omega$

限流电阻应在 214 ~300Ω 范围内选取，例如取 $R = 240\Omega$ 或 270Ω 均可。

4. 稳压管稳压电路的特点

优点：电路简单，工作可靠，稳压效果较好。

缺点：输出电压的大小要由稳压管的稳压值来决定，不能根据需要加以调节；负载电流 I_o 变化时，要靠 I_Z 的变化来补偿，而 I_Z 的变化范围仅在 I_{Zmin} 和 I_{Zmax} 之间，负载变化小；电压稳定度不够高，动态内阻还比较大（约几欧到几十欧）。

所以稳压管稳压电路一般用于要求不太高、功率比较小、负载电流比较小且负载变化不大的场合，如作晶体管稳压电源中的“基准电压”或“辅助电源”之用等。

5.2.2 串联型稳压电路

1. 电路组成

如图 5-6a 所示是串联型稳压电路，各元件作用如下：

R_3、R_4、R_5 构成取样电路。当输出电压变化时，取样电阻将其变化量的一部分送到比较放大器的基极，基极电压能反映输出电压的变化，称为取样电压。取样电阻不宜太大或太小，若太大，控制灵敏度下降；若太小，带负载能力减弱。

VS 与 R_2 构成基准电压电路，给 VT_2 发射极提供一个基准电压，R_2 为限流电阻，保证 VS 有一个合适的工作电流。

VT_2 是比较放大管，R_1 既是 VT_2 的集电极负载电阻，又是 VT_1 的基极偏置电阻，比较放大管的作用是将输出电压的变化量先放大，然后加到调整管的基极，控制调整管工作，提高了控制的灵敏度和输出电压的稳定性。

VT_1 是调整管，它与负载串联，故称串联型稳压电路，调整管 VT_1 受比较放大管的控制，集射极之间相当于一个可变电阻，用来抵消输出电压的波动。

图 5-6b 是串联型稳压电路及方框图。

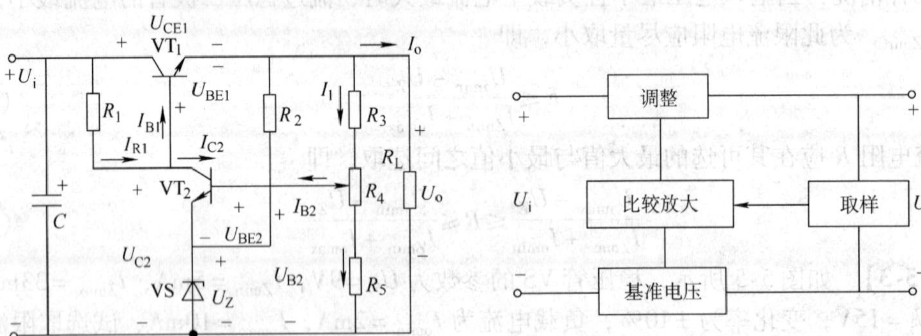

图 5-6 串联型稳压电路及框图

a）电路 b）方框图

2. 稳压原理

（1）当 R_L 不变而 U_i 减小时，输出电压 U_o 有下降的趋势，通过取样电阻的分压使比较放大器的基极电位 U_{B2} 下降，而比较放大管的发射极电压不变（$U_{E2} = U_Z$），因此 U_{BE2} 下降，比较放大管导通能力减弱，U_{CE2}增大，U_{C2}升高，调整管导通能力增强，调整管 VT_1 集射极之间的电阻 R_{ce1}减小，管压降 U_{CE1}下降，使输出电压 U_o 上升，保证 U_o 基本不变，其稳压过程如下：

$$U_i\downarrow\rightarrow U_o\downarrow\rightarrow U_{B2}\downarrow\xrightarrow{U_{E2}\text{不变}} U_{BE2}\downarrow\rightarrow U_{C2}\uparrow\ (U_{B1}\uparrow)\rightarrow R_{ce1}\downarrow\rightarrow U_{CE1}\downarrow \xrightarrow{U_o=U_i-U_{CE1}} U_o\uparrow$$

反之，若 U_i 升高，分析方法类似。

（2）当 U_i 不变而 R_L 增大时，引起输出电压有上升的趋势，则电路将产生下列调整过程：

$$R_L\uparrow\rightarrow U_o\uparrow\rightarrow U_{BE2}\uparrow\rightarrow U_{C2}\downarrow\ (U_{B1}\downarrow)\rightarrow R_{ce}\uparrow\rightarrow U_{CE1}\uparrow \xrightarrow{U_o=U_i-U_{CE1}} U_o\downarrow$$

反之，若 U_i 不变而 R_L 下降，分析方法类似。

3. 输出电压的计算

串联型稳压电路的输出电压可以通过 R_4 进行调整，其调整原理如下：从电路上看，可将 R_4 分为上下两部分，分别同 R_3、R_5 合二为一成 R_3'和 R_5'，在忽略 VT_2 基极电流的情况下，流过 R_3'和 R_5'中的电流相等，由此有

$$U_Z+U_{BE2}=\frac{R_5'}{R_3'+R_5'}U_o$$

由于 $U_Z>>U_{BE2}$，$R_3'+R_5'=R_3+R_4+R_5$，则有

$$U_o\approx\frac{R_3+R_4+R_5}{R_5'}U_Z$$

则最高输出电压 U_{omax}和最低输出电压 U_{omin}分别为

$$U_{omax}\approx\frac{R_3+R_4+R_5}{R_5}U_Z \tag{5-16}$$

$$U_{omin}\approx\frac{R_3+R_4+R_5}{R_4+R_5}U_Z \tag{5-17}$$

由此可见，只要对 R_4 进行调整，则可得到不同的输出电压 U_o。

串联型稳压电路具有稳压性能好、输出电压连续可调、带负载能力较强等优点，故应用较广泛。

5.2.3　三端集成稳压器及其应用

随着电子技术的发展，已实现把调整电路、取样电路、基准电路、比较放大电路、启动和保护电路等集成在一块硅片上构成集成稳压器。它具有性能好、可靠性高、体积小、使用方便、成本低廉等优点，因此在实际中得到了广泛应用。

集成稳压器的种类繁多，按照输出电压是否可调可分为固定式和可调式；按照输出电压的正、负极性可分为正稳压器和负稳压器；按照引出端子可分为三端和多端稳压器。下面主要介绍几种三端稳压器。

1. 三端固定式集成稳压器

（1）三端固定式集成稳压器的外形和管脚排列

三端固定式集成稳压器的外形和管脚排列如图 5-7 所示。由于只有输入（IN）、输出（OUT）和公共地端（GND）三个端子，故称三端稳压器。

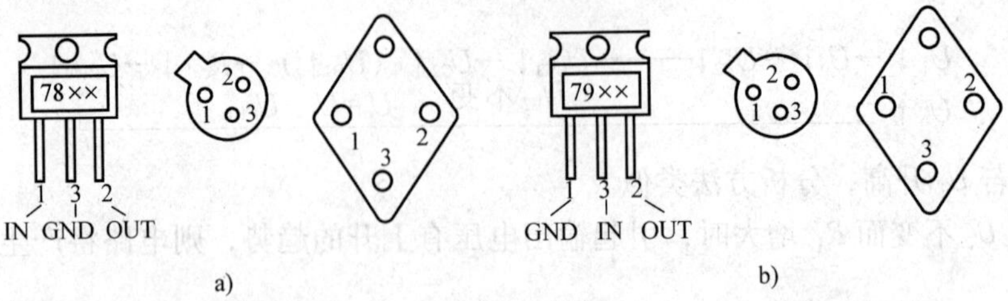

图 5-7　三端集成稳压器的外形和管脚排列

a）78XX 系列　b）79XX 系列

（2）三端固定式集成稳压器的型号组成及其意义

三端固定式集成稳压器的型号组成及其意义见图 5-8。国产三端固定式集成稳压器有 CW78XX 系列（正电压输出）和 CW79XX 系列（负电压输出），其输出电压值有 ±5V、±6V、±8V、±9V、±12V、±15V、±18V、±24V，最大输出电流有 0.1A、0.5A、1A、1.5A、2.0A 等。

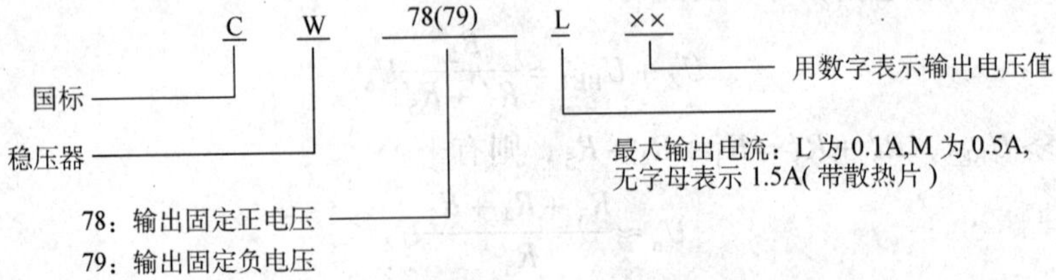

图 5-8　三端固定式集成稳压器的型号组成及其意义

（3）三端固定式集成稳压器的应用

1）固定输出稳压器

图 5-9 所示为某型号电视机电源电路图，其正常工作电流为 0.8A，工作电压为 12V，根据要求，可选 CW7812。它的输出电流可达 1.5A，输出电压稳定在 12V。最大允许输入电压为 36V，最小允许输入电压为 14V。

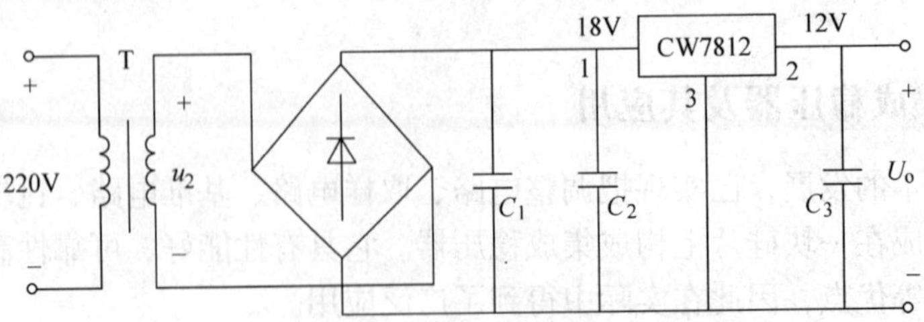

图 5-9　某型号电视机电源电路图

2）提高输出电压

如图 5-10a 所示电路中，有

$$U_o = U_{XX} + U_Z \tag{5-18}$$

式中，U_{XX}为集成稳压器的输出电压；U_Z 为稳压管的稳压值。

如图 5-10b 所示电路中，有

$$U_o \approx U_{XX}(1+R_2/R_1) \tag{5-19}$$

图中，I_W 为集成稳压器的静态电流，其值很小，可近似认为 $I_1 \approx I_2$。

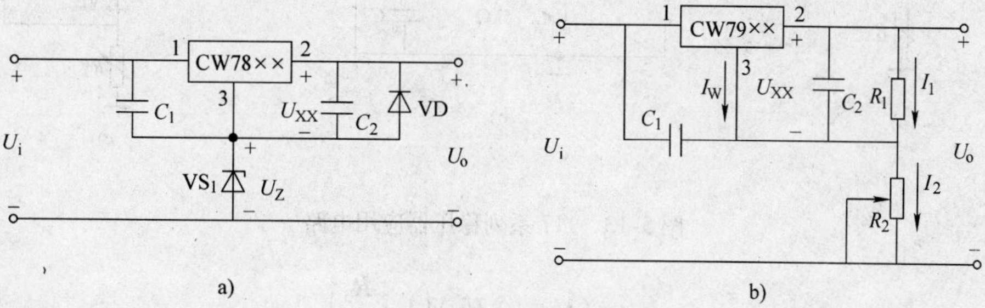

图 5-10　提高输出电压的接线图

由此看来，这两种应用方式都可以提高输出电压。

2. 三端可调式集成稳压器

国产三端可调式集成稳压器有 CW117/217/317 系列（正电压输出）和 CW137/237/337 系列（负电压输出），其外形如图 5-11 所示。按照其输出电流的大小又可分为 L 型和 M 型等，其型号组成和意义如图 5-12 所示。

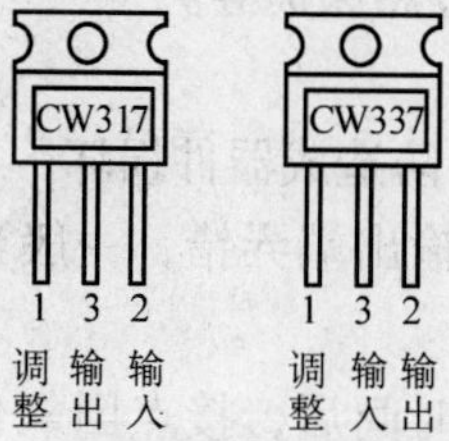

图 5-11　CW317 和 CW337 的外形

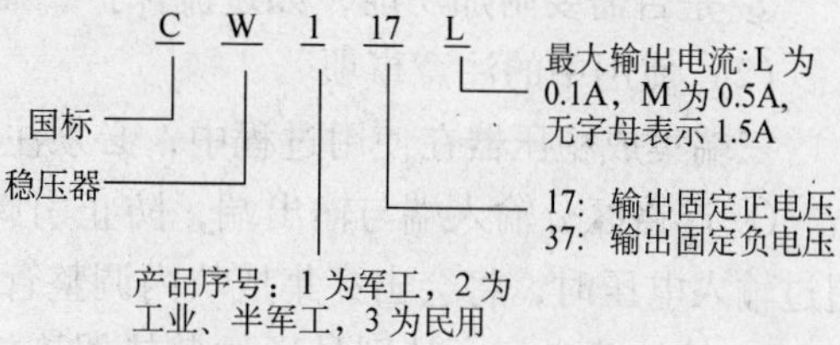

图 5-12　可调集成稳压器的型号组成和意义

三端可调电压稳压器克服了输出电压不可调的缺点，同时集成了三端固定式集成稳压器的诸多优点，因此在实际中得到了广泛应用。下面仅以 CW117 系列三端可调电压稳压器为例介绍其应用。

117 系列是输出电压为 1.2 ~37V 的可调式三端线性集成稳压器。使用时，只要稳压器输入与输出的电压差在 3 ~40V 之间，117 系列的稳压器就能正常工作。其典型应用电路如图 5-13a 所示。工作时，LM117 的输出和调节端之间形成 1.25V 的基准电压 U_{REF}，该基准电压加在设定电阻 R_1 上，产生恒定电流。该电流再流过输出设定电阻 R_2，因而输出电压为

$$U_O = U_{REF}\left(1+\frac{R_2}{R_1}\right)+I_{ADJ}R_2 \tag{5-20}$$

117 系列稳压器本身具有较高的稳压精度，但调整端通过电阻 R_2 接地，这样输出电压的精度会受到 R_2 和调整端电流变化的影响。为消除 R_2 的影响，可以采用高精度稳压管代替电阻 R_2，其电路如图 5-13c 所示，R_3 用以微调输出电压。输出电压为

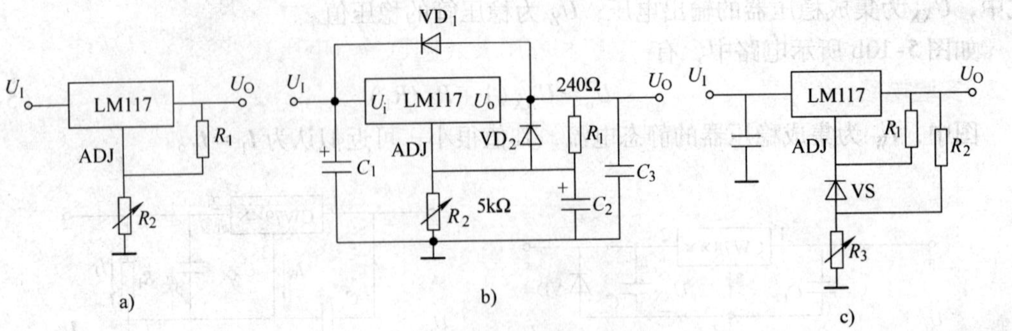

图 5-13　117 系列稳压器应用电路

$$U_O = (U_{REF} + U_Z)\left(1 + \frac{R_3}{R_2}\right) \tag{5-21}$$

3. 三端集成稳压器的选用与注意事项

（1）品种选择方法

选择三端集成稳压器时，可从以下三个方面加以考虑：

① 选择合适的类型，主要考虑输出电压是否可调，输出电流范围有多大。

② 对不同使用场合，选择不同的参数，主要考虑性能指标（如电压调整率、纹波抑制比等）、工作参数（如最大输入电压、功耗等）和环境温度等。

③ 是否需要附加功能，如过流保护、短路保护、芯片过热保护等。

（2）使用中的注意事项

三端集成稳压器在使用过程中，必须注意以下几点，以防造成器件损坏：

① 严格区分输入端与输出端，防止引脚中的输入端与输出端弄错，一般当输出端电压超过输入电压时，将会击穿集成块内调整管。

② 接地要良好，特别是通过散热器连接时，使用一段时间后，接点因氧化、振动等原因有可能导致接触不良。

③ 防止输入端发生短路，特别是稳压器输出端接有大电容时，若因停电、过载保险烧断等，大电容释放电荷时，会使输出端电压高于输入端电压 7V 以上，导致调整管击穿损坏。为避免这种情况的发生，可在稳压器的输入、输出端反向接入保护二极管。

④ 防止瞬态过电压损坏稳压器，可在输入端与公共端之间接入容量大于 0.1～0.47μF 的电容加以解决。

5.3 实训

5.3.1 串联型直流稳压电源

1. 实验目的

（1）掌握串联型直流稳压电源的工作原理及调试方法。

（2）掌握用电压法测试电路故障的基本方法。

2. 实验仪器

自耦调压器（提供 15V 交流电压）和万用表（测试各点电压）。

3. 实验电路

实验电路如图 5-14 所示，图中的调整管 VT_1 可用 2 只晶体管复合构成。

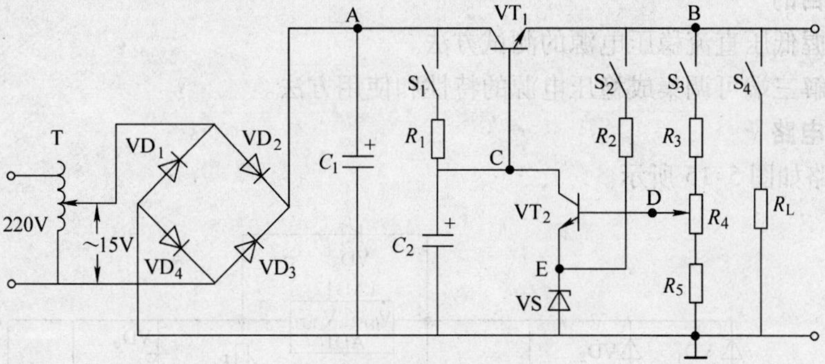

图 5-14　串联型直流稳压电源实验电路

4. 实验内容与步骤

（1）电路正常工作时（各开关均闭合），调整 R_4 测出最大输出电压和最小输出电压记入表中，然后调整 R_4 使输出保持最大输出电压，在以下的测试中不再调整 R_4。

（2）测试电路正常工作时各点的电位，将测试结果记入表 5-1 中，并观测 R_L 接通和断开时电路的稳压情况。

（3）测试 R_1 断开（S_1 断开，其他开关闭合，将 C_2 先放电）时各点的电位，将测试结果记入表 5-1 中。

（4）测试 R_2 断开（S_2 断开，其他开关闭合）时各点的电位，将测试结果记入表 5-1 中。

（5）测试 S_3 断开（其他开关闭合）时各点的电位，将测试结果记入表 5-1 中。

（6）测试当 VS 击穿（用短路线将 VS 短路，开关全闭合）时各点的电位，将测试结果记入表 5-1 中。

（7）测试当 VT_2 的 BE 结击穿（用短路线将 BE 结短路，开关全闭合）时各点的电位，将测试结果记入表 5-1 中。

5. 实验数据记录

表 5-1　实验数据记录

工作状态	U_A/V	U_B/V	U_C/V	U_D/V	U_E/V	U_{BE1}/V	U_{CE1}/V	U_{BE2}/V	U_{CE2}/V
正常工作时									
S_1 断开									
S_2 断开									
S_3 断开									
VS 短路									
VT_2 BE 结短路									
最大输出电压/V					最小输出电压/V				

6. 实验结果处理

分析上述各种测试结果的原因。

5.3.2 集成稳压电源

1. 实验目的

（1）掌握低压直流稳压电源的测试方法。

（2）了解三端可调集成稳压电源的特性和使用方法。

2. 实验电路

实验电路如图 5-15 所示。

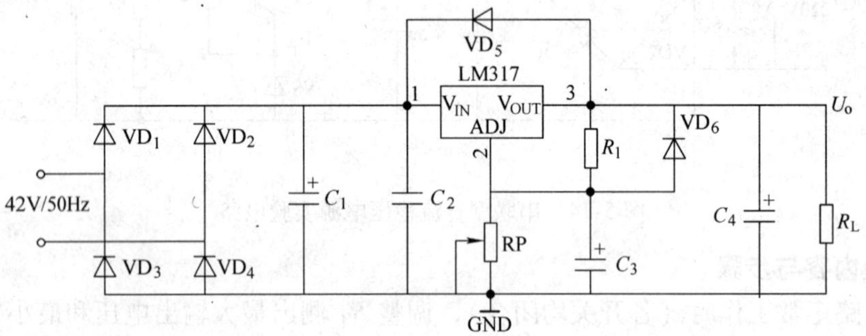

图 5-15 由三端稳压集成电路构成的直流稳压电源实验电路

3. 实验仪器

自耦调压器（提供 42V 交流电压）和万用表（测试各点电压）。

4. 实验内容和步骤

（1）连接测试电路，检查无误后，将自耦调压器调至 42V，接通电源。

（2）测直流稳压电源输出电压范围。用万用表（直流电压档）测输出电压 U_0。调节 R_P，测试并记录输出电压 U_0 的变化范围（U_{0min}、U_{0max}）。

（3）测试电源电路的纹波电压。将输出直流电压调至最大，用示波器观测输出直流电压上叠加的纹波电压的波形，并用电子电压表测试纹波电压的大小。

5. 实验结果记录

（1）电压输出范围是____________。

（2）用示波器观测到的输出直流电压上叠加的纹波电压的波形为____________________。

（3）纹波电压的大小（用电子电压表读取的数值）为________________。

习题 5

5.1 填空题。

（1）直流稳压电源一般由________、________、________、________组成。

（2）串联型稳压电源输出调整电压的范围表达式是____________。

（3）CW78 系列三端稳压器各管脚功能是：1 脚________、2 脚________、3 脚________。

（4）并联型稳压电路指稳压元件与负载相________。

5.2　直流稳压电源一般由哪几部分组成？各部分的作用是什么？

5.3　试比较单相半波、桥式整流电路的优点、缺点。

5.4　电容和电感为什么能起滤波作用？它们在滤波电路中应如何与负载连接？

5.5　为了使二极管在整流电路中安全可靠地工作，在选用时应注意哪些问题？

5.6　在电容滤波的半波、桥式整流电路中，二极管所承受的最高反向电压各是多少？

5.7　电路如图 5-16 所示，若已知变压器二次侧电压有效值 $U_2=20\text{V}$，现测得 U_L 为下述三组数据：（1）9V；（2）18V；（3）24V。问哪一组数据是正常的？对不正常的测量数据，试分析电路可能出现了什么故障（元器件的开路或短路）。

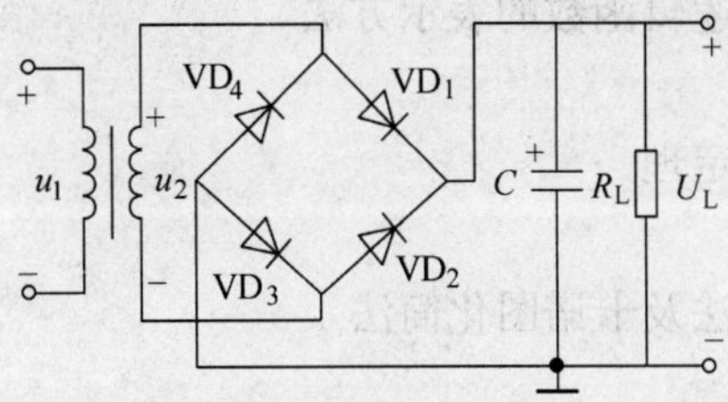

图 5-16　习题 5.7 图

5.8　试叙述并联、串联稳压器的稳压过程。

5.9　如图 5-17 所示为串联型直流稳压电源，其中稳压二极管 VS 的稳压值 $U_Z=6\text{V}$，各晶体管的 $U_{BE}=0.3\text{V}$。

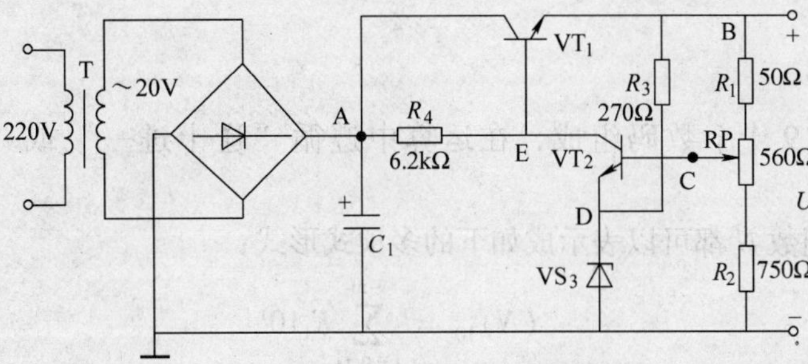

图 5-17　习题 5.9 图

（1）求输出电压的可调范围；

（2）当电位器调到中间位置时，估算 A、B、C、D、E 点电位；

（3）当电网电压升高或降低时，试说明上面各点电位变化趋势和稳压原理；

（4）VT_1 击穿或开路，输出电压如何变化？

第 6 章　逻辑代数基础

本章要点

- 常用数制的表示方法、特点及相互转换
- 常用的二 - 十进制代码的表示方法
- 逻辑代数的基本概念及逻辑函数的表示方法
- 逻辑函数的基本运算
- 逻辑代数的基本公式和定理
- 逻辑函数的公式法化简
- 逻辑函数的卡诺图表示法及卡诺图化简法

6.1　数制与码制

在日常生活中，人们习惯于使用十进制，可是在数字电路中常使用二进制，有时也使用八进制和十六进制。

6.1.1　数制

1. 十进制

十进制由 0 ~ 9 十个数码组成，在运算中遵循“逢十进一”或“借一当十”的规则。

任意的十进制数 N 都可以表示成如下的多项式形式：

$$(N)_{10} = \sum_{i=n-1}^{-m} K_i 10^i$$

式中，10 称作基数，n 为小数点左边的位数，m 为小数点右边的位数，10^i 称作“权”，K_i 为权 10^i 所对应的系数，它可以是 0 ~ 9 十个数码。

例如，一个十进制数 276.84 用多项式来表示时可写成：

$$(276.84)_{10} = 2 \times 10^2 + 7 \times 10^1 + 6 \times 10^0 + 8 \times 10^{-1} + 4 \times 10^{-2}$$

十进制虽然是人们习惯的计数体制，但很难用电路来实现，因此计数电路一般不直接使用十进制。

2. 二进制

二进制只有两个数码 0 和 1，在运算中遵循“逢二进一”或“借一当二”的规则，因此二进制就是以 2 为基数的计数体制，权为 2^i。同十进制一样，任意的二进制也可表示成如下的形式：

$$(N)_2 = \sum_{i=n-1}^{-m} K_i 2^i$$

例如，二进制数1011.101可以表示成如下形式：

$$(1011.101)_2 = 1\times2^3 + 0\times2^2 + 1\times2^1 + 1\times2^0 + 1\times2^{-1} + 0\times2^{-2} + 1\times2^{-3}$$

虽然数字系统广泛采用二进制，但当二进制数的位数很多时，书写和阅读很不方便，容易出错。为此，人们通常采用二进制的缩写形式——八进制和十六进制。

3. 八进制

八进制采用0~7八个数码，运算中遵循“逢八进一”或“借一当八”的运算规则，故基数为8，权为8^i。

4. 十六进制

十六进制采用0~9、A、B、C、D、E、F十六个数码，运算中遵循“逢十六进一”或“借一当十六”的规则，故基数为16，权为16^i。

现将十进制、二进制、八进制、十六进制对照于表6-1中。

表6-1　十进制、二进制、八进制、十六进制对照表

十进制	二进制	八进制	十六进制	十进制	二进制	八进制	十六进制
0	0000	0	0	8	1000	10	8
1	0001	1	1	9	1001	11	9
2	0010	2	2	10	1010	12	A
3	0011	3	3	11	1011	13	B
4	0100	4	4	12	1100	14	C
5	0101	5	5	13	1101	15	D
6	0110	6	6	14	1110	16	E
7	0111	7	7	15	1111	17	F

6.1.2　不同数制之间的转换

1. 各种数制转换成十进制

二进制、八进制、十六进制转换成十进制时，只要将它们按权展开，求出各加权系数的和，便得到相应进制数对应的十进制数。例如：

$$(10110110)_2 = (1\times2^7 + 0\times2^6 + 1\times2^5 + 1\times2^4 + 0\times2^3 + 1\times2^2 + 1\times2^1 + 0\times2^0)_{10} = (182)_{10}$$

$$(172.01)_8 = (1\times8^2 + 7\times8^1 + 2\times8^0 + 1\times8^{-2})_{10} = (122.015625)_{10}$$

$$(4C2)_{16} = (4\times16^2 + 12\times16^1 + 2\times16^0)_{10} = (1238)_{10}$$

2. 十进制转换为二进制

将十进制数的整数部分转换为二进制数采用“除2取余法”；将十进制小数部分转换为二进制数采用“乘2取整法”。

【例6-1】　将十进制数$(107.625)_{10}$转换成二进制数。

解：(1) 整数部分转换

“除2取余法”是将整数部分逐次被2除，依次记下余数，直到商为0。第一个余数为二进制数的最低位，最后一个余数为最高位。

除数	被除数/商	余数		
2	107	1	K_0	最低位
2	53	1	K_1	读
2	26	0	K_2	数
2	13	1	K_3	顺
2	6	0	K_4	序
2	3	1	K_5	↑
2	1	1	K_6	最高位
	0			

所以，$(107)_{10} = (K_6K_5K_4K_3K_2K_1K_0)_2 = (1101011)_2$

（2）小数部分转换

“乘 2 取整法”是将小数部分连续乘以 2，取乘数的整数部分作为二进制数的小数，由上到下排列即可。

$0.625 \times 2 = 1.250$　　整数部分 $= 1 = K_{-1}$

$0.250 \times 2 = 0.500$　　整数部分 $= 0 = K_{-2}$

$0.500 \times 2 = 1.00$　　整数部分 $= 1 = K_{-3}$

所以，$(0.625)_{10} = (K_{-1}K_{-2}K_{-3})_2 = (101)_2$

由此可得十进制数 $(107.625)_{10}$ 对应的二进制数为 $(107.625)_{10} = (1101011.101)_2$

3. 二进制与八进制、十六进制间相互转换

（1）二进制数转换成八进制数。

整数部分从低位开始，每三位二进制数为一组，最后不足三位的，则在高位加 0 补足三位为止；小数点后的二进制数则从高位开始，每三位二进制数为一组，最后不足三位的，则在低位加 0 补足三位，然后用对应的八进制数来代替，再按顺序排列写出对应的八进制数。

【例 6-2】 将二进制数 $(11100101.11101011)_2$ 转换成八进制数。

$$(11100101.11101011)_2 = (345.726)_8$$

（2）八进制数转换成二进制数。

将每位八进制数用三位二进制数来代替，再按原来的顺序排列起来，便得到了相应的二进制数。

【例 6-3】 将八进制数 $(745.361)_8$ 转换成二进制数。

$$(745.361)_8 = (111100101.011110001)_2$$

（3）二进制数转换成十六进制数。

整数部分从低位开始，每四位二进制数为一组，最后不足四位的，则在高位加 0 补足四位为止；小数部分从高位开始，每四位二进制数为一组，最后不足四位的，在低位加 0 补足四位，然后用对应的十六进制数来代替，再按顺序写出对应的十六进制数。

【例 6-4】 将二进制数 $(10011111011.111011)_2$ 转换成十六进制数。

$$(10011111011.111011)_2 = (4FB.EC)_{16}$$

（4）十六进制数转换成二进制数。

将每位十六进制数用四位二进制数来代替，再按原来的顺序排列起来便得到了相应的二进制数。

【例 6-5】 将十六进制数 $(3BE5.97D)_{16}$ 转换成二进制数。

$$(3BE5.97D)_{16}=(11101111100101.100101111101)_2$$

6.1.3 码制

由于数字系统是以二值数字逻辑为基础的，因此数字系统中的信息都是用一定位数的二进制码表示的，这个二进制码称为代码。

用二进制代码表示有关信息的过程称为二进制编码。二进制编码方式很多，二－十进制码（又称 BCD 码）是其中一种常用的码。BCD 码是在人们习惯的十进制数与数字系统使用的二进制数之间建立的一种联系，即用二进制代码表示十进制中 0～9 十个数字。

用二进制代码表示十进制中 0～9 十个数字，至少需要 4 位，而 4 位二进制数共有 16 种组合，可从 16 种组合中选择其中 10 种组合来表示 0～9 十个数字，选哪 10 种，有多种方案，这就形成了不同的 BCD 码。常用的几种 BCD 码如表 6-2 所示。

表 6-2 十进制数常用代码

十进制数	8421 码	5421 码	2421 码	余 3 码
0	0000	0000	0000	0011
1	0001	0001	0001	0100
2	0010	0010	0010	0101
3	0011	0011	0011	0110
4	0100	0100	0100	0111
5	0101	1000	1011	1000
6	0110	1001	1100	1001
7	0111	1010	1101	1010
8	1000	1011	1110	1011
9	1001	1100	1111	1100

1. 8421 码

将十进制数的 0～9 十个数字用 4 位二进制数表示的代码，称为二－十进制码，由于 4 位二进制数各位的权从左到右分别为 8、4、2、1，故称 8421BCD 码。这种编码属于有权码。它是应用最广泛的一种 BCD 码。

2. 余 3 码

余 3 码是由 8421 码加 3 得到的，它是一种无权码，由于代码中各位“1”不表示一个固定的值，因而不直观。

3. 5421 码

类似 8421 码，只是 4 位二进制数各位的权从左到右分别为 5、4、2、1，也是一种有权码。

4. 2421 码

类似 8421 码，只是 4 位二进制数各位的权从左到右分别为 2、4、2、1，也是一种有权码。

【例 6-6】 将十进制数 83 分别用 8421 码、2421 码、余 3 码表示。

解：由表 6-2 可得：

$$(83)_D=(10000011)_{8421}$$
$$(83)_D=(11100011)_{2421}$$
$$(83)_D=(10110110)_{余3}$$

5. 格雷码

还有一种 4 位无权码叫格雷码（Gray），其编码如表 6-3 所示，它是按照相邻性原则，即相邻两个代码之间只有一位不同，常用于模拟量的转换，当模拟量发生微小变化而可能引起数字量变化时，格雷码只改变一位，这与其他码改变两位或多位更可靠，可减少出错的可能性。

表 6-3　格雷码

十进制数	二进制码	格雷码
0	0 0 0 0	0 0 0 0
1	0 0 0 0	0 0 0 1
2	0 0 1 0	0 0 1 1
3	0 0 1 1	0 0 1 0
4	0 1 0 0	0 1 1 0
5	0 1 0 1	0 1 1 1
6	0 1 1 0	0 1 0 1
7	0 1 1 1	0 1 0 0
8	1 0 0 0	1 1 0 0
9	1 0 0 1	1 1 0 1
10	1 0 1 0	1 1 1 1
11	1 0 1 1	1 1 1 0
12	1 1 0 0	1 0 1 0
13	1 1 0 1	1 0 1 1
14	1 1 1 0	1 0 0 1
15	1 1 1 1	1 0 0 0

6.2　逻辑代数

逻辑代数又称布尔代数，它是分析和设计逻辑电路的数学工具，为分析和设计逻辑电路提供了理论基础。逻辑代数所研究的内容，是逻辑函数与逻辑变量之间的关系。

6.2.1　逻辑代数的基本概念

逻辑代数和普通代数不同的是有其自身独立的规律和运算法则。虽然和普通代数一样也是用字母表示变量，但两种代数中变量的含义是完全不同的，它们之间有着本质的区别。逻辑代数中的变量只有两个值，即“0”和“1”，而没有中间值，且“0”和“1”并不表示数量的大小，而是表示两种对立的逻辑状态。

逻辑运算可以用语句描述，也可用逻辑表达式描述，还可用表格或图形来描述。描述逻辑关系的表格称为真值表，用规定的图形符号来表示逻辑运算称为逻辑符号。下面讨论 3 种常用的逻辑运算。

1. 基本的逻辑运算

在逻辑代数中，基本的逻辑运算有“与”（逻辑乘）、“或”（逻辑加）、“非”（求反运算）。

（1）与运算——所有条件都具备事件才发生

图 6-1a 是一个简单的“与”逻辑电路，即只有开关 A、B 同时接通时，灯才亮。

若开关用“1”表示闭合，用“0”表示断开，灯用“1”表示亮，用“0”表示灭，则可以用列表的方式表示这种逻辑关系，称为逻辑真值表，如图 6-1b 所示。

若用逻辑表达式描述，则可写为

$$Y = A \cdot B$$

式中小圆点“·”表示 A、B 的与运算，也表示逻辑乘。在不致引起混淆的情况下，乘号常省略掉。

与运算的规则为

$$0 \cdot 0 = 0 \qquad 0 \cdot 1 = 0 \qquad 1 \cdot 0 = 0 \qquad 1 \cdot 1 = 1$$

可概括为一句话：有“0”出“0”，全“1”出“1”。

在数字电路中能实现与运算的电路称为与门电路，其逻辑符号如图 6-1c 所示。与运算可以推广到多变量。

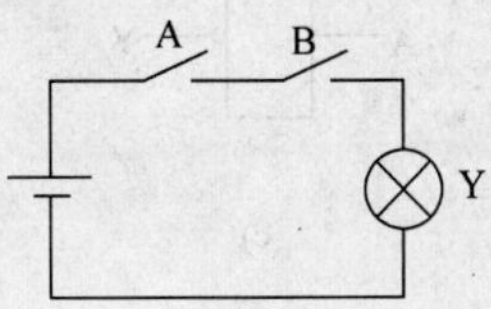

a)

A	B	Y
0	0	0
0	1	0
1	0	0
1	1	1

b)

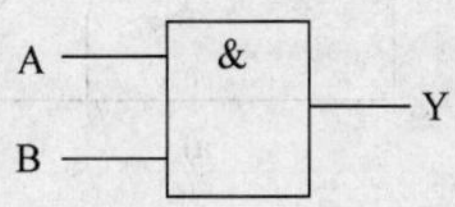

c)

图 6-1　与逻辑运算

a）电路图　b）真值表　c）逻辑符号

（2）或运算——只要有一个条件具备，事件就会发生

在现实生活中，还有这样一种因果关系：当决定一件事情的条件中有一个或一个以上的条件满足时，事件就可以发生，我们把这种逻辑关系称为或逻辑。图 6-2a 为一个简单的“或”逻辑电路，当开关 A 或 B 接通或 A、B 都接通时，灯都会亮，只有当 A、B 都不接通时，灯才不亮。逻辑真值表如图 6-2b 所示。若用逻辑表达式描述，则可写为

$$Y = A + B$$

式中，“+”表示 A、B 的或运算，也表示逻辑加。或运算的规则为

$$0 + 0 = 0 \qquad 0 + 1 = 1 \qquad 1 + 0 = 1 \qquad 1 + 1 = 1$$

可概括为一句话：有“1”出“1”，全“0”出“0”。

在数字电路中能实现或运算的电路称或门电路，其逻辑符号如图 6-2c 所示。或运算可以推广到多变量。

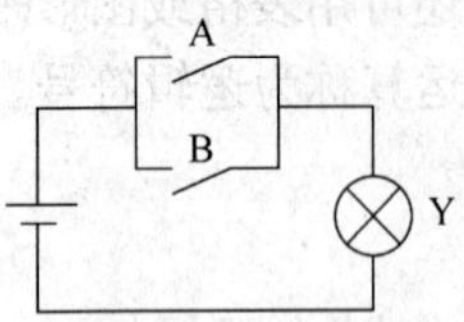

a)

A	B	Y
0	0	0
0	1	1
1	0	1
1	1	1

b)

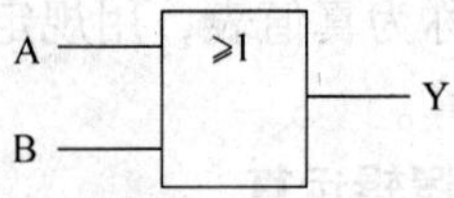

c)

图 6-2　或逻辑运算

a）电路图　b）真值表　c）逻辑符号

（3）非运算——结果与条件相反

非是指这样一种因果关系：某事情发生与否取决于一个条件，而且是对该条件的否定，即条件具备时事情不发生，条件不具备时事情发生。

如图 6-3a 所示电路，当 A 断开时灯亮，当 A 闭合时灯不亮，其逻辑真值表如图 6-3b 所示，若用逻辑表达式表示则为

$$Y = \overline{A}$$

式中，A 上面的横“－”表示非运算，读作非或反，非运算规则为

$$\overline{0} = 1 \qquad \overline{1} = 0$$

在数字电路中能实现非运算的电路称非门电路，其逻辑符号如图 6-3c 所示。

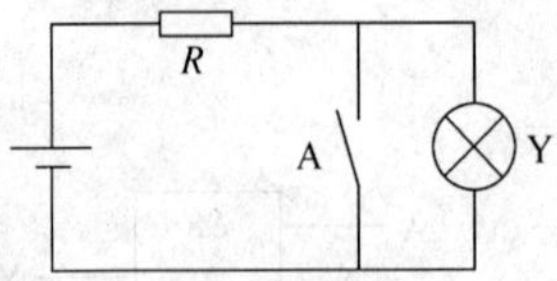

a)

A	Y
0	1
1	0

b)

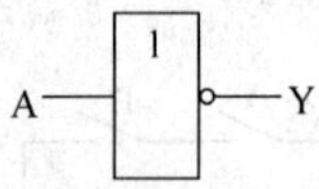

c)

图 6-3　非逻辑运算

a）电路图　b）真值表　c）逻辑符号

2. 几种导出的逻辑运算

在数字系统中，除应用与、或、非三种基本逻辑运算之外，还广泛应用与、或、非的不同组合，最常见的复合逻辑运算有与非、或非、与或非、异或和同或等。

（1）与非运算

“与”和“非”的复合运算称为与非运算，逻辑表达式为

$$Y = \overline{A \cdot B}$$

其逻辑真值表和逻辑符号如图 6-4 所示。

其逻辑运算规则可以概括为：有“0”出“1”，全“1”才“0”。

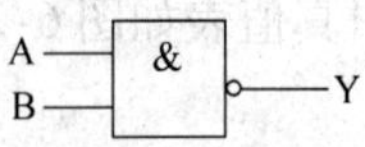

a)

A	B	Y
0	0	1
0	1	1
1	0	1
1	1	0

b)

图 6-4　与非逻辑运算

a）逻辑符号　b）真值表

（2）或非运算

“或”和“非”的复合运算称为或非运算，逻辑表达式为

$$Y = \overline{A + B}$$

其逻辑真值表和逻辑符号如图 6-5 所示。其逻辑运算规则可以概括为：有“1”出“0”，全“0”才“1”。

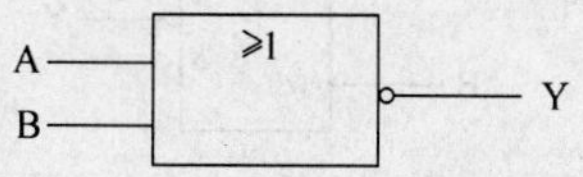

a)

A	B	Y
0	0	0
0	1	0
1	0	0
1	1	0

b)

图 6-5　或非逻辑运算

a）逻辑符号　b）真值表

(3) 与或非运算

“与”、“或”和“非”的复合运算称为与或非运算，逻辑表达式为

$$Y = \overline{AB + CD}$$

其逻辑图和逻辑符号如图 6-6 所示。

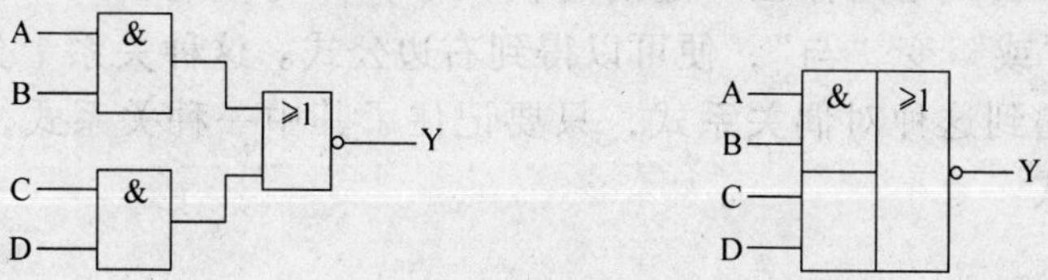

a)　b)

图 6-6　与或非运算

a）逻辑图　b）逻辑符号

(4) 异或运算

所谓异或运算，是指两个输入变量取值相同时输出为 0，取值不相同时输出为 1。逻辑表达式为

$$Y = A \oplus B = A\overline{B} + \overline{A}B$$

式中，符号“⊕”表示异或运算。其逻辑运算规则可以概括为：“相同为 0，相异为 1”。其逻辑真值表和逻辑符号如图 6-7 所示。

A	B	Y
0	0	0
0	1	1
1	0	1
1	1	0

a)

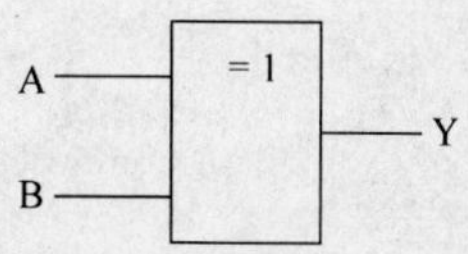

b)

图 6-7　异或运算

a）真值表　b）逻辑符号

（5）同或运算

所谓同或运算，是指两个输入变量取值相同时输出为1，取值不相同时输出为0。逻辑表达式为

$$Y=\overline{A\oplus B}=AB+\overline{A}\,\overline{B}$$

其逻辑运算规则可以概括为："相同为1，相异为0"。其逻辑符号和逻辑真值表如图6-8所示。

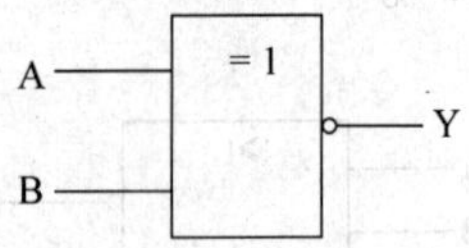

a)

A	B	Y
0	0	1
0	1	0
1	0	0
1	1	1

b)

图6-8　同或运算
a）逻辑符号　b）真值表

6.2.2　常用公式和规则

1. 逻辑代数的基本公式

（1）0-1律

$$\begin{cases}A+0=A\\A+1=1\end{cases}\quad\begin{cases}A\cdot 1=A\\A\cdot 0=0\end{cases}$$

上述公式反映了常量0、1和变量A运算时所应遵循的规律。每一公式有左右两排两种形式。这两个公式之间存在一定的对偶关系，即将左边公式中的0变1，1变0；"与"变"或"，"或"变"与"，便可以得到右边公式。这种关系十分重要，在后面的公式中，经常会遇到这种对偶关系式，只要记住了其中一种关系式，很容易就能得到另一种对偶关系式。

（2）互补律

$$A+\overline{A}=1\qquad A\cdot\overline{A}=0$$

（3）交换律

$$A+B=B+A$$
$$A\cdot B=B\cdot A$$

（4）结合律

$$(A+B)+C=A+(B+C)$$
$$(A\cdot B)\cdot C=A\cdot(B\cdot C)$$

（5）分配律

$$A\cdot(B+C)=A\cdot B+A\cdot C$$
$$A+B\cdot C=(A+B)(A+C)$$

（6）等幂律

$$A+A=A$$
$$A\cdot A=A$$

（7）吸收律

$$A+AB=A$$
$$A+\overline{A}B=A+B$$
$$A(A+B)=A$$
$$A(\overline{A}+B)=AB$$

（8）双重否定律

$$\overline{\overline{A}} = A$$

（9）摩根定律（反演律）

$$\overline{A+B} = \overline{A}\,\overline{B} \qquad \overline{AB} = \overline{A} + \overline{B}$$

在上述公式中，变量 A、B 的取值只能为 0 或为 1，分别代入真值表可以验证。对于复杂的公式也可以用简单的公式来证明。

2. 逻辑代数的基本规则

（1）代入规则

在任何一个逻辑等式中，如果将等式两边的某一变量都用一个函数代替，则等式依然成立。这个规则称为代入规则。

【例 6-7】 已知等式 $\overline{AB} = \overline{A} + \overline{B}$，若用 Y = BC 代替等式中的 B，即：$\overline{A(BC)} = \overline{A} + \overline{B} + \overline{C}$ 成立。

（2）反演规则

求一个逻辑函数 Y 的反函数时，只要将函数中所有“·”换成“+”，“+”换成“·”；“0”换成“1”，“1”换成“0”；原变量换成反变量，反变量换成原变量；则所得到的逻辑函数式就是逻辑函数 Y 的反函数。

运用以上规则时必须注意运算符号的先后顺序，必须按照先括号，然后再与、后或的顺序变换，而且应保持两个及两个以上变量的非号不变。

【例 6-8】 求 $Y = \overline{A+B} \cdot \overline{B + \overline{C} + \overline{\overline{D+E}}}$ 的反函数。

解：$\overline{Y} = \overline{\overline{A}}\,\overline{\overline{B}} + \overline{B\overline{C}\,\overline{\overline{D}}\,\overline{\overline{E}}}$

（3）对偶规则

Y 是一个逻辑表达式，如果将 Y 中的“·”换成“+”，“+”换成“·”，“0”换成“1”，“1”换成“0”，则得到新的逻辑函数式 Y′，Y′称为 Y 的对偶函数。

对于两个函数，如果原函数相等，那么其对偶函数、反函数也相等。

【例 6-9】 求 Y = A + BC 的对偶式 Y′。

解：Y′ = A · (B + C)

6.3 逻辑函数的化简

同一个逻辑函数，往往可以写成不同的逻辑表达式，有的简单，有的复杂。对于一个逻辑函数来说表达式越简单，实现该逻辑函数所需要的器件就越少，成本越低，电路的可靠性也越高，因此在设计电路时经常需要通过一定的手段对逻辑函数进行化简。通常，逻辑函数化简的目标是使逻辑函数“与”项数最少，且每个与项中变量数最少。

6.3.1 公式法化简

公式法化简就是利用逻辑代数的基本公式和基本规则进行化简，常用的化简方法有以下几种。

1. 并项法

应用 $A + \overline{A} = 1$ 将两项合并为一项，并可消去一个或两个变量。如：

$$
\begin{aligned}
Y &= ABC + A\overline{B}\,\overline{C} + AB\overline{C} + A\overline{B}C \\
&= AB(C + \overline{C}) + A\overline{B}(C + \overline{C}) \\
&= AB + A\overline{B} = A(B + \overline{B}) = A
\end{aligned}
$$

2. 配项法

应用$1 = (B + \overline{B})$，将（$B + \overline{B}$）作配项用，与某乘积项相乘，而后展开、合并化简。如：

$$
\begin{aligned}
Y &= AB + \overline{A}\,\overline{C} + B\overline{C} \\
&= AB + \overline{A}\,\overline{C} + B\overline{C}(A + \overline{A}) \\
&= AB + \overline{A}\,\overline{C} + AB\overline{C} + \overline{A}B\overline{C} \\
&= (AB + AB\overline{C}) + (\overline{A}\,\overline{C} + \overline{A}B\overline{C}) \\
&= AB + \overline{A}\,\overline{C}
\end{aligned}
$$

3. 加项法

应用$A + A = A$，在逻辑式中加相同的项，而后化简。如：

$$
\begin{aligned}
Y &= ABC + \overline{A}BC + A\overline{B}C \\
&= ABC + \overline{A}BC + A\overline{B}C + ABC \\
&= BC(A + \overline{A}) + \overline{A}\,\overline{C}(B + \overline{B}) \\
&= AB + \overline{A}\,\overline{C}
\end{aligned}
$$

4. 吸收法

应用$A + AB = A$，消去多余因子。如：

$$\overline{A}B + \overline{A}BCD\ (E + F) = \overline{A}B$$

$$\overline{B} + A\overline{B}D = \overline{B}$$

【例 6-10】 利用公式法化简函数 $Y = A\overline{B} + B\overline{C} + \overline{B}C + \overline{A}B$。

解：
$$
\begin{aligned}
Y &= A\overline{B} + B\overline{C} + \overline{B}C + \overline{A}B \\
&= A\overline{B}(\overline{C} + C) + (\overline{A} + A)B\overline{C} + \overline{B}C + \overline{A}B \\
&= A\overline{B}\,\overline{C} + A\overline{B}C + \overline{A}B\overline{C} + AB\overline{C} + \overline{B}C + \overline{A}B \\
&= A\overline{C}(\overline{B} + B) + \overline{B}C + \overline{A}B \\
&= A\overline{C} + \overline{B}C + \overline{A}B
\end{aligned}
$$

【例 6-11】 利用公式法化简函数。

$$Y = AD + A\overline{D} + AB + \overline{A}C + BD + ACEF + \overline{B}EF + DEFG$$

解：
$$
\begin{aligned}
Y &= AD + A\overline{D} + AB + \overline{A}C + BD + ACEF + \overline{B}EF + DEFG \\
&= A + AB + \overline{A}C + ACEF + (BD + \overline{B}EF + DEFG) \\
&= A + C + BD + \overline{B}EF
\end{aligned}
$$

【例 6-12】 试证明 $ABC\overline{D} + ABD + BC\overline{D} + ABC + BD + B\overline{C} = B$。

证明：
$$
\begin{aligned}
&ABC\overline{D} + ABD + BC\overline{D} + ABC + BD + B\overline{C} \\
&= ABC(1 + \overline{D}) + BD(1 + A) + BC\overline{D} + B\overline{C} \\
&= ABC + BD + BC\overline{D} + B\overline{C} \\
&= B(AC + D + C\overline{D} + \overline{C})
\end{aligned}
$$

$= B(AC + D + C + \overline{C})$

$= B(AC + D + 1)$

$= B$

公式化简法的优点是变量个数不受限制，缺点是目前尚无一套完整的方法，结果是否最简有时不易判断。

6.3.2 图形法化简

1. 卡诺图

卡诺图是按一定规则画出来的方框图，是表示逻辑函数的一种方法，同时它也是逻辑函数化简的基本方法。利用卡诺图可以直观而方便地化简逻辑函数。它克服了公式化简法对最终化简结果难以确定等缺点。

卡诺图的基本组成单元是最小项，所以先讨论一下最小项及最小项表达式。

设 A、B、C 是三个逻辑变量，由这三个逻辑变量按以下规则构成乘积项。

1）每个乘积项都只含三个因子，且每个变量都是它的一个因子。

2）每个变量都以反变量（$\overline{A}$、$\overline{B}$、$\overline{C}$）或以原变量（A、B、C）的形式出现一次，且仅出现一次。

具备以上条件的乘积项共 8 个，我们称这 8 个乘积项为三变量 A、B、C 的最小项。

推广：一个变量仅有原变量和反变量两种形式，因此 n 个变量共有 2^n 个最小项。

最小项的定义：对于 n 个变量，如果 P 是一个含有 n 个因子的乘积项，而且每一个变量都以原变量或者反变量的形式，作为一个因子在 P 中出现且仅出现一次，那么就称 P 是这 n 个变量的一个最小项。

最小项也可用“m_i”表示，下标“i”即最小项的编号。编号方法：把最小项取值为 1 所对应的那一组变量取值组合当成二进制数，与其相应的十进制数，就是该最小项的编号，如表 6-4 所示。

表 6-4 三变量最小项的编号表

A B C	对应十进制数	最小项名称	编号
0 0 0	0	$\overline{A}\,\overline{B}\,\overline{C}$	m_0
0 0 1	1	$\overline{A}\,\overline{B}C$	m_1
0 1 0	2	$\overline{A}B\overline{C}$	m_2
0 1 1	3	$\overline{A}BC$	m_3
1 0 0	4	$A\overline{B}\,\overline{C}$	m_4
1 0 1	5	$A\overline{B}C$	m_5
1 1 0	6	$AB\overline{C}$	m_6
1 1 1	7	ABC	m_7

最小项具有以下性质：

1）对于任意一个最小项，只有一组变量取值使它的值为 1，而变量取其余各组值时，该最小项均为 0。

2）任意两个不同的最小项之积恒为 0。

3）变量全部最小项之和恒为 1。

任何一个逻辑函数都可以表示为最小项之和的形式——标准与或表达式。而且这种形式是唯一的，就是说一个逻辑函数只有一种最小项表达式。

【例 6-13】 将 $Y = AB + BC$ 展开成最小项表达式。

解：$Y = AB + BC = AB(\overline{C} + C) + (\overline{A} + A)BC$

$= AB\overline{C} + ABC + \overline{A}BC$

或

$$Y(A,B,C) = m_3 + m_6 + m_7$$
$$= \sum m(3,6,7)$$

2. 卡诺图画法

卡诺图也称为最小项方块图，是把最小项按照一定规则排列而构成的方格阵列，每个方格代表一个最小项。构成卡诺图的原则是：

① n 变量的卡诺图有 2^n 个小方格（最小项）；

② 最小项排列规则：凡几何相邻的必定逻辑相邻。

逻辑相邻的含义：两个最小项，只有一个变量的形式不同，其余的都相同。逻辑相邻的 2 个最小项可以合并为一项而消去一个变量，2^n 个逻辑相邻的最小项可以合并为一项而消去 n 个变量。

几何相邻的含义：

一是相邻——紧挨的；

二是相对——任一行或一列的两头；

三是相重——对折起来后位置相重。

卡诺图的画法

n 个变量有 2^n 种组合，卡诺图中有 2^n 个小方格，如图 6-9 为三变量、四变量卡诺图。在卡诺图的行和列分别标出变量及状态。变量状态的次序是 00、01、11、10，即按循环码的循序排列，而不是二进制递增的次序 00、01、10、11。这样排列是为了使任意两个相邻最小项之间只有一个变量发生改变，即逻辑上具有相邻性。

A \ BC	00	01	11	10
0	m_0	m_1	m_3	m_2
1	m_4	m_5	m_7	m_6

a)

AB \ CD	00	01	11	10
00	m_0	m_1	m_3	m_2
01	m_4	m_5	m_7	m_6
11	m_{12}	m_{13}	m_{15}	m_{14}
10	m_8	m_9	m_{11}	m_{10}

b)

图 6-9　三变量、四变量卡诺图

a）三变量卡诺图　b）四变量卡诺图

3. 用卡诺图表示逻辑函数

（1）从真值表画卡诺图

根据变量个数画出卡诺图，再按真值表填写每一个小方块的值（0 或 1）即可。需注意，二者顺序不同。

【例 6-14】 已知 Y 的真值表如表 6-5，要求画 Y 的卡诺图。

表 6-5 逻辑函数 Y 的真值表

A	B	C	Y
0	0	0	0
0	0	1	1
0	1	0	1
0	1	1	0
1	0	0	1
1	0	1	0
1	1	0	0
1	1	1	1

解：卡诺图如图 6-10 所示。

A \ BC	00	01	11	10
0	0	1	0	1
1	1	0	1	0

图 6-10 表 6-5 函数 Y 的卡诺图

（2）从最小项表达式画卡诺图

把表达式中所有的最小项在对应的小方块中填入 1，其余的小方块中填入 0。

【例 6-15】 画出函数 $Y(A、B、C、D) = \sum m(0,3,5,7,9,12,15)$ 的卡诺图。

解：函数 Y 的卡诺图如下图 6-11 所示。

AB \ CD	00	01	11	10
00	m_0		m_3	
01		m_5	m_7	
11	m_{12}		m_{15}	
10		m_9		

AB \ CD	00	01	11	10
00	1	0	1	0
01	0	1	1	0
11	1	0	1	0
10	0	1	0	0

图 6-11 例 6-15 的卡诺图

（3）从“与－或”表达式画卡诺图

把每一个乘积项所包含的那些最小项（该乘积项就是这些最小项的公因子）所对应的小方块都填上 1，剩下的填 0，就可以得到逻辑函数的卡诺图。

【例 6-16】 已知 $Y = AB + A\overline{C}D + \overline{A}BCD$，画卡诺图。

解：因为

$$Y_1 = AB = AB(\overline{C} + C)(\overline{D} + D) = AB\overline{C}\,\overline{D} + AB\overline{C}D + ABC\overline{D} + ABCD$$
$$= \sum m(12,13,14,15)$$
$$Y_2 = A\overline{C}D = A(\overline{B} + B)\overline{C}D = A\overline{B}\,\overline{C}D + AB\overline{C}D$$
$$= \sum m(9,13)$$
$$Y_3 = \overline{A}BCD = m_7$$

所以可得卡诺图如图 6-12 所示。

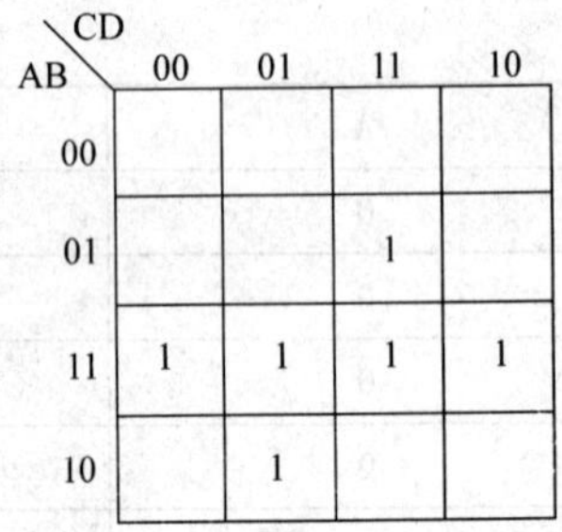

图 6-12　例 6-16 卡诺图

（4）从一般形式表达式画卡诺图

先将表达式变换为与或表达式，则可画出卡诺图。

4. 卡诺图化简法

由于卡诺图两个相邻最小项中，只有一个变量取值不同，而其余的取值都相同。所以，合并相邻最小项，利用公式 $A + \overline{A} = 1$，$AB + A\overline{B} = A$，可以消去一个或多个变量，从而使逻辑函数得到简化。

（1）卡诺图中最小项合并的规律

合并相邻最小项，可消去变量。

合并两个最小项，可消去一个变量；

合并四个最小项，可消去两个变量；

合并八个最小项，可消去三个变量。

合并 2^n 个最小项，可消去 n 个变量。

图 6-13 是两个最小项合并的情况，图 6-14 是四个最小项合并的情况，图 6-15 是八个最小项合并的情况。

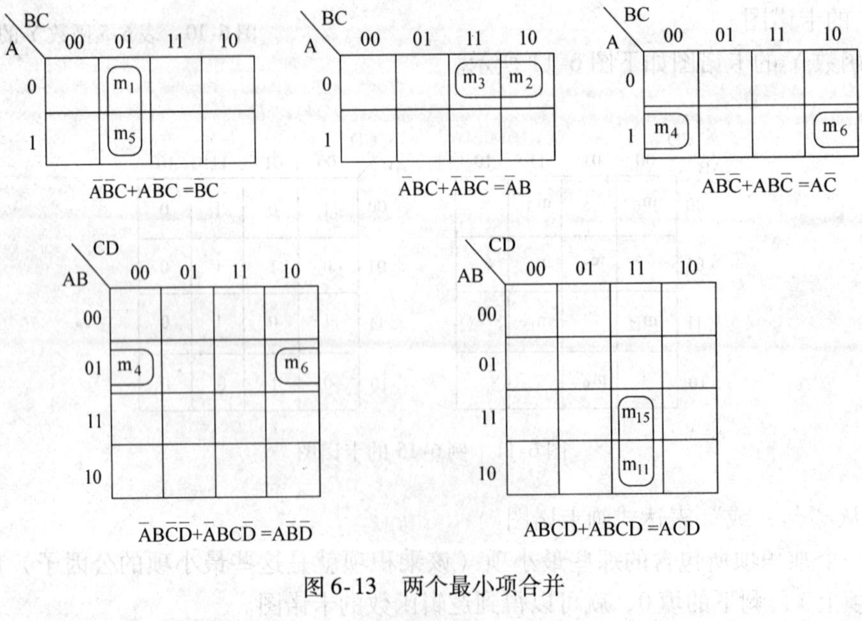

图 6-13　两个最小项合并

（2）利用卡诺图化简逻辑函数

1）基本步骤

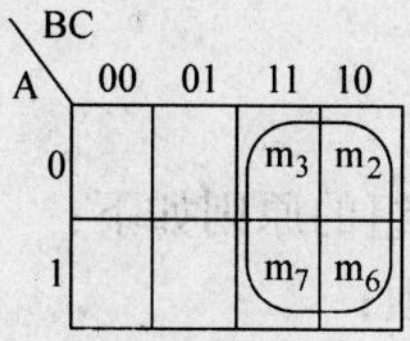

$\bar{A}BC+\bar{A}B\bar{C}+ABC+AB\bar{C}=B$

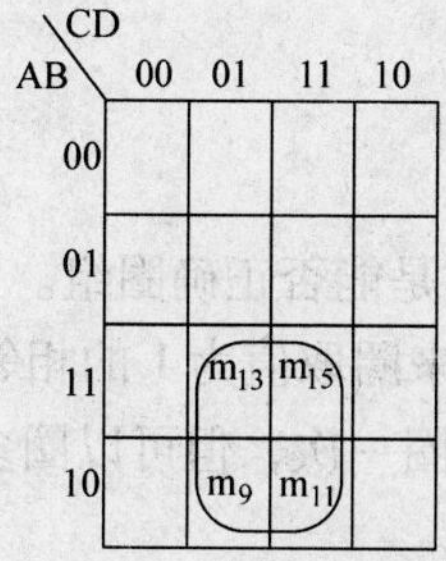

$AB\bar{C}D+ABCD+A\bar{B}\bar{C}D+A\bar{B}CD=AD$

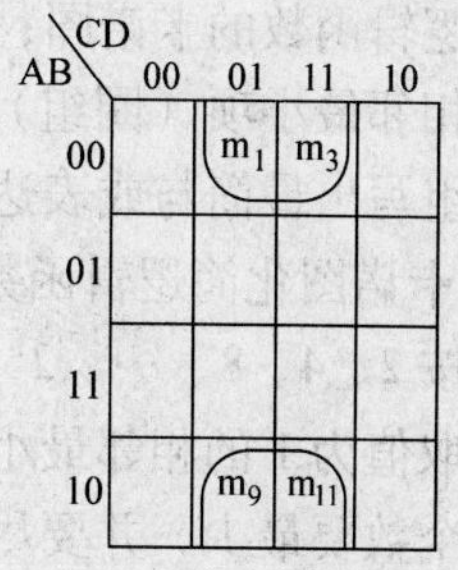

$\overline{AB}\bar{C}D+\overline{AB}CD+A\bar{B}\bar{C}D+A\bar{B}CD=\bar{B}D$

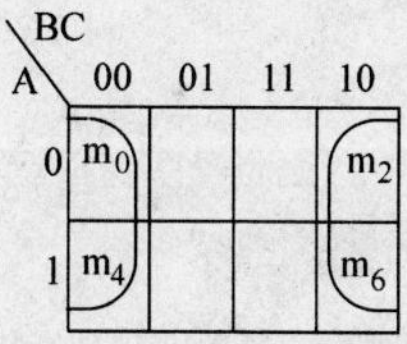

$\bar{A}\bar{B}\bar{C}+\bar{A}B\bar{C}+A\bar{B}\bar{C}+AB\bar{C}=\bar{C}$

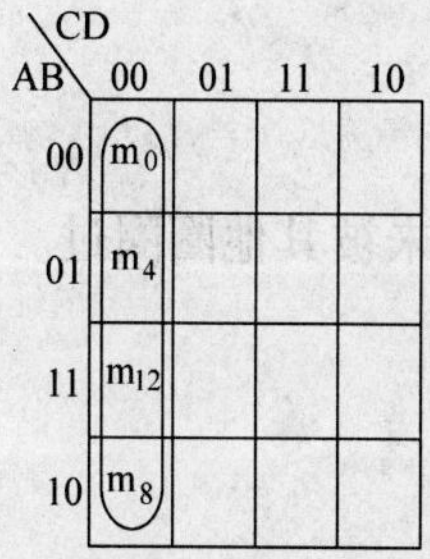

$\overline{AB}\overline{CD}+\bar{A}B\overline{CD}+AB\overline{CD}+A\bar{B}\overline{CD}=\overline{CD}$

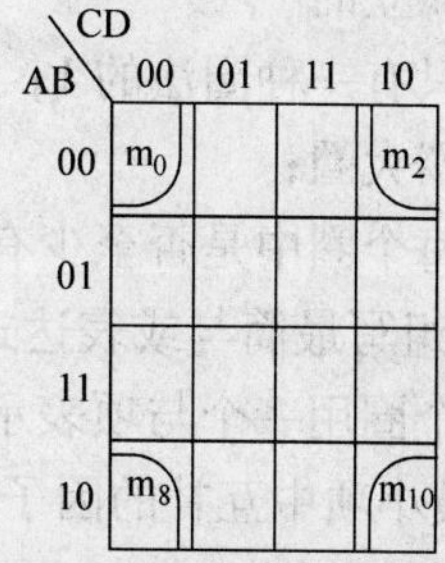

$\overline{AB}\overline{CD}+\overline{AB}C\bar{D}+A\bar{B}\overline{CD}+A\bar{B}C\bar{D}=\bar{B}\bar{D}$

图 6-14　四个最小项合并

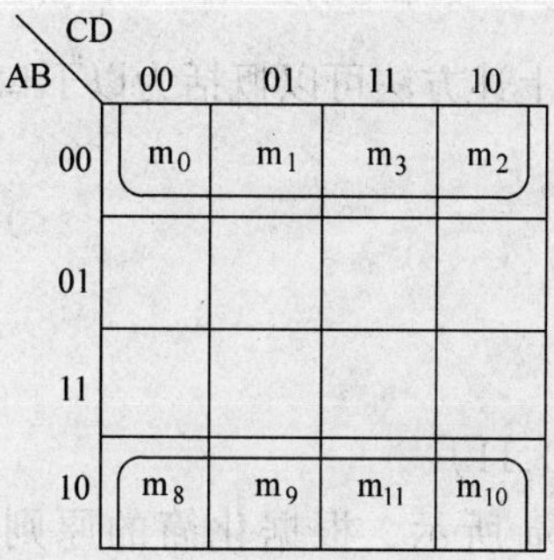

$\bar{B}$

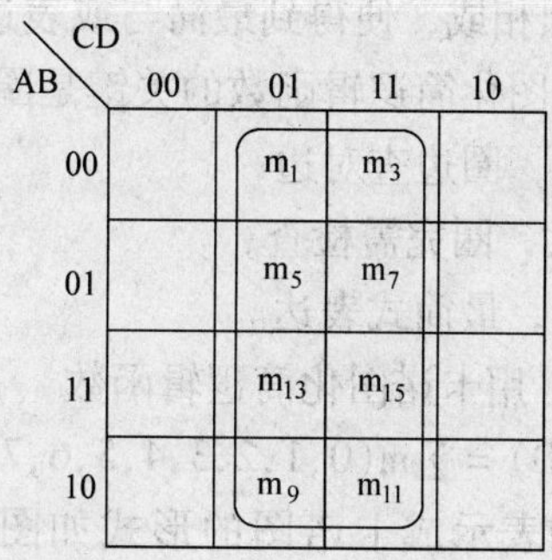

D

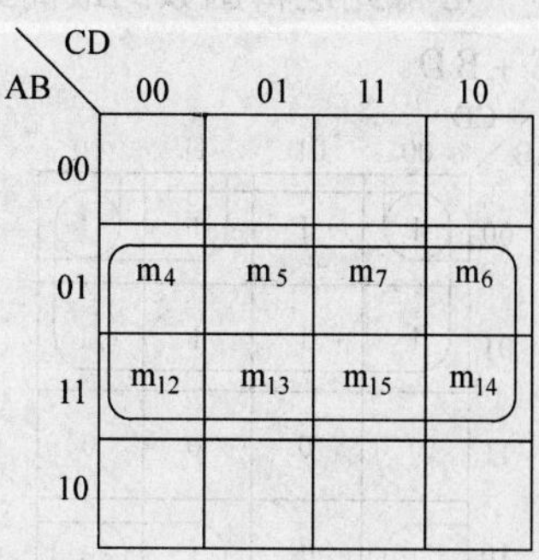

B

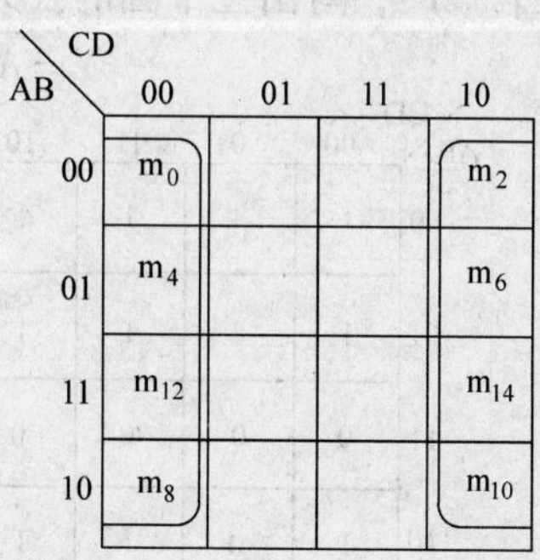

$\bar{D}$

图 6-15　八个最小项合并

① 画出逻辑函数的卡诺图；

② 合并相邻最小项（圈组）；

③ 从圈组写出最简与或表达式。

2）利用卡诺图化简逻辑函数的关键是能否正确圈组。正确圈组的原则如下：

① 必须按 2、4、8、…、2^n 的规律来圈取值为 1 的相邻最小项；

② 每个取值为 1 的相邻最小项至少圈一次，但可以圈多次；

③ 圈的个数要最少，并要尽可能大。

3）圈组技巧（防止多圈组的方法）

① 先圈孤立的 1；

② 再圈只有一种圈法的 1；

③ 最后圈大圈；

④ 检查每个圈中是否至少有一个 1 未被其他圈圈过。

4）从圈组写最简与或表达式的方法

① 将每个圈用一个与项表示。

圈内各最小项中互补的因子消去；

相同的因子保留；

相同取值为 1 用原变量；

相同取值为 0 用反变量；

② 将各与项相或，便得到最简与或表达式。

所以用卡诺图化简逻辑函数的关键是圈圈，上述方法可以概括为以下口诀：

圈角观四角，圈边查对边；

2^n 圈尽圈大，圈完需检查；

每圈写共同，最简式表达。

【例 6-17】 用卡诺图化简逻辑函数

$$Y(A,B,C,D)=\sum m(0,1,2,3,4,5,6,7,8,10,11)$$

解：将函数表示成卡诺图的形式如图 6-16a 所示，根据化简的原则，此卡诺图中的“1”可以划为三包围圈，如图 6-16b 所示，即最上面两行八个“1”，四个角四个“1”，右上角与右下角四个“1”，写出三个圈的公共因子，可得此逻辑函数的最简式为

$$Y=\overline{A}+\overline{B}C+\overline{B}\,\overline{D}$$

AB \ CD	00	01	11	10
00	1	1	1	1
01	1	1	1	1
11	0	0	0	0
10	1	0	1	1

a)

AB \ CD	00	01	11	10
00	1	1	1	1
01	1	1	1	1
11	0	0	0	0
10	1	0	1	1

b)

图 6-16 例 6-17 卡诺图

【例 6-18】 化简如图示 6-17a 所示卡诺图表示的逻辑函数。

解：根据卡诺图的化简原则，找出相邻的“1”，可得四个圈如图 6-17b 所示，故可得化简后的逻辑函数表达式为

$$Y = \overline{A}CD + \overline{A}B\,\overline{C} + A\,\overline{C}D + ABC$$

注意，中间四个相邻的“1”不能圈一个圈，这个圈虽然圈“1”的个数最多，但因为这个圈不包含新的“1”，里面所有的“1”都被其他四个圈圈过了，而这四圈一个都不能少，故中间的圈是多余的圈。

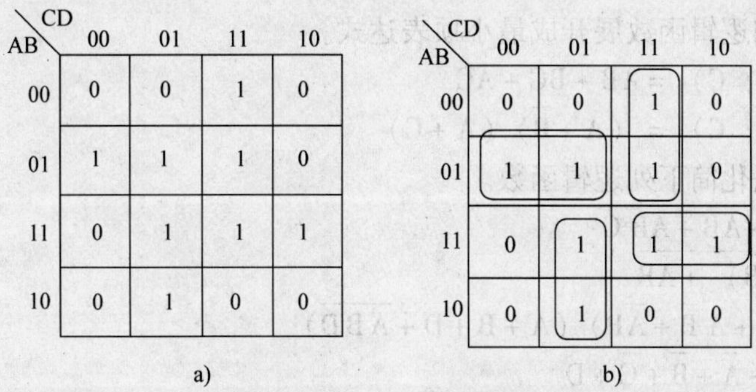

图 6-17 例 6-18 卡诺图

习题 6

6.1 完成下列数制的转换。

（1）$(11101)_2 = (\qquad\qquad)_{10}$

（2）$(1101.011)_2 = (\qquad\qquad)_{10}$

（3）$(31)_{10} = (\qquad\qquad)_2$

（4）$(26.375)_{10} = (\qquad\qquad)_2$

（5）$(1100110)_2 = (\qquad\qquad)_8$

（6）$(0.01101)_2 = (\qquad\qquad)_{16}$

（7）$(AF.16C)_{16} = (\qquad\qquad)_2$

（8）$(EC.DF)_{16} = (\qquad\qquad)_{10}$

6.2 完成下列十进制数至 8421BCD 码的转换。

（1）$(586)_{10} = (\qquad\qquad)_{8421BCD}$

（2）$(89.75)_{10} = (\qquad\qquad)_{8421BCD}$

6.3 完成下列二进制至 8421BCD 码的转换。

（1）$(1100101)_2 = (\qquad\qquad)_{8421BCD}$

（2）$(1101.1)_2 = (\qquad\qquad)_{8421BCD}$

6.4 完成下列 Grary 与二进之间的转换。

（1）$(1110)_{Grary} = (\qquad\qquad)_2$

（2）$(110110101)_{Grary} = (\qquad\qquad)_2$

（3）$(10101)_2 = (\qquad\qquad)_{Grary}$

（4）$(1101011)_2=(\qquad)_{Grary}$

6.5　用与或门实现以下逻辑关系，画出逻辑简图。

（1）$Y=AB+\overline{A}C$

（2）$Y=A+B+\overline{C}$

（3）$Y=ABC$

（4）$Y=A+B+C$

（5）$Y=\overline{A}\,\overline{B}+(\overline{A}+B)\overline{C}$

（6）$Y=\overline{A+B+C}$

6.6　试将下列逻辑函数展开成最小项表达式。

（1）$Y(A,B,C)=AB+BC+AC$

（2）$Y(A,B,C)=(A+\overline{B})(A+C)$

6.7　用代数法化简下列逻辑函数。

（1）$Y=ABC+\overline{A}B+AB\overline{C}$

（2）$Y=\overline{\overline{(A+B)}+AB}$

（3）$Y=(AB+A\overline{B}+\overline{A}B)(A+B+D+\overline{A}\,\overline{B}\,\overline{D})$

（4）$Y=ABC+\overline{A}+\overline{B}+\overline{C}+D$

（5）$Y=A(\overline{A}C+BD)+B(C+DE)+B\overline{C}$

（6）$Y=\overline{AC+\overline{A}BC+\overline{B}C}+AB\overline{C}$

（7）$Y=(A\oplus B)C+ABC+\overline{A}\,\overline{B}C$

（8）$Y=(A+B+\overline{C})(A+B+C)$

6.8　用卡诺图化简下列逻辑函数。

（1）$Y=AB+\overline{A}BC+\overline{A}B\overline{C}$

（2）$Y=A+\overline{A}B+\overline{A}\,\overline{B}C+\overline{A}\,\overline{B}\,\overline{C}D$

（3）$Y=B(A\overline{D}+\overline{A}D)+\overline{C}(\overline{A}\,\overline{D}+AD)+B\overline{C}$

（4）$Y(A,B,C,D)=\sum m(1,3,6,7,10,11,13,15)$

（5）$Y(A,B,C,D)=\sum m(3,4,5,7,8,9,13,14,15)$

第 7 章　门电路与组合逻辑电路

本章要点

- 基本逻辑门电路的功能与特性
- 集成门电路的测试方法
- 组合逻辑电路的分析和设计方法
- 常用组合逻辑电路（如加法器、编码器、译码显示器、数据选择器）的逻辑功能与应用

7.1　基本逻辑门电路

在数字电路中，门电路是最基本的逻辑单元，它的应用极为广泛。所谓门，就是一种开关，在一定条件下它允许信号通过，若条件不满足，信号就通不过。因此，门电路的输入与输出信号之间存在一定的逻辑关系，所以门电路又称为逻辑门电路。基本逻辑门电路有与门、或门和非门。

在数字逻辑系统中，门电路不是用有触点的开关，而是用二极管和晶体管等分立元件组成的，最常用的是各种集成门电路。门电路的输入和输出信号都是用电位（或叫电平）的高低来表示的，而电位的高低则用“1”和“0”两种状态来区别。若规定高电位为“1”，低电位为“0”，则称为正逻辑，反之则称为负逻辑。如果没有特殊注明，采用的都是正逻辑。

7.1.1　分立元器件门电路

1. 二极管与门电路

图 7-1a 所示为二极管与门电路，A、B 是它的两个输入端，Y 是输出端。在采用正逻辑时，高电位（高电平）为“1”，低电位（低电平）为“0”。不同场合，对高低电平的规定也不同。此例规定高于或等于 +3V 时表示高电平，用逻辑 1 表示；低于 0.7V 时表示低电平，用逻辑 0 表示。

电路的工作原理如下：

当输入 A 与 B 全为“1”时，设二者电位均为 3V，电源正端经电阻 R 向这两个输入端流通电流，两管都导通，输出端 Y 的电位比 3V 略高，这是因为二极管有正向压降（硅管约 0.7V，锗管约为 0.3V，此处一般为锗管），比 3V 略高，但仍属于“3V 左右”这一范围，因此输出端 Y 为“1”，即其电位被箝制在 3V 左右。

当输入端不全为“1”时，即至少有一个为“0”时，例如 A 端为“0”，因为“0”电位比“1”电位低，电源正端将经电阻 R 向处于“0”态的 A 端流通电流，VD_1 优先导通。这样，二极管 VD_1 导通后，输出端 Y 的电位比处于“0”态的 A 端高出零点几伏，但仍在

零伏附近，因此 Y 端为“0”。

因此，只有当输入端 A 与 B 全为“1”时，输出端 Y 才为“1”，这合乎与门的要求。与逻辑关系可用下式表示：

$$F = A \cdot B$$

二极管与门电路、符号及工作波形如图 7-1 所示，与门的逻辑状态表如表 7-1 所示。

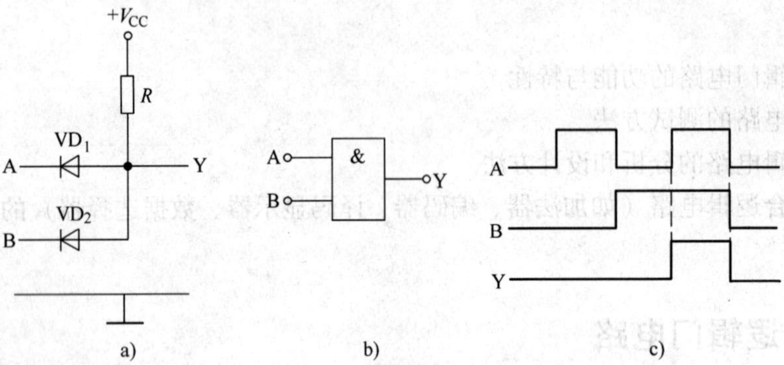

图 7-1　二极管与门
a）电路　b）逻辑符号　c）工作波形

表 7-1　与门逻辑状态表

A	B	Y
0	0	0
0	1	0
1	0	0
1	1	1

2. 二极管或门电路

图 7-2a 所示为二极管或门电路。比较图 7-1a 和 7-2a 可以看到，后者二极管的极性和前者接得相反，并采用了负电源，即电源的正端接“地”，其负端经电阻 *R* 接二极管的阴极。

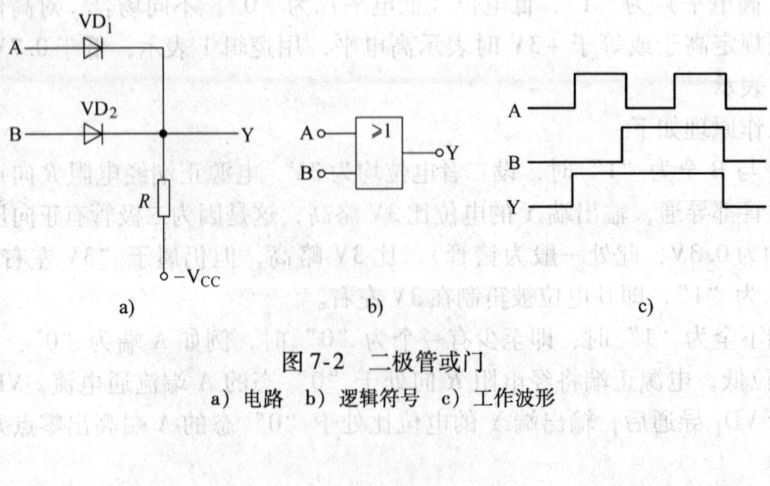

图 7-2　二极管或门
a）电路　b）逻辑符号　c）工作波形

或门的输入端只要有一个为“1”，输出就为“1”。例如只有A端为“1”（设其电位为3V），则A端的电位比B高。电流从A经VD_1和R流向电源负端，VD_1优先导通，Y端电位比A端略低（VD_1正向压降约为0.3V），但仍属于“3V左右”这个范围，所以此时输出端Y为“1”。

如果两个输入端都为“1”，输出端Y也为“1”。只有当两个输入端全为“0”时，输出端Y才为“0”，此时两个二极管都导通。

或逻辑关系可用下式表示：

$$Y = A + B$$

二极管或门电路、符号及工作波形如图7-2所示，逻辑状态表如表7-2所示。

表7-2 或门逻辑状态表

A	B	F
0	0	0
0	1	1
1	0	1
1	1	1

3. 晶体管非门电路

图7-3所示为晶体管非门电路及其图形符号。晶体管非门电路不同于放大电路，管子的工作状态或从截止转为饱和，或从饱和转为截止。非门电路只有一个输入端A。当A为“1”（设其电位为3V）时，晶体管饱和，其集电极（即输出端）为“0”（其电位在0V附近）；当A为“0”时，晶体管截止，输出端Y为“1”（其电位近似等于U_{CC}）。所以非门电路也称为反相器。

非门逻辑关系可用下式表示：$Y = \overline{A}$

晶体管非门电路、符号如图7-3所示，逻辑状态表如表7-3所示。

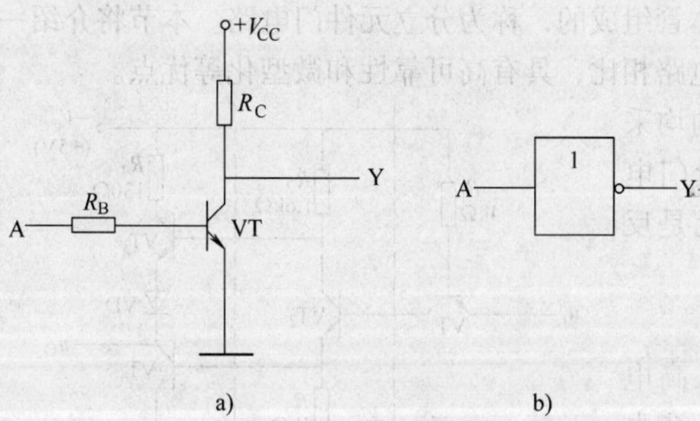

图7-3 晶体管非门
a) 电路 b) 符号

表7-3 非门逻辑状态表

A	F
0	1
1	0

4. 与非门电路

上述三种是基本逻辑门电路，有时还可以把它们组合成其他功能的门电路，以丰富逻辑功能。常用有与非门电路，即将二极管与门和晶体管非门组合而成，如图7-4a所示。与非门的逻辑功能是：当输入端全为“1”时，输出为“0”；只要输入端有一个为“0”，输出就为“1”。简言之，全“1”出“0”，有“0”出“1”。

与非逻辑关系表示为：$F = \overline{A \cdot B}$，表7-4是与非门的逻辑状态表。

输出端与+3V相连的二极管在晶体管截止时起箝位作用，保证此时输出端的电位约为3V多一些，使输出、输入的“1”电平一致。

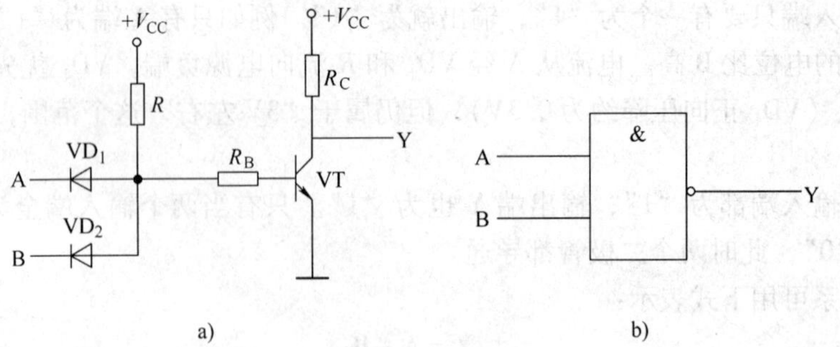

图 7-4　与非门电路和图形符号

a）电路　b）符号

表 7-4　与非门逻辑状态表

A	B	F
0	0	1
0	1	1
1	0	1
1	1	0

7.1.2　TTL 门电路

上面讨论的门电路都是由二极管、晶体管组成的，称为分立元件门电路。本节将介绍一种集成门电路。集成门电路与分立元件门电路相比，具有高可靠性和微型化等优点。

TTL 集成逻辑门电路的输入和输出结构均采用晶体管，所以称为晶体管—晶体管逻辑门电路，简称 TTL 电路。TTL 电路的基本单元是反相器。

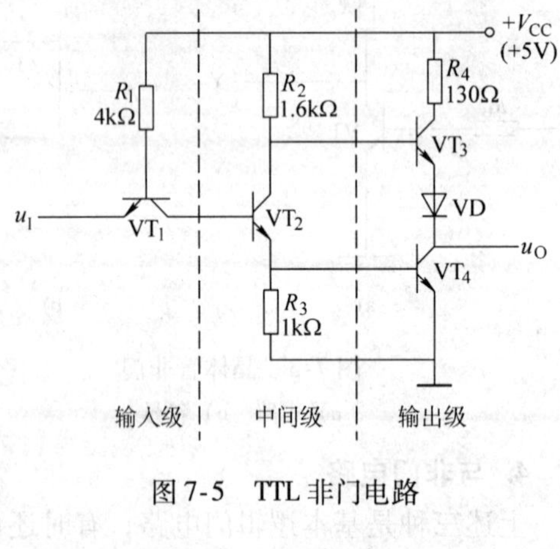

图 7-5　TTL 非门电路

1. TTL 反相器

图 7-5 所示为 TTL 非门电路。当输入高电平时，$u_1=3.6\text{V}$，VT_1 处于倒置工作状态，集电结正偏，发射结反偏，$u_{B1}=0.7\text{V}\times 3=2.1\text{V}$，$\text{VT}_2$ 和 VT_4 饱和，输出为低电平 $u_0=0.3\text{V}$。

当输入低电平时，$u_1=0.3\text{V}$，VT_1 发射结导通，$u_{B1}=0.3\text{V}+0.7\text{V}=1\text{V}$，$\text{VT}_2$ 和 VT_4 均截止，VT_3 和 VD 导通。输出高电平 $u_0=V_{CC}-U_{BE3}-U_D\approx 5\text{V}-0.7\text{V}-0.7\text{V}=3.6\text{V}$。

2. TTL 与非门

图 7-6 是常用的 TTL 与非门电路。VT_1 是多发射极晶体管，可把它的集电结看成一个二极管，而把发射结看成与前者背靠背的几个二极管，如图 7-7 所示。这样，VT_1 的作用和二极管与门的作用完全相似。下面来分析 TTL 门电路的工作原理以及它是如何实现与非逻辑功能的。

(1) 输入端不全为“1”的情况

当输入端中有一个或几个为“0”(约为0.3V)时，则 VT_1 基极与“0”态发射极间处于正向偏置。这时电源通过 R_1 为 VT_1 提供电流。VT_1 的基极电位约为0.3V+0.7V=1V，它不足以向 VT_2 提供正向基极电流，所以 VT_2 截止，以致 VT_4 也截止，同时由于 VT_2 截止，其集电极电位接近于 U_{CC}，VT_3 和 VD 因而导通，所以输出端的电位为 $V_F = U_{CC} - R_2 I_{B3} - U_{BE2} - U_D$

因为 I_{B3} 很小，可以忽略不计，电源电压 U_{CC} =5V，于是 V_F =5V-0.7V-0.7V=3.6V 即输出为“1”。

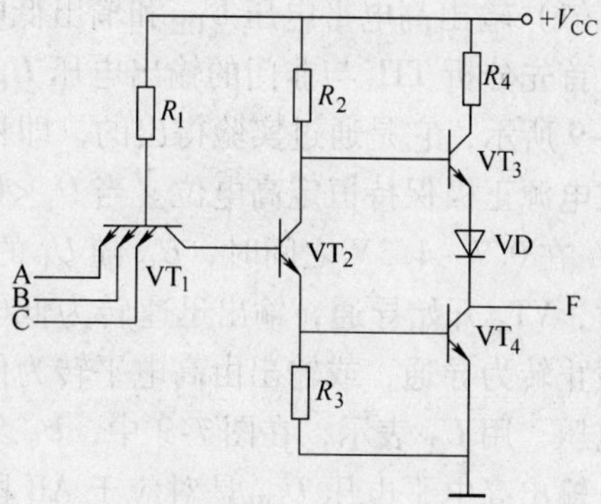

图7-6 TTL与非门电路

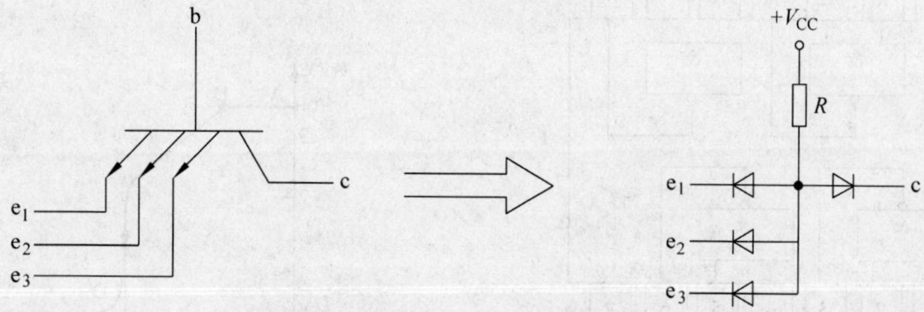

图7-7 集成电路中的多发射极晶体管

由于 VT_5 截止，当接负载后，有电流从 U_{CC} 经 R_4 流向每个负载门，这种电流称为拉电流。

(2) 输入端全为“1”的情况

当输入端全为“1”(约为3.6V)时，VT_1 的几个发射结都处于反向偏置，电源通过 R_1 和 VT_1 的集电极向 VT_2 提供足够的基极电流，使 VT_2 饱和，VT_2 的发射极电流在 R_3 上产生的压降又为 VT_4 提供足够的基极电流，使 VT_4 也饱和，所以输出端的电位为 V_F =0.3V，即输出为“0”。

VT_2 的集电极电位为 $V_{C2} = U_{CE2} + U_{BE5} \approx 0.3V + 0.7V = 1V$

VT_3 的基极电位等于 VT_2 的集电极电位，所以 VT_3 可以导通。VT_3 的发射极电位 $V_{E3} \approx$ 1V-0.7V=0.3V，此即 VD 的正极电位，而 VD 的负极电位也约为0.3V，因此 VD 截止。由于 VD 截止，当接负载后，VT_4 的集电极电流全部由外接负载灌入，这种电流称为灌电流。

图7-8是常用集成与非门74LS00的引线图，由于它有四个与非门电路单元，每个单元有两个输入端，称之为四—2输入与非门。一片集成电路内的各个逻辑门互相独立，可以单独使用，但共用一组电源。

3. TTL门电路的主要参数

TTL与非门有多种系列，参数很多，这里仅列举几个反映性能的主要参数，并对这些参数有一个数量概念，便于今后应用。

（1）输出高电平电压 U_{OH} 和输出低电平电压 U_{OL}

首先分析 TTL 与非门的输出电压 U_O 和输入电压 U_I 之间的关系，即电压传输特性，如图 7-9 所示，它是通过实验得出的，即将某一输入端的电压由零逐渐增大，而将其他输入端接在电源正极保持恒定高电位。当 $U_I < 0.7V$ 时，输出电压 $U_O \approx 3.6V$，此即图中的 AB 段；当 U_I 在 0.7～1.3V 之间时，U_O 随 U_I 的增大而线性地减小，即 BC 段；当 U_I 增至 1.4V 左右时，VT_4 开始导通，输出迅速转为低电平，$U_O \approx 0.3V$，即 CD 段。当 $U_I > 1.4V$ 时，VT_4 由截止转为导通，或输出由高电平转为低电平，此时所对应的输入电压，称为阈值电压或门槛电压，用 U_T 表示，在图 7-9 中，U_T 约为 1.4V。

输出高电平电压 U_{OH} 是对应于 AB 段的输出电压，输出低电平电压 U_{OL} 是对应于 DE 段的输出电压，它是在额定负载下测出的。对通用的 TTL 与非门来说，一般 $U_{OH} > 2.7V$，$U_{OL} < 0.3V$。

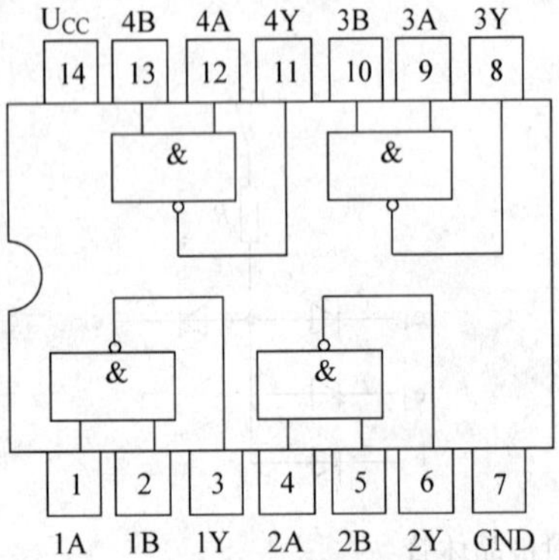

图 7-8　74LS00 四—2 输入与非门引线图

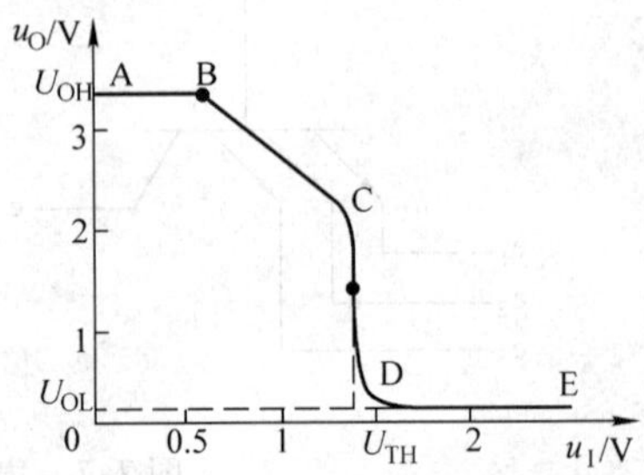

图 7-9　TTL 与非门的电压传输特性

（2）噪声容限电压 U_{NL} 和 U_{NH}

在保证输出高电平不低于额定值的 90% 的条件下所容许叠加在输入低电平电压上的最大噪音（或干扰）电压，称为低电平噪声容限电压，用 U_{NL} 表示。由图 7-9 可得

$$U_{NL} = U_{OFF} - U_{IL}$$

式中，U_{OFF} 是在上述保证条件下所容许的最大输入低电平电压，常称为关门电平。

在保证输出低电平电压的条件下所容许叠加在输入高电平电压上（极性和输入信号相反）的最大噪音电压，称为高电平噪声容限电压，用 U_{NH} 表示。由图 7-9 可得

$$U_{NH} = U_{IH} - U_{ON}$$

式中，U_{ON} 是在上述保证条件下所容许的最小输入高电平电压，常称为开门电平。

上两式中的 U_{IL} 和 U_{IH} 是生产厂对某产品所规定的输入低电平电压和输入高电平电压。

设某 TTL 与非门的数据为 $U_{IH} = 2.7V$，$U_{IL} = 0.4V$，$U_{OFF} = 0.9V$，$U_{ON} = 1.6V$，则

$$U_{NL} = 0.9V - 0.4V = 0.5V$$

$$U_{NH} = 2.7V - 1.6V = 1.1V$$

噪声容限电压是用来说明门电路抗干扰能力的参数，其值越大，则抗干扰能力越强。

（3）扇出系数 N_o

扇出系数是指一个与非门能带同类门的最大数目，它表示带负载能力。对 TTL 与非门来说，$N_o \geqslant 8$。

(4) 平均传输延迟时间 t_{pd}

在与非门输入端加上一个脉冲电压，则输出电压将有一定的时间延迟，如图 7-10 所示。从输入脉冲上升沿的 50% 处起到输出脉冲下降沿的 50% 处的时间称为上升延迟时间 t_{PHL}；从输入脉冲下降沿的 50% 处到输出脉冲上升沿的 50% 处的时间称为下降延迟时间 t_{PLH}。t_{PHL} 与 t_{PLH} 的平均值称为平均传输延迟时间 t_{pd}，该值越小越好，公式为：

$$t_{pd} = \frac{t_{PHL} + t_{PLH}}{2}$$

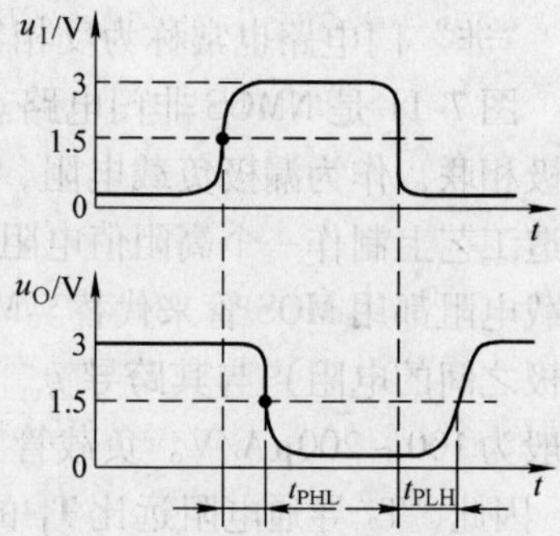

图 7-10　表明延迟时间的输入、输出电压的波形

(5) 输入高电平电流 I_{IH} 和输入低电平电流 I_{IL}

当某一输入端接高电平、其余输入端接低电平时，流入该输入端的电流称为输入高电平电流，也称输入漏电流；而当某一输入端接低电平、其余输入端接高电平时，从该输入端流出的电流称为输入低电平电流，也称输入短路电流。

表 7-5 列举了 CT74LS20 和 CT74LS00 两种 TTL 与非门的主要参数。

表 7-5　TTL 与非门的主要参数

参数名称	符号	单位	规范值	测试条件
输出高电平电压	U_{OH}	V	≥2.4	U_{CC} = 4.5V，U_{IL} = 0.8V，I_{OH} = 400μA
输出低电平电压	U_{OL}	V	≤0.4	U_{CC} = 4.5V，U_{IH} = 2V，I_{OL} = 12.8mA
输入高电平电流	I_{IH}	μA	≤50	U_{CC} = 5.5V，U_{IH} = 2.4V，输出端空载
输入低电平电流	I_{IL}	mA	≤1.6	U_{CC} = 5.5V，被测输入端"接地"，输出端空载
扇出系数	N_o	个	≥8	同 U_{OH} 和 U_{OL}
平均传输延迟时间	t_{pd}	ns	A 型 40，B 型 20	

7.1.3　MOS 门电路

半导体集成门电路按其导电类型来分，可分为双极型和 MOS 型。双极型集成门电路就是由一般的双极型晶体管组成的集成电路，如上述的 TTL 门电路；而 MOS 型集成门电路则由绝缘栅场效应管（是一种单极型晶体管）组成。绝缘栅场效应管也就是金属 - 氧化物 - 半导体（MOS）场效应管。

MOS 场效应管集成电路虽然出现较晚，但由于具有制造工艺简单、集成度高、功耗低、抗干扰能力强等优点，所以发展很快，目前正在向大规模集成电路发展。它的主要缺点是工作速度较低。

MOS 场效应管有 N 沟道和 P 沟道两类，每一类又有增强型和耗尽型之分。在本节集成门电路中用的都是增强型场效应管。而由 N 沟道 MOS 场效应管组成的集成电路称为 NMOS 集成电路；由 P 沟道 MOS 场效应管组成的集成电路称为 PMOS 集成电路；当 NMOS 管和 PMOS 管成对出现在电路中，且二者在工作中互补，称为 CMOS（意为互补）。

1. NMOS 非门电路

“非”门电路也常称为反相器。

图 7-11 是 NMOS 非门电路。VT_1 称为驱动管；VT_2 的栅极与漏极相联，作为漏极负载电阻，故称为负载管。因为在集成电路制造工艺上制作一个高阻值电阻比制作一个 MOS 管难得多，所以负载电阻都用 MOS 管来代替。MOS 管导通后的导通电阻（漏极与源极之间的电阻）与其跨导 g_m 有关。跨导大的则其导通电阻小，一般为 100～200μA/V。负载管 T_1 的跨导较大，一般为 5～10μA/V，因此，T_2 导通电阻远比 T_1 的大。

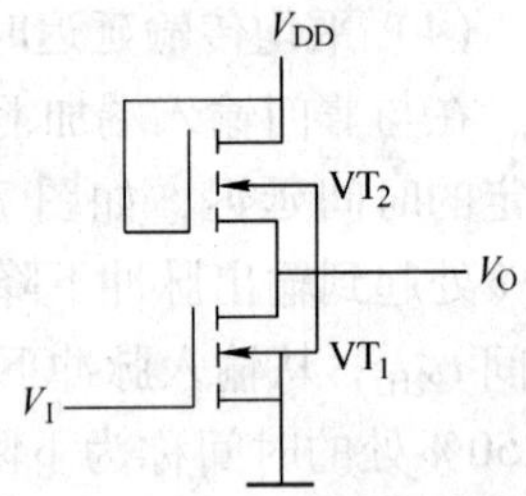

图 7-11　NMOS 非门电路

当输入端 A 为“1”时，VT_1 的栅—源电压 U_{gs} 大于它的开启电压，VT_1 导通。由于 VT_2 的栅极与漏极相连并接到正电源 U_{dd} 上，其栅—源电压也大于开启电压，VT_2 总是处于导通状态。而 VT_1 的导通电阻远比 VT_2 的小，其管压降很小，故输出端 Y 为“0”。

当输入端 A 为“0”时，VT_1 的栅—源电压低于它的开启电压，VT_1 截止，输出端 Y 为“1”。

2. NMOS 与非门电路

图 7-12 是 NMOS 与非门电路，VT_1 和 VT_2 两个驱动管串联，然后再与负载管 VT_3 串联。当 A、B 两个输入端全为“1”时，VT_1 与 VT_2 两管导通，它们的导通电阻都比负载管低得多，因此这两个驱动管的管压降都很小，输出端 Y 为“0”；当输入端有一个或全为“0”时，则串联的驱动管截止，输出端 Y 为“1”。

3. NMOS 或非门电路

图 7-13 是 NMOS 或非门电路，VT_1 和 VT_2 两个驱动管并联，然后再与负载管 VT_3 串联。当 A、B 两个输入端全为“1”或其中一个为“1”时，则相应的驱动管导通，输出端 Y 为“0”；只有当输入端 A、B 全为“0”时，VT_1 和 VT_2 都截止，输出端 Y 才为“1”。或非逻辑关系可表示为：

$$Y = \overline{A + B}$$

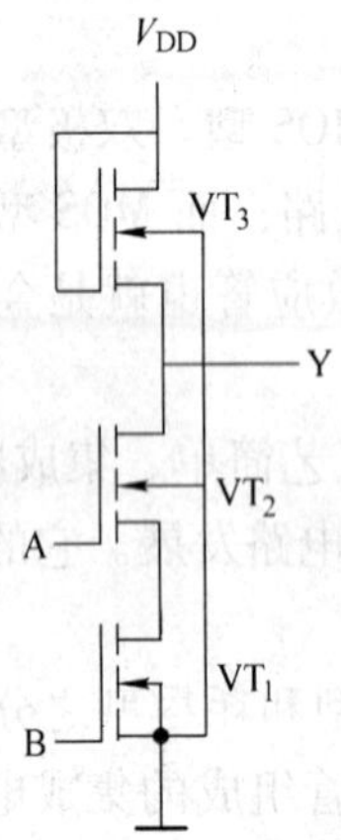

图 7-12　NMOS 与非门电路

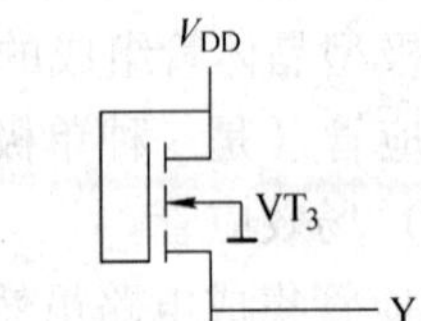

图 7-13　NMOS 或非门电路

4. CMOS 非门电路

当 NMOS 管和 PMOS 管成对出现在电路中，且二者在工作中互补，称为 CMOS。CMOS 电路是在 MOS 电路的基础上发展起来的一种互补对称场效应管集成电路，目前使用最为广泛。

图 7-14 所示为 CMOS 非门电路（常称为 CMOS 反相器）。驱动管 VT_1 采用 N 沟道增强型（NMOS），负载管 VT_2 采用 P 沟道增强型（PMOS），它们一同制作在一块硅片上。两管的栅极相连，由此引出输入端 A；漏极也相连，由此引出输出端 Y，两者连成互相对称的结构。衬底都与各自的源极相连。

当输入端 A 为“1”（约为 U_{dd}）时，驱动器 VT_1 的栅—源电压大于开启电压，它处于导通状态；而负载管 VT_2 的栅—源电压小于开启电压的绝对值，它不能开启，处于截止状态。这时，VT_2 的电阻比 VT_1 高得多，电源电压便主要降在 VT_2 上，故输出端 Y 为“0”（约为 0V）。

当输入端 A 为“0”（约为 0V）时，VT_1 截止，而 VT_2 导通。这时，电源电压主要降在 VT_1 上，故输出端 Y 为“1”（约为 U_{dd}）。

CMOS 的主要缺点是制造工艺较复杂和集成度较低。

5. CMOS 与非门电路

图 7-15 是 CMOS 与非门电路。驱动管 VT_1 和 VT_2 为 N 沟道增强型管，两者串联；负载管 VT_3 和 VT_4 为 P 沟道增强型管，两者并联；负载管整体与驱动管相串联。

当 A、B 两个输入端全为“1”时，驱动管 VT_1 和 VT_2 都导通，电阻很低；而负载管 VT_3 和 VT_4 不能开启，都处于截止状态，电阻很高（并联后的电阻仍很高）。这时，电源电压主要降在负载管上，故输出端 Y 为“0”。

当输入端有一个或全为“0”时，则串联的驱动管截止，而相应的负载管导通，因此负载管的总电阻很低，驱动管的总电阻却很高。这时，电源电压主要降在串联的驱动管上，故输出端 Y 为“1”。

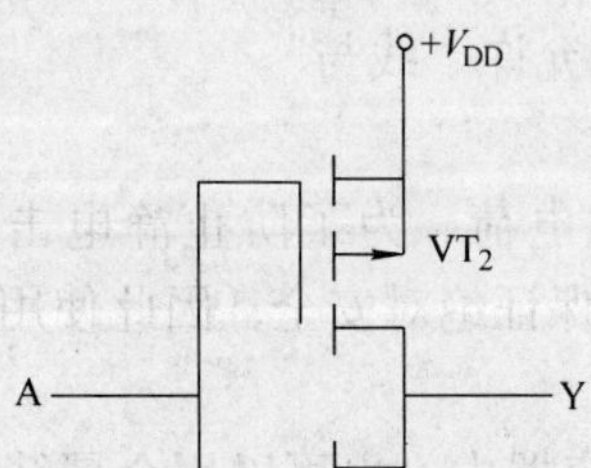

图 7-14　CMOS 非门电路

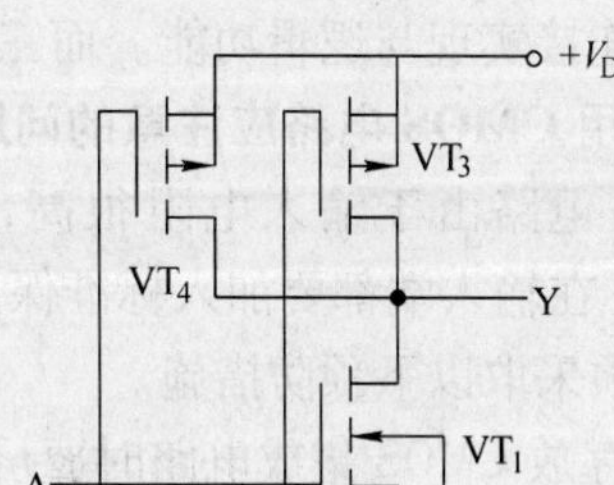

图 7-15　COMS 与非门电路

6. CMOS 或非门电路

图 7-16 是 CMOS 或非门电路。驱动管 VT_1 和 VT_2 为 N 沟道增强型，两者并联；负载管

VT_3 和 VT_4 为 P 沟道增强型，两者串联。当 A、B 两个输入端为“1”时，输出端 Y 为“0”；只有当输入端全为“0”时，输出端才为“1”。

由上述可知，与非门的输入端越多，串联的驱动管也越多，导通时的总电阻就越大，输出低电平值将会因输入端的增多而提高，所以输入端不能太多。而或非门电路的驱动管是并联的，不存在这个问题。所以在 MOS 电路中，或非门用得较多。

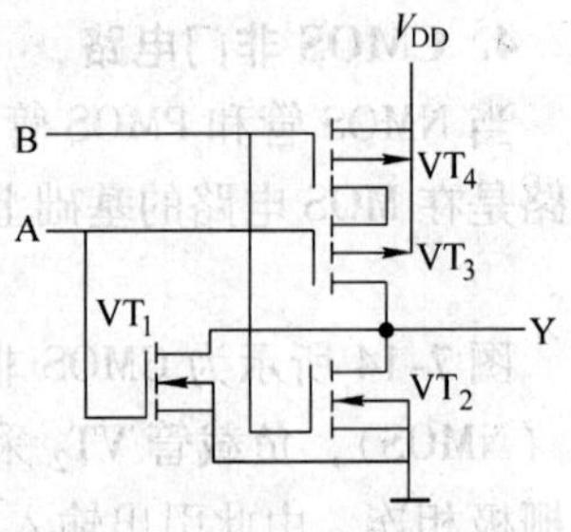

图 7-16

7.1.4 使用集成逻辑门的注意事项

1. 使用 TTL 电路应注意的问题

（1）TTL 电路的电源均采用 +5V，因此电源电压不能高于 +5.5V，使用时不能将电源与地颠倒错接，否则会因为电流过大而造成器件损坏。

（2）电路的各输入端不能直接与高于 +5.5V 和低于 -0.5V 的低内阻电源连接，因为低内阻电源能提供较大电流，会由于过热而烧坏器件。

（3）输出不允许与电源或地短路，否则可能造成器件损坏，但可以通过电阻与电源相连，提高输出高电平。

（4）在电源接通时，不要移动或插入集成电路，因为电源的冲击可能会造成其永久损坏。

（5）多余的输入端最好不要悬空。虽然悬空相当于高电平，并不影响与门的逻辑功能，但悬空容易接受干扰，有时会造成电路误动作，这在时序电路中表现得更明显。因此，多余输入端一般不采用悬空的办法，而要根据需要处理。例如与非门、与门的多余输入端可直接接到 V_{CC} 上，也可将不同的输入端共用一个公用电阻连接到 V_{CC} 上，或将多余输入端与使用端并联。不用的或门和或非门输入端直接接地。

（6）一般 TTL 门电路的输出端不允许“线与”使用，即不允许将多个门电路的输出端直接并联连接实现与逻辑功能。而三态门和集电极开路门允许“线与”。

2. 使用 CMOS 电路应注意的问题

CMOS 电路由于输入电阻很高，因此极易接受静电电荷。为了防止静电击穿，生产 CMOS 时，在输入端都要加入标准保护电路，但这并不能保证绝对安全，因此使用 CMOS 电路时，必须采取以下预防措施。

（1）存放 CMOS 集成电路时要屏蔽，一般放在金属容器中，也可以用金属箔将引脚短路。

（2）CMOS 电路可以在很宽的电源电压范围内正常工作，但电源的上限电压（包括瞬态电压）不得超过电路允许的极限值 U_{max}，电源的下限电压（包括瞬态电压）不得低于系统所必须的电源电压的最低值 U_{min}，更不得低于 U_{ss}。

（3）焊接 CMOS 电路时，一般用 20W 内热式电烙铁，而且烙铁要有良好的接地线；也可以利用电烙铁断电后的余热快速焊接；禁止在电路通电的情况下焊接。

（4）为了防止输入端保护二极管因正向偏置而引起损坏，输入电压必须处在 U_{dd} 和 U_{ss} 之间，即 $U_{ss} \leqslant U_i \leqslant U_{dd}$。

（5）测试 CMOS 电路时，如果信号电源和电路板用两组电源，则在开机时应先接通电路板电源，后开信号电源。关机时则应先关信号电源，再关电路板电源，即在 CMOS 电路本身没有接通电源的情况下，不允许输入信号输入。

（6）多余端绝对不能悬空，否则不但容易接受外界干扰，而且输入电平不稳，破坏了正常的逻辑关系，也消耗了不少的功率。因此根据电路的逻辑功能，需要分情况加以处理。例如，与门、与非门的多余输入端应接到 U_{dd}或高电平；或门、或非门的多余输入端应接到 U_{ss}或低电平；如果电路的工作速度不高，不需要特别考虑功耗时，也可以将多余的输入端与使用端并联。

以上所述的多余输入端，包括没有被使用的但已接通的 CMOS 电路的所有输入端。

（7）输入端连线较长时，由于分布电容和分布电感的影响，容易构成 LC 振荡，这也可能使保护二极管损坏，因此必须在输入端串联 1 个 10 ~ 20kΩ 的电阻 R。

（8）CMOS 电路装在印制电路板时，印制电路板上总有输入端，当电路从整机中拨出时，输入端必然出现悬空，所以应在各输入端接入限流保护电阻。如果要在印刷电路板上安装 CMOS 集成电路，则必须在与它有关的其他元器件安装之后，再装 CMOS 电路，避免 CMOS 电路输入端悬空。

（9）拔插电路板电源插头时，应注意先切断电源，防止在插拔过程中烧坏 CMOS 电路的输入保护二极管。

（10）在同一芯片上 2 个或 2 个以上同样器件并联使用（与门、或非门、反相器等）时，可增大输出供给电流和输出吸收电流，当负载增加不大时，则既增加了器件的驱动能力，也提高了速度。使用时输出端之间并联，输入端之间也必须并联。

（11）防止 CMOS 电路输入端噪声干扰方法。在 CMOS 电路的输入端常接有按键开关、继电器触点等机械接点，或有传感器等元件。CMOS 电路具有很高的输入阻抗，只要微小的电流就能驱动 CMOS 电路工作。当接入到 CMOS 电路输入端的电路输出阻抗高时，抗干扰能力就极差，尤其是连线较长时就更易受干扰，采取的办法是减小输入电路的输出电阻。其具体办法是：在接入的电路与 CMOS 电路输入端之间接入斯密特触发器整形电路，通过回差改变输出电阻，也可以加入滤波电路滤掉噪声。为了防止按键开关和继电器触点抖动所造成的误动作，可在接点上并联电容，或接 RS 触发器。

7.2 组合逻辑电路的分析与设计

数字电路分为组合逻辑电路和时序逻辑电路。组合逻辑电路是指任意时刻的输出仅仅取决于当时的输入信号，而与电路原来的状态无关。它在电路结构上一般由各种门电路组合而成，电路中不包含存储信号的记忆单元，也不存在输出到输入的反馈通路。

7.2.1 组合逻辑电路的分析

所谓组合逻辑电路的分析，就是根据给定的逻辑电路图，求出电路的逻辑功能。分析的主要步骤如下：

（1）由逻辑图写表达式；

（2）化简表达式；

（3）列真值表；

（4）描述逻辑功能。

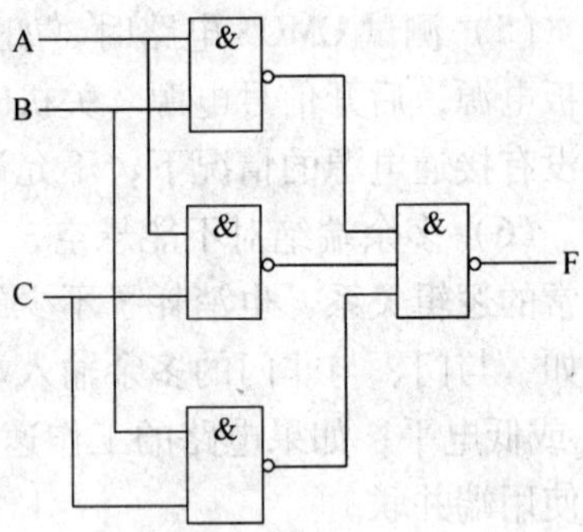

图 7-17　例 7-1 逻辑图

【例 7-1】 试分析图 7-17 所示电路的逻辑功能。

解：第一步：由逻辑图可以写输出 F 的逻辑表达式为 $F=\overline{\overline{AB}\cdot\overline{AC}\cdot\overline{BC}}$

第二步：列出真值表如表 7-6 所示。

第三步：确定电路的逻辑功能。

由真值表可知，三个输入变量 A、B、C，只有两个及两个以上变量取值为 1 时，输出才为 1。可见电路可实现多数表决逻辑功能。

表 7-6　例 7-1 真值表

A	B	C	F
0	0	0	0
0	0	1	0
0	1	0	0
0	1	1	1
1	0	0	0
1	0	1	1
1	1	0	1
1	1	1	1

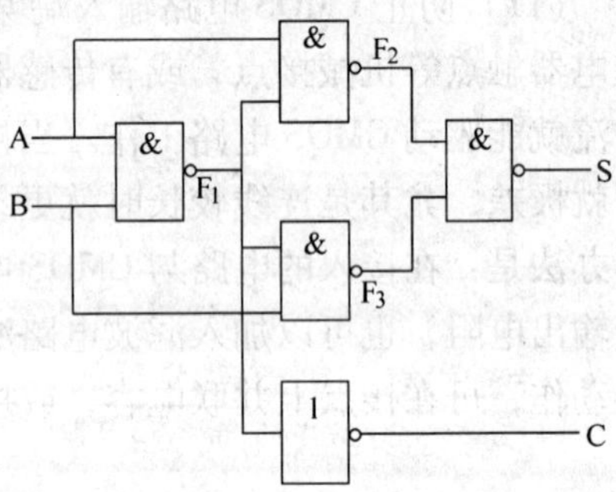

图 7-18　例 7-2 逻辑图

【例 7-2】 分析图 7-18 所示电路的逻辑功能。

解：为了方便写表达式，在图中标注中间变量 F_1、F_2 和 F_3。

$$
\begin{aligned}
S &= \overline{F_2F_3}\\
&= \overline{\overline{AF_1}\cdot\overline{BF_1}}\\
&= \overline{\overline{A\,\overline{AB}}\cdot\overline{B\,\overline{AB}}}\\
&= A\,\overline{AB}+B\,\overline{AB}\\
&= (\overline{A}+\overline{B})(A+B)\\
&= \overline{A}B+A\overline{B}\\
&= A\oplus B
\end{aligned}
$$

$$C=\overline{F_1}=\overline{\overline{AB}}=AB$$

由 S、C 的逻辑表达式可得真值表如表 7-7 所示。由真值表可知，该电路实现两个一位

表 7-7　例 7-2 真值表

A	B	S	C
0	0	0	0
0	1	1	0
1	0	1	0
1	1	0	1

二进制数相加的功能。S 是它们的和，C 是向高位的进位。由于这一加法器电路没有考虑低位的进位，所以称该电路为半加器。

7.2.2 组合逻辑电路的设计

与分析过程相反，组合逻辑电路的设计是根据给定的实际逻辑问题，求出实现其逻辑功能的最简单的逻辑电路。组合逻辑电路的设计步骤如下：

（1）分析设计要求，设置输入输出变量并逻辑赋值；

（2）列真值表；

（3）写出逻辑表达式，并化简；

（4）画逻辑电路。

【例 7-3】 一火灾报警系统，设有烟感、温感和紫外光感三种类型的火灾探测器。为了防止误报警，只有当其中有两种或两种以上类型的探测器发出火灾检测信号时，报警系统才产生报警控制信号。请设计一个产生报警控制信号的电路。

解：（1）分析设计要求，设输入输出变量并逻辑赋值。

输入变量：烟感 A 、温感 B，紫外线光感 C；

输出变量：报警控制信号 Y；

逻辑赋值：用 1 表示肯定，用 0 表示否定。

（2）列真值表，把逻辑关系转换成数字表示形式，如表 7-8 所示。

表 7-8 例 7-3 真值表

A	B	C	Y
0	0	0	0
0	0	1	0
0	1	0	0
0	1	1	1
1	0	0	0
1	0	1	1
1	1	0	1
1	1	1	1

（3）由真值表写逻辑表达式，并化简。

逻辑表达式为 $Y = \overline{A}BC + A\overline{B}C + AB\overline{C} + ABC$

化简得最简式：

$$Y = AB + AC + BC$$

（4）画逻辑电路图。

用与非门实现，其逻辑图与例 7-1 的图 7-17 相同。

如果作变换：$Y = \overline{\overline{AB + AC + BC}}$

用一个与或非门加一个非门就可以实现，其逻辑电路图如图 7-19 所示。

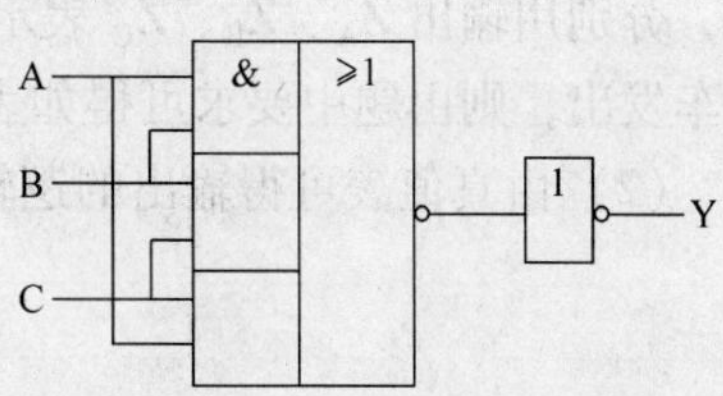

图 7-19 例 7-3 逻辑电路

【例 7-4】 设计一个三人表决逻辑电路，要求：三人

A、B、C 各控制一个按键，按下为“1”，不按为“0”。多数（≥2）按下为通过。通过时 L =1，不通过 L =0。用与非门实现。

解：(1) 列真值表，如表 7-9 所示。

表 7-9 例 7-4 真值表

A	B	C	L
0	0	0	0
0	0	1	0
0	1	0	0
0	1	1	1
1	0	0	0
1	0	1	1
1	1	0	1
1	1	1	1

(2) 用卡诺图化简，如图 7-20 所示。

(3) 写出最简与或式。

最简式为 $$L = AB + BC + AB$$

(4) 用与非门实现逻辑电路，如图 7-21 所示。

$$L = AB + BC + AC = \overline{\overline{AB} \cdot \overline{BC} \cdot \overline{AC}}$$

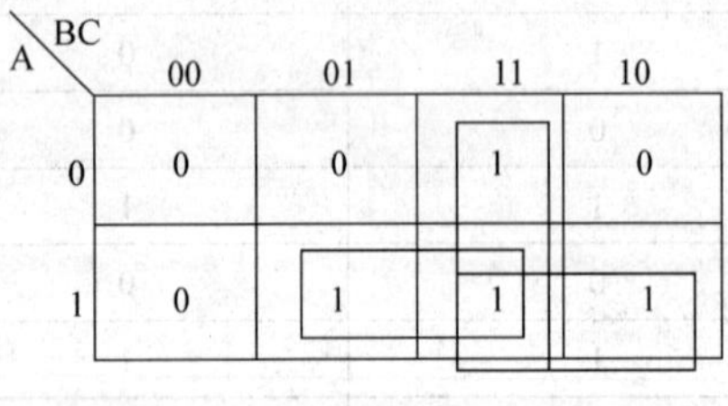

图 7-20 例 7-4 输出 L 的卡诺图

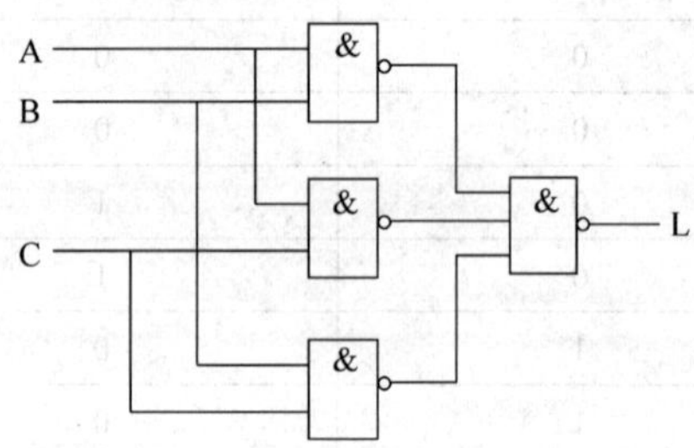

图 7-21 例 7-4 用与非门实现的逻辑简图

【例 7-5】 列车车站的发车优先顺序为：特快、直快、慢车。在同一时间里，车站里只能开出一班列车，即车站只能给出一班列车的开车信号。请设计一个满足上述要求的电路。

解：(1) 设分别用 A、B、C 表示特快、直快、慢车，若为“1”则表示有这种车待发，为“0”表示没有车待发，分别用红、黄、绿三种颜色的灯表示特快、直快、慢车的发车信号，分别用输出 Z_A、Z_B、Z_C 表示，为“1”表示有这种班车发出，为“0”表示没有这种班车发出，则由题中要求可得如表 7-10 所示的真值表。

(2) 由真值表可得输出的逻辑表达式为：

$$Z_A = A$$

$$Z_B = \overline{A}B\overline{C} + \overline{A}BC = \overline{A}B$$

$$Z_C = \overline{A}\,\overline{B}C$$

表 7-10　例 7-5 真值表

A	B	C	Z_A	Z_B	Z_C
0	0	0	0	0	0
0	0	1	0	0	1
0	1	0	0	1	0
0	1	1	0	1	0
1	0	0	1	0	0
1	0	1	1	0	0
1	1	0	1	0	0
1	1	1	1	0	0

（3）逻辑图如图 7-22 所示。

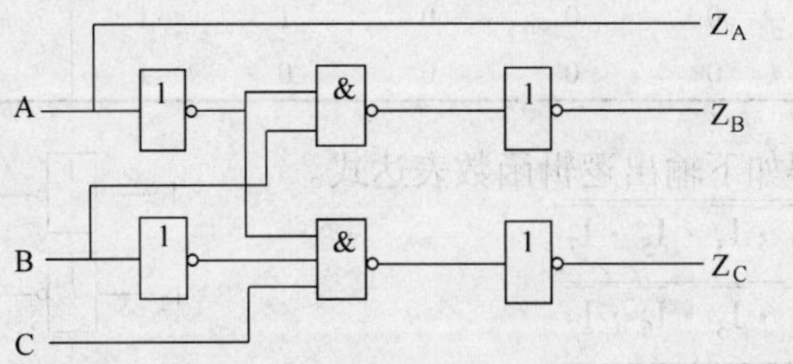

图 7-22　例 7-5 逻辑简图

7.3　常用组合逻辑电路

人们为解决实践中遇到的各种逻辑问题，设计了许多逻辑电路。其中有些逻辑电路经常、大量出现在各种数字系统当中。为了方便使用，各厂家已经把这些逻辑电路制造成中规模集成的组合逻辑电路产品。比较常用的组合逻辑电路产品有编码器、译码器、数据选择器、加法器和数值比较器等。

7.3.1　编码器

1. 编码器的定义与功能

用二进制代码表示文字、符号或者数码等特定对象的过程，称为编码。实现编码的逻辑电路，称为编码器。

编码器的编码原则为：N 位二进制代码可以表示 2^N 个信号，则对 M 个信号编码时，应由 $2^N \geqslant M$ 来确定位数 N。

例如，对 101 键盘编码时，采用了 7 位二进制代码 ASCⅡ码，因为 $2^7 = 128 > 101$。

目前经常使用的编码器有普通编码器和优先编码器两种。

2. 普通编码器

任何时刻只允许输入一个有效编码请求信号，否则输出将发生混乱，实现这种功能的编码器称为普通编码器。

下面以一个三位二进制普通编码器（即 8 线—3 线编码器）为例，说明普通编码器的工作原理。

假设要把 $I_0 \sim I_7$ 八个输入信号编成对应的三位二进制代码 $Y_2Y_1Y_0$ 而输出。

（1）设输入信号为 1 表示对该输入进行编码，则可得编码表如表 7-11 所示。

表 7-11　编码器输入输出的对应关系

输　入								输　出		
I_0	I_1	I_2	I_3	I_4	I_5	I_6	I_7	Y_2	Y_1	Y_0
1	0	0	0	0	0	0	0	0	0	0
0	1	0	0	0	0	0	0	0	0	1
0	0	1	0	0	0	0	0	0	1	0
0	0	0	1	0	0	0	0	0	1	1
0	0	0	0	1	0	0	0	1	0	0
0	0	0	0	0	1	0	0	1	0	1
0	0	0	0	0	0	1	1	1	1	0
0	0	0	0	0	0	0	1	1	1	1

（2）由真值表可得如下输出逻辑函数表达式。

$$\begin{cases} Y_0 = \overline{\overline{I_1}\cdot\overline{I_3}\cdot\overline{I_5}\cdot\overline{I_7}} \\ Y_1 = \overline{\overline{I_2}\cdot\overline{I_3}\cdot\overline{I_6}\cdot\overline{I_7}} \\ Y_2 = \overline{\overline{I_4}\cdot\overline{I_5}\cdot\overline{I_6}\cdot\overline{I_7}} \end{cases}$$

（3）由逻辑表达式得逻辑图如图 7-23 所示。

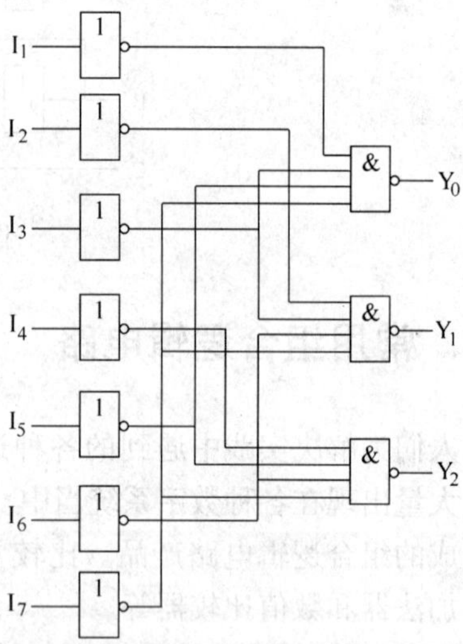

图 7-23　八输入编码器逻辑图

3. 二—十进制编码器

将 0 ~ 9 十个十进制数转换为二进制代码的电路称为二—十进制编码器。需要编码的 10 个输入信号用 $I_0 \sim I_9$ 表示，输出用对应 4 位二进制代码 Y_3、Y_2、Y_1、Y_0 表示，这种二进制代码又称为二—十进制代码，简称 BCD 码。

（1）真值表如表 7-12 所示。

表 7-12　二—十进制编码器真值表

输　入										输　出			
I_0	I_1	I_2	I_3	I_4	I_5	I_6	I_7	I_8	I_9	Y_3	Y_2	Y_1	Y_0
1	0	0	0	0	0	0	0	0	0	0	0	0	0
0	1	0	0	0	0	0	0	0	0	0	0	1	0
0	0	1	0	0	0	0	0	0	0	0	0	1	0
0	0	0	1	0	0	0	0	0	0	0	0	1	1
0	0	0	0	1	0	0	0	0	0	0	1	0	0
0	0	0	0	0	1	0	0	0	0	0	1	0	1
0	0	0	0	0	0	1	0	0	0	0	1	1	0
0	0	0	0	0	0	0	1	0	0	0	1	1	1
0	0	0	0	0	0	0	0	1	0	1	0	0	0
0	0	0	0	0	0	0	0	0	1	1	0	0	1

（2）输出逻辑函数。

$$
\begin{cases}
Y_0 = \overline{\overline{I_1}\cdot\overline{I_3}\cdot\overline{I_5}\cdot\overline{I_7}\cdot\overline{I_9}} \\
Y_1 = \overline{\overline{I_2}\cdot\overline{I_3}\cdot\overline{I_6}\cdot\overline{I_7}} \\
Y_2 = \overline{\overline{I_4}\cdot\overline{I_5}\cdot\overline{I_6}\cdot\overline{I_7}} \\
Y_3 = \overline{\overline{I_8}\cdot\overline{I_9}}
\end{cases}
$$

（3）逻辑电路图如图 7-24 所示。

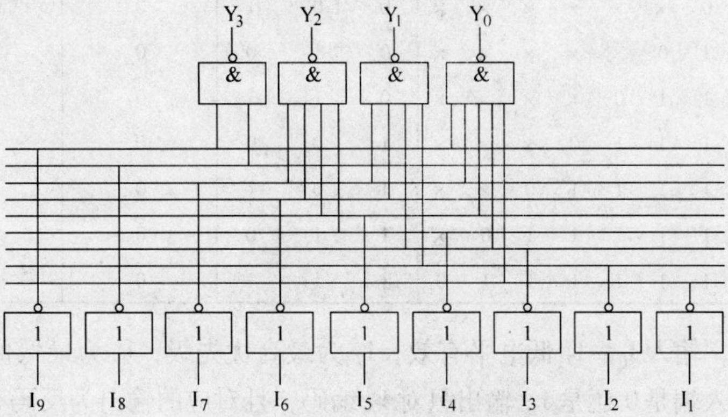

图 7-24　二—十进制编码器逻辑图

4. 优先编码器

普通编码器在任何时刻只允许输入一个有效编码请求信号，否则输出将发生混乱。而实际应用中常出现多个输入信号端同时输入有效编码的情况，这就需要用到优先编码器。优先编码器是当多个输入端同时有信号输入时，电路只对其中优先级别最高的信号进行编码。

常见的 10 线 4 线集成优先编码器有 54/74147、54/74LS147，8 线 3 线集成优先编码器有 54/74148、54/74LS148 等。下面以 8 线 3 线优先编码器 74LS148 为例介绍。

（1）优先编码器 74LS148 的管脚排列及功能

74LS148 是 8 线 3 线优先编码器，如图 7-25 所示。图中，$I_0 \sim I_7$ 为输入信号端，$\overline{S}$ 是使能输入端，$\overline{Y}_0 \sim \overline{Y}_2$ 是三个输出端，$\overline{Y}_{EX}$ 和 $\overline{Y}_S$ 是用于扩展功能的输出端。74LS148 的功能如表 7-13 所示。

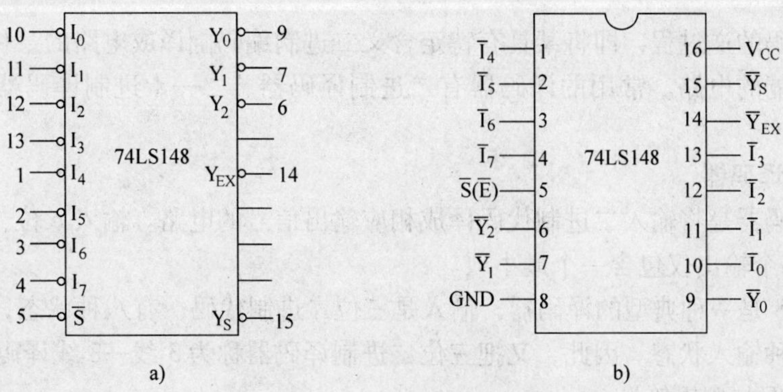

图 7-25　74LS148 优先编码器

a）符号图　b）管脚图

表 7-13 8 线 3 线优先编码器的功能表

输入使能端	输入								输出			扩展输出	使能输出
$\overline{S}$	$\overline{I_7}$	$\overline{I_6}$	$\overline{I_5}$	$\overline{I_4}$	$\overline{I_3}$	$\overline{I_2}$	$\overline{I_1}$	$\overline{I_0}$	$\overline{Y_2}$	$\overline{Y_1}$	$\overline{Y_0}$	$\overline{Y_{EX}}$	$\overline{Y_S}$
1	×	×	×	×	×	×	×	×	1	1	1	1	1
0	1	1	1	1	1	1	1	1	1	1	1	1	0
0	0	×	×	×	×	×	×	×	0	0	0	0	1
0	1	0	×	×	×	×	×	×	0	0	1	0	1
0	1	1	0	×	×	×	×	×	0	1	0	0	1
0	1	1	1	0	×	×	×	×	0	1	1	0	1
0	1	1	1	1	0	×	×	×	1	0	0	0	1
0	1	1	1	1	1	0	×	×	1	0	1	0	1
0	1	1	1	1	1	1	0	×	1	1	0	0	1
0	1	1	1	1	1	1	1	0	1	1	1	0	1

在表 7-13 中，输入 $I_0 \sim I_7$ 低电平有效，I_7 为最高优先级，I_0 为最低优先级。即只要 $\overline{I_7}=0$，不管其他输入端是 0 还是 1，输出只对 I_7 编码，且对应的输出为反码有效，$\overline{Y_2}\ \overline{Y_1}\ \overline{Y_0}=000$。$\overline{S}$ 为使能输入端，只有 $\overline{S}=0$ 时编码器工作，$\overline{S}=1$ 时编码器不工作。$\overline{Y_S}$ 为使能输出端，当 $\overline{S}=0$ 允许工作时，如果 $\overline{I_7} \sim \overline{I_0}$ 端有信号输入，$\overline{Y_S}=1$；若 $\overline{I_7} \sim \overline{I_0}$ 端无信号输入时，$\overline{Y_S}=0$。$\overline{Y_{EX}}$ 为扩展输出端，当 $\overline{S}=0$ 时，只要有编码信号，$\overline{Y_{EX}}$ 就是低电平。

（2）优先编码器 74LS148 的应用

74LS148 编码器的应用非常广泛。例如常用计算机键盘，其内部就是一个字符编码器。它将键盘上的大、小写英文字母、数字、符号及一些功能键（回车、空格）等编成一系列的七位二进制数码，送到计算机的中央处理单元 CPU，然后再进行处理、存储、输出到显示器或打印机上。另外，还可以用 74LS148 编码器监控炉罐的温度，若其中任何一个炉温超过标准温度或低于标准温度，则检测传感器输出一个 0 电平到 74LS148 编码器的输入端，编码器编码后输出三位二进制代码到微处理器进行控制。

7.3.2 译码器

译码是编码的逆过程，即将某具有特定含义二进制编码翻译成电路的某种状态。译码器是实现译码功能的电路。常用的译码器有二进制译码器、二—十进制译码器和显示译码器等。

1. 二进制译码器

二进制译码器是将输入二进制代码译成相应输出信号的电路。输入 n 位二进制代码，输出有 2^n 个，每个输出仅包含一个最小项。

CT74LS138 是一种典型的译码器，输入是三位二进制代码，有八种状态，八个输出端分别对应其中一种输入状态。因此，又把三位二进制译码器称为 3 线—8 线译码器。

（1）逻辑图与逻辑符号

CT74LS138 译码器的逻辑图与逻辑符号如图 7-26 所示。

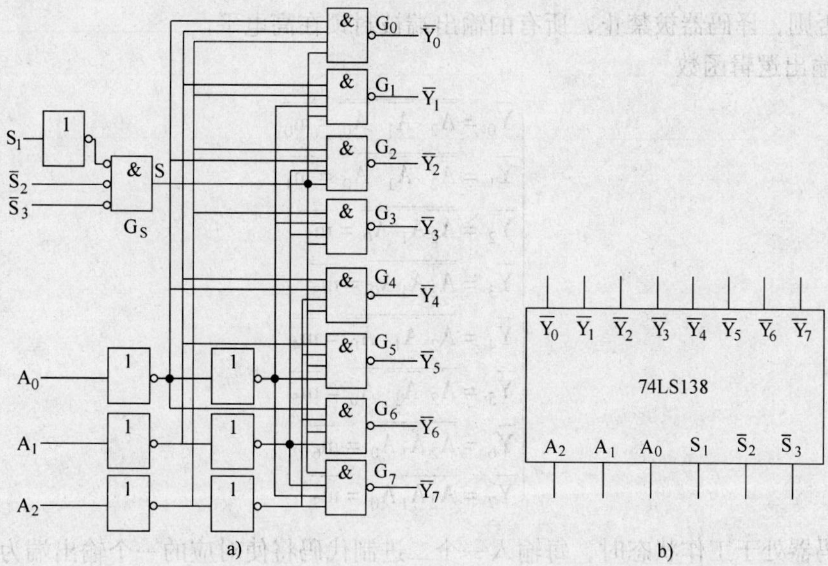

图 7-26　CT74LS138 译码器的逻辑图与逻辑符号

a）逻辑图　b）逻辑符号

输入端：A_2、A_1、A_0，为二进制代码。

输出端：$Y_7 \sim Y_0$，低电平有效。

使能端：S 为控制端（又称使能端），S_1、S_2、S_3 为控制输入端，$S=S_1S_2S_3$。

S = 1 时，译码器工作；S = 0 时，禁止译码，输出全“1”。

（2）真值表

表 7-14 为 3 线—8 线译码器 CT74LS138 的真值表。

表 7-14　译码器 CT74LS138 的真值表

输入					输出							
S_1	$\overline{S_2}+\overline{S_3}$	A_2	A_1	A_0	$\overline{Y_0}$	$\overline{Y_1}$	$\overline{Y_2}$	$\overline{Y_3}$	$\overline{Y_4}$	$\overline{Y_5}$	$\overline{Y_6}$	$\overline{Y_7}$
×	1	×	×	×	1	1	1	1	1	1	1	1
0	×	×	×	×	1	1	1	1	1	1	1	1
1	0	0	0	0	0	1	1	1	1	1	1	1
1	0	0	0	1	1	0	1	1	1	1	1	1
1	0	0	1	0	1	1	0	1	1	1	1	1
1	0	0	1	1	1	1	1	0	1	1	1	1
1	0	1	0	0	1	1	1	1	0	1	1	1
1	0	1	0	1	1	1	1	1	1	0	1	1
1	0	1	1	0	1	1	1	1	1	1	0	1
1	0	1	1	1	1	1	1	1	1	1	1	0

（3）逻辑功能

当 $S_1=1$、$\overline{S_2}+\overline{S_3}=0$（即 $S_1=1$，$\overline{S_2}$和$\overline{S_3}$均为0）时，S 输出为高电平，译码器处于工

作状态；否则，译码器被禁止，所有的输出端被封锁在高电平。

（4）输出逻辑函数

$$
\begin{cases}
\overline{Y_0}=\overline{\overline{A_2}\ \overline{A_1}\ \overline{A_0}}=\overline{m_0}\\
\overline{Y_1}=\overline{\overline{A_2}\ \overline{A_1}\ A_0}=\overline{m_1}\\
\overline{Y_2}=\overline{\overline{A_2}A_1\ \overline{A_0}}=\overline{m_2}\\
\overline{Y_3}=\overline{\overline{A_2}A_1A_0}=\overline{m_3}\\
\overline{Y_4}=\overline{A_2\ \overline{A_1}\ \overline{A_0}}=\overline{m_4}\\
\overline{Y_5}=\overline{A_2\ \overline{A_1}\ A_0}=\overline{m_5}\\
\overline{Y_6}=\overline{A_2A_1\overline{A_0}}=\overline{m_6}\\
\overline{Y_7}=\overline{A_2A_1A_0}=\overline{m_7}
\end{cases}
$$

当译码器处于工作状态时，每输入一个二进制代码将使对应的一个输出端为低电平，而其他输出端均为高电平，也可以说对应的输出端被“译中”。74LS138 输出端被“译中”时为低电平，所以其逻辑符号中每个输出端上方均有“—”符号。

2. 利用译码器实现组合逻辑函数

译码器 74LS138 地址输入端作为逻辑函数的输入变量，译码器的每个输出端$\overline{Y_1}$都与某一个最小项 m_i 相对应，加上适当的门电路，就可以利用译码器实现组合逻辑函数。

【例 7-6】 试用 74LS138 译码器实现如下逻辑函数：

$$F(A,B,C)=\sum m(1,3,5,6,7)$$

解：因为 $\overline{Y_i}=\overline{m_i}$（$i=0,1,2,\cdots,7$）

所以

$$
\begin{aligned}
F(A,B,C)&=\sum m(1,3,5,6,7)\\
&=m_1+m_3+m_5+m_6+m_7\\
&=\overline{\overline{m_1}\cdot\overline{m_3}\cdot\overline{m_5}\cdot\overline{m_6}\cdot\overline{m_7}}\\
&=\overline{\overline{Y_1}\cdot\overline{Y_3}\cdot\overline{Y_5}\cdot\overline{Y_6}\cdot\overline{Y_7}}
\end{aligned}
$$

因此，正确连接控制输入端使译码器处于工作状态，将 $\overline{Y_1}$、$\overline{Y_3}$、$\overline{Y_5}$、$\overline{Y_6}$、$\overline{Y_7}$ 经一个与非门输出，A_2、A_1、A_0 分别作为输入变量 A、B、C，就可实现该组合逻辑函数 F。逻辑图如图 7-27 所示。

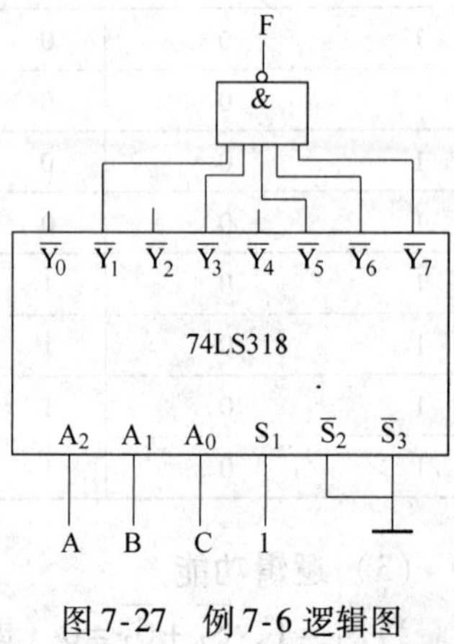

图 7-27 例 7-6 逻辑图

当然，上述逻辑电路也可以将 $\overline{Y_0}$、$\overline{Y_2}$、$\overline{Y_4}$ 经一个与非门输出后再加一级反相器实现。

3. 二—十进制译码器

二—十进制译码器的逻辑功能是将输入的 BCD 码译成十个输出信号。

典型的二—十进制译码器为 74LS42。

（1）二—十进制译码器 74LS42 的功能表如表 7-15 所示。

表 7-15　译码器 74LS42 的功能

A_3	A_2	A_1	A_4	$\overline{Y}_0$	$\overline{Y}_1$	$\overline{Y}_2$	$\overline{Y}_3$	$\overline{Y}_4$	$\overline{Y}_5$	$\overline{Y}_6$	$\overline{Y}_7$	$\overline{Y}_8$	$\overline{Y}_9$
0	0	0	0	0	1	1	1	1	1	1	1	1	1
0	0	0	1	1	0	1	1	1	1	1	1	1	1
0	0	1	0	1	1	0	1	1	1	1	1	1	1
0	0	1	1	1	1	1	0	1	1	1	1	1	1
0	1	0	0	1	1	1	1	0	1	1	1	1	1
0	1	0	1	1	1	1	1	1	0	1	1	1	1
0	1	1	0	1	1	1	1	1	1	0	1	1	1
0	1	1	1	1	1	1	1	1	1	1	0	1	1
1	0	0	0	1	1	1	1	1	1	1	1	0	1
1	0	0	1	1	1	1	1	1	1	1	1	1	0
1	0	1	0	1	1	1	1	1	1	1	1	1	1
1	0	1	1	1	1	1	1	1	1	1	1	1	1
1	1	0	0	1	1	1	1	1	1	1	1	1	1
1	1	0	1	1	1	1	1	1	1	1	1	1	1
1	1	1	0	1	1	1	1	1	1	1	1	1	1
1	1	1	1	1	1	1	1	1	1	1	1	1	1

（2）74LS42 逻辑符号如图 7-28 所示。

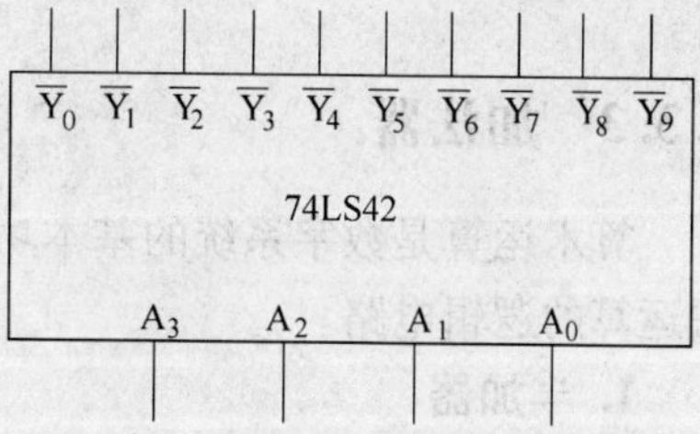

图 7-28　74LS42 逻辑符号

4. 显示译码器

显示译码器用于将字符信息的代码翻译成相应的字符信息并显示的组合电路，由译码器和驱动电路组成。输入一般是 BCD 码，输出为七段码，用于驱动显示器。数字显示器种类很多，按发光材料不同可分为荧光显示器、半导体发光二极管显示器（LED）和液晶显示器（LCD）等；按显示方式不同可分为字表重叠式、分段式、点阵式等。显示译码器由译码输出和显示器配合使用，最常用的是 BCD 七段译码器，其输出是驱动七段字形的七个信号，常见产品型号有 74LS48、74LS47 等。

分段式显示是将字符由分布在同一平面上的若干段发光笔画组成。电子计算器，数字万用表等显示器都是显示分段式数字显示器。而 LED 数码显示器是最常见的，通常有红、绿、黄等颜色。LED 的工作电压大约 1.5～3V，驱动电流为几十毫安。图 7-29 是七段 LED 数码管的引线图和显示数字情况。74LS47 译码驱动器输出是低电平有效，所以配接的数码管须采用共阳极接法；而 74LS48 译码驱动器输出是高电平有效，所以配接的数码管须采用共阴极接法。数码管常用型号有 BS201、BS202 等。图 7-30 是 LED 数码管的原理图。使用时，若采用公共阴极接地，7 个阳极 a～g 由相应的 BCD 七段译码器来驱动，如图 7-30a 所示；若采用共阳极接法，则如图 7-30b 所示。

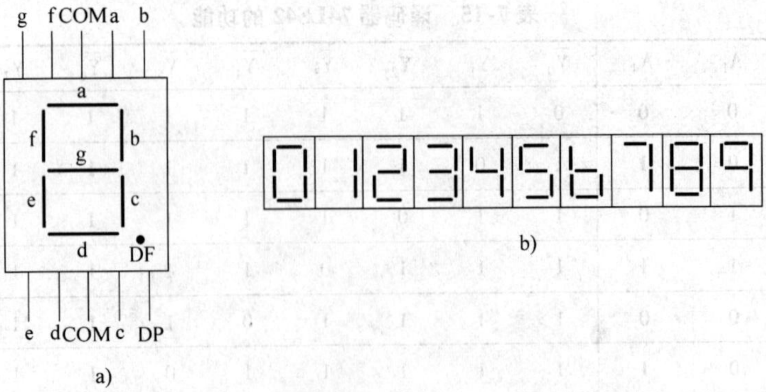

图 7-29 七段 LED 数码显示器及显示的数字

a）数码显示器 b）显示的数字

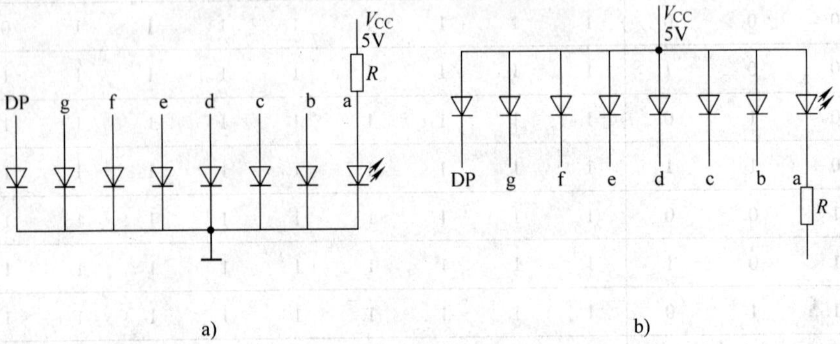

图 7-30 LED 数码显示器的内部接法

a）共阴极接法 b）共阳极接法

7.3.3 加法器

算术运算是数字系统的基本功能，更是计算机中不可缺少的组成单元。本节介绍实现加法运算的逻辑电路。

1. 半加器

1）定义：只考虑两个一位二进制数的相加，而不考虑来自低位进位的运算电路，称为半加器。

2）管脚功能：如在第 i 位的两个加数 A 和 B 相加，它除产生本位和数 S 之外，还有一个向高位的进位 C。因此，输入信号为加数 A 和被加数 B；输出信号为本位和 S 和向高位的进位 C。

3）真值表：根据二进制加法原则（逢二进一），得到真值表如表 7-16 所示。

表 7-16 半加器真值表

加数 A	被加数 B	和数 S	进位数 C
0	0	0	0
0	1	1	0
1	0	1	0
1	1	0	1

4）逻辑表达式：由真值表可得 $S=\bar{A}B+A\bar{B}$，$C=AB$

由摩根定理将上式变换成与非形式得

$$S=\overline{\overline{\overline{AB}\cdot A}\cdot\overline{\overline{AB}\cdot B}},\ C=\overline{\overline{AB}}$$

5）逻辑图：由与非门组成的半加器逻辑图和逻辑符号如图 7-31 所示。

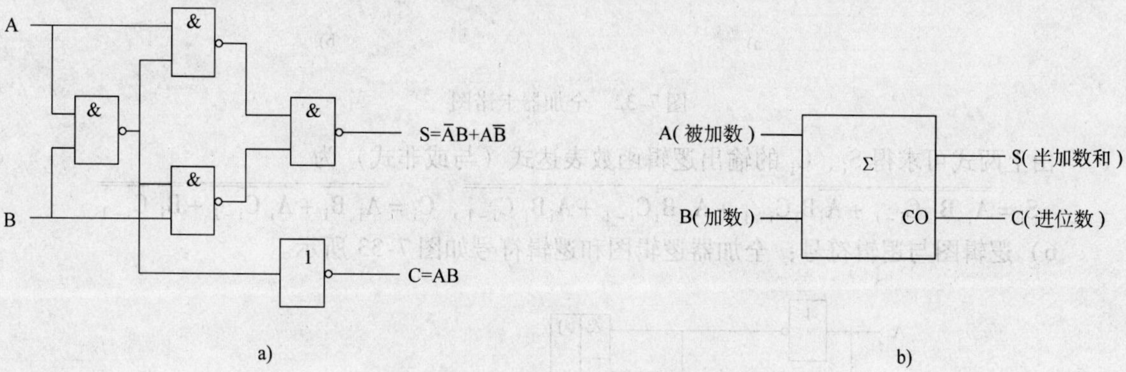

图 7-31　半加器逻辑图和逻辑符号

a）逻辑电路　b）逻辑符号

2. 全加器

1）定义：不仅考虑两个一位二进制数相加，而且还考虑来自低位进位的运算电路，称为全加器。

2）管脚功能：如在第 i 位二进制数相加时，被加数、加数和来自低位的进位数分别为 A_i、B_i、C_{i-1}，输出本位和及向相邻高位的进位数为 S_i、C_i。因此，输入信号为加数 A_i、被加数 B_i 和来自低位的进位 C_{i-1}；输出信号为本位和 S_i 和向高位的进位 C_i。

3）真值表：全加器真值表见表 7-17 所示。

表 7-17　全加器真值表

输　入			输　出	
A_i	B_i	C_{i-1}	S_i	C_i
0	0	0	0	0
0	0	1	1	0
0	1	0	1	0
0	1	1	0	1
1	0	0	1	0
1	0	1	0	1
1	1	0	0	1
1	1	1	1	1

4）卡诺图：S_i 和 C_i 的卡诺图如图 7-32 所示。

5）逻辑函数表达式：采用圈 0 的方法化简，求得的反函数（与或式）为

$\overline{S_i}=\overline{A_i}\,\overline{B_i}\,\overline{C_{i-1}}+\overline{A_i}B_iC_{i-1}+A_i\overline{B_i}C_i+A_iB_i\overline{C_{i-1}}$，$\overline{C_i}=\overline{A_i}\,\overline{B_i}+\overline{A_i}\,\overline{C_{i-1}}+\overline{B_i}\,\overline{C_{i-1}}$

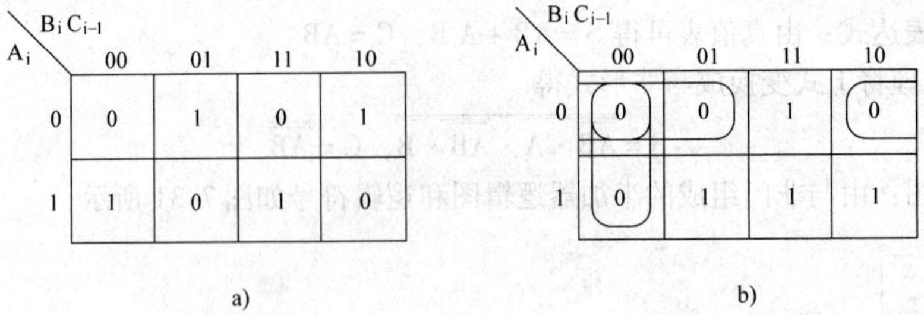

图 7-32 全加器卡诺图

由上两式可求得 S_i、C_i 的输出逻辑函数表达式（与或非式）为

$$S_i=\overline{\bar{A}_i\bar{B}_i\bar{C}_{i-1}+\bar{A}_iB_iC_{i-1}+A_i\bar{B}_iC_{i-1}+A_iB_i\bar{C}_{i-1}},\quad C_i=\overline{\bar{A}_i\bar{B}_i+\bar{A}_i\bar{C}_{i-1}+\bar{B}_i\bar{C}_{i-1}}$$

6）逻辑图与逻辑符号：全加器逻辑图和逻辑符号如图 7-33 所示。

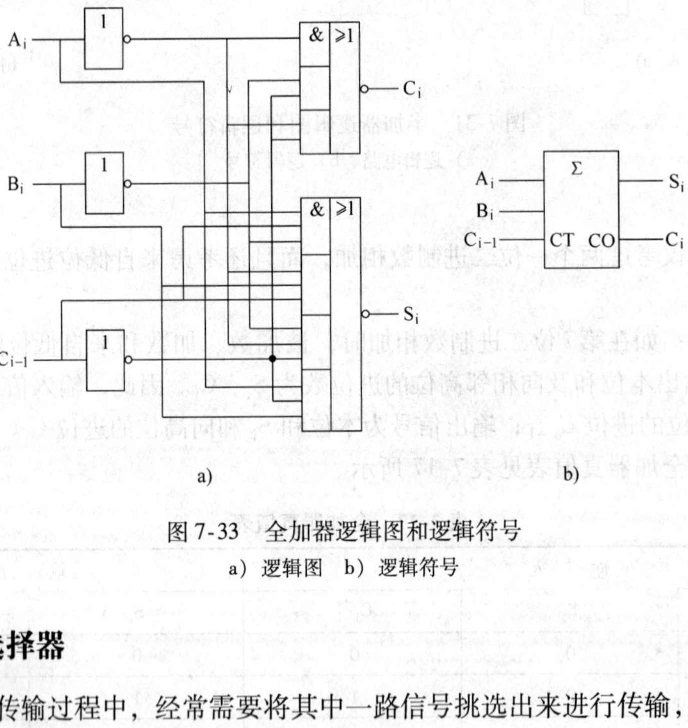

图 7-33 全加器逻辑图和逻辑符号

a）逻辑图 b）逻辑符号

7.3.4 数据选择器

在多路数据传输过程中，经常需要将其中一路信号挑选出来进行传输，这就要用到数据选择器。

根据地址码的要求，从多路输入信号中选择其中一路输出的电路，称为数据选择器，其功能相当于一个受控波段开关。

数据选择器，通常用地址输入信号来完成挑选数据的任务。如一个 4 选 1 的数据选择器，应有两个地址输入端，它共有 $2^2=4$ 种不同的组合，每一种组合可选择对应的一路输入数据输出。同理，对一个 8 选 1 的数据选择器，应有 3 个地址输入端，其余类推。

1. 4 选 1 数据选择器

（1）逻辑电路

4 选 1 数据选择器的逻辑电路如图 7-34 所示，其中 $D_0\sim D_3$ 为数据输入端，A_1、A_0 为

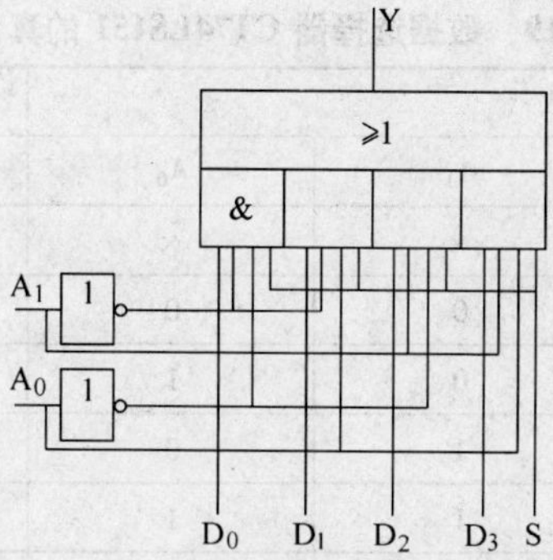

图 7-34　4 选 1 数据选择器的逻辑电路

地址信号输入端，Y 为数据输出端，S 为使能端，又称选通端。

（2）逻辑功能

4 选 1 数据选择器的逻辑功能如表 7-18 所示。

表 7-18　4 选 1 数据选择器的逻辑功能表

输　入			输　出
S	A_1	A_0	Y
0	×	×	0
1	0	0	D_0
1	0	1	D_1
1	1	0	D_2
1	1	1	D_3

（3）输出逻辑函数式

由图和真值表可写出其输出逻辑表达式为：

$$Y(A_1, A_0) = S(m_0 D_0 + m_1 D_1 + m_2 D_2 + m_3 D_3)$$
$$= S(\overline{A_1}\,\overline{A_0} D_0 + \overline{A_1} A_0 D_1 + A_1 \overline{A_0} D_2 + A_1 A_0 D_3)$$

CT74LS153 是常用的双 4 选 1 数据选择器。

2. 8 选 1 数据选择器

CT74LS151 是典型 8 选 1 数据选择器。

（1）逻辑功能示意图

数据选择器 CT74LS151 的逻辑功能示意图如图 7-35 所示，其中 $D_0 \sim D_7$ 为数据输入端，A_2、A_1、A_0 为地址信号输入端，Y、$\overline{Y}$ 为互补数据输出端，Y 采用三态门输出，可以直接线与使用。$\overline{ST}$ 为使能端，又称选通端，输入低电平有效。

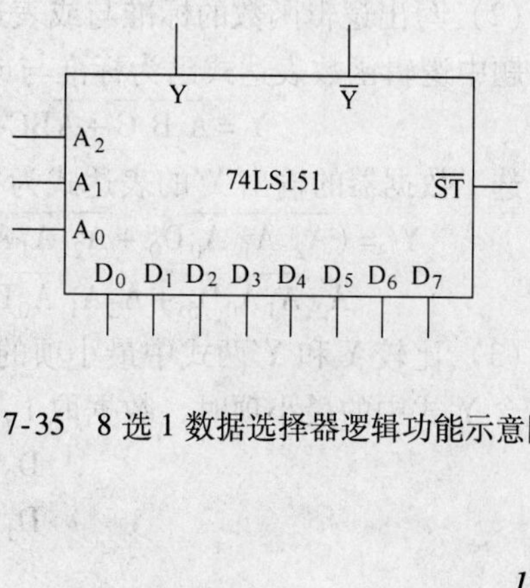

图 7-35　8 选 1 数据选择器逻辑功能示意图

（2）真值表

数据选择器 CT74LS151 的真值表如表 7-19 所示。

表 7-19　数据选择器 CT74LS151 的真值表

输　入				输　出	
$\overline{ST}$	A_2	A_1	A_0	Y	$\overline{Y}$
1	×	×	×	0	1
0	0	0	0	D_0	$\overline{D_0}$
0	0	0	1	D_1	$\overline{D_1}$
0	0	1	0	D_2	$\overline{D_2}$
0	0	1	1	D_3	$\overline{D_3}$
0	1	0	0	D_4	$\overline{D_4}$
0	1	0	1	D_5	$\overline{D_5}$
0	1	1	0	D_6	$\overline{D_6}$
0	1	1	1	D_7	$\overline{D_7}$

（3）输出逻辑函数

$$Y = (\overline{A_2}\,\overline{A_1}\,\overline{A_0}D_0 + \overline{A_2}\,\overline{A_1}A_0D_1 + \overline{A_2}A_1\,\overline{A_0} + \overline{A_2}A_1A_0D_3 + A_3\,\overline{A_1}\,\overline{A_0}D_4 + A_2\,\overline{A_1}A_0D_5 + A_2A_1\,\overline{A_0}D_6 + A_2A_1A_0D_7)ST$$

当$\overline{ST}=1$时，输出 Y=0，数据选择器不工作；当$\overline{ST}=0$时，数据选择器工作，此时输出 Y 即为上式中将 ST=1 代入后对应的表达式。

3. 数据选择器的应用

数据选择器是一个逻辑函数的最小项输出器，即 $Y = \sum\limits_{i=0}^{2^n-1} m_i D_i$，而任何一个 n 位变量的逻辑函数都可变换为最小项之和的标准式，即

$$F = \sum_{i=0}^{i=2^n-1} k_i \cdot m_i$$

式中，k_i 的取值为 0 或 1，所以用数据选择器可很方便地实现逻辑函数。

【例 7-7】　试用数据选择器实现如下逻辑函数：

$$Y = \overline{A}\,\overline{B}\,\overline{C} + \overline{A}BC + A\overline{B}C + ABC。$$

解：（1）选用数据选择器。由于逻辑函数 Y 中有 A、B、C 三个变量，所以可选用 8 选 1 数据选择器，现选用 CT74LS151。

（2）写出逻辑函数的标准与或表达式及数据选择器的输出表达式 Y′。

题中逻辑函数表达式已为标准与或式，即

$$Y = \overline{A}\,\overline{B}\,\overline{C} + \overline{A}BC + A\overline{B}C + ABC = m_0 + m_3 + m_5 + m_7$$

则 8 选 1 数据器的输出 Y′的表达式为

$$Y' = (\overline{A_2}\,\overline{A_1}\,\overline{A_0}D_0 + \overline{A_2}\,\overline{A_1}A_0D_1 + \overline{A_2}A_1\,\overline{A_0} + \overline{A_2}A_1A_0D_3 + A_3\,\overline{A_1}\,\overline{A_0}D_4 + A_2\,\overline{A_1}A_0D_5 + A_2A_1\,\overline{A_0}D_6 + A_2A_1A_0D_7)$$

（3）比较 Y 和 Y′两式中最小项的对应关系。设 Y=Y′，$A=A_2$，$B=A_1$，$C=A_0$，Y′式中包含 Y 式中的最小项时，数据取 1，没有包含 Y 式中的最小项时，数据取 0，由此得

$$D_0 = D_3 = D_5 = D_7 = 1,$$
$$D_1 = D_2 = D_4 = D_6 = 0,$$

$\overline{S}=0$。

根据上式可画出如图 7-36 所示的逻辑图。

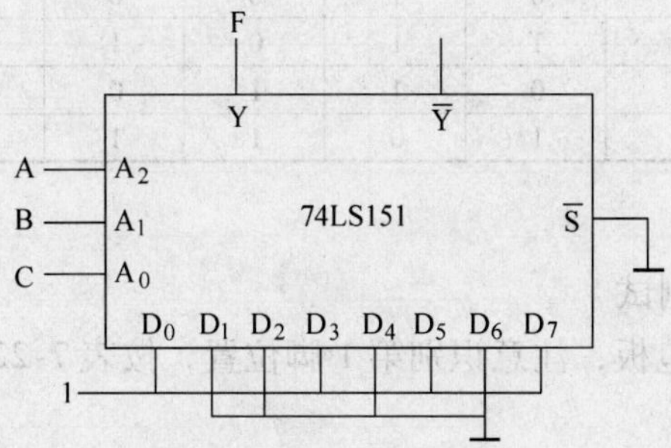

图 7-36　例 7-7 逻辑图

7.4　实训

7.4.1　逻辑门功能及参数测试

1. 实验目的

（1）熟悉数字逻辑实验箱的结构、基本功能和使用方法。

（2）掌握常用非门、与非门、或非门、与或非门、异或门的逻辑功能及其测试方法。

（3）掌握 TTL 和 CMOS 与非门主要参数的意义及测试方法。

（4）进一步熟悉数字逻辑实验箱的基本功能和使用方法。

2. 实验仪器及设备

（1）数字逻辑实验箱 DSB－3 一台

（2）万用表一只

（3）元器件 74LS00、74LS04、74LS55、74LS86 各一块

（4）导线若干

3. 实验内容

（1）74LS04 的逻辑功能测试

将 74LS04 正确插入面包板，并注意识别第 1 脚位置（集成块正面放置且缺口向左，则左下角为第 1 脚），按表 7-20 要求输入高、低电平信号，测出相应的输出逻辑电平。

表 7-20　74LS04 逻辑功能测试表

1A	1Y	2A	2Y	3A	3Y	4A	4Y	5A	5Y	6A	6Y
0	1	0	1	0	1	0	1	0	1	0	1
1	0	1	0	1	0	1	0	1	0	1	0

得表达式为 $Y=\overline{A}$

（2）74LS00 逻辑功能测试

将 74LS00 正确插入面包板，并注意识别第 1 脚位置，按表 7-21 要求输入高、低电平信号，测出相应的输出逻辑电平。

表 7-21　74LS00 逻辑功能测试表

1A	1B	1Y	2A	2B	2Y	3A	3B	3Y	4A	4B	4Y
0	0	1	0	0	1	0	0	1	0	0	1
0	1	1	0	1	1	0	1	1	0	1	1
1	0	1	1	0	1	1	0	1	1	0	1
1	1	0	1	1	0	1	1	0	1	1	0

得表达式为 $Y=\overline{AB}$

（3）74LS86 逻辑功能测试

将 74LS86 正确接入面包板，注意识别第 1 脚位置，按表 7-22 要求输入信号，测出相应的输出逻辑电平。

表 7-22　74LS86 逻辑功能测试

1A	1B	1Y	2A	2B	2Y	3A	3B	3Y	4A	4B	4Y
0	0	0	0	0	0	0	0	0	0	0	0
0	1	1	0	1	1	0	1	1	0	1	1
1	0	1	1	0	1	1	0	1	1	0	1
1	1	0	1	1	0	1	1	0	1	1	0

得表达式为 $Y=A\oplus B$

（4）74LS20 静态参数测试

导通电源电流 I_{ccl} 和截止电源电流 I_{cch} 以及低电平输入电流 I_{il} 和高电平输入电流 I_{ih}。测试电路如图 7-37 所示。

注意：74LS20 为双与非门，两个门的输入端作相同处理。

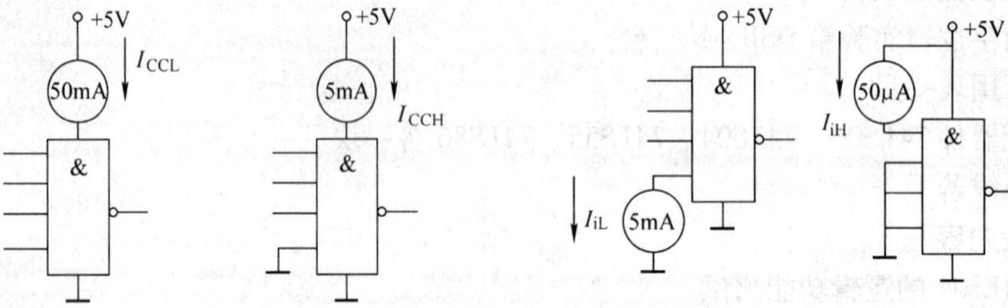

图 7-37　74LS20 表态参数测试电路

（5）74LS20 电压传输特性

如图 7-38 所示，调节电位器 R_W，使 V_i 从 0V 向 5V 变化，逐点测试 V_i 和 V_0 值，并将结果记录，以便画出实验数据曲线。

（6）CC4012 电压传输特性测试

如图 7-39 所示，调节电位器 R_W，使 V_i 从 0V 向 5V 变化，逐点测试 V_i 和 V_0 值，并将结果记录，以便画出实验数据曲线。

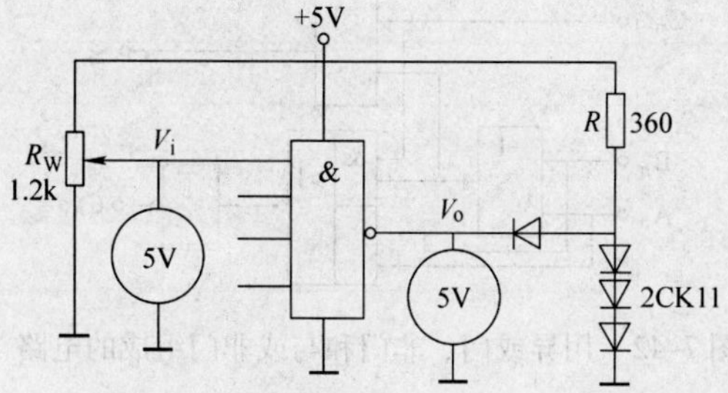

图 7-38　74LS20 电压传输特性测试电路

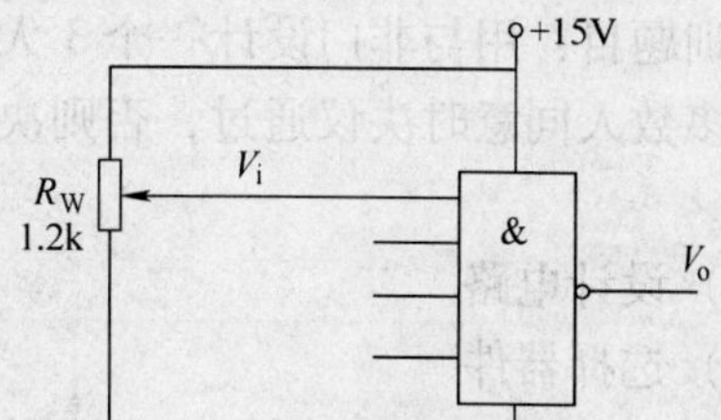

图 7-39　CC4012 电压传输特性测试电路

4. 实验结果分析

（1）TTL 与非门闲置输入端有哪些处置方法？

（2）实验中所得 I_{CCL} 和 I_{CCH} 与单个门相差多少？

7.4.2　组合逻辑电路的设计与测试

1. 实验目的

（1）通过实训，进一步熟悉组合逻辑电路的特点。

（2）学会组合逻辑电路的实验分析及其设计方法。

2. 实验器件

（1）数字逻辑实验箱 DSB－3 一台

（2）万用表一只

（3）元器件 74LS00、74LS04、74LS55、74LS86 各一块

（4）导线若干

3. 实验内容

（1）测试用与非门构成的电路的逻辑功能

按图 7-40 接线。根据输入端的组合状态，测出相应的输出逻辑电平，并做好实验记录。

（2）测试用异或门和与非门组成的电路的逻辑功能

按图 7-41 接线。根据输入端的组合状态，测出相应的输出逻辑电平，并做好实验记录。

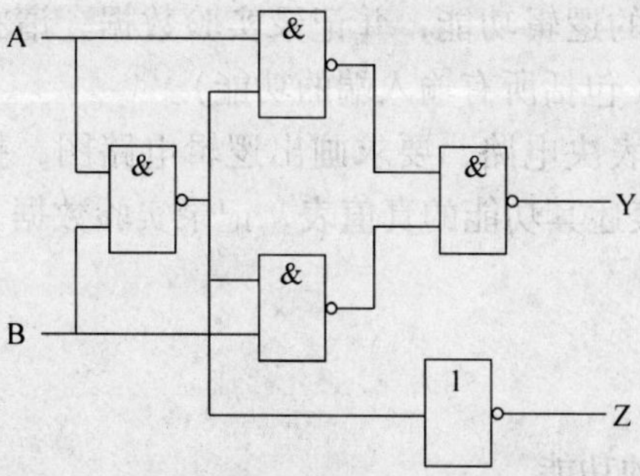

图 7-40　由与非门构成的组合逻辑电路功能测试

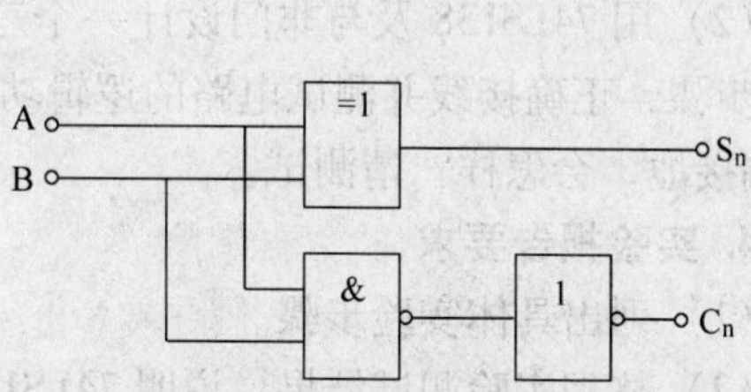

图 7-41　用异或门和与非门组成的电路

（3）测试用异或门、非门和与或非门组成的电路的逻辑功能

按图 7-42 接线。根据输入端的组合状态，测出相应的输出逻辑电平，并做好实验记录。

4. 实训举例

实训题目：用与非门设计一个 3 人表决电路，当多数人同意时决议通过，否则决议不通过。

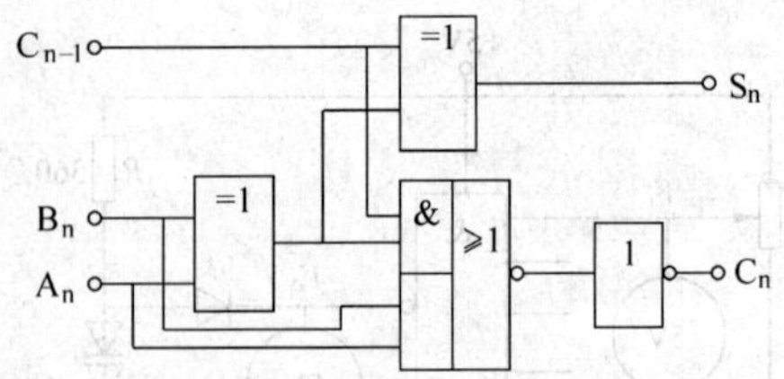

图 7-42　用异或门、非门和与或非门组成的电路

（1）设计电路

（2）选择器件

由设计电路知，可以采用一片二输入端的与非门 74LS00 和一片四输入端的与非门 74LS20；也可采用两片四输入端的与非门 74LS20，结果都满足要求。但从器件的种类考虑，后一种方法更合适。

（3）连接电路并测试

选择两片 74LS20 插入实验台的相应插口上，按照逻辑电路图对器件的各个引脚进行连接，输入端接逻辑电平开关，输出端接逻辑电平显示器。为了避免干扰，多余端应接高电平。验证电路的正确性，设计真值表记录实验结果。

（4）实验结果分析

1）总结用实验来分析组合逻辑电路功能的方法和步骤。

2）接线时不用的输入端如何处置？

7.4.3　译码器及其应用

1. 实验目的

（1）掌握 MSI 组合电路变量译码器的实验分析方法。

（2）熟悉中规模集成三线—八线译码器的应用。

2. 实验器材

（1）数字逻辑实验箱 DSB－3 一台

（2）万用表 一只

（3）元器件：74LS20（T063）、74LS138 各一块

（4）导线若干

3. 实验内容和步骤

（1）利用数字逻辑实验箱测试 74LS138 译码器的逻辑功能，并记录实验数据。请在预习时自行拟出实验步骤，列出表述其功能的真值表（包括所有输入端的功能）。

（2）用 74LS138 及与非门设计一个三变量多数表决电路，要求画出逻辑电路图，拟出实验步骤，正确接线并测试电路的逻辑功能，列出表述其功能的真值表，记录实验数据。若 G1 端接地，会怎样？请测试。

4. 实验报告要求

（1）列出具体实验步骤。

（2）整理实验测试结果，说明 74LS138 译码器的功能。

（3）画出用 74LS138 及与非门构成的多数表决电路的逻辑电路图，列出真值表，求出逻辑表达式。若 G1 端接地，结果如何？

5. 思考题

（1）74LS138 译码器的输出是高电平有效，还是低电平有效？

（2）试说明 S_1、$\overline{S_2}$、$\overline{S_3}$ 输入端的作用。

7.4.4 数据选择器及其应用

1. 实验目的

（1）进一步熟悉用实验来分析组合逻辑电路功能的方法。

（2）了解中规模集成八选一数据选择器 74LS151 的应用。

（3）了解组合逻辑电路由小规模集成电路设计和由中规模集成电路设计的不同特点。

2. 实验仪器及设备

（1）数字逻辑实验箱 DSB－3 一台

（2）万用表一只

（3）元器件 74LS00、74LS04、74LS20、74LS151 各一块

（4）导线若干

3. 实验内容

（1）利用数字逻辑实验箱测试 74LS151 数据选择器的逻辑功能。

（2）用 74LS151 设计一个交通灯故障报警电路。

（3）有一密码电子锁，锁上有四个锁孔 A、B、C、D，当按下 A 和 B 或 A 和 D 或 B 和 D 时，再插入钥匙，锁即打开。若按错了键孔，当插入钥匙时，锁打不开，并发出报警信号，请设计该电路图并验证其正确性。

4. 实验报告要求

（1）列出具体实验步骤，整理实验测试结果，说明 74LS151 八选一的功能。

（2）列出具体实验步骤，画出用 74LS151 及辅助门电路构成的设计电路图，列出真值表，求出逻辑表达式。若 S 端悬空，结果如何？

习题 7

7.1 下列表达式中为最简式的是________。

A. $Y=\overline{B}+\overline{AB}$　B. $Y=ABC+\overline{B}C$　C. $Y=AB\overline{C}+AB$　D. $Y=AB+C$

7.2 若在编码器中有 50 个编码对象，则要求输出二进制代码位数为________位。

A. 5　B. 6　C. 10　D. 50

7.3 一个十六选一的数据选择器，其地址输入控制（选择控制输入）端有________个。

A. 1　B. 2　C. 4　D. 16

7.4 四选一数据选择器的数据输出 Y 与数据输入 X_i 和地址码 A_i 之间的逻辑表达式为 Y＝________。

A. $\overline{A_1}\,\overline{A_0}X_0+\overline{A_1}A_0X_1+A_1\overline{A_0}X_2+A_1A_0X_3$　B. $\overline{A_1}\,\overline{A_0}X_0$

C. $\overline{A_1}A_0X_1$　D. $A_1A_0X_3$

7.5 一个八选一数据选择器的数据输入端有________个。

A. 1　B. 2　C. 3　D. 4　E. 8

7.6 在下列逻辑电路中，不是组合逻辑电路的有________。

A. 译码器　B. 编码器　C. 全加器　D. 寄存器

7.7　101 键盘的编码器输出________位二进制代码。

A. 2　　B. 6　　C. 7　　D. 8

7.8　用四选一数据选择器实现函数 $Y = A_1A_0 + \overline{A_1}A_0$，应使________。

A. $D_0 = D_2 = 0$，$D_1 = D_3 = 1$　　B. $D_0 = D_2 = 1$，$D_1 = D_3 = 0$

C. $D_0 = D_1 = 0$，$D_2 = D_3 = 1$　　D. $D_0 = D_1 = 1$，$D_2 = D_3 = 0$

7.9　用三线－八线译码器 74LS138 和辅助门电路实现逻辑函数 $Y = A_2 + \overline{A_2}\,\overline{A_1}$，应________。

A. 用与非门，$Y = \overline{\overline{Y_0}\;\overline{Y_1}\;\overline{Y_4}\;\overline{Y_5}\;\overline{Y_6}\;\overline{Y_7}}$　　B. 用与门，$Y = \overline{Y_2}\;\overline{Y_3}$

C. 用或门，$Y = \overline{Y_2} + \overline{Y_3}$　　D. 用或门，$Y = \overline{Y_0} + \overline{Y_1} + \overline{Y_4} + \overline{Y_5} + \overline{Y_6} + \overline{Y_7}$

7.10　有 A、B、C 三个输入信号，当三个输入信号都为 0 时，或者有一个为 1 时，输出 F＝1，其余情况下输出为 0，试列出真值表，并写出逻辑表达式。

7.11　已知逻辑电路如图 7-43 所示，试写出逻辑表达式，并化简。

7.12　已知逻辑电路如图 7-44 所示，试写出逻辑表达式，并化简。

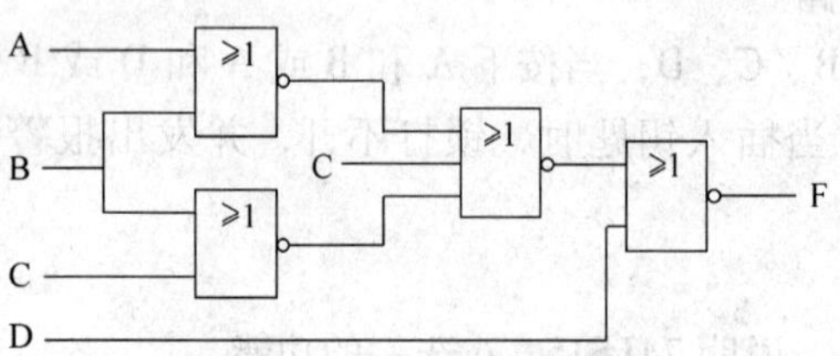

图 7-43　题 7.11 逻辑电路

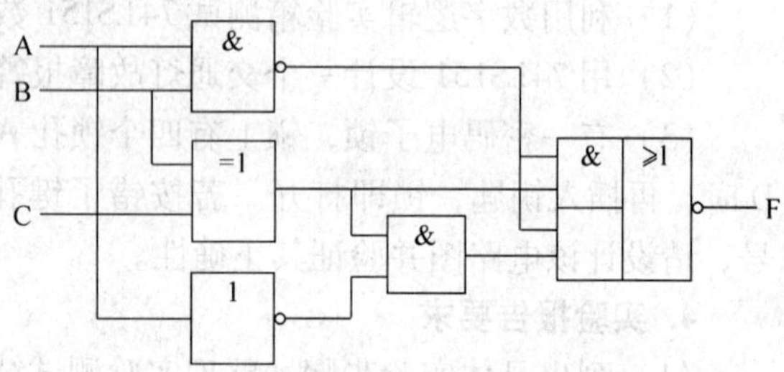

图 7-44　题 7.12 逻辑电路

7.13　交通灯有红、黄、绿三色，只有当其中一只亮时为正常，其余状态均为故障，试用与非门设计一交通灯故障报警电路。

7.14　设计一编码器将十进数 0～9 编成格雷码，列出真值表，写出逻辑表达式。

7.15　用 3 线－8 线译码器及少量门实现下列逻辑函数。

（1）$F_1 = \overline{A}\,\overline{B}\,\overline{C} + A\overline{B}\,\overline{C} + BC$

（2）$F_2 = \overline{B}\,\overline{C} + AB\overline{C}$

（3）$F_3 = \sum m(2,3,4,7)$

7.16　用数据选择器实现下列逻辑函数。

（1）$F_1 = \sum m(1,2,5,6)$

（2）$F_2 = \sum m(1,2,3,5,7)$

（3）$F_3 = \sum m(1,3,4,5,6,7,9,10,12,13)$

7.17　设计一个有三个输入信号 A、B、C，一个输出信号 Z 的判偶电路，功能是当输入中有偶数个 1 时，Z＝1，否则，Z＝0。

（1）试用最少的与非门实现。

（2）试用数据选择器实现。

7.18　用数据选择器组成的逻辑电路分别如图 7-45 所示，试写出它们的输出表达式。

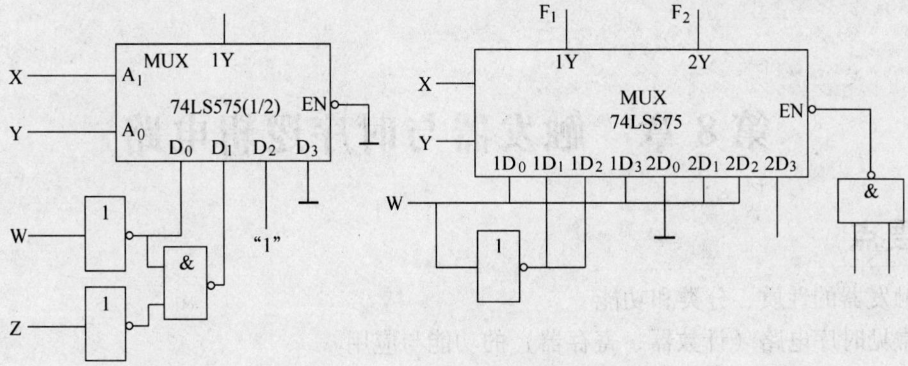

图 7-45 题 7.18 逻辑电路

7.19 有一密码电子锁，锁上有四个锁孔 A、B、C、D，当按下 A 和 D 或 A 和 C 或 B 和 D，再插入钥匙时，锁即打开，若按错了锁孔，当插入了钥匙，锁打不开，并发出报警信号，试用数据选择器设计该电子锁的控制电路。

第 8 章　触发器与时序逻辑电路

本章要点

- 触发器的性质、分类和功能
- 常见时序电路（计数器、寄存器）的功能与应用

8.1　触发器

8.1.1　触发器的基本知识

触发器是数字电路中广泛应用的能够记忆一位二进制信号的基本逻辑单元电路，它是时序电路的基本单元。

触发器具有两个能自行保持的稳定状态，用逻辑 1 和 0 表示，所以又叫做双稳态电路，在不同的输入信号作用下其输出可以置成 1 态或 0 态，而且当输入信号消失后，触发器的新状态将保持下来。

1. 触发器的分类

根据电路结构的不同，触发器可分为基本触发器和时钟触发器两大类。具有时钟脉冲输入端 CP（Clock Pulse）的触发器称为时钟触发器。在时钟触发器中，又有电平式触发器、边沿触发器和主从触发器三类。其中时钟采用电平触发（通常是高电平触发）方式的称为电平式触发器，采用上升沿触发方式的称为维持阻塞触发器，采用主从触发方式的称为主从触发器。

根据逻辑功能的不同，触发器又可以分为 RS 触发器、JK 触发器、D 触发器、T（T′）触发器等。常用功能真值表、特性方程、状态转换图和时序图来表示其逻辑功能。

2. 触发器的基本概念

在介绍触发器的基本功能前，首先对触发器逻辑功能中常见的术语和符号做一下解释。

时钟输入端 CP——时钟脉冲的输入端，通常输入周期性时钟脉冲。

数据输入端——又称控制输入端。对 RS 触发器来说，控制输入端是 R 和 S；对 D 触发器来说是 D；对 JK 触发器来说是 J 和 K；对 T 触发器来说是 T。

初态 Q^n——某个时钟脉冲作用前触发器的状态，即老状态。初态也可称为“现态”。

次态 Q^{n+1}——某个时钟脉冲作用后触发器的状态，即新状态。

功能真值表——以表格的形式表达了在一定的控制输入下，在时钟脉冲作用前后，初态 Q^n 向次态 Q^{n+1}转化的规律，又可称为“状态转换真值表”。

激励表——以表格的形式表达了为在时钟脉冲作用下实现一定的状态转换（$Q^n \to Q^{n+1}$），应有怎样的控制输入条件。

状态（转换）图（表）——以图形（或表格）的形式表达在时钟脉冲作用下，状态变化与控制输入之间的关系。

特性方程——以方程的形式表达在时钟脉冲作用下，次态 Q^{n-1} 与控制输入及初态 Q^n 之间的逻辑函数关系。

8.1.2 基本 RS 触发器

1. 电路组成及符号

基本 RS 触发器是由两个与非门或两个或非门首尾相接，交叉耦合组成，它是构成各种功能触发器的最基本单元。图 8-1a 所示是由两个与非门组成的基本 RS 触发器，它有两个稳定状态，一般以 Q 端的状态作为触发器状态，当 $Q=1$，$\overline{Q}=0$ 时，触发器处于 1 态；反之，当 $Q=0$，$\overline{Q}=1$ 时，处于 0 态。由于输入的一对触发信号是低电平有效，所以用 $\overline{S}$ 和 $\overline{R}$ 表示输入端，并称 $\overline{S}$ 端为“置 1 输入端”或“置位端”，$\overline{R}$ 端为“置 0 输入端”或“复位端”。基本 RS 触发器的逻辑符号如图 8-1b 所示，输入端的小圆圈表示触发信号为低电平有效。

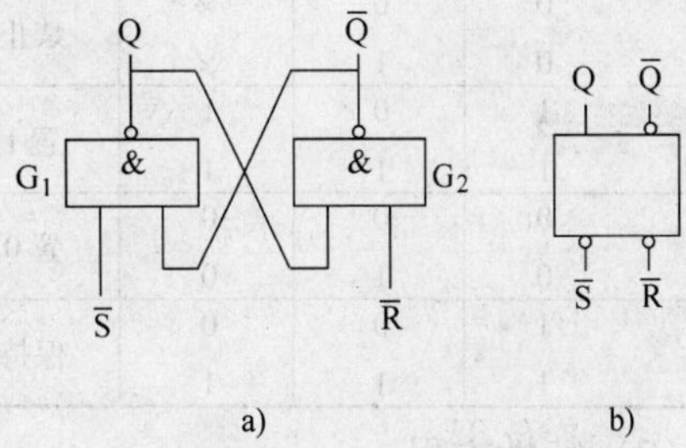

图 8-1 基本 RS 触发器

a) 电路组成 b) 符号

2. 逻辑功能分析

基本 RS 触发器的输出与输入之间的逻辑功能可分为如下 4 种情况。

(1) 保持功能

当 $\overline{S}=1$，$\overline{R}=1$ 时，G_1 门和 G_2 门的打开或封锁由互补输出 Q 与 $\overline{Q}$ 的状态决定，显然触发器保持原有状态不变。

(2) 触发器置 1 功能

当 $\overline{S}=0$，$\overline{R}=1$ 时，不论触发器原状态如何，$Q=1$，$\overline{Q}=0$，即触发器处于 1 态。此后，由于 $\overline{Q}$ 端的反馈作用使 G_1 门封锁，即使 $\overline{S}=0$ 的输入信号消失，触发器仍将保持 1 态不变，实现置 1 逻辑功能。置 1 取决于 $\overline{S}$ 端是否为 0，故称 $\overline{S}$ 端为置 1 端。

(3) 触发器置 0 功能

当 $\overline{S}=1$，$\overline{R}=0$ 时，经分析可得 $Q=0$，$\overline{Q}=1$，触发器处于 0 态，由于 Q 端的反馈作用使 G_2 门封锁，即使 $\overline{R}=0$ 的输入信号消失，触发器仍将保持 0 态不变，实现置 0 功能。置 0 取决于 $\overline{R}$ 是否为 0，故称 $\overline{R}$ 端为置 0 端。

(4) 禁止（不确定）状态

当 $\overline{S}=0$，$\overline{R}=0$ 时，两个与非门均被封锁，迫使 $Q=\overline{Q}=1$，两个输出端失去互补性，出现一种未定义的状态，没有意义。尤其在 $\overline{S}=0$，$\overline{R}=0$ 的信号都同时消失后，触发器的最终状态是 0 态还是 1 态，纯属偶然，无法确定，叫做不确定状态。为避免触发器的输出状态不确定，输入信号必须遵守 $\overline{S}$ 和 $\overline{R}$ 不允许同时为 0 的约束条件。基本 RS 触发器的约束条件可以写为 $\overline{S}+\overline{R}=1$，即 $S \cdot R=0$。

3. 逻辑功能描述

(1) 功能真值表

根据逻辑功能的分析，可以得到表 8-1，表 b 是表 a 的简化形式。

表 8-1　基本 RS 触发器功能真值表

a)

$\overline{S}$	$\overline{R}$	Q^n	Q^{n+1}	功能
0	0	0	×	禁止
0	0	1	×	
0	1	0	1	置 1
0	1	1	1	
1	0	0	0	置 0
1	0	1	0	
1	1	0	0	保持
1	1	1	1	

b)

$\overline{S}$	$\overline{R}$	Q^{n+1}	功能
0	0	×	禁止
0	1	1	置 1
1	0	0	置 0
1	1	Q^n	保持

（2）特性方程

根据功能真值表画出卡诺图可以得到特性方程：

$$\begin{cases} Q^{n+1} = S + \overline{R}Q^n \\ \overline{S} + \overline{R} = 1 \end{cases}$$

其中约束条件 $\overline{S} + \overline{R} = 1$，也可以写成 $S \cdot R = 0$。

（3）状态转换图

触发器的逻辑功能还可采用状态转换图描述，如图 8-2 所示。用圆圈圈起来的 0 和 1 分别代表触发器的两个稳定状态，箭头表示在输入信号作用下状态转换的方向，箭头旁的标注表示状态转换的条件，×表示任意。

（4）时序波形图

除了上述的方法外，还可以使用波形图来描述。

当给定输入信号 $\overline{S}$ 和 $\overline{R}$ 的波形图时，根据表 8-1 可以画出 Q 和 $\overline{Q}$ 的波形图，如图 8-3 所示。

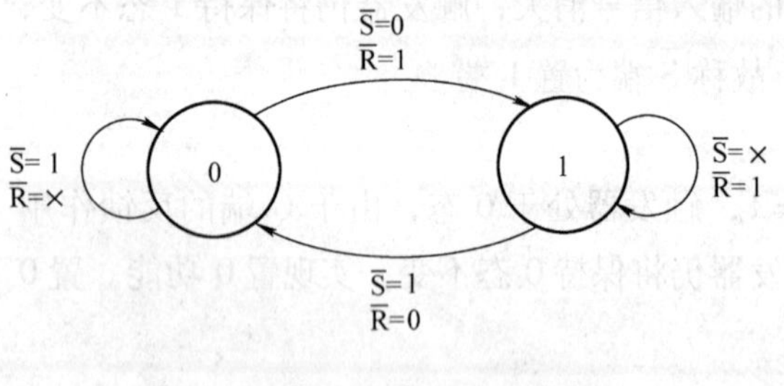

图 8-2　基本 RS 触发器的状态图

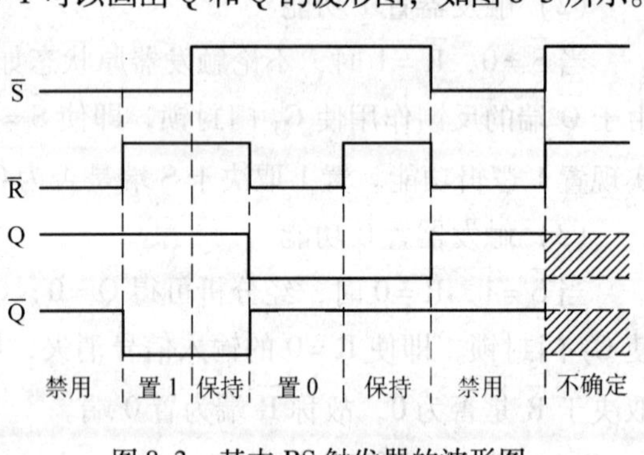

图 8-3　基本 RS 触发器的波形图

基本 RS 触发器状态的改变，是直接受输入信号控制的，抗干扰能力差，而时钟触发器只有在时钟信号到达时接受输入信号，一定程度上提高了抗干扰能力。因此，钟控触发器在实际使用中更为广泛。下面我们以电平式 RS 触发器为例再次讨论一下其逻辑功能。

4. 电平式 RS 触发器

（1）电路组成及符号

电平式触发通常以高电平触发为主，在基本 RS 触发器的基础上，增加两个与非门构成如图 8-4a 所示，其逻辑符号为 8-4b 所示。

(2) 逻辑功能分析

CP = 0 时，G_3、G_4 门被封锁（关闭），相当于基本 RS 触发器的 $\overline{S}=1$，$\overline{R}=1$，所以触发器保持原态不变。R、S 信号无效。

CP = 1 时，G_3、G_4 门被打开，触发器接收 R、S 的输入数据：

1）当 S = R = 0 时，触发器保持原状态，具有保持功能。

2）当 S = 1，R = 0 时，触发器输出置 1，具有置 1 功能。

3）当 S = 0，R = 1，触发器置输出置 0，具有置 0 功能。

4）当 S = R = 1，触发器为不确定状态，因此该状态被禁止使用。

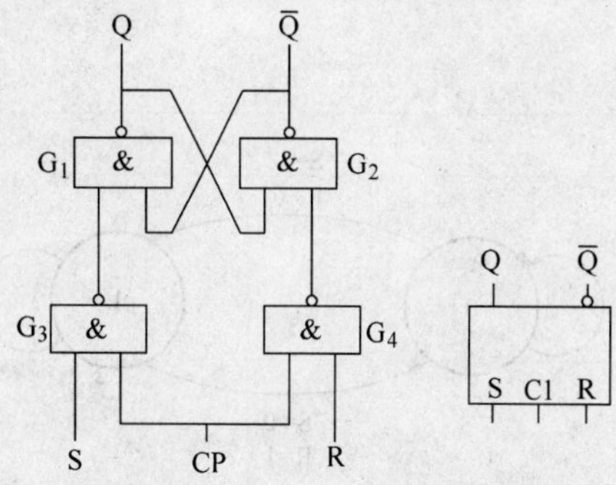

a)　　　b)

图 8-4　电平式 RS 触发器

a）电路组成　b）符号

(3) 逻辑功能描述

1）功能真值表

根据逻辑功能的分析，可以得到表 8-2，表 b 是 a 的简化形式。

表 8-2　电平 RS 触发器功能真值表

a)

S	R	Q^n	Q^{n+1}	功能
0	0	0	0	保持
0	0	1	1	
0	1	0	0	置 0
0	1	1	0	
1	0	0	1	置 1
1	0	1	1	
1	1	0	×	禁止
1	1	1	×	

b)

S	R	Q^{n+1}	功能
0	0	Q^n	保持
0	1	0	置 0
1	0	1	置 1
1	1	×	禁止

2）特性方程

根据功能真值表画出卡诺图可以得到特性方程：

$$\begin{cases} Q^{n+1} = S + \overline{R}Q^n & (CP = 1) \\ SR = 0 & (CP = 1) \end{cases}$$

显然，电平触发的 RS 触发器和基本 RS 触发器的特性方程、约束条件都相同，只是电平触发器需要时钟的提供，只有在 CP = 1 时，特性方程才成立，R、S 才起作用，否则，无论 R、S 为何种状态对触发器均不产生影响，即触发器处于保持状态。

3）状态转换图

状态转换图如图 8-5 所示。

4）时序波形图

给定时钟 CP 和输入信号 S、R 的波形图，根据表 8-2 画出 Q 和 $\overline{Q}$ 的输出波形，如图8-6 所示。

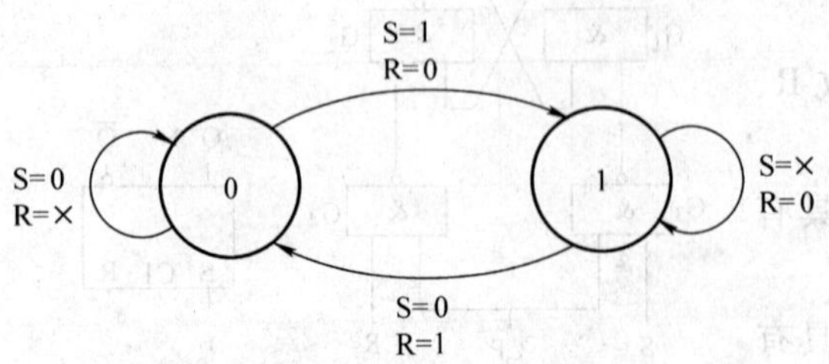

图 8-5　电平 RS 触发器的状态转换图

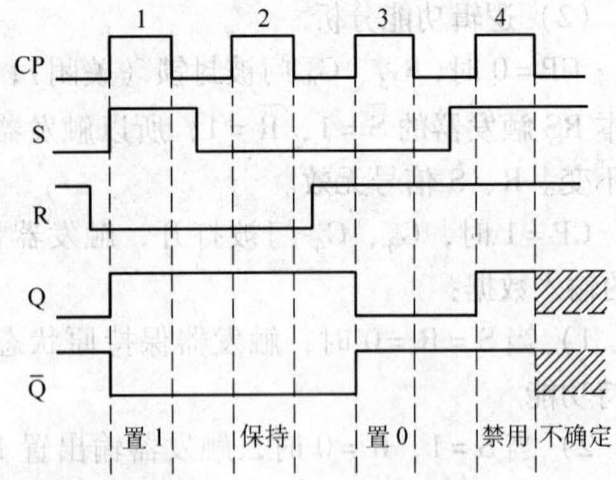

图 8-6　电平 RS 触发器的波形图

当然，钟控触发器的类型除了电平触发外，还有主从触发和边沿触发，它们的逻辑符号如图 8-7 所示。

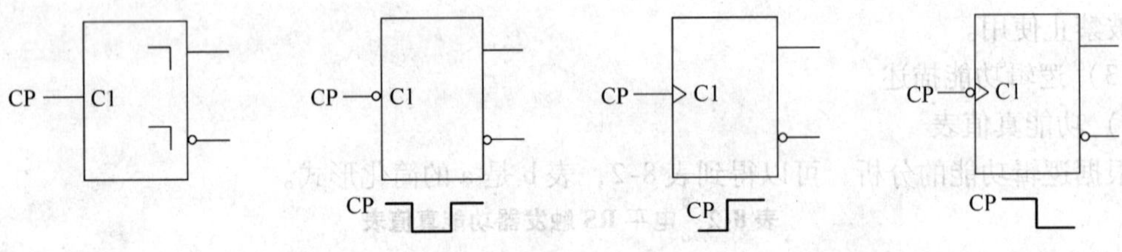

a)　　b)　　c)　　d)

图 8-7　钟控 RS 触发器的触发方式

a）主从触发　b）CP = 0，低电平触发　c）CP = ↑，上升沿触发　d）CP = ↓，下降沿触发

通常以边沿触发器比较常见，主要是因为边沿触发是一种仅在 CP 脉冲的上升沿（或下降沿）的瞬间，触发器才能接收输入信号，而在 CP = 0、1 期间以及下降沿（或上升沿）时，输入信号对触发器的状态均无影响。边沿触发器只要求在 CP 脉冲的上升沿（或下降沿）时，输入信号是稳定的就可以了，也就是说使能条件越苛刻，对输入信号的要求就越宽松，触发器抗干扰能力就越强。

8.1.3　D 触发器

1. 电路组成及符号

图 8-8a 所示为电平触发的 D 触发器，它是在电平 RS 触发器的基础上改进的，图 8-8b 为其逻辑符号。

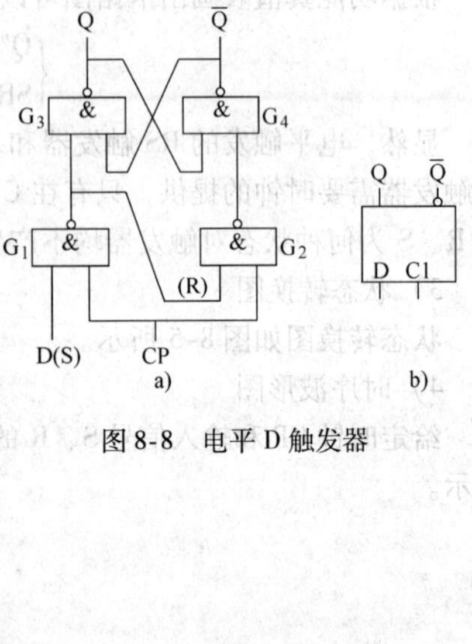

a)　　b)

图 8-8　电平 D 触发器

2. 逻辑功能分析

CP = 0 时，G_1、G_2 被封锁，D 输入信号无效，触发器保持原状态。

CP = 1 时，G_1、G_2 门打开，触发器接收 D 输入信号而工作：

1）当 D = 1 时，输出 Q = 1，$\overline{Q}$ = 0，触发器处于

1 态，具有置 1 功能。

2）当 D=0 时，输出 Q=0，$\overline{Q}$=1，触发器处于 0 态，具有置 0 功能。

3. 逻辑功能描述

（1）功能真值表

根据逻辑功能的分析，可以得到表 8-3。

表 8-3 电平 D 触发器功能真值表

D	Q^n	Q^{n+1}	说　明
0	0	0	$Q^{n+1}=0$
0	1	0	
1	0	1	$Q^{n+1}=1$
1	1	1	

（2）特性方程

根据功能真值表画出卡诺图可以得到特性方程：$Q^{n+1}=D$（CP=1）

（3）状态转换图

状态转换图如图 8-9 所示。

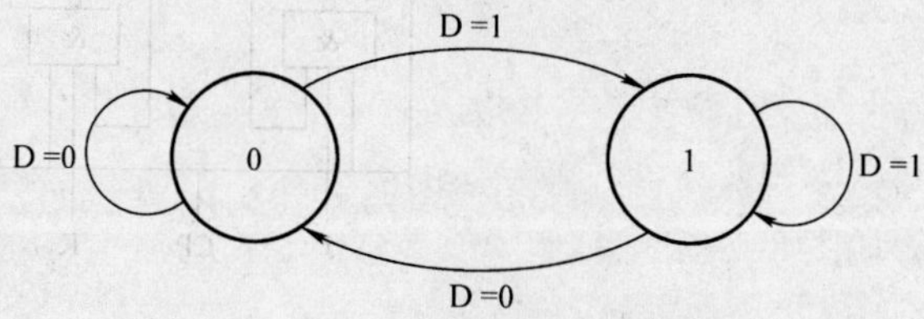

图 8-9　电平 D 触发器的状态转换图

（4）时序波形图

给定时钟 CP 和输入信号 D 的波形图，根据表 8-3 画出 Q 和 $\overline{Q}$ 的输出波形，如图 8-10所示。

从波形图可以看出，第一、二个 CP 有效脉冲期间，D 没有变化，分别执行置 1 和置 0 功能。而在第三、四个 CP 有效脉冲期间，D 发生了变化，输出 Q 也跟着输入 D 变化，可以说在 CP=1 期间“从输出看到了输入”，这种现象称为“透明”，所以通常电平 D 触发器又称为透明寄存器或锁定触发器。

除了电平触发外，还有边沿 D 触发器，图 8-11 为上升沿 D 触发器的时序图。

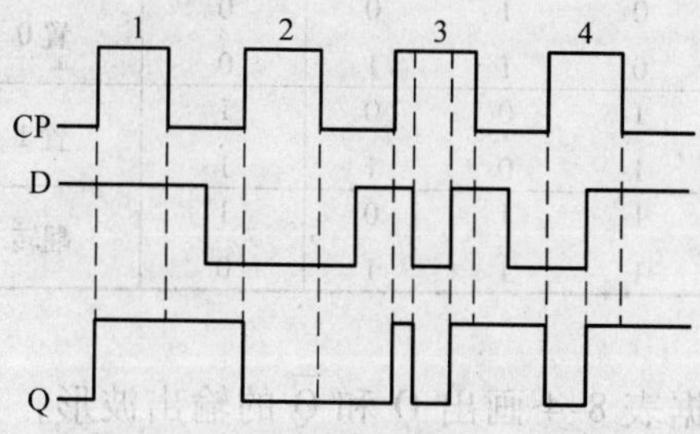

图 8-10　电平 D 触发器的波形图

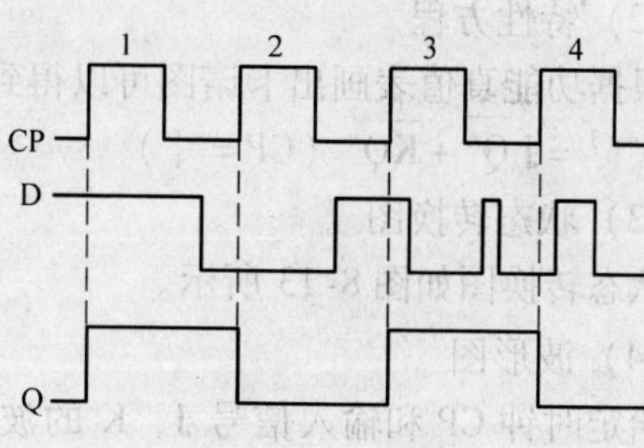

图 8-11　上升沿 D 触发器的时序图

8.1.4　JK 触发器

1. 电路的组成及符号

通常 JK 触发器以边沿触发为主。图 8-12a 所示为下降沿触发的 JK 触发器，及其逻辑符号。

2. 逻辑功能分析

CP=0 或 1 及 CP↑期间，触发器无法接收输入信号，保持原态，输入信号无效。

CP↓到来时，触发器被打开，接收输入信号 J 和 K 的值：

1）当 J=1，K=0 时，输出 Q=1，$\overline{Q}$=0，即触发器处于 1 态，具有置 1 功能。

2）当 J=0，K=1 时，输出 Q=0，$\overline{Q}$=1，即触发器处于 0 态，具有置 0 功能。

3）当 J＝1，K＝1 时，输出 Q 和 $\overline{Q}$ 的状态是对前一个输出的 Q 和 $\overline{Q}$ 状态取反，即触发器具有翻转功能。

4）当 J＝0，K＝0 时，触发器保持初态，具有保持功能。

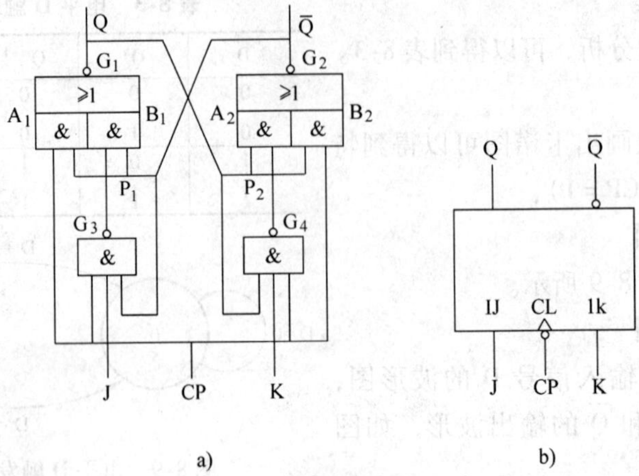

图 8-12 下降沿触发的 JK 触发器
a）逻辑电路 b）逻辑符号

3. 逻辑功能描述

（1）功能真值表

根据逻辑功能的分析，可以得到表 8-4。

表 8-4 边沿 JK 触发器功能真值表

J	K	Q^n	Q^{n+1}	说明
0	0	0	0	保持
0	0	1	1	
0	1	0	0	置 0
0	1	1	0	
1	0	0	1	置 1
1	0	1	1	
1	1	0	1	翻转
1	1	1	0	

（2）特性方程

根据功能真值表画出卡诺图可以得到特性方程：$Q^{n+1}=J\overline{Q^n}+\overline{K}Q^n$（CP＝↓）

（3）状态转换图

状态转换图如图 8-13 所示。

（4）波形图

给定时钟 CP 和输入信号 J、K 的波形图，根据表 8-4 画出 Q 和 $\overline{Q}$ 的输出波形，如图 8-14所示。

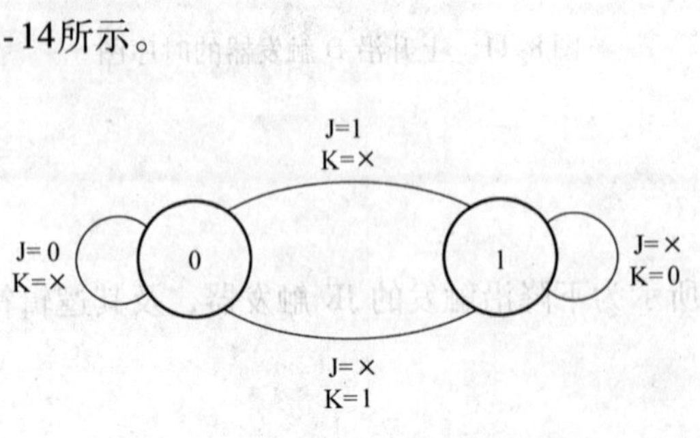

图 8-13 JK 触发器的状态转换图

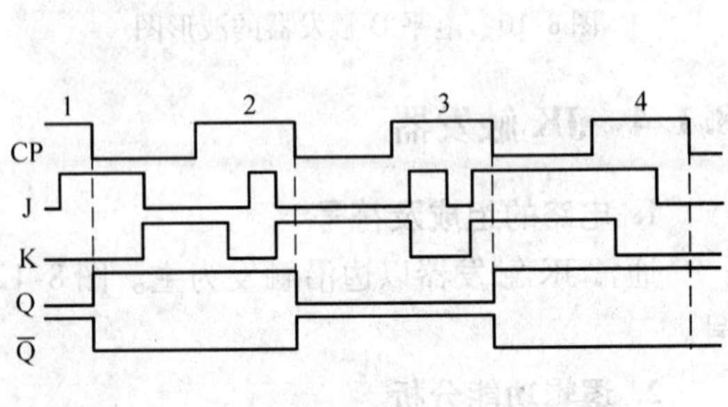

图 8-14 下降沿触发的 JK 触发器工作波形图

通常在 JK 触发器中还有一种常见的触发方式——主从触发。

为了克服空翻现象，采用了具有存储功能的触发导引电路，从而构成主从结构式的 JK 触发器，其结构和逻辑符号如图 8-15 所示。

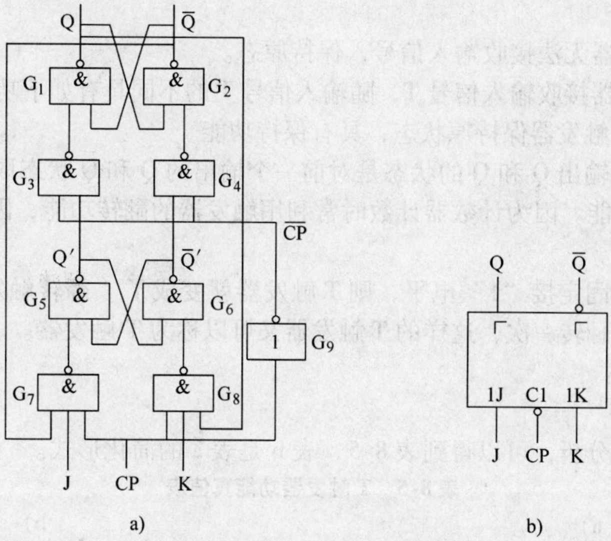

图 8-15　主从 JK 触发器

a）电路组成　b）逻辑符号

主从触发器在一个时钟脉冲作用下工作过程可分为两个阶段，即双拍工作方式：CP = 1 期间主触发器工作，接收触发信号，从触发器保持；CP = 0 期间从触发器工作，但主触发器保持，所以从触发器的使能条件是 CP 的下降沿有效。请注意这种触发方式与下降沿触发方式的区别。

总之，主从 RS 触发器是在 CP = 1 期间接收信息到主触发器，而在 CP 下降沿将主触发器的信息送到从触发器，其功能还是置 1、置 0 和保持。从根本上克服了直接触发，进一步提高了抗干扰能力。图 8-16 为主从触发器的波形图，请注意它和下降沿 JK 触发器的差别。

8.1.5　T 触发器

1. 电路组成及符号

T 触发器可看成 JK 触发器在 J = K 条件下的特例。T 触发器只有一个控制输入端 T。图 8-17 所示为电平 T 触发器的逻辑图和逻辑符号。

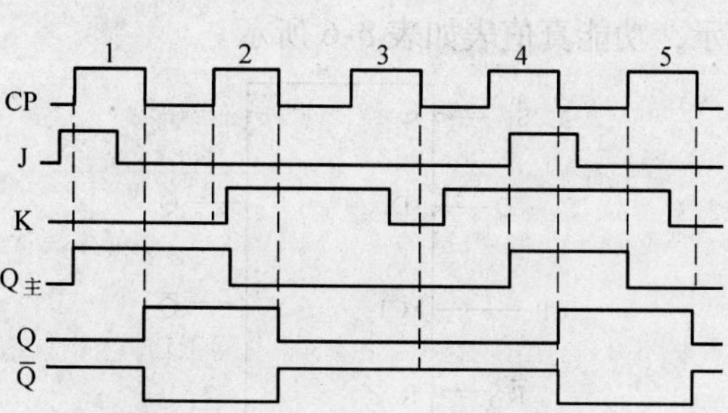

图 8-16　主从触发器的波形图

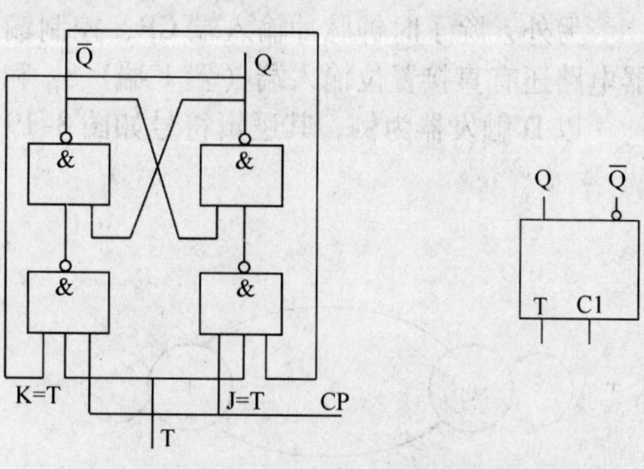

图 8-17　电平 T 触发器

a）逻辑图　b）逻辑符号

2. 逻辑功能分析

CP = 0 时，触发器无法接收输入信号，保持原态。

CP = 1 时，触发器接收输入信号 T，随输入信号 T 的不同具有如下功能：

1）当 T = 0 时，触发器保持原状态，具有保持功能。

2）当 T = 1 时，输出 Q 和 $\overline{Q}$ 的状态是对前一个输出的 Q 和 $\overline{Q}$ 状态取反，即触发器处于翻转态，具有翻转功能。因为计数器计数时常利用触发器的翻转功能，因此也将触发器的翻转功能称为计数功能。

如果输入信号 T 固定接“1”电平，则 T 触发器就变成了“翻转触发器”，来一个时钟脉冲，触发器就可以翻转一次，这样的 T 触发器又可以称为 T′触发器。

3. 逻辑功能描述

（1）功能真值表

根据逻辑功能的分析，可以得到表 8-5，表 b 是表 a 的简化形式。

表 8-5　T 触发器功能真值表

a)

T	Q^n	Q^{n+1}	功能
0	0	0	保持
0	1	1	
1	0	1	翻转
1	1	0	

b)

T	Q^{n+1}	功能
0	Q^n	保持
1	$\overline{Q^n}$	翻转

（2）特性方程

根据功能真值表画出卡诺图可以得到特性方程，也可以根据 JK 触发器的特性方程推导获得。

$$Q^{n+1} = J\overline{Q^n} + \overline{K}Q^n = T\overline{Q^n} + \overline{T}Q^n$$

即
$$Q^{n+1} = T\overline{Q^n} + \overline{T}Q^n \quad (CP = 1)$$

（3）状态转换图

状态转换图如图 8-18 所示。

（4）波形图

从 T 触发器的功能分析上，不难发现，其实它是 JK 触发器的特例，因此若给定时钟 CP 和输入信号 T 的波形图，根据表 8-5 很容易就可以画出 Q 和 $\overline{Q}$ 的输出波形，读者可试一试。

另外，除了时钟脉冲输入端 CP、控制输入端及触发器输出端外，绝大多数实际的触发器电路还有直接置位输入端（置 1 端）$\overline{S}_D$ 和直接复位输入端（置 0 端）$\overline{R}_D$。

以 D 触发器为例，其逻辑符号如图 8-19 所示，功能真值表如表 8-6 所示。

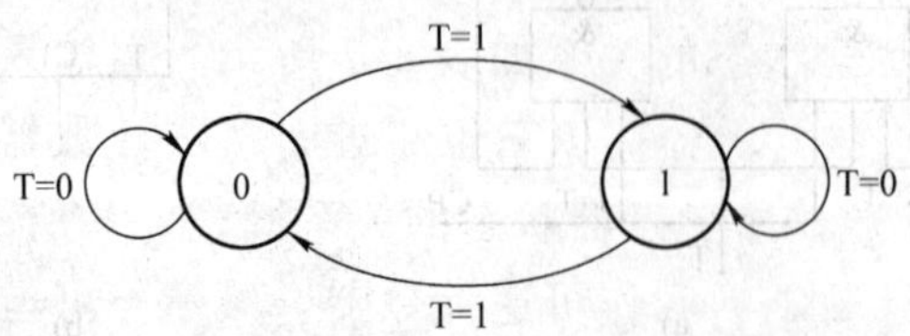

图 8-18　T 触发器的状态转换图

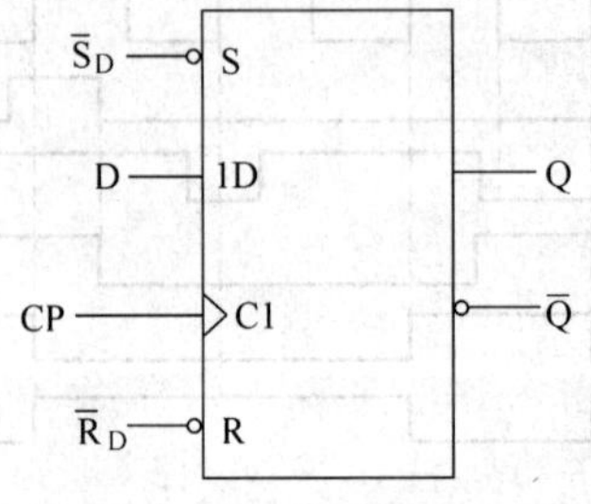

图 8-19　带置位、复位输入的 D 触发器符号

当直接置位输入端（置1端）$\overline{S}_D$ 和直接复位输入端（置0端）$\overline{R}_D$ 都为“1”时，它们对触发器的工作无影响；当 $\overline{S}_D$ 为“1”，而 $\overline{R}_D$ 为“0”时，不管CP和控制输入端如何，触发器均被置“0”；当 $\overline{R}_D$ 为“1”，而 $\overline{S}_D$ 为“0”时，则不管CP和控制输入端如何，触发器均被置“1”；当 $\overline{S}_D$ 和 $\overline{R}_D$ 同时为“0”时，触发器的状态不确定，在应用时应避免出现这种情况。

表8-6　带置位、复位的D触发器功能真值表

输入				输出	
$\overline{R}_D$	$\overline{S}_D$	D	CP	Q	$\overline{Q}$
0	1	×	×	0	1
1	0	×	×	1	0
1	1	1	↑	1	0
1	1	0	↑	0	1
0	0	×	×	1	1

由上述可知：

1）不管CP和控制输入信号如何，通过直接置位输入端（置1端）$\overline{S}_D$ 和直接复位输入端（置0端）$\overline{R}_D$ 可以改变输出状态。

2）在直接置位输入端（置1端）$\overline{S}_D$ 和直接复位输入端（置0端）$\overline{R}_D$ 均为“1”时，通过时钟脉冲CP和控制输入可改变输出状态。

请读者注意，有些时钟触发器的直接置位端和直接复位端在输入为负脉冲“0”时，对触发器没有影响，而是在加上正脉冲“1”后才起作用，这种情况下，直接置位端和直接复位端常分别记作 $\overline{S}_D$ 和 $\overline{R}_D$。有的书本还常将直接置位端称作“预置”端，用 P_r 表示，将直接复位端称作“清除”端，用Clear表示。

8.2　计数器

8.2.1　计数器的基本概念

计数器是用来累计输入脉冲个数的时序逻辑部件。它是数字系统中用途最广泛的基本逻辑部件。它不仅可以进行计数，还可以对时钟脉冲进行分频、数字系统进行定时、程序控制操作及数字运算等。

计数器的种类繁多，可从不同的角度对计数器进行分类。

按计数器中的触发器状态更新是否同步，分为同步计数器和异步计数器。若计数脉冲CP同时送到所有触发器，各触发器状态更新是同步的，则是同步计数器，否则就是异步计数器。

按计数器计数的增减，分为加法计数器、减法计数器、可逆计数器。每输入一个脉冲就进行一次加1运算的计数器，称为加法计数器。以2进制加法计数器为例，它输入脉冲个数与自然态序二进制数及计数器中触发器状态的关系如表8-7所示。每输入一个脉冲就进行一次减1运算的计数器，称为减法计数器。以三位二进制减法计数器为例，它输入脉冲个数与自然态序二进制数及计数器中触发器状态的关系如表8-8所示。既可以进行加法运算又可以进行减法运算的计数器，叫作可逆计数器。当然，可逆计数器不可能同时既作加法运算又作减法运算，它只可能在加减控制信号作用下，在某个时刻作加法运算或作减法运算。

表 8-7 二进制加计数器状态转换表

输入脉冲序号	Q_2 2^2	Q_1 2^1	Q_0 2^0
0	0	0	0
1	0	0	1
2	0	1	0
3	0	1	1
4	1	0	0
5	1	0	1
6	1	1	0
7	1	1	1
8	0	0	0
9	0	0	1

表 8-8 二进制减计数器状态转换表

输入脉冲序号	Q_2 2^2	Q_1 2^1	Q_0 2^0
0	0	0	0
1	1	1	1
2	1	1	0
3	1	0	1
4	1	0	0
5	0	1	1
6	0	1	0
7	0	0	1
8	0	0	0
9	1	1	1

按计数进制的不同，即有几个有效状态构成循环，分为二进制计数器和非二进制计数器。在数字电路中，广泛采用二进制计数体系，与此相适应的计数器为二进制计数器。在输入脉冲的作用下，计数器按自然态序循环经历 2^n 个独立状态（n 为计数器中触发器的个数），因此又可称作模 2^n 进制计数器，模数 $M=2^n$。计数器在计数时所经历的独立状态数不为 2^n（$M\neq 2^n$），则可称为非二进制计数器，如十进制计数器、十二进制计数器等，其中最常见的是十进制计数器。循环中未出现的状态称为无效状态，电路可能由于其他原因进入无效状态，但若能在时钟脉冲作用下自动返回到有效状态，则称这种计数器能够自启动，显然我们希望计数器都能够自启动。

8.2.2 同步计数器

同步计数器有统一的时钟并同时供给各触发器，因此同步计数器的工作速度比异步计数器快，并且在译码显示时，不易产生干扰脉冲，克服了异步触发器的缺点。

1. 同步二进制加法计数器

由于同步计数器中，每个触发器的时钟端均应接同一个时钟脉冲源，各触发器如要翻转，应在时钟脉冲作用下同时翻转，因此时钟端不能再由其他触发器来控制。在这个条件下，分析表 8-7 所示的二进制加法计数器状态转换表，可发现在统一的时钟脉冲作用下：

1）最低位来一个脉冲就翻转一次。

2）其他位均在其所有低位为 1 时可翻转，因为在此时来一个脉冲，低位向本位会有进位。如次高位 F_1 在其低位 Q_0 为 1 时，在时钟脉冲作用下可翻转；最高位 F_2 在它所有低位（Q_1、Q_0）均为 1 时，在时钟脉冲作用下可翻转。

因此，用 T 功能触发器就可以构成三位同步二进制加法计数器：$T_0=1$、$T_1=Q_0$、$T_2=Q_1Q_0$；$CP_0=CP_1=CP_2=CP$（时钟脉冲源）。其逻辑图如图 8-20 所示。其中图 8-20a 为上升沿触发器构成的逻辑电路；图 8-20b 为下降沿触发器构成的逻辑电路。

由图 8-20 电路可见，a、b 逻辑图构成方式相同，其中每个 JK 触发器的 J 端、K 端相连接，就相当于 T 功能触发器中的 T 控制输入端。在时钟脉冲作用下，它们的状态转换图如图 8-21 所示。而波形图则分别如图 8-22a、b 所示，请注意图 8-20a、b 的波形图是有区别的，a 图中各触发器在 CP 上升沿翻转；b 图中各触发器在 CP 下降沿翻转。

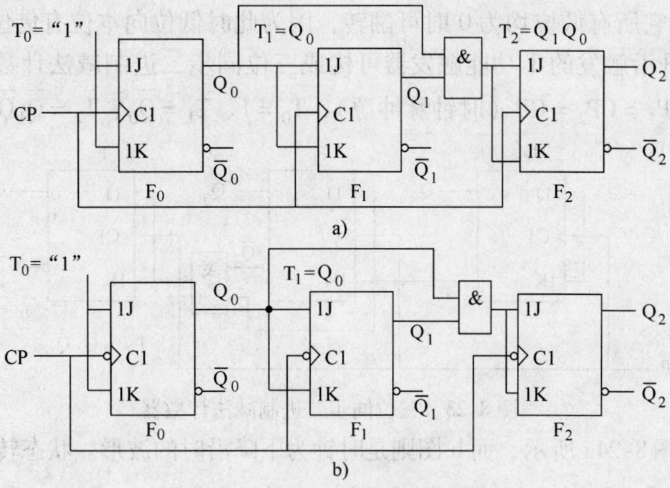

图 8-20　三位同步二进制加法计数器

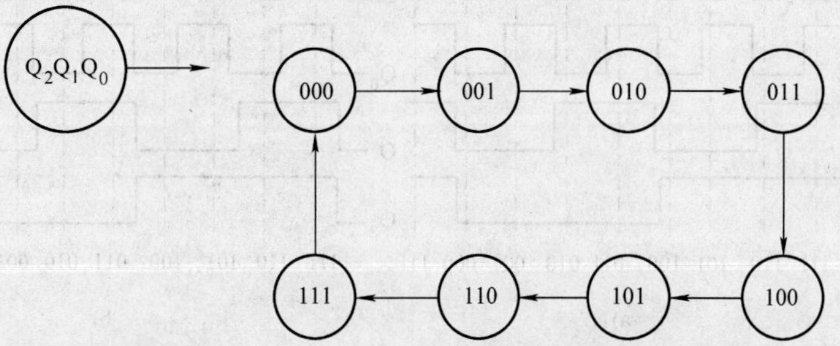

图 8-21　三位同步二进制加法计数器状态转换图

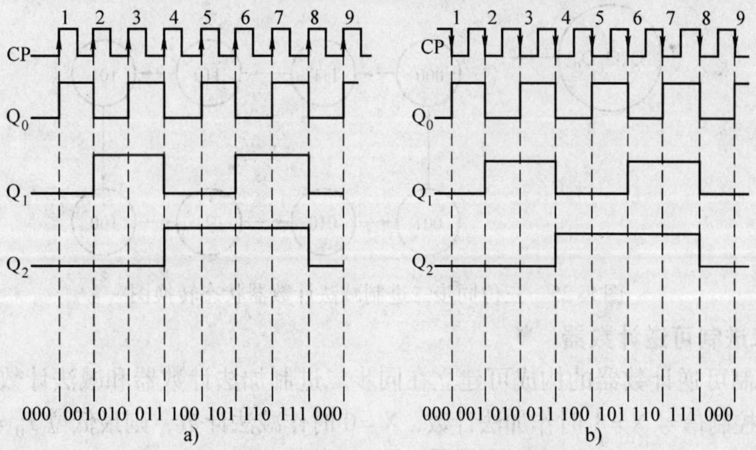

图 8-22　三位同步二进制加法计数器波形图

若要构成四位同步二进制加计数器，可在图 8-20 基础上加一个 F_3 高位触发器，只要使它的时钟脉冲输入 $CP_3 = CP$、$T_3 = J_3 = K_3 = Q_2\ Q_1\ Q_0$ 就可以了。

2. 同步二进制减法计数器

与加法计数器相似，可由表 8-8 所示的二进制减法计数器状态转换表看出，在统一的时钟脉冲作用下：

1）最低位来一个脉冲翻转一次。

2）其他位在它所有低位均为0时可翻转，因为此时低位向本位有借位。

因此，用上升沿触发的T功能触发器可构成三位同步二进制减法计数器，如图8-23所示。其中 $CP_0 = CP_1 = CP_2 = CP$（时钟脉冲源）；$T_0 = 1$、$T_1 = \overline{Q_0}$、$T_2 = \overline{Q_1}\,\overline{Q_0}$。

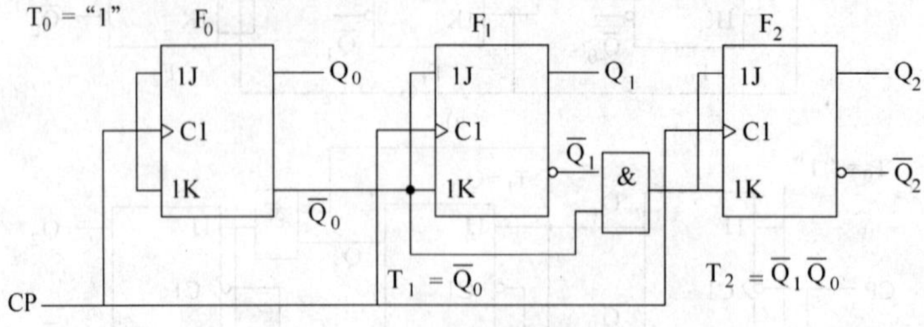

图8-23 三位同步二进制减法计数器

其波形图如图8-24a所示，而b图则是时钟为下降沿时的波形。状态转换图如8-25所示。

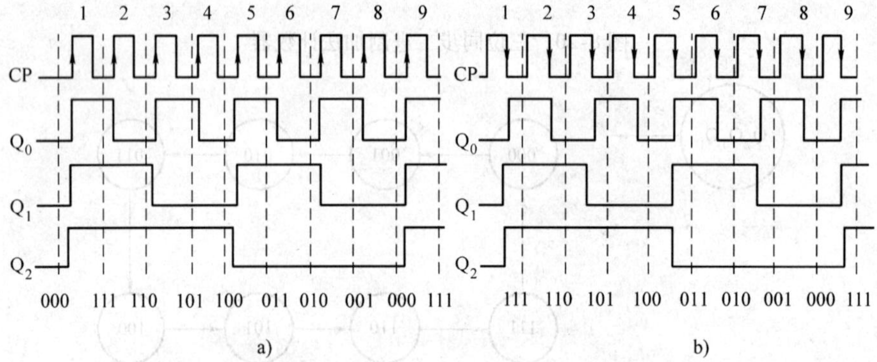

图8-24 三位同步二进制减法计数器波形图

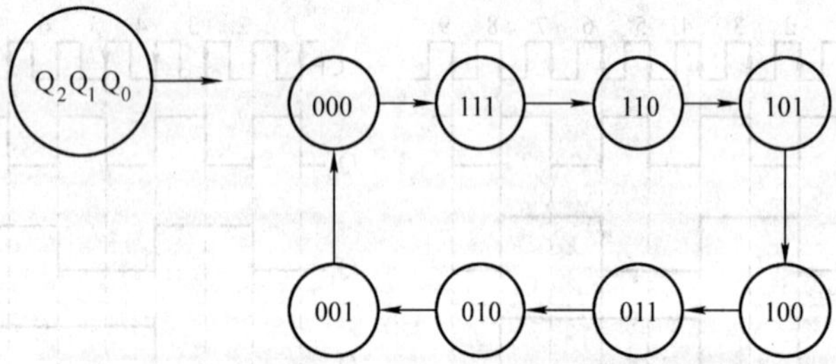

图8-25 三位同步二进制减法计数器状态转换图

3. 同步二进制可逆计数器

同步二进制可逆计数器的构成可建立在同步二进制加法计数器和减法计数器的基础上。

若令加减控制信号 X = 1 时作加法计数，X = 0 时作减法计数，则最低位 $T_0 = 1$，次高位 $T_1 = XQ_0 + \overline{X}\,\overline{Q_0}$，最高位 $T_2 = XQ_1Q_0 + \overline{X}\,\overline{Q_1}\,\overline{Q_0}$，$CP_0 = CP_1 = CP_2 = CP$，其逻辑图如图8-26所示。

由上述二进制计数器的波形图均可看出：相邻高位输出 Q_{i+1} 的波形是相邻低位输出 Q_i 波形的二分频，也就是说，相邻高位的波形周期是相邻低位波形周期的2倍。因此，一个三位二进制加法计数器或减法计数器均可实现八分频，也就是说，最高位触发器输出 Q_2 的周期是CP脉冲信号源周期的八倍，频率是其1/8。

目前中规模集成计数器种类较多，使用也十分广泛。通常的集成芯片为BCD码十进制计数器或四位二进制计数器，这些计数器功能较完善，还可以自扩展。常见的集成芯片

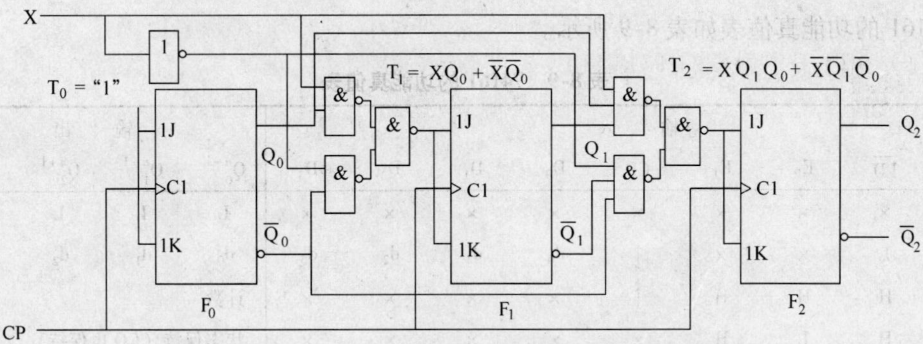

图 8-26　三位同步二进制可逆计数器

74161 就是同步的可预置的四位二进制计数器，并具有异步清零功能。

四位同步可预置二进制计数器 74161 的逻辑符号、引脚图和逻辑电路图如图 8-27 所示。从逻辑图可知，它是由 4 个 JK 触发器和若干个门组成的计数器，它有下列输入端：异步清零端$\overline{CR}$（低电平有效）、时钟输入端 CP、同步并行置数控制端$\overline{LD}$（低电平有效）、计数控制端 E_P 和 E_T、并行数据输入端 $D_0 \sim D_3$。它有下列输出端：$Q_0 \sim Q_3$、进位输出端 CO。

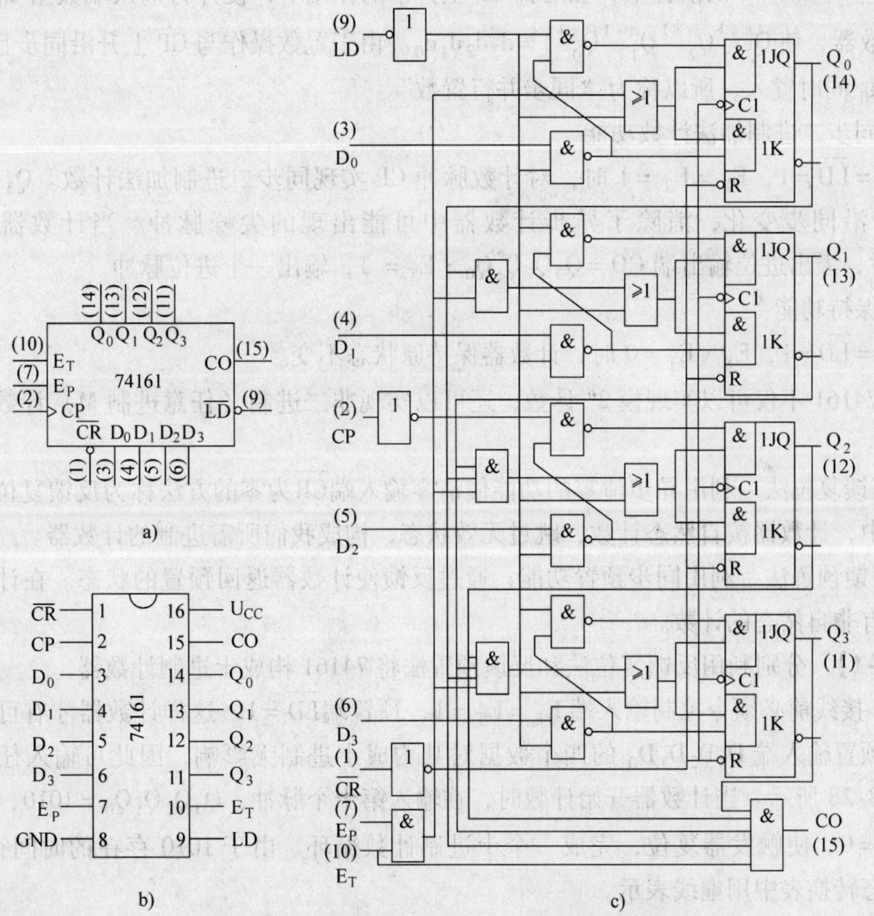

图 8-27　四位同步可预置二进制计数器 74161

a）逻辑符号　b）管脚图　c）逻辑电路图

74161 的功能真值表如表 8-9 所示。

表 8-9　74161 的功能真值表

输入									输出			
$\overline{CR}$	$\overline{LD}$	E_P	E_T	CP	D_0	D_1	D_2	D_3	Q_0^{n+1}	Q_1^{n+1}	Q_2^{n+1}	Q_3^{n+1}
L	×	×	×	×	×	×	×	×	L	L	L	L
H	L	×	×	↑	d_0	d_1	d_2	d_3	d_0	d_1	d_2	d_3
H	H	H	H	↑	×	×	×	×	计数			
H	H	L	H	×	×	×	×	×	状态保持（CO 也保持）			
H	H	×	L	×	×	×	×	×	状态保持 CO = 0			

（1）异步清零功能

只要$\overline{CR}=0$，不管其他输入端（包括 CP 端）状态如何，都可以实现电路清零，即$Q_3^{n+1}Q_2^{n+1}Q_1^{n+1}Q_0^{n+1}=0000$。由于清零操作与时钟 CP 无关，所以称为“异步清零”。

（2）同步并行置数功能

在$\overline{CR}=1$，$\overline{LD}=0$ 的前提下，在时钟 CP 上升沿的作用下，使并行输入端数据 $d_0\sim d_3$ 同时置入计数器，使 $Q_3^{n+1}Q_2^{n+1}Q_1^{n+1}Q_0^{n+1}=d_3d_2d_1d_0$。由于置数操作与 CP 上升沿同步且 4 位数据 $d_3d_2d_1d_0$ 同时置入，所以称为“同步并行置数”。

（3）同步二进制加法计数功能

当$\overline{CR}=\overline{LD}=1$，$E_P=E_T=1$ 时，对计数脉冲 CP 实现同步二进制加法计数。$Q_3\sim Q_0$ 与 CP 的上升沿同步变化，消除了异步计数器中可能出现的尖峰脉冲。当计数器累加到“1111”时，溢出进位输出端 $CO=Q_3Q_2Q_1Q_0\cdot E_T=1$，输出一个进位脉冲。

（4）保持功能

当$\overline{CR}=\overline{LD}=1$，$E_P\cdot E_T=0$ 时，计数器保持原状态不变。

利用 74161 不仅可以实现模 2^n 计数，还可以实现非二进制（任意进制 M）计数，其方法有两种：

1）反馈复位法　利用异步清零的功能使清零输入端$\overline{CR}$为零的方法称为反馈复位法。在计数过程中，计数器按自然态计数，跳过无效状态，构成我们所需进制的计数器。

2）反馈预置法　利用同步预置功能，通过反馈使计数器返回预置的状态。在计数过程中，可以有非自然态的计数。

【例 8-1】　分别利用反馈复位法和反馈预置法将 74161 构成十进制计数器。

解 1：接线前必须令控制输入端 $E_P=E_T=1$，预置端$\overline{LD}=1$，这样计数器才有可能正常计数。而预置输入端 $D_3D_2D_1D_0$ 的四个数据对其构成十进制无影响，因此可输入任意信号×，如图 8-28 所示。当计数器开始计数时，在输入第十个脉冲，$Q_3Q_2Q_1Q_0=1010$，通过与非门令$\overline{CR}=0$，使触发器复位，完成一个十进制计数循环。由于 1010 存在的时间很短暂，因此在状态转换表中用虚线表示。

解 2：反馈预置法中有两种计数方式，即自然态和非自然态。

接线前仍须令控制输入端 $E_P=E_T=1$，而$\overline{CR}=1$。

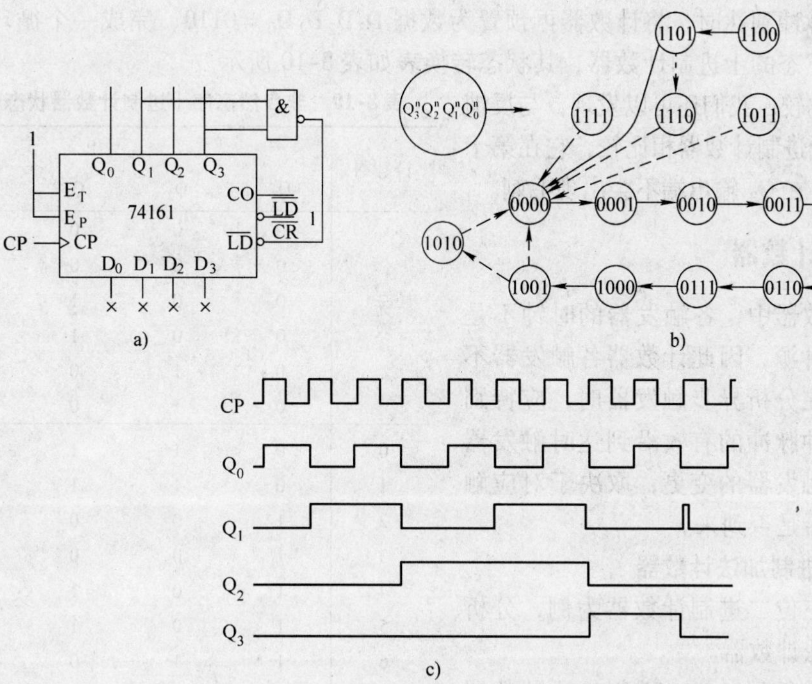

图 8-28　反馈复位法 74161 构成十进制计数器

图 8-29 为自然态计数。若输出端从 $Q_3Q_2Q_1Q_0=0000$ 开始计数，当计到第九个脉冲，此时 $Q_3Q_2Q_1Q_0=1001$，通过与非门使 $\overline{LD}=0$，而在下一个脉冲也就是第十个脉冲到达时，将预置数据 $D_3D_2D_1D_0$ 送给输出端，$Q_3Q_2Q_1Q_0=D_3D_2D_1D_0$，完成十进制计数。

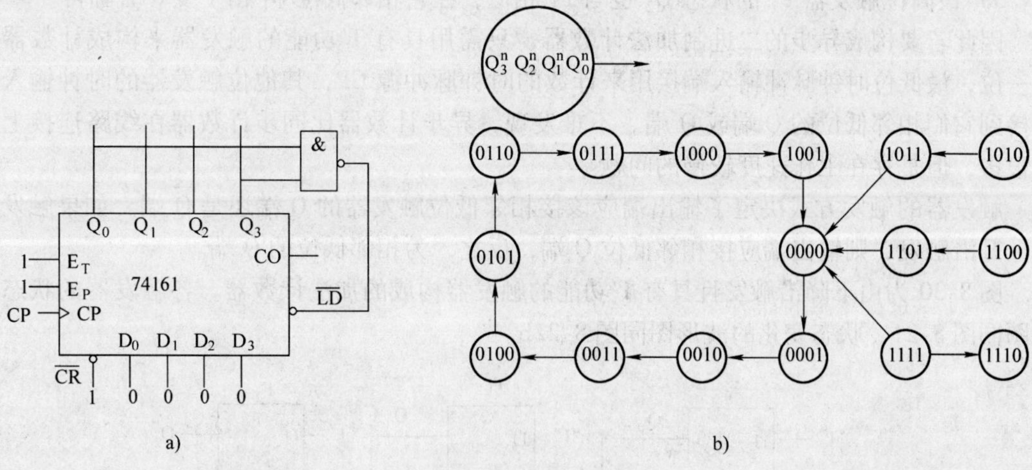

图 8-29　反馈预置法 74161 构成十进制计数器

若接为非自然态计数，则与图 8-29 不同的是，进位端通过非门与预置端相接，而预置数据端 $D_3D_2D_1D_0=0110$。此时，当输出端从 $Q_3Q_2Q_1Q_0=0110$ 开始计数，当计到第九个脉冲，此时 $Q_3Q_2Q_1Q_0=1111$，溢出进位输出端 $CO=1$，通过非门使 $LD=0$，而在下一个脉冲也就是第十个脉冲到达时，将计数器再预置为数据 $D_3D_2D_1D_0=0110$，完成一个循环，显然这是一个非自然态的十进制计数器，其状态转换表如表 8-10 所示。

通过上述比较，我们还可以发现，与反馈复位法构成的十进制计数器相比较，它在第十个脉冲到来时，在 Q_3 输出端不会出现毛刺。

表 8-10　非自然态序十进制计数器状态转换图

计数 N	输出			
	Q_3	Q_2	Q_1	Q_0
无效	0	0	0	0
	0	0	0	1
	0	0	1	0
	0	0	1	1
	0	1	0	0
	0	1	0	1
0	0	1	1	0
1	0	1	1	1
2	1	0	0	0
3	1	0	0	1
4	1	0	1	0
5	1	0	1	1
6	1	1	0	0
7	1	1	0	1
8	1	1	1	0
9	1	1	1	1
10	0	1	1	0

8.2.3　异步计数器

在异步计数器中，各触发器的时钟不是来自统一的时钟源，因此计数器各触发器不能同时翻转。在分析异步触发器时，应特别注意，只有时钟脉冲的有效沿到达时触发器才会翻转，即触发器的变更，取决于对应触发脉冲的有效沿是否到来。

1. 异步二进制加法计数器

我们仍以三位二进制计数器为例，分析异步二进制加法计数器。

通过表 8-7 所示三位二进制加法计数器的状态转换表，可以看出：

1）最低位触发器 F_0 的状态 Q_0，在时钟脉冲作用下，来一个脉冲就翻转一次。

2）次高位触发器 F_1 的状态 Q_1 则在 F_0 作加 1 计数，当 Q_0 由 1 变 0，产生进位时，使它的相邻高位翻转。

3）最高位触发器 F_2 的状态 Q_2 也与 F_1 相似，在它相邻低位 Q_1 由 1 变 0 时翻转。

因此若要构成异步的二进制加法计数器，只需用具有 T′功能的触发器来构成计数器的每一位，最低位时钟脉冲输入端接用来计数的时钟脉冲源 CP，其他位触发器的时钟输入端则接到它们相邻低位的 Q 端或 $\overline{Q}$ 端。不难发现，异步计数器比同步计数器在线路连接上简单很多，但是存在工作速度较慢的问题。

触发器的触发方式决定了输出端应该接相邻低位触发器的 Q 端还是 $\overline{Q}$ 端。如果触发器为上升沿触发，则输出端应接相邻低位 $\overline{Q}$ 端，反之，为相邻低位的 Q 端。

图 8-30 为由下降沿触发且具有 T′功能的触发器构成的加法计数器。各触发器的状态转化图同图 8-21，状态变化的波形图同图 8-22b。

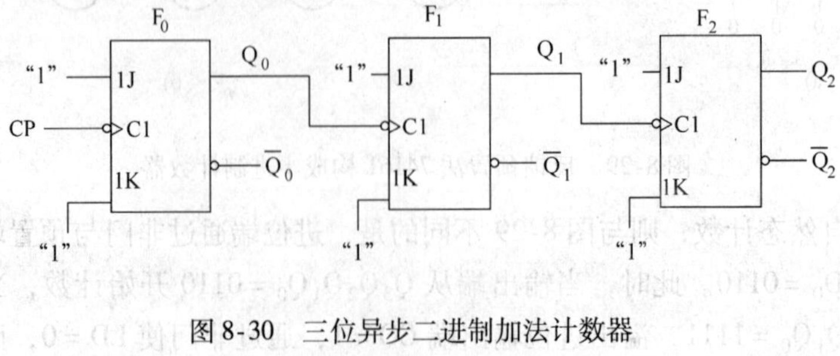

图 8-30　三位异步二进制加法计数器

若要计数器的位数增加，则增加的高位应为T′功能，并在其CP脉冲输入端接入相邻低位的Q端或$\overline{Q}$端。其连接的规律可见表8-11。

表 8-11　异步二进制计数器级间连接规律

连接规律	T触发器的触发沿	
	上升沿	下降沿
加计数	$CP_i=\overline{Q_{i-1}}$	$CP_i=Q_{i-1}$
减计数	$CP_i=Q_{i-1}$	$CP_i=\overline{Q_{i-1}}$

2. 异步二进制减法计数器

通过分析表8-8，可知：

1）最低位触发器F_0的状态Q_0，在时钟脉冲作用下，来一个脉冲就翻转一次。

2）次高位触发器F_1的状态Q_1则在F_0作减1计数，当Q_0由0变1，产生借位时，使它的相邻高位翻转。

3）最高位触发器F_2的状态Q_2也与F_1相似，在它相邻低位Q_1由0变1时翻转。

图8-31为由下降沿触发且具有T′功能的触发器构成的减法计数器。各触发器的状态转换图同图8-25所示，其波形图同图8-24b所示，若计数器的位数增加，其连接的规律可见表8-11。

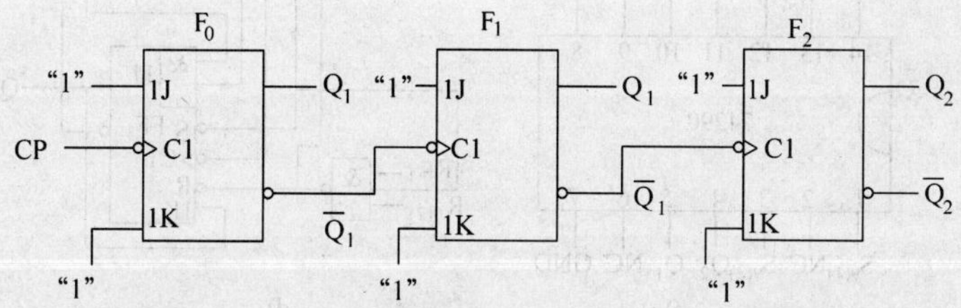

图8-31　三位异步二进制减法计数器

3. 异步二进制可逆计数器

可逆计数器就是在加减控制信号作用下，在某个时刻可作加法计数器或减法计数器，逻辑电路图如8-32所示。当加减控制信号X=1时，作加法计数器；X=0时，作减法计数器。这里就不再具体展开。

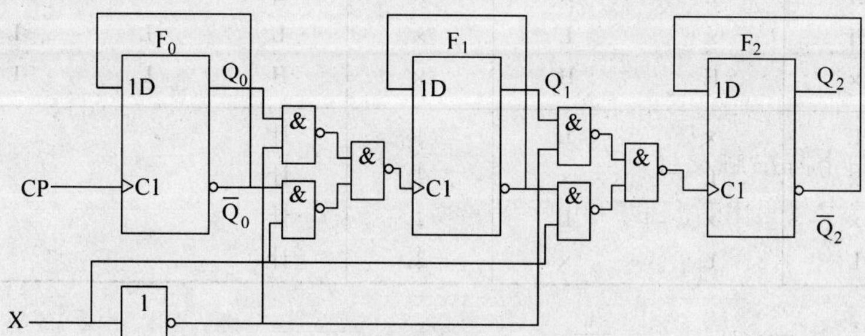

图8-32　三位二进制可逆计数器

常用的集成芯片74290是一个异步的BCD码十进制计数器，如图8-33所示。由逻辑图可知，其内部逻辑结构是由一个独立的二进制计数器F_0和一个独立的五进制计数器F_1、F_2和F_3组成的，功能真值表如表8-12所示。

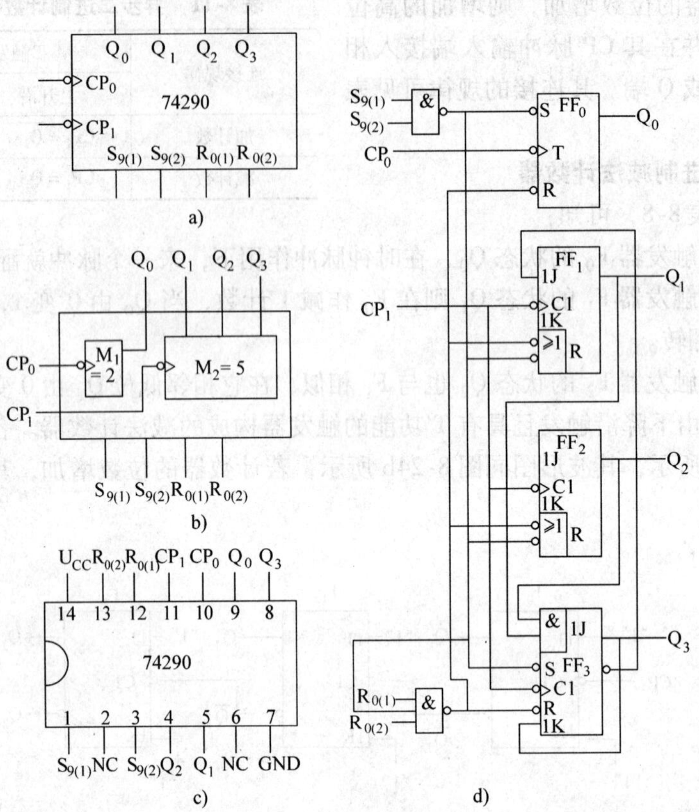

图 8-33　二—五—十进制计数器 74290

a）逻辑符号　b）框图　c）引脚图　d）逻辑电路图

表 8-12　74290 功能真值表

输入					输出			
$R_{0(1)}$	$R_{0(2)}$	$S_{9(1)}$	$S_{9(2)}$	CP	Q_3	Q_2	Q_1	Q_0
H	H	L	×	×	L	L	L	L
H	H	×	L	×	L	L	L	L
×	×	H	H	×	H	L	L	H
×	L	×	L	↓	计			数
L	×	L	×	↓	计			数
L	×	×	L	↓	计			数
×	L	L	×	↓	计			数

（1）异步清零功能

从真值表可知，$S_{9(1)} \cdot S_{9(2)} = 0$ 时，只要 $R_{0(1)} \cdot R_{0(2)} = 1$，无需时钟 CP 的提供，就可以使 $Q_3\ Q_2\ Q_1\ Q_0 = 0000$，因此又称直接清零。

（2）异步置 9 功能

只要 $S_{9(1)} \cdot S_{9(2)} = 1$，无需时钟 CP 的提供，输出 $Q_3\ Q_2\ Q_1\ Q_0 = 1001$，称为异步置 9。

（3）计数功能

在 $S_{9(1)} \cdot S_{9(2)}=0$ 和 $R_{0(1)} \cdot R_{0(2)}=0$ 同时满足的条件下，当 CP 下降沿到达时可以实现计数。若在 CP_0 端输入脉冲，则 Q_0 端实现二进制计数；若在 CP_1 端输入脉冲，则 Q_3 Q_2 Q_1 构成异步五进制计数。由此可以发现，74290 有独立的模 2 和模 5 计数功能。

由上分析可知，74290 可以实现二进制、五进制和十进制的计数。需注意的是，通常构成十进制有 8421 码和 5421 码两种的方式，如图 8-34 所示，请读者区别两者的连线不同。当然，74290 更重要的一个应用是任意进制的计数。

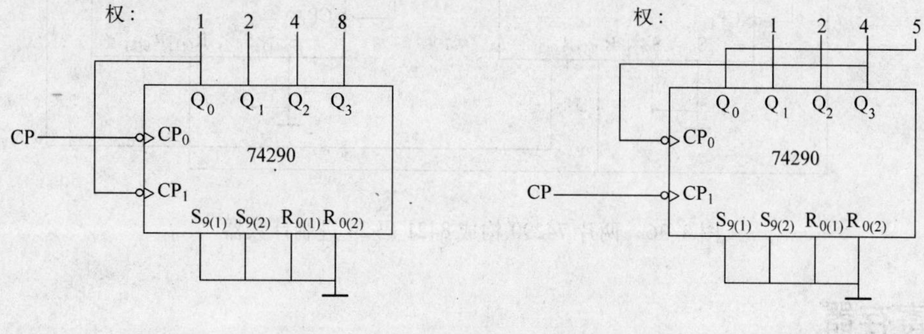

图 8-34　74290 构成不同码制的计数器

【例 8-2】　用 74290 构成 8421 码七进制计数器。

解：M=7，且为 8421 码，所以 $(7)_{10}=(0111)_{8421}$。

首先按照 8421 码的连线方式接好，如图 8-35a 所示然后把 Q_2、Q_1、Q_0 相“与”后接至 $R_{0(1)}$ 和 $R_{0(2)}$ 异步清零端。从全 0 状态开始，第七个计数脉冲的下降沿到来后，Q_3 Q_2 Q_1 Q_0 =0111，则 $R_{0(1)}=R_{0(2)}=1$，立即把 Q_3 Q_2 Q_1 Q_0 置为 0000。其状态转换图如图 8-35b 所示。其中，状态 0111 由于出现后转瞬即逝，因此主循环状态是 0000 ~ 0110。

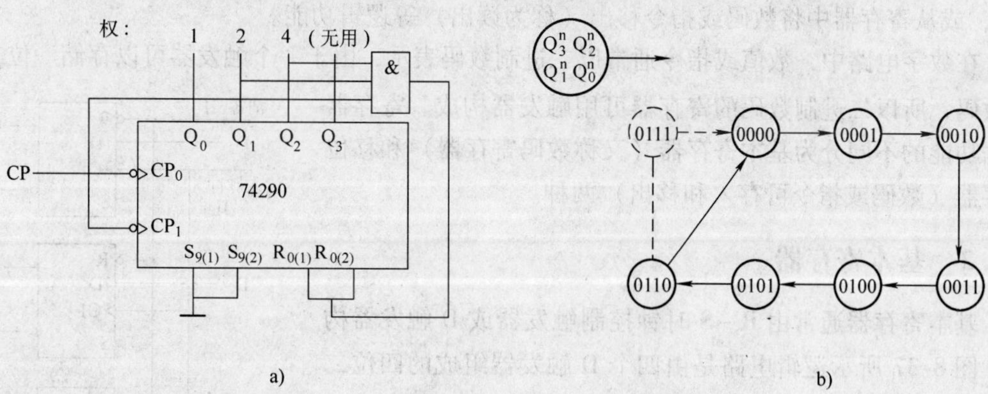

图 8-35　反馈复位法 74290 构成七进制计数器

【例 8-3】　用 74290 构成 8421 码 24 进制计数器。

解：一片 74290 最多只能连接成十进制，因此要接成 24 进制需要扩展一片。

首先还是按照 8421 码的连接方式进行接线，然后将两片级联，即将个位片的输出 Q_3 连至十位片的 CP_0 输入端，当个位片计满 10 个计数脉冲时，Q_3 输出一个脉冲使十位片作“加 1”计数。在此基础上再将十位片的 Q_1 接两片的 $R_{0(2)}$，将个位片的 Q_2 接两片的 $R_{0(1)}$，当第 24 个计数脉冲下降沿到来后，十位片 Q_3 Q_2 Q_1 Q_0 =0010，个位片 Q_3 Q_2 Q_1 Q_0 =0100，构成异步清零，两片成为全零，从而实现了 24 进制输出。连线如图 8-36 所示。当然，这种连线方式并不是唯一的，读者可以尝试其他方式。

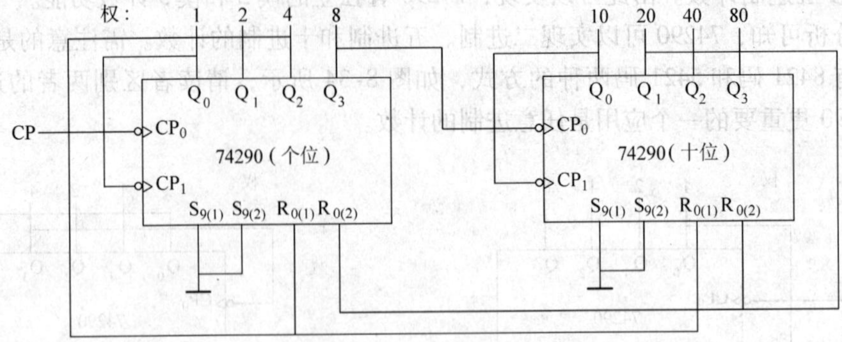

图 8-36　两片 74290 构成 8421 码 24 进制计数器

8.3　寄存器

8.3.1　寄存器的基本概念

在数字系统中，常常需要将一些数码、指令或运算结果暂时存放起来，这种能够存放若干位二进制数码的部件称为寄存器。寄存器是最常见的重要数字部件。

寄存器一般由触发器和门电路组成。一般地，一个 n 位寄存器由 n 个触发器和控制电路组成。它具有以下逻辑功能：可在时钟脉冲的作用下将数码或指令存入寄存器（称为写入），或从寄存器中将数码或指令移出（称为读出）等逻辑功能。

在数字电路中，数值或指令通常以二进制数码表示，由于一个触发器可以存储一位二进制数码，所以二进制数码的寄存器可用触发器构成。寄存器根据功能的不同分为基本寄存器（又称数码寄存器）和移位寄存器（数码或指令可存入和移出）两种。

8.3.2　基本寄存器

基本寄存器通常由 R－S 时钟控制触发器或 D 触发器构成。图 8-37 所示逻辑电路是由四个 D 触发器组成的四位二进制数码寄存器。

由于触发器具有记忆功能，因此数码寄存前先要对电路进行清零工作，清除原存储的数码，然后在时钟脉冲 CP（又称写入脉冲）作用下将数码 $D_3 \sim D_0$ 存入寄存器。当写入脉冲的上升沿过后，各 D 触发器的 Q 端显示相应的输入端处放置的数码（1 或 0），并将保持到下一个有效时钟的到达。这种在有效时钟作用下将待存入的数码一次置入寄存器的输入法称为并行输入法；而每到来一个写入脉冲只置入一

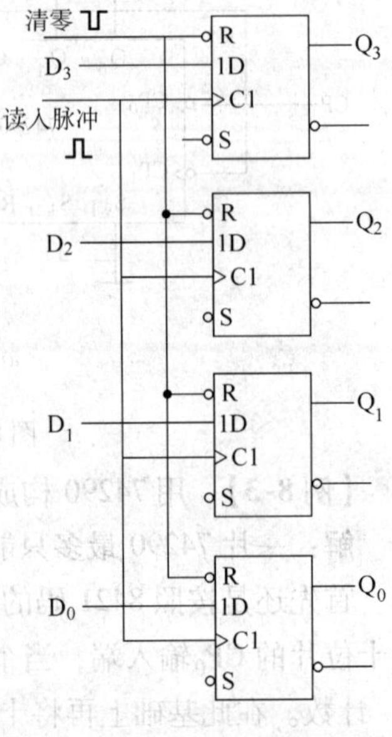

图 8-37　四位二进制数码寄存器

位数码，若有 n 位二进制数码需要存入时，就需要 n 个读入脉冲的输入方式则称为串行输入法。

8.3.3 移位寄存器

移位寄存器可以在时钟脉冲作用下将数码或指令移入寄存器或移出寄存器。根据数码移动的情况，移位寄存器可分为单向移位和双向移位两种。

根据前面的讲述可知，移位寄存器中数码的存入或移出有两种方式，即并行输入、输出和串行输入、输出。

1. 单向移位寄存器

单向移位寄存器根据数码在寄存器内移动的方向又可分为左移移位寄存器和右移移位寄存器两种。

图 8-38 为由 D 触发器构成的四位右移移位寄存器的逻辑图，其数码的置入既可以采用并行输入方式也可采用串行输入方式。数码的输出为串行。

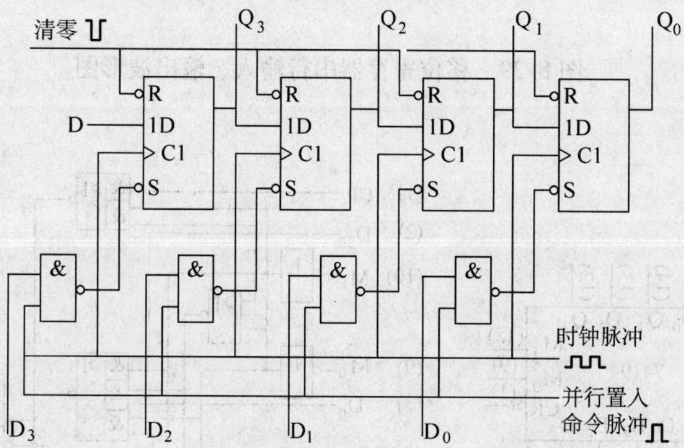

图 8-38 移位寄存器（四位右移）逻辑图

首先应通过清零信号 R 的作用使寄存器的各触发器输出 Q 端均为零。采用并行输入数码时，待置入的数码 $D_3 \sim D_0$（其中 D_3 为最高位，D_0 为最低位）在并行输入命令脉冲作用下，通过触发器的置位控制端 S 将数据置入触发器。采用串行输入置数时，可以将二进制数从高位起依次送入移位寄存器的数据输入端，数码在时钟脉冲作用下依次转移。在电路清零后，Q_3、Q_2、Q_1、Q_0均为零，在第一个时钟脉冲到来之前使 $D=1$，时钟脉冲到来以后，$Q_3=D=1$，而 Q_2、Q_1、Q_0仍为零，在第二个时钟脉冲到达之前，将 D 改为数码 0，时钟脉冲到来以后，数码右移，$Q_3=0$，而 $Q_2=1$，Q_1、Q_0 仍为零，第三个、第四个时钟脉冲到达之前，D 均置数码为 1，在四个时钟脉冲过后（称为四拍），数码将依次存入寄存器，触发器的各 Q 端电平分别为 $Q_3=1$、$Q_2=1$、$Q_1=0$、$Q_0=1$。各 Q 端波形图如图 8-39a 所示。

如果需要将寄存器内的数据移出，只需再输入四个时钟脉冲（数码 D 设置为 0），数据就可以全部移出，波形图如图 8-39b 所示。

2. 中规模集成移位寄存器（双向移位寄存器）

图 8-40 为 74194 的逻辑符号。它具有左移位、右移位、并行输入数据、保持、清零等

五种功能。表 8-13 为其功能真值表，从表中可以看出，M_1、M_0 为功能选择输入端，$\overline{CR}$为异步清零端，D_{SR}、D_{SL}分别是右移和左移串行数据输入端，$D_3D_2D_1D_0$ 是并行数据输入端，时钟 CP 为移位脉冲输入端，$Q_3Q_2Q_1Q_0$ 为输出端。

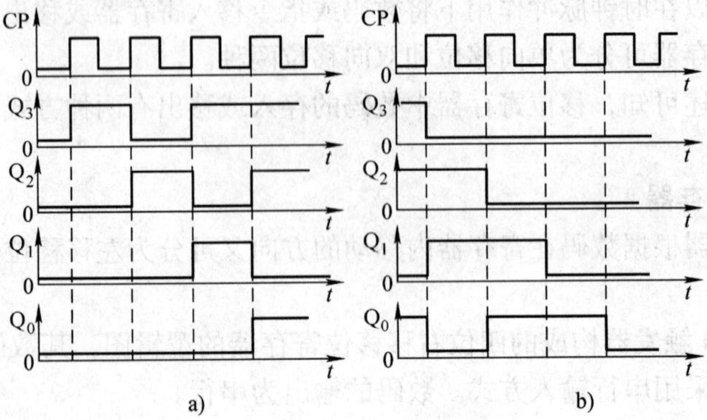

图 8-39　移位寄存器串行输入、输出波形图

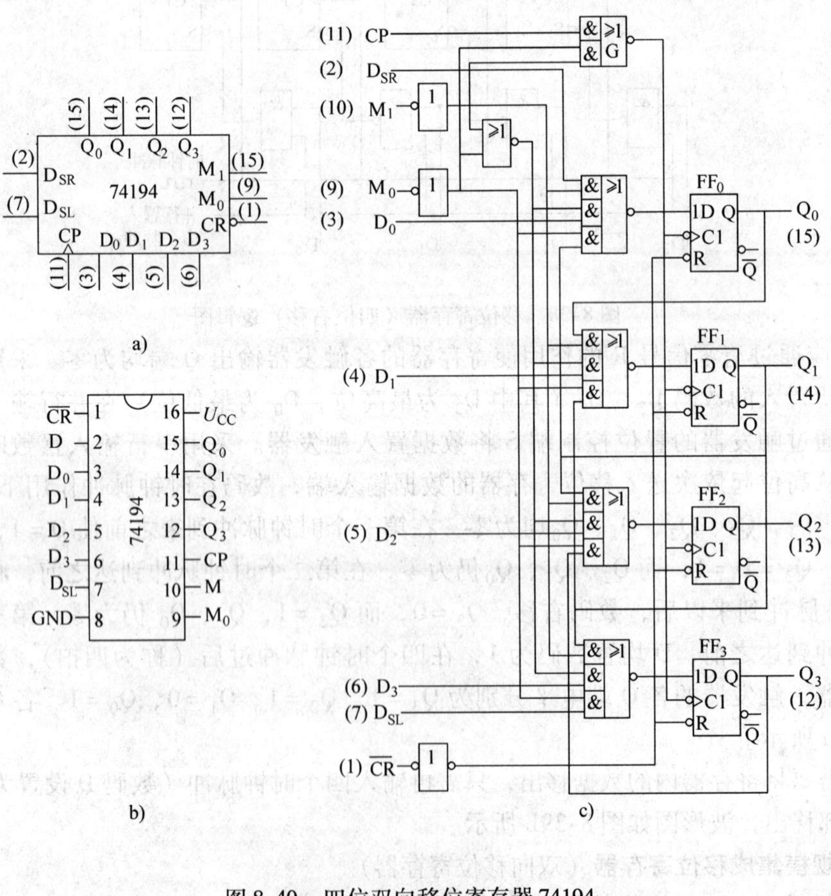

图 8-40　四位双向移位寄存器 74194

表 8-13　74194 的功能真值表

输入										输出			
$\overline{CR}$	M_1	M_0	CP	D_{SL}	D_{SR}	D_0	D_1	D_2	D_3	Q_0^{n+1}	Q_1^{n+1}	Q_2^{n+1}	Q_3^{n+1}
L	×	×	×	×	×	×	×	×	×	L	L	L	L
H	×	×	L	×	×	×	×	×	×	Q_0^n	Q_1^n	Q_2^n	Q_3^n
H	H	H	↑	×	×	d_0	d_1	d_2	d_3	d_0	d_1	d_2	d_3
H	L	H	↑	×	H	×	×	×	×	H	Q_0^n	Q_1^n	Q_2^n
H	L	H	↑	×	L	×	×	×	×	L	Q_0^n	Q_1^n	Q_2^n
H	H	L	↑	H	×	×	×	×	×	Q_1^n	Q_2^n	Q_3^n	H
H	H	L	↑	L	×	×	×	×	×	Q_1^n	Q_2^n	Q_3^n	L
H	L	L	×	×	×	×	×	×	×	Q_0^n	Q_1^n	Q_2^n	Q_3^n

（1）异步清零功能

只要$\overline{CR}=0$，寄存器就清零。

（2）保持功能

只要$\overline{CR}=1$，$M_1M_0=00$，不论 CP 状态，寄存器都处于保持状态。

（3）右移功能

$\overline{CR}=1$，$M_1M_0=01$，在 CP 脉冲上升沿到来时，输入数据从 D_{SR}端串行输入，寄存器的内容右移，Q_3 即作为串行输出端。

（4）左移功能

$\overline{CR}=1$，$M_1M_0=10$，在 CP 脉冲上升沿到来时，输入数据从 D_{SL}端串行输入，寄存器的内容左移，Q_0 即作为串行输出端。

（5）并行输入功能

$\overline{CR}=1$，$M_1M_0=11$，输入数据 $D_3D_2D_1D_0$ 在 CP 脉冲上升沿到来时，并行存入寄存器。

利用移位寄存器的寄存和移位功能，可以构成各种计数器和分频器。

3. 环形计数器

如果将移位寄存器的串行输出反馈到移位寄存器的串行输入，就构成了环形计数器。如图 8-41 所示为三位环形计数器。

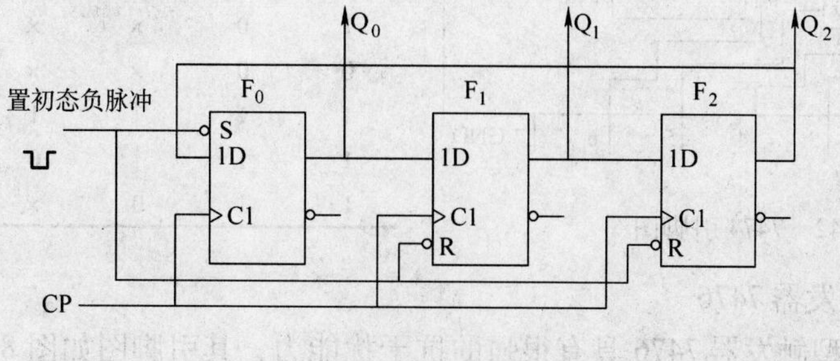

图 8-41　环形计数器

在计数器工作之前，应加一个置初态负脉冲，使 $Q_0Q_1Q_2=100$，随后每来一个时钟脉冲，F_0、F_1、F_2 中的状态就产生一次右移位，即 F_0 中的原状态右移输入 F_1；F_1 中的原状态右移输入 F_2；而 F_2 中的原状态则反馈到 F_0 输入端，右移输入到 F_0，因此整个电路输出状态 Q_0、Q_1、Q_2 来一个脉冲就变化一次，其状态转换表如表 8-14 所示。

表 8-14 环形计数器状态转换表

CP	Q_0	Q_1	Q_2
0	1	0	0
1	0	1	0
2	0	0	1
3	1	0	0

8.4 实训

8.4.1 触发器逻辑功能测试

1. 实验目的

（1）进一步掌握及验证 JK、D 触发器的功能特点。

（2）验证直接置“0”端$\overline{R}_D$、直接置“1”端$\overline{S}_D$ 的作用。

（3）学会使用无抖动开关。

2. 仪器和器件

（1）双 D 触发器 7474

（2）双 JK 触发器 7476

（3）发光二极管 2 只

（4）数字电路实验箱

（5）万用表

3. 器件介绍

（1）双 D 触发器 7474。

双 D 上升沿型触发器 7474 的引脚图如图 8-42 所示，它具有直接置数和清零功能，其逻辑功能真值表如表 8-15 所示。

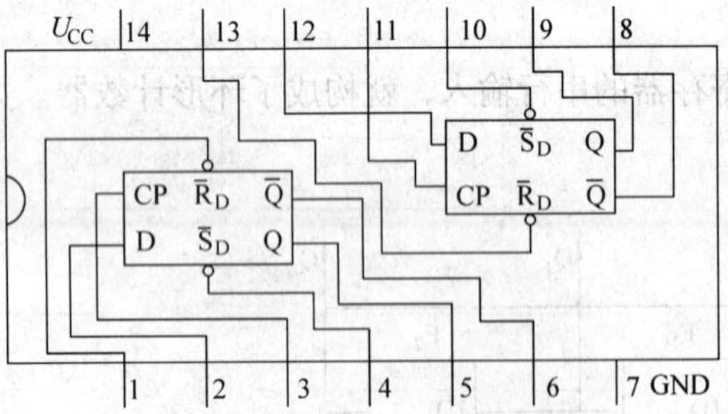

图 8-42 7474 引脚图

表 8-15 7474 功能真值表

输入				输出	
置数 $\overline{S}_D$	清零 $\overline{R}_D$	时钟 CP	D	Q	$\overline{Q}$
0	1	×	×	1	0
1	0	×	×	0	1
0	0	×	×	不	定
1	1	↑	1	1	0
1	1	↑	0	0	1
1	1	0	×	Q_0	$\overline{Q}_0$

（2）双 JK 触发器 7476

双 JK 下降沿型触发器 7476 具有很强的抗干扰能力，其引脚图如图 8-43 所示，下降沿触发，具有直接置数和清零功能，其逻辑功能真值表如表 8-16 所示。

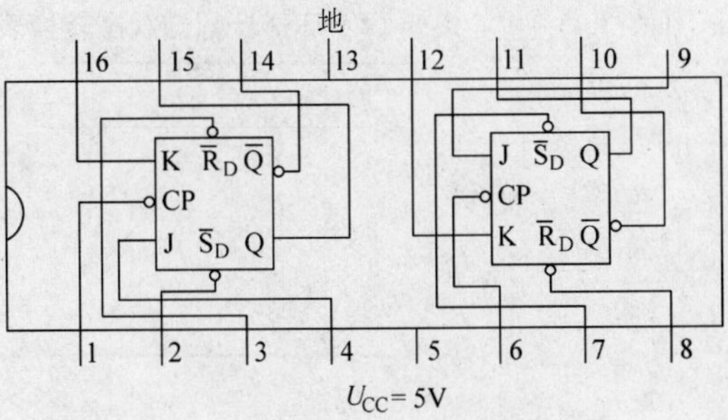

图 8-43 7476 引脚图

表 8-16 7476 功能真值表

置数 $\overline{S}_D$	清零 $\overline{R}_D$	输入 CP	J	K	输出 Q	$\overline{Q}$
0	1	×	×	×	1	0
1	0	×	×	×	0	1
0	0	×	×	×	1	1
1	1	↓	0	0	Q_0	$\overline{Q}_0$
1	1	↓	0	0	1	0
1	1	↓	0	1	0	1
1	1	↓	1	1	翻	转
1	1	1	×	×	Q_0	$\overline{Q}_0$

4. 实验内容

（1）74LS74 的功能验证

1）验证 74LS74 中的$\overline{R}_d$、S_d 的功能，并将验证结果填在表 8-17 中。进行结果分析。

2）用 74LS00 中的两个与非门接成一个无抖动开关（基本 RS 触发器）。验证无抖动开关的工作情况，使其正常工作后，将其中的一个输出端作为 D 触发器的 CP 输入端。

3）验证 D 触发器的功能（注意验证触发器的有效触发沿），并将验证结果填入表 8-18 进行结果分析。

（2）对 74LS76 的验证

1）验证 74LS76 中的$\overline{S}_d$、$\overline{R}_d$ 的功能，将结果填入表 8-19，并进行结果分析。

表 8-17 $\overline{R}_d$、S_d 功能验证

CP	D	$\overline{R}_d$	$\overline{S}_d$	$\overline{Q}$
0	0	0	1	
		1	0	
	1	0	1	
		1	0	
1	0	0	1	
		1	0	
	1	0	1	
		1	0	

表 8-18 D 触发器功能验证

D	CP	Q^{n+1}	
		$Q^n=0$	$Q^n=1$
0	0→1		
0	1→0		
1	0→1		
1	1→0		

表 8-19 74LS76 的$\overline{S}_d$、$\overline{R}_d$ 功能验证

CP	J	K	$\overline{R}_d$	$\overline{S}_d$	Q
×	×	×	0	1	
×	×	×	1	0	

2）验证 JK 的触发器功能（注意验证触发器的有效触发沿），将结果填入表 8-20 并进行结果分析。

表 8-20 JK 的触发器功能验证

J	K	CP	Q_{n+1}	
			$Q_n=0$	$Q_n=1$
0	0	0→1		
0	0	1→0		
0	1	0→1		
0	1	1→0		
1	0	0→1		
1	0	1→0		
1	1	0→1		
1	1	1→0		

5. 实验要求

（1）实验前复习有关内容，熟悉 74LS74、74LS76 的管脚排列及各个管脚的作用，预习实验内容，写出预习实验报告。

（2）实验结束后，写出实验总结报告。

8.4.2 计数器的使用

1. 实验目的

（1）掌握计数器 74161 和 7490 的功能。

（2）掌握任意模计数器的构成方法。

（3）掌握计数器的扩展方法。

2. 实验仪器和器件

计数器 74161 和 7490，四与非门 7400，数字电路实验箱。

3. 实验内容

（1）验证 74161 和 7490 的逻辑功能，并将验证结果进行记录。

（2）用 1 片 74161 和 1 片 7400 采用反馈复位法和反馈预置法构成一个模 7 计数器。认真观察计数状态，并记录，最后画出 Q_3 Q_2 Q_1 Q_0 的波形图。

（3）用 1 片 7490 和 1 片 7400 采用反馈复位法构成一个模 7 计数器。认真观察计数状态，并记录，最后画出 Q_3 Q_2 Q_1 Q_0 的波形图。

（4）用 2 片 7490 构成一个模 21 计数器。认真观察数码管数字的变化。

习题 8

8.1 基本 RS 触发器及输入电压波形分别如图 8-44a、b 所示，试画出对应 Q 端和 $\overline{Q}$ 端波形。

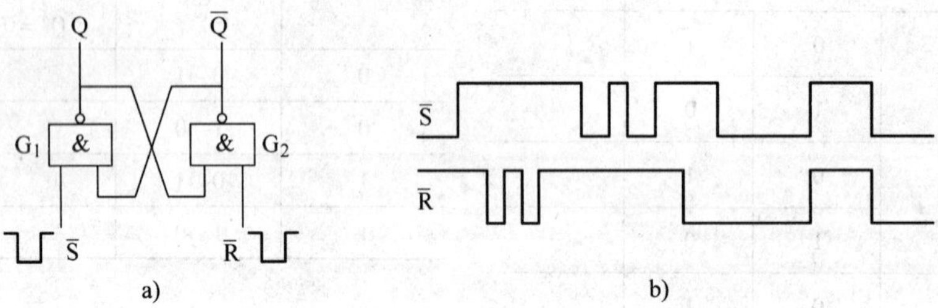

图 8-44

8.2 电平 RS 触发器如图 8-45a 所示，与基本 RS 触发器相比较有何特点与区别？CP、R、S 的波形如图 8-45b 所示，对应画出 Q 端和 $\overline{Q}$ 端波形。

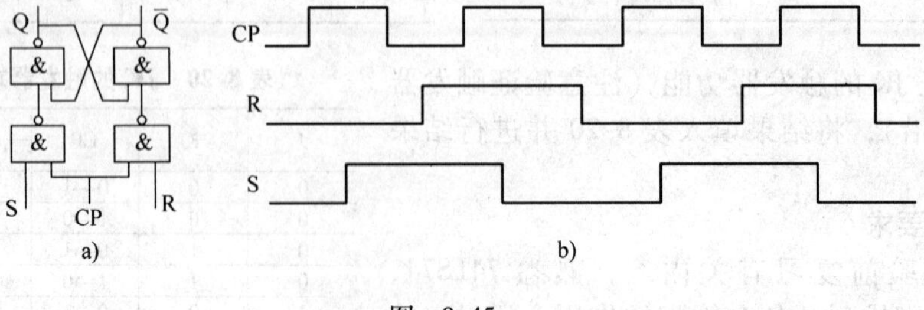

图 8-45

8.3 维持－阻塞 D 触发器及输入电压波形如图 8-46 所示，试画出输出端 Q 的波形，设触发器的初始状态 Q＝0。

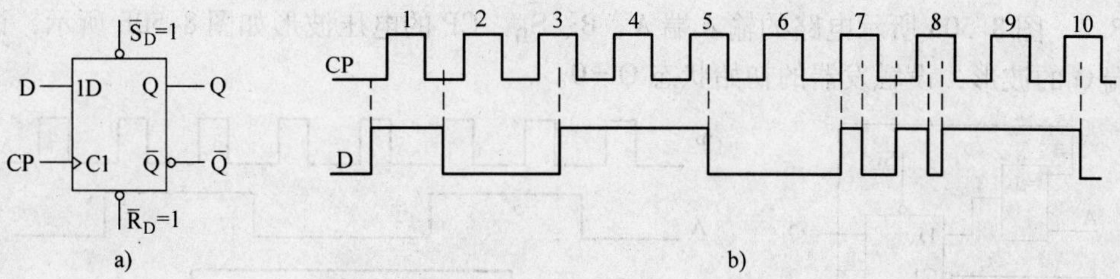

图 8-46

8.4 如图 8-47 所示触发器均为边沿触发的 D 触发器，初始状态 Q = 0，已知 CP 波形，画出对应 Q 的波形。

8.5 如图 8-48 所示为各种边沿触发器，初始状态均为 Q = 0，已知 A、B、CP 波形，画出对应 Q 端的波形。

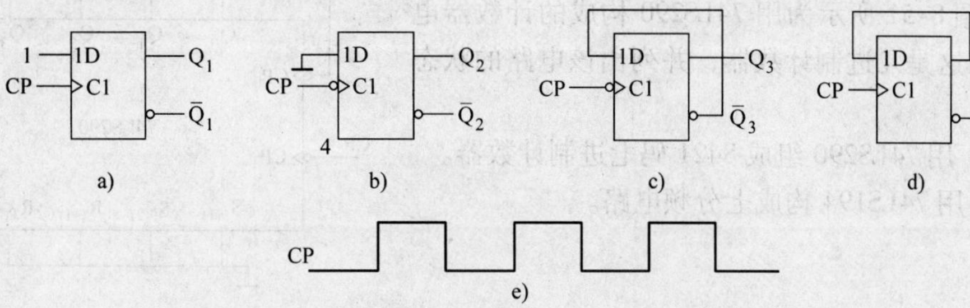

图 8-47

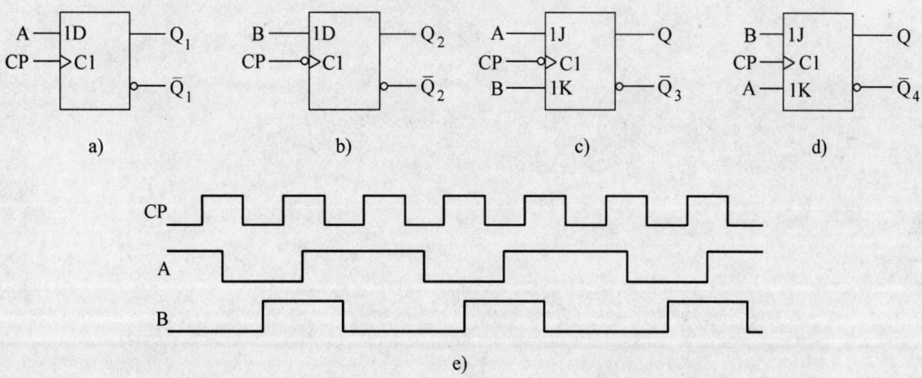

图 8-48

8.6 已知主从触发器输入端 J、K、CP 的电压波形如图 8-49 所示，试画出对应 Q 端的波形。设触发器的初始状态 Q = 0。

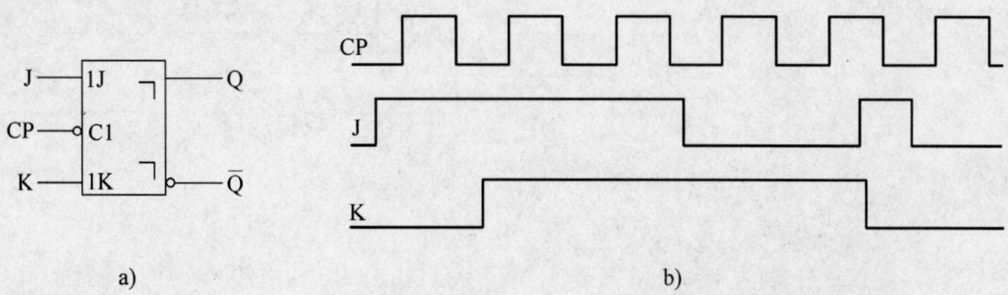

图 8-49

8.7 图 8-50a 所示电路的输入端 A、B、$\overline{S}_D$、CP 的电压波形如图 8-50b 所示，试画出输出端 Q 的波形，设触发器的初始状态 Q = 0。

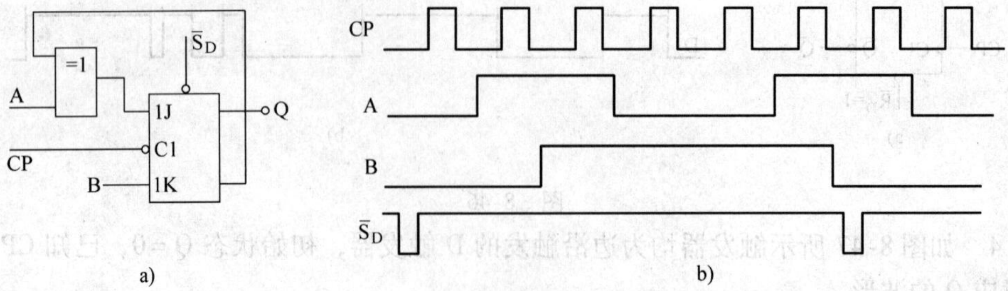

图 8-50

8.8 用 74161 组成十一进制计数器。

8.9 图 8-51 所示为用 74LS290 构成的计数器电路，请指出这是几进制计数器，并列出该电路的状态转换表。

8.10 用 74LS290 组成 8421 码七进制计数器。

8.11 用 74LS194 构成七分频电路。

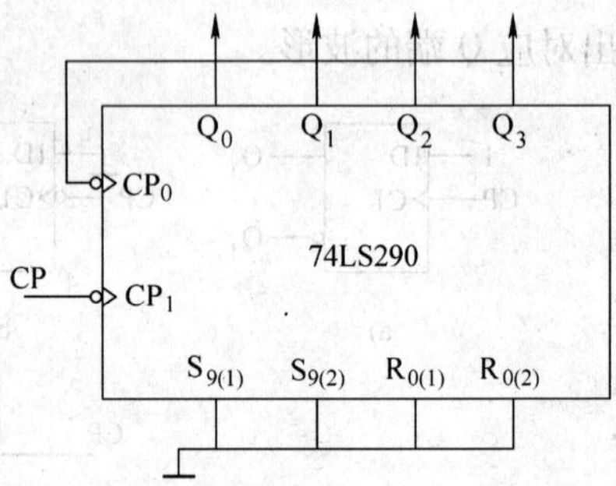

图 8-51

第 9 章　脉冲波形的产生与整形

本章要点

- 施密特触发器
- 多谐振荡器
- 单稳态触发器
- 555 定时器的功能
- 555 定时器的三种应用电路：施密特触发器、多谐振荡器和单稳态触发器

9.1　脉冲的基本概念

在前面的章节中已经知道，二进制数的 1 和 0 是由电路中输出的高电平和低电平来表示的。一个多位数的二进制数是由这样一些连续的高高低低的一连串电平组成的。这些表示数的高低电平，表现在图形上不仅具有突发性，而且延续时间很短，因此在数字电路中称为脉冲。在数字电路中，无论是计数，还是程序控制，它的输入脉冲的获取途径大致有两种：一种是来自脉冲振荡器（一般称为时钟脉冲发生器），如多谐波发生器；另一种是由整形电路把已有的周期性变化的波形变换为所需要的脉冲信号，如施密特触发器。近几年来，随着集成电路的广泛应用，以上电路都可以利用 555 定时器外接几个阻容元件方便地构成。由于所采用的振荡电路不同，所产生的振荡波形也形态各异，例如有正弦波、矩形波、方波、三角波及锯齿波等，如图 9-1 所示。对于数字电路来说，它所需要的脉冲信号一是矩形波（或方波），二是尖脉冲。由于这两类脉冲信号具有突发性的特点，即信号电平上升快，消失也快，因此它不仅能提高电路的工作速度，而且保证了电路工作的可靠性。本章专门来介绍脉冲信号的产生电路和整形电路。

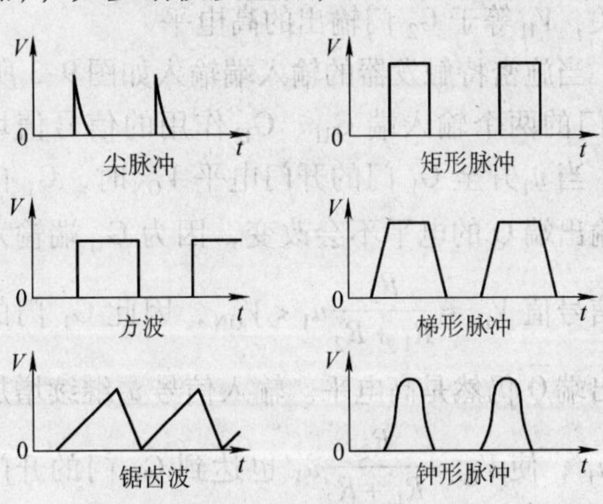

图 9-1　脉冲信号的形式

9.2　脉冲的产生和整形电路

9.2.1　施密特触发器

施密特触发器（施密特触发与非门）主要用来将非脉冲波形式的信号（如正弦波，三

角波等波形）变换成为脉冲波。在数字电路中，它又可作为鉴别信号幅度、判断信号是否超过规定值用。

施密特触发器输出有两种稳定状态，输出状态取决于输入信号的大小，当信号高于（或低于）规定值后，触发器输出状态发生变化。

施密特触发器的基本电路和逻辑符号如图 9-2 所示。

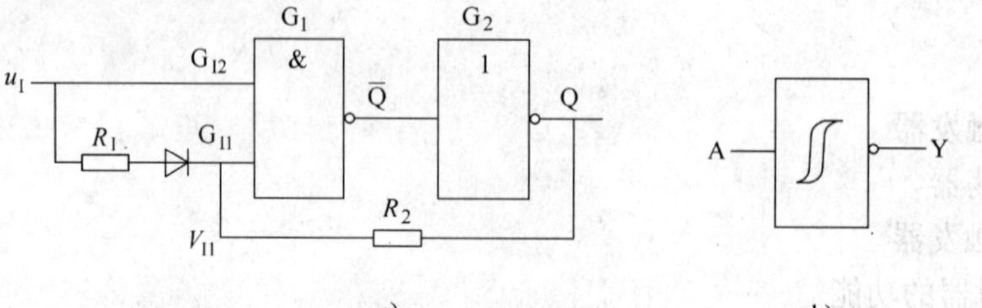

a) b)

图 9-2 施密特触发器

a）基本电路 b）逻辑符号

根据基本电路图，其工作原理如下：该电路由两个与非门交叉耦合联接而成，G_2 门的输出经电阻 R_2 连在 G_1 门的一个输入端 G_{I1} 上。输入信号 u_I 除直接作用在 G_1 门的另一个输入端 G_{I2} 外，还通过电阻 R_1 及二极管作用到 R_2 所联接的输入端 G_{I1} 上。当 G_2 门的输出端 Q 为低电平时，信号 u_I 将通过电阻 R_1、R_2 分压后作用到 G_1 门的 G_{I1} 这个输入端，电位 $V_{I1} \approx \dfrac{R_2}{R_1 + R_2} u_I$。当 G_2 门的输出端 Q 为高电平时，二极管 VD 为反向偏置，G_{I1} 处的输入信号与 u_I 无关，V_{I1} 等于 G_2 门输出的高电平。

当施密特触发器的输入端输入如图 9-3 所示的三角波信号后，输入信号 u_I 电平较低时，G_1 门的两个输入端 G_{I1}、G_{I2} 作用的信号值增大，当 u_I 升至 G_1 门的开门电平 V_{ON} 时，G_1 门的输出端 $\overline{Q}$ 的电平不会改变，因为 G_{I1} 端输入的信号值 $V_{I1} \approx \dfrac{R_2}{R_1 + R_2} u_I < V_{ON}$，因此 G_1 门的输出端 $\overline{Q}$ 仍然是高电平。输入信号 u_I 继续增加到 u_I'，使 $V_{I1} \approx \dfrac{R_2}{R_1 + R_2} u_I'$ 也达到 G_1 门的开门电平值后，这时 G_1 门输出电平将从高电平 V_{OH} 变为低电平 V_{OL}，G_2 门的输出端 Q 电平将由低变为高电平 V_{OH}，如图 9-3 所示。Q 端成高电平后二极管处于截止状态，输入信号 u_I 不再作用到 G_{I1} 端。

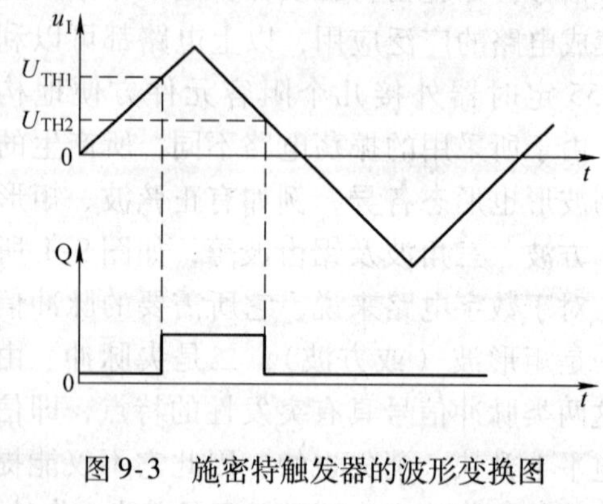

图 9-3 施密特触发器的波形变换图

施密特触发器输出端状态改变后，输入信号如有改变，只要其幅值不低于 G_1 门的关门电平 V_{OFF}，G_1 门和 G_2 门的输出状态就不会改变，保持着 $\overline{Q}$ 为 V_{OL} 和 Q 为 V_{OH} 状态。

当输入信号 u_I 下降，其幅值低于 G_1 门的关门电平 V_{OFF} 后，G_{I2} 输入信号为低电平，G_1 门输出端 $\overline{Q}$ 要变为高电平，Q 端变回低电平。

由以上分析可知，施密特触发器具有两个稳定输出状态，输出状态从 $\overline{Q}=1$、$Q=0$

翻转成 $\overline{Q}=0$、$Q=1$ 或相反转化均取决于输入信号幅值的大小，但信号上升时促使输出状态改变的信号电压值 U_{TH1} 与信号下降时促使输出状态改变的信号电压值 U_{TH2} 不同，这两个电压值之差称为回差。施密特触发器工作时存在回差电压可以增加电路的抗干扰能力，否则输入信号幅值达到动作电压后，稍有干扰，就会造成输出状态不断发生变化，使工作不能稳定。

9.2.2 单稳态触发器

单稳态触发器的输出只有一种稳定状态，例如 $Q=0$、$\overline{Q}=1$。在外界触发信号作用下，电路的输出状态可以翻转为 $Q=1$、$\overline{Q}=0$，但是电路不能保持这种状态，经过一段时间后又会自动恢复到信号作用前的状态。

单稳态触发器在外界触发信号作用下翻转，翻转后停留的时间称为单稳态的持续时间或延迟时间，这个时间的长短由电路外接电阻、电容的数值决定。

单稳态触发器主要用于脉冲波形的整形和信号的延迟（定时）。

单稳态触发器电路形式很多，下面通过由与非门构成的微分型单稳态触发器为例进行介绍。

微分型单稳态触发器逻辑电路如图 9-4a 所示，两个与非门交叉耦合，G_1 门通过 C_2-R_2 电路将信号作用在 G_2 门输入端，与非门 G_2 的输出端接在 G_1 门的输入端。触发信号通过微分电路 C_1-R_1 输入到 G_1 门的输入端。

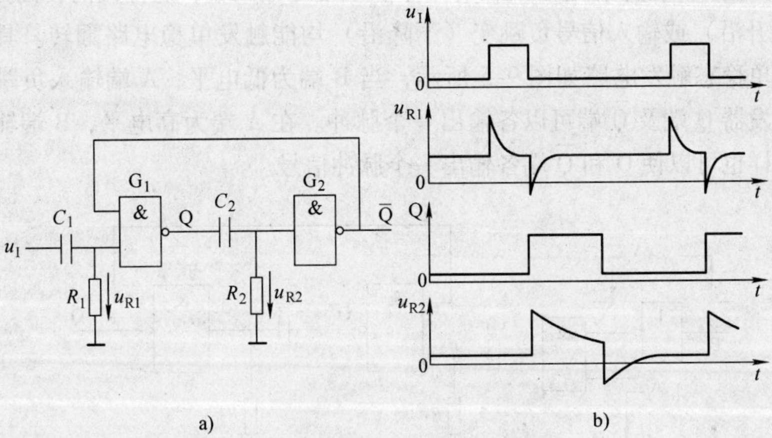

图 9-4　微分型单稳态触发器

在图 9-4a 电路中，电阻 $R_1>2\text{k}\Omega$、$R_2<1\text{k}\Omega$，没有触发信号输入时，因 $R_2<1.4\text{k}\Omega$，根据与非门输入端电阻特性可知，V_{R_2} 低于 V_{TH}，G_2 门输出为高电平，即 $\overline{Q}=1$ 。电阻 $R_1>2\text{k}\Omega$，V_{R1} 高于 V_{TH}，G_1 门输出为低电平。$Q=0$、$\overline{Q}=1$ 是这个电路的稳定状态。

当有触发信号作用于微分电路输入端时，信号脉冲的上升（正跳）在电阻 R_1 上产生一个正尖脉冲，如图 9-4b 所示，这个正跳变对门电路的工作无影响，脉冲信号的下降沿到达后（负跳变）在微分电路的电阻 R_1 上产生一个负尖脉冲，这个负脉冲使 G_1 门的输出 Q 的电平由低变高，Q 端电平由 V_{OL} 跳变为 V_{OH} 后立即通过电容 C_2 传递到电阻 R_2 上，使 G_2 门输出 $\overline{Q}$ 由高电平 V_{OH} 变为低电平 V_{OL}。$\overline{Q}$ 端的低电平又反馈到 G_1 门的输入端，在输入的负尖波脉冲消失后 Q 端仍能保持为高电平。

G_1 门输出端 Q 在触发信号作用下变为高电平，这种状态不能长期保持。在 Q 端为高电平后，要通过 C_2-R_2 电路对电容 C_2 充电，随着电容 C_2 上电压的增高，作用在电阻 R_2 上的电压下降，V_{R2} 降低到 G_2 门关门电平 V_{OFF} 后，G_2 门的输出 $\overline{Q}$ 将变回高电平，由于此时触发的尖脉冲已消失，V_{R1} 又恢复到高于 G_1 的开门电平值，此时 G_1 门输入信号均为高电平，所以 G_1 门输出端 Q 又变回到低电平。G_1 门输出端 Q 维持在高电平的时间由耦合电路的时间常数 $\tau=R_2C_2$ 决定。

图 9-4a 所示电路每输入一个信号脉冲，在电路的 Q 端和 $\overline{Q}$ 端就会各输出一个脉冲，如图 9-4b 所示。由这个波形图可以看出，作用在单稳态触发器输入端的触发脉冲，其幅度和脉冲宽度（持续时间）可能不相同，但是从 Q 端和 $\overline{Q}$ 端输出的脉冲幅度和宽度是一致的，这种将输入的不规则脉冲信号转变成为幅度、宽度一致的脉冲信号称为整形。单稳态触发器具有整形的作用。

由图 9-4b 所示的输入、输出电位变化波形图还可以看出，从输入信号的负跳变（下降沿）出现到 Q 端输出的脉冲负跳变（下降沿）出现，中间相隔一段时间（从触发信号负跳变出现到 $\overline{Q}$ 端脉冲上升沿的出现中间也相隔同样时间），即 Q 端的下降沿较输入触发信号的下降沿延迟出现，延迟的时间为 Q 端脉冲的持续时间 T_w。改变耦合电路 R_2、C_2 的参数值就可以改变信号延迟出现的时间，因此单稳态触发器可以作为定时器。

为了使用方便，一般单稳态触发器有几个触发信号输入端，这样做的目的是使输入信号的正跳变（上升沿）或输入信号负跳变（下降沿）均能触发单稳电路翻转。具有 2 个触发信号输入端的单稳态触发电路如图 9-5 所示，当 B 端为低电平，A 端输入负跳变触发信号时，单稳态触发器 Q 端及 $\overline{Q}$ 端可以各输出一个脉冲。在 A 端为高电平，B 端输入正跳变触发信号时，同样也可以使 Q 和 $\overline{Q}$ 端各输出一个脉冲信号。

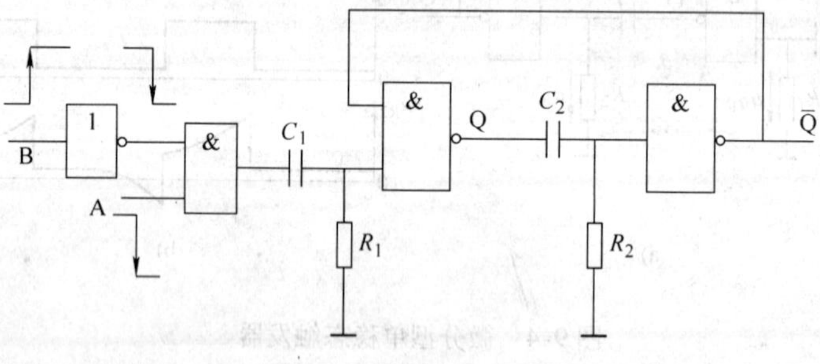

图9-5　具有 2 个信号输入端的单稳态触发电路

为了保证单稳态触发器的正常工作，即每输入一个触发脉冲，电路须相应有一个输出脉冲，为此要求输入信号触发脉冲的间隔时间 T_d 应当大于输出脉冲的持续时间 T_w 及与非门 G_1、G_2 从暂稳态（Q=1、$\overline{Q}$=0）恢复到稳态（Q=0、$\overline{Q}$=1）所需时间 T_{re} 之和。

9.2.3　多谐振荡器

波形发生电路称为自激振荡器，因矩形脉冲波形包含丰富的谐波，脉冲波发生电路又称多谐振荡器。$R-C$ 耦合式振荡器是一种使用较多的方波发生器，如图 9-6a 所示，它由两个与非门组成，每一个与非门输出端与输入端之间连有一个电阻，电阻的阻值恰好使与非门内的晶体管工作在放大区，两个与非门通过电容交叉耦合形成反馈环路。这个电路的与非门将处于不稳定工作状态，当外界条件稍有变动后，该电路就会产生振荡，过程如下：例如，由于电源电压波动或其他原因使与非门 G_1 的输入电位值增加，由于与非门工作在放大区，这时 G_1 的输出 V_{O1} 将要下降，V_{O1} 的下降通过电容 C_1 传递到与非门 G_2 的输入端，使 G_2 的输出电位 V_{O2} 上升，V_{O2} 的上升通过电容 C_2 传递到 G_1 的输入端，使 G_1 输出 V_{O1} 进一步下降，这种正反馈的作用将很快地使两个与非门进入饱和与截止工作状态，G_1 的输出 V_{O1} 成为低电平 V_{OL}，G_2 输出 V_{O2} 成为高电平 V_{OH}。这时为一种暂时的稳定状态。

当 G_2 输出为高电平，$V_{O2}=V_{OH}$ 后，高电平 V_{O2} 通过电阻 R_2 对电容 C_1 充电，而电容 C_2 经电阻 R_1 放电。

随着 G_2 门输出高电平 V_{OH} 对电容 C_1 的充电，电容 C_1 的电压逐渐升高使得 G_2 门的输入端电位升高，当这个电位值高于 G_2 门的开门电平 V_{ON} 后，G_2 门的输出 V_{O2} 从高电平变为低电平，G_2 输出电压的这个负跳变立即通过电容 C_2 传递到与非门 G_1 的输入端，G_1 的输出将由低电平变为高电平，G_1 输出电平由低向高的跳变通过电容 C_1 传递到 G_2 门的输入端，加速 G_2 门输出端的电位由高向低的转变，通过这个正反馈作用很快地使 G_1 门输出变为高电平 $V_{O1}=V_{OH}$，G_2 门输出变为低电平 $V_{O2}=V_{OL}$，这是电路的第二种暂时的稳定状态。

当 G_1 输出 $V_{O1}=V_{OH}$ 后，V_{O1} 通过电阻 R_1 对电容 C_2 充电，而电容 C_1 经电阻 R_2 放电。电容 C_2 充电将使 G_1 门输入端电位逐渐升高，当其值超过 G_1 门开门电平后，G_1 门的输出端电位将下降，G_1 输出电位的下降通过电容 C_1 传递到 G_2 门输入端使 G_2 门输出电位升高，G_2 门输出电位的上升通过电容 C_2 又传递到 G_1 门输入端，加速其输出电位向低电平转化，很快就使 V_{O1} 变为低电平，V_{O2} 变为高电平，又回到第一种暂稳定状态。……电路如此循环，在 G_2（及 G_1）门输入和输出端产生的波形，如图 9-6b 所示。如果 $R_1=R_2=R$，$C_1=C_2=C$，则振荡周期 $T\approx1.4RC$。

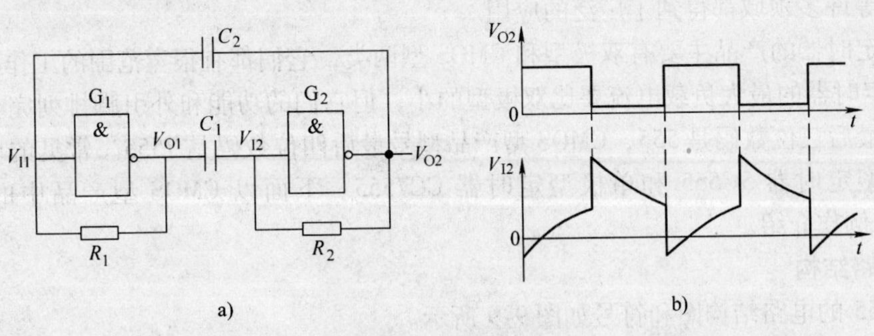

图 9-6　$R-C$ 耦合式振荡器

但是由于 $R-C$ 耦合振荡器的振荡频率受电路元件的参数值等许多条件的影响，元件参数值受环境温度变化影响很大，故振荡频率不易保持稳定。为了获得稳定的振荡频率，应使用石英晶体振荡器。图 9-7 为一种典型的石英晶体振荡器电路。并联在两个反相器输入、输出间的电阻 R_1、R_2 的作用是使反相器工作在线性放大区。若门电路是 TTL 型，R_1、R_2 通常在 $0.7\text{k}\Omega\sim2\text{k}\Omega$ 范围内；若门电路是 CMOS 门，则 R_1、R_2 在 $10\text{M}\Omega\sim100\text{M}\Omega$ 之间，电容 C_1 和 C_2 作反相器间的耦合用，它们的容抗在石英晶体的谐振频率 f_0 时可忽略不计。

石英晶体具有图 9-8 所示的阻抗频率特性，由它可知晶体选频特性非常好，只有频率为 f_0 的信号最容易通过，而其他频率的信号均会被晶体衰减。因此一旦合上电源，不久后这个电路只有频率为 f_0 的信号能通过，且不断被放大，最后有稳定的输出，其他频率信号均被衰减掉了。

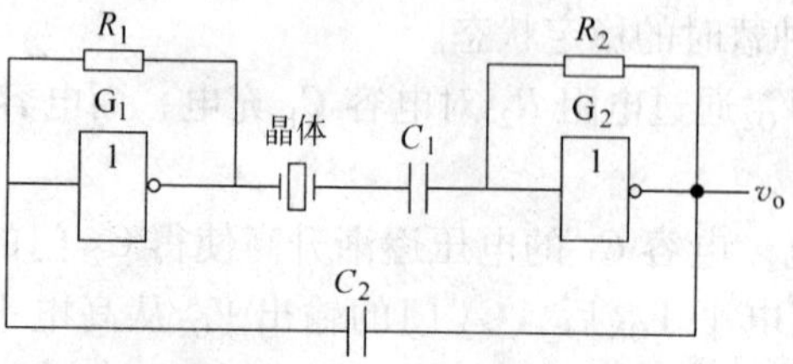

图 9-7　石英晶体振荡器

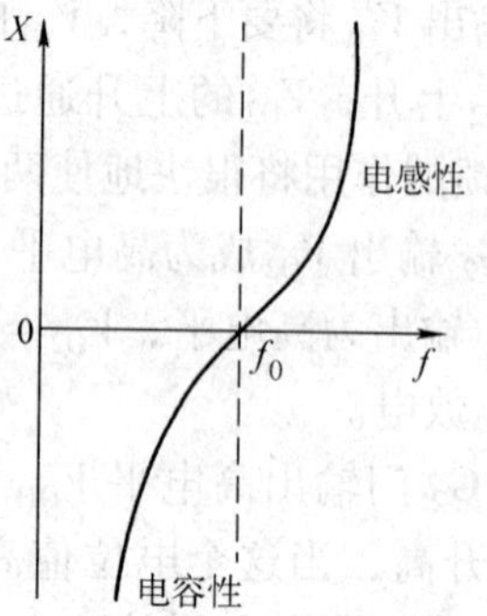

图 9-8　石英晶体阻抗频率特性

石英晶体的谐振频率是由它的大小、几何形状及材料所决定的，与 R、C 参数无关，因此它的输出信号频率稳定度很高。

为了改善输出波形，增加带负载的能力，通常在振荡器的输出端再加一级反相器。

9.3　555 电路及其应用

9.3.1　555 电路的结构与基本功能

555 定时器又称为时基电路，是一种用途极为广泛的单片集成电路，具有功能强、使用灵活、外接元件少等优点，因而在波形的产生与变换、测量电路、工业控制、家用电器以及电子玩具等许多领域都得到了广泛的应用。

集成定时器的产品主要有双极型和 CMOS 型两类，它们都有很宽范围的工作电压。虽然 CMOS 型定时器的最大负载电流要比双极型的小，但它们的功能和外引脚排列完全相同，只是双极型最后三位数码是 555，CMOS 型产品型号最后四位数码是 7555。常见的单时基定时器有双极型定时器 5G555 和单极型定时器 CC7555。下面以 CMOS 型产品中的典型电路 CC7555 为例作介绍。

1. 电路结构

CC7555 的电路结构图和符号如图 9-9 所示。

它是由电阻分压器（R_1、R_2、R_3）、电压比较器（C_1、C_2）、基本 RS 触发器（G_1、G_2）和放电管 VT 几个部分构成。

电阻分压器为三个 5kΩ 电阻，对电源 U_{DD} 分压后，确定比较器 C_1、C_2 的参考电压分别为 $U_{R1}=\frac{2}{3}U_{DD}$，$U_{R2}=\frac{1}{3}U_{DD}$。如果 C－U 端外接控制电压 U_C，则 $U_{R1}=U_C$，$U_{R2}=\frac{1}{2}U_C$。

比较器 C_1、C_2 的输出作为基本 RS 触发器的触发信号。

各端功能如下：

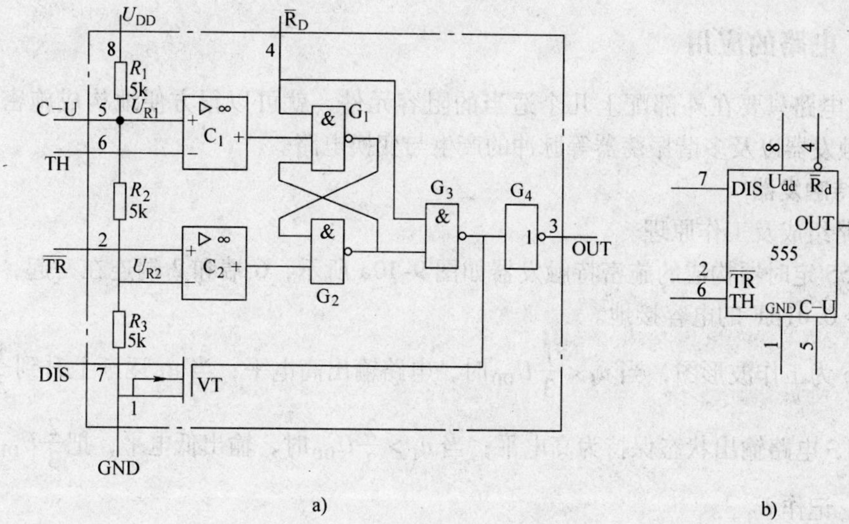

图 9-9　CC7555 的电路结构图和符号

a）电路结构图　b）符号

1(GND) ——接地端；2($\overline{\text{TR}}$) ——低触发输入端；3(OUT) ——输出端；4($\overline{\text{R}}_\text{D}$)——复位端，低电平有效，不用时接高电平；5(C－U) ——电压控制端，用于改变比较器的参考电压，不用时要经 0.01μF 的电容接地；6(TH) ——高触发输入端；7(DIS) ——放电端，是外接电容器的放电通道；8(U_DD) ——电源端，接电源（3～18V）。

2. 逻辑功能

CC7555 的逻辑功能表如表 9-1 所示。该表是 C－U 端没有施加控制电压 U_C 的情况（通常经 0.01μF 的电容接地）。

表 9-1　CC7555 的逻辑功能表

TH	$\overline{\text{TR}}$	$\overline{\text{R}}_\text{D}$	OUT	DIS
×	×	0	0	导通
$>\frac{2}{3}U_{DD}$	$>\frac{1}{3}U_{DD}$	1	0	导通
$<\frac{2}{3}U_{DD}$	$>\frac{1}{3}U_{DD}$	1	保持	保持
×	$<\frac{1}{3}U_{DD}$	1	1	截止

当 $\overline{\text{R}}_\text{D}=0$ 时，输出 OUT＝0，放电端 DIS 导通（对地之间的电阻很小），其他输入端不起作用，即 $\overline{\text{R}}_\text{D}$ 优先级别最高。

当 $\overline{\text{R}}_\text{D}=1$ 时，根据 TH 的大小分类说明：

$\text{TH}>\frac{2}{3}U_{DD}$，$\overline{\text{TR}}>\frac{1}{3}U_{DD}$，放电端导通，输出 OUT 为 0。

$\text{TH}<\frac{2}{3}U_{DD}$，$\overline{\text{TR}}>\frac{1}{3}U_{DD}$，放电端和输出均保持原态。

只要 $\overline{\text{TR}}<\frac{1}{3}U_{DD}$，放电端截止，输出 OUT 为 1。

当在电压控制端 C－U 加一控制电压 U_C 时（$0<U_C<U_{DD}$），则 TH 与 U_C 比较，$\overline{\text{TR}}$与 $\frac{1}{2}U_C$ 比较。

9.3.2 555 电路的应用

555 集成电路只要在外部配上几个适当的阻容元件，就可以很方便地构成施密特触发器、单稳态触发器以及多谐振荡器等脉冲的产生与变换电路。

1. 施密特触发器

（1）电路组成及工作原理

由 CC7555 定时器构成的施密特触发器如图 9-10a 所示，6 端和 2 端连在一起，作为输入端，5 端经 0.01μF 的电容接地。

图 9-10b 为工作波形图，当 $u_I < \frac{1}{3}U_{DD}$时，电路输出高电平；当 u_I 逐渐上升到$\frac{1}{3}U_{DD} < u_I < \frac{2}{3}U_{DD}$时，电路输出状态保持为高电平；当 $u_I > \frac{2}{3}U_{DD}$时，输出低电平，把$\frac{2}{3}U_{DD}$称为正向阈值电压，记作 U_{T+}。

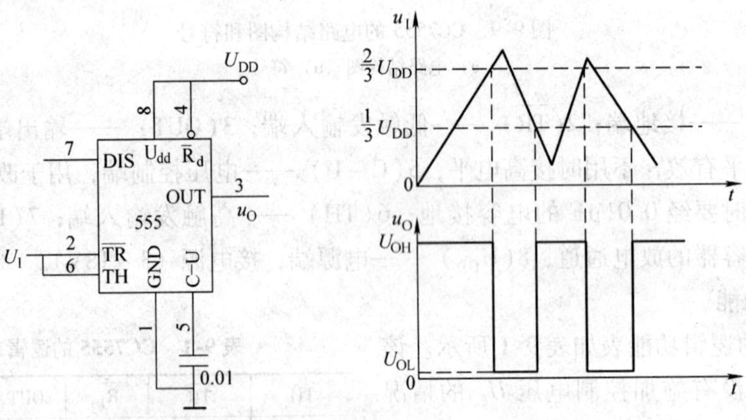

图 9-10 施密特触发器

a）电路 b）波形

当 u_I 逐渐下降到$\frac{2}{3}U_{DD} > u_I > \frac{1}{3}U_{DD}$时，电路输出保持为低电平，当 u_I 继续下降到 $u_I < \frac{1}{3}U_{DD}$时，电路又输出高电平，把$\frac{1}{3}U_{DD}$称为负向阈值电压，记作 U_{T-}。

当 u_I 逐渐上升时，u_I 与 U_{T+} 比较，$u_I > U_{T+}$，输出为低电平；当 u_I 逐渐下降时，u_I 与 U_{T-} 比较，$u_I < U_{T-}$，输出为高电平，所以又把这个电路称为迟滞比较器。其中，令 $\Delta U_T = U_{T+} - U_{T-} = \frac{1}{3}U_{DD}$，把 ΔU_T 称为施密特触发器的回差。

回差电压越大，电路的抗干扰能力就越强，但如回差电压过大，会使触发器的灵敏度降低。其电压传输特性见图 9-11 所示。定时器的 5 端外加控制电压，可以改变电压比较器的参考电压值，即可改变回差的大小。

（2）施密特触发器的应用

施密特触发器是一种常用的脉冲波形整形电路，它可以把变化缓慢的、不规则的脉冲波形变换为数字电路所需要的矩形脉冲信号，如图 9-10b 所示。施密特触发器常用于数字电路的输入接口。

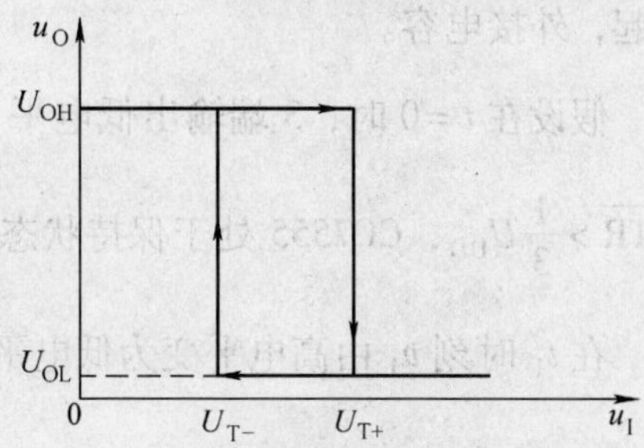

图 9-11　施密特触发器的电压传输特性

输入电压 u_I 的范围是 0 ~ U_{DD}，如果不满足这个条件，必须采取相应的措施。如信号太小，可加一级放大器；如信号太大，可用电阻分压，如信号有负值，可采用图 9-12 所示的电路加以解决。

2. 单稳态触发器

（1）电路组成及工作原理

用 CC7555 构成的单稳态触发器电路及其工作波形图如图 9-13 所示。

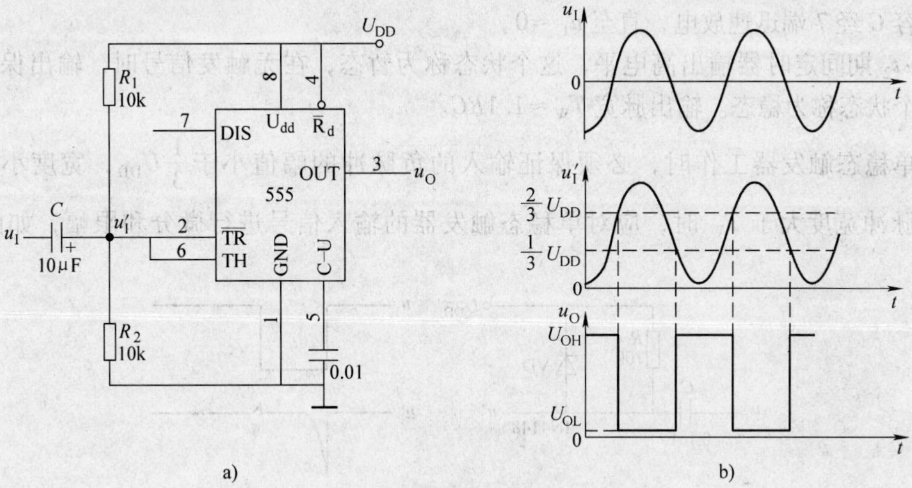

图 9-12　施密特触发器的改进电路

a）电路　b）波形

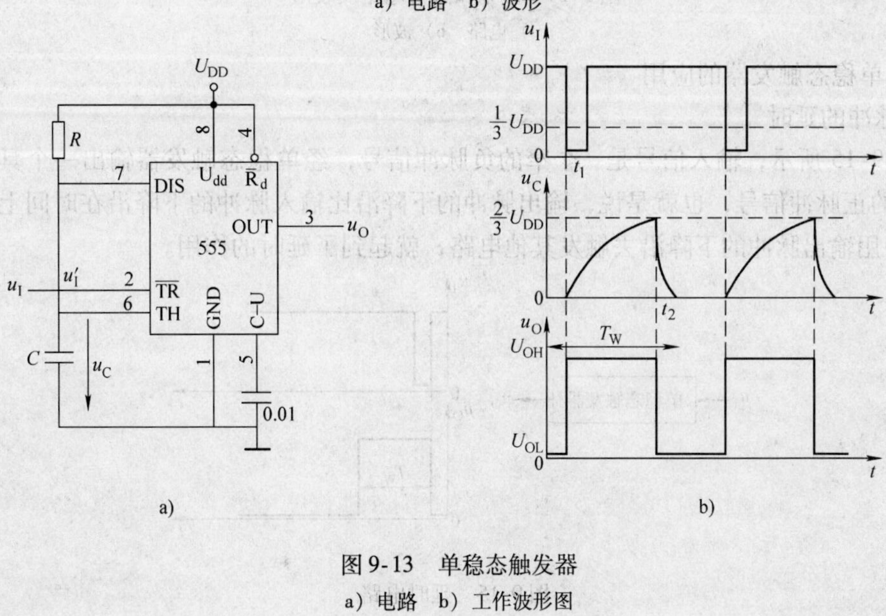

图 9-13　单稳态触发器

a）电路　b）工作波形图

由 a 图可以看出，输入信号 u_I 加在 2 端（$\overline{TR}$），而 6 端（TH）与 7 端（放电端）连在一起，外接电容。

假设在 $t=0$ 时，3 端输出低电平，则 7 端导通，6 端 $TH\approx 0<\frac{2}{3}U_{DD}$，而 u_I 为高电平，即 $\overline{TR}>\frac{1}{3}U_{DD}$，CC7555 处于保持状态，所以假设成立。在 $0\sim t_1$ 期间 $u_O=U_{OL}$。

在 t_1 时刻 u_I 由高电平变为低电平，即外加触发信号，即 $\overline{TR}<\frac{1}{3}U_{DD}$，3 端输出高电平，即 $u_O=U_{OH}$。与此同时，7 端截止，U_{DD} 经 R 给 C 充电，在 t_2 时刻，6 端上升到 $TH>\frac{2}{3}U_{DD}$ 时（假定在此之前 u_I 已由低电平变为高电平，即 $\overline{TR}>\frac{1}{3}U_{DD}$），则 3 端输出低电平，7 端导通，电容 C 经 7 端迅速放电，直至 $u_C\approx 0$。

$t_1\sim t_2$ 期间定时器输出高电平，这个状态称为暂态，在无触发信号时，输出保持低电平，这个状态称为稳态。输出脉宽 $T_W\approx 1.1RC$。

在单稳态触发器工作时，必须保证输入的负脉冲的幅值小于 $\frac{1}{3}U_{DD}$，宽度小于 T_W。当输入脉冲宽度大于 T_W 时，应对单稳态触发器的输入信号进行微分和限幅，如图 9-14 所示。

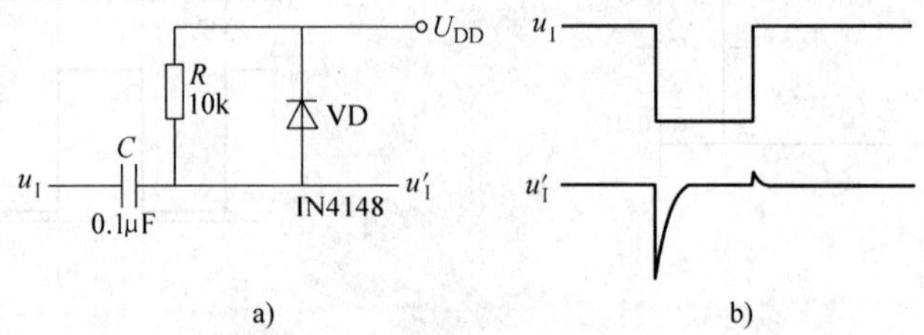

图 9-14　微分和限幅电路及波形

a）电路　b）波形

（2）单稳态触发器的应用

1）脉冲的延时

如图 9-15 所示，输入信号是一个窄的负脉冲信号，经单稳态触发器输出一个具有一定脉宽 T_W 的正脉冲信号，也就是说，输出脉冲的下降沿比输入脉冲的下降沿在时间上延迟了 T_W。如果用输出脉冲的下降沿去触发其他电路，就起到了延时的作用。

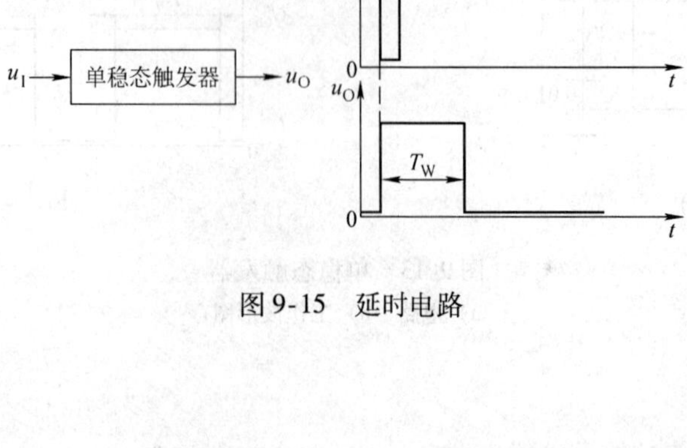

图 9-15　延时电路

2）定时电路

由于单稳态触发器能产生一定脉宽 T_W 的矩形脉冲，可以利用这个矩形脉冲去控制其他电路的工作状态，使受控电路只有在 T_W 时间内才能工作。调整 R、C 的值，就可以改变定时时间。如图 9-16 所示，当开关 S 按下，输入端将产生一个负的触发脉冲，那么在输出脉冲 T_W 期间，继电器可以工作。

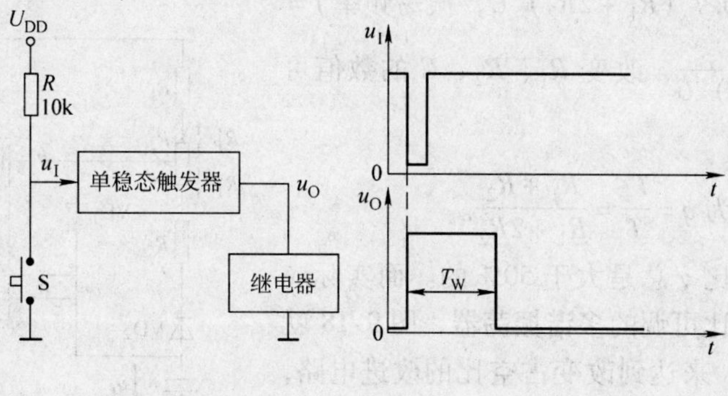

图 9-16　控制继电器工作

3. 多谐振荡器

（1）电路组成及工作原理

由 CC7555 定时器构成的多谐振荡器电路及其工作波形图如图 9-17 所示。

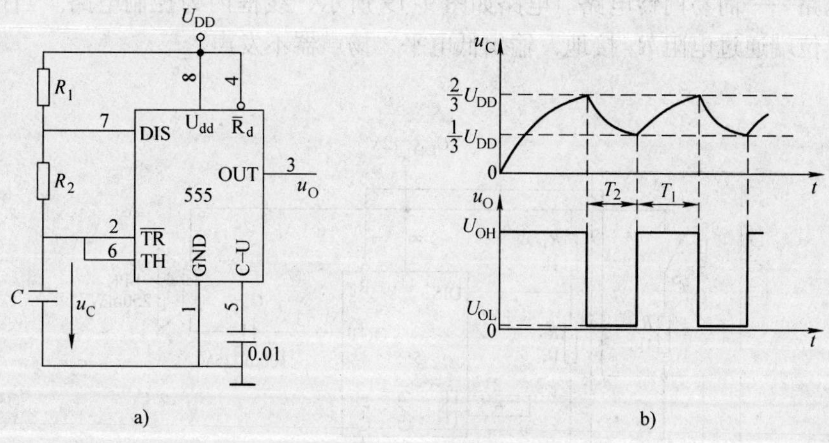

图 9-17　多谐振荡器

a）电路　b）工作波形图

设电路接通电源之前，电容端电压 $u_C=0$。接通电源的瞬间，电容两端电压不能突变，仍有 $u_C=0$，$u_C<\frac{1}{3}U_{DD}$，输出高电平即 $u_O=U_{OH}$，DIS 端截止，U_{DD}通过 R_1、R_2 给 C 充电，u_C 按指数规律上升，在$\frac{1}{3}U_{DD}<u_C<\frac{2}{3}U_{DD}$时，输出保持高电平，电容 C 继续充电，当 u_C 上升到 $u_C>\frac{2}{3}U_{DD}$时，输出低电平，$u_O=U_{OL}$，DIS 端导通，电容 C 充电结束，并经 R_2、DIS 端开始放电，u_C 按指数规律下降，当 u_C 下降到在$\frac{2}{3}U_{DD}>u_C>\frac{1}{3}U_{DD}$时，输出保持低电

平，电容 C 继续放电，u_C 下降到 $u_C<\frac{1}{3}U_{DD}$ 时，输出高电平，$u_O=U_{OH}$，DIS 端截止，C 又开始充电，就这样，电路周而复始地工作。

根据电容的过渡过程可得到振荡周期的估算公式：$T=T_1+T_2$。

T_1 与电容充电过程有关，$T_1\approx0.7(R_1+R_2)C$；T_2 与电容放电过程有关，$T_2\approx0.7R_2C$，所以 $T\approx0.7(R_1+2R_2)C$，振荡频率 $f=\frac{1}{T}\approx\frac{1}{0.7(R_1+2R_2)C}$，改变 R_1、R_2、C 的数值可改变振荡频率。

脉冲的占空比为 $q=\frac{T_1}{T}=\frac{R_1+R_2}{R_1+2R_2}$。

上式说明占空比 q 总是大于 50% 的。而实际应用中经常需要占空比可调的多谐振荡器，图 9-18 就是一个通过调节 R_P 来达到改变占空比的改进电路，其占空比 $q=\frac{T_1}{T}=\frac{R_1+R_P}{R_1+R_P+R_2}$。

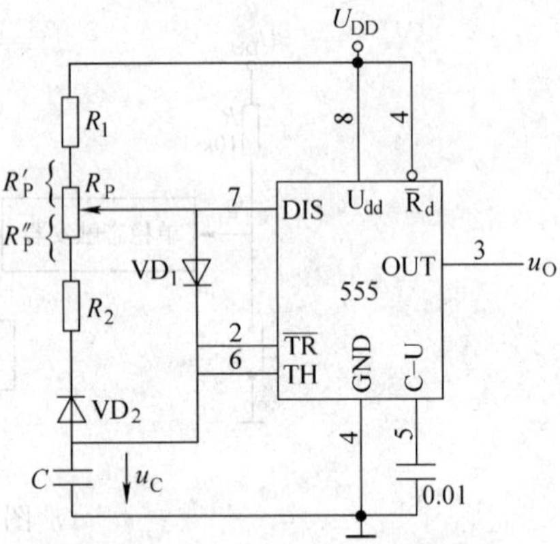

图 9-18　占空比可调的多谐振荡器

（2）多谐振荡器的应用

由于多谐振荡器能够产生一定频率的矩形脉冲信号，故而应用很广。这里介绍一个比较实用的小电路——简易门铃电路。电路如图 9-19 所示，线框内为控制电路。当按钮 S 未被按下时，复位端通过电阻 R_4 接地，输出低电平，扬声器不发声。

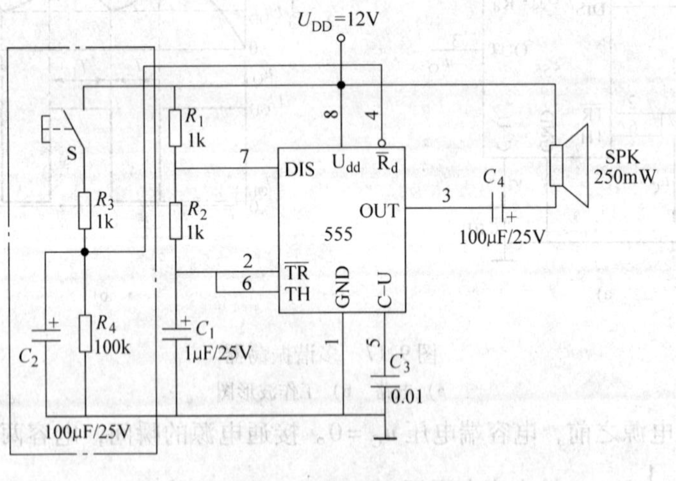

图 9-19　简易门铃电路

当按下 S 时，电源 U_{DD} 经 S、R_3 向电容 C_2 充电，使复位端接高电平（$R_3<R_4$），电路便成为多谐振荡器，产生振荡，驱动扬声器发生。

松开按钮 S 后，u_{C2} 仍可为 4 端维持一段时间的高电平，使扬声器继续发声，直至 C_2 放电使 4 端变为低电平，扬声器停止发声。

9.4 实训

1. 实验目的

（1）掌握555电路的结构和工作原理。

（2）通过一些外围元件的辅助，把555电路组成单稳态触发器和多谐振荡器。

（3）熟悉用示波器测量555定时器电路的脉冲幅值和脉冲宽度的方法。

2. 实验仪器和器件

（1）数字电路实验箱

（2）555定时器、电阻、电容

（3）双踪示波器

（4）直流稳压电源

（5）万用表

3. 实验内容

利用555定时器输出一个周期T为1s的方波。

（1）单稳态触发器

由555定时器组成的单稳态触发器如图9-13所示，其中输出波形脉宽$T_W \approx 1.1RC$。一般R取值1kΩ～10 MΩ，C取值应大于1000pF。

若给定输入触发信号频率为100Hz的方波，要求设计一个输出脉冲宽度为0.5ms的单稳态触发器，通过示波器观察并记录脉冲宽度，然后与理论数据进行对照比较。如果存在误差，请分析产生误差的原因。

（2）多谐振荡器

由555定时器组成的多谐振荡器如图9-17所示，其中$T_1 \approx 0.7(R_1+R_2)C$，$T \approx 0.7(R_1+2R_2)C$，振荡频率$f=\frac{1}{T}\approx\frac{1}{0.7(R_1+2R_2)C}$，改变$R_1$、$R_2$、$C$的数值可改变振荡频率。脉冲的占空比为$q=\frac{T_1}{T}=\frac{R_1+R_2}{R_1+2R_2}$。

设计一个多谐振荡器，使其输出一个$T=1$s的方波，通过示波器记录观察到的波形，并和理论数值的幅度、脉宽、周期和占空比进行比较，分析误差存在的原因。

习题9

9.1　如图9-20a所示的电路是555定时器接成的脉冲鉴幅器。为了从图b的输入信号中将幅度大于5V的电压检出，电源电压U_{CC}应取多少伏？

9.2　单稳态电路的输入和输出波形如图9-21所示，设$U_{CC}=5$V，电容$C=0.17\mu$F。试画出由555定时器组成的电路，并确定电阻R的阻值。

9.3　试画出用555定时器接成单稳态触发器和多谐振荡器的接线图。

9.4　如图9-22所示电路为电子门铃的按钮，试分析电路的工作原理。

9.5　由555构成单稳态触发器电路如图9-23a所示，其输入触发信号如图b所示，请画出u_c和u_0的波形，并确定该电路的稳态持续时间为多少。

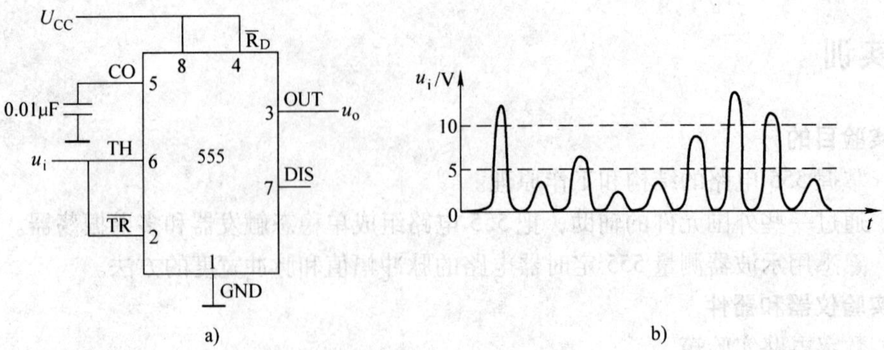

图 9-20　习题 9.1 电路

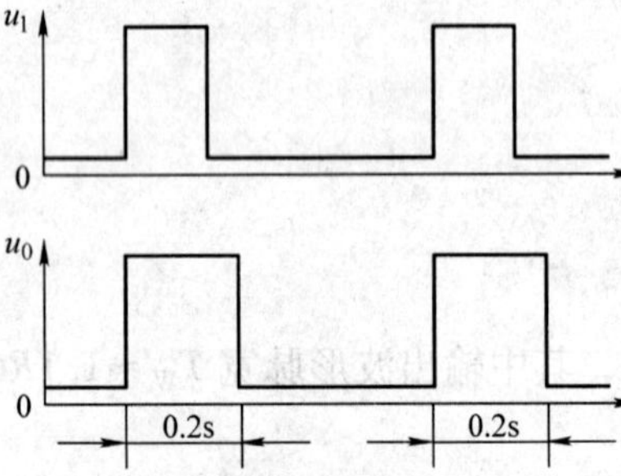

图 9-21　习题 9.2 电路

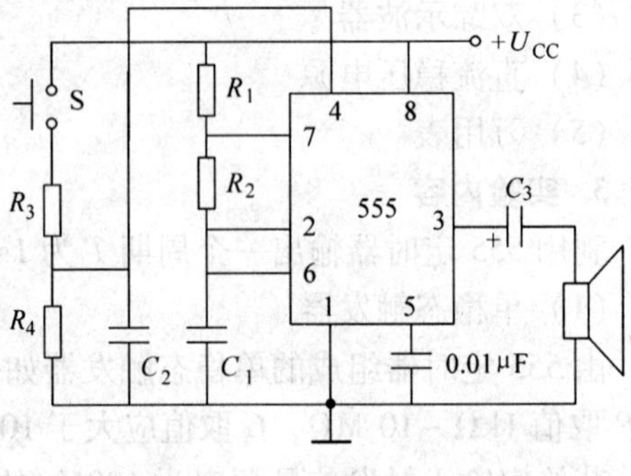

图 9-22　习题 9.4 电路

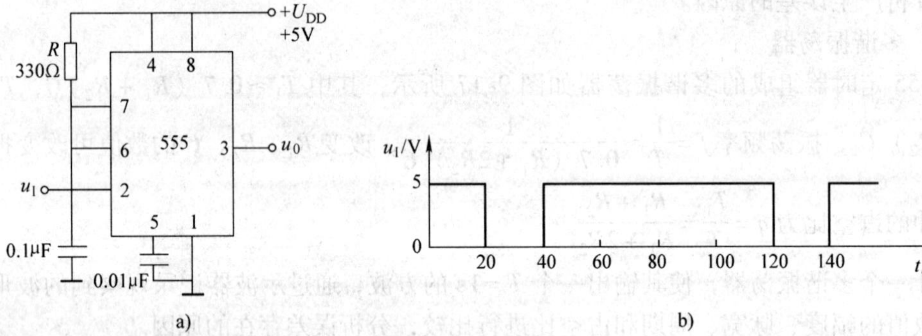

图 9-23　习题 9.5 电路

第 10 章　存　储　器

本章要点

- 只读存储器 ROM
- 随机存取存储器 RAM

存储器是数字系统中用于存储大量二进制信息的部件，可以存放各种程序、数据和资料。半导体存储器按照内部信息的存取方式不同分为只读存储器（ROM）和随机存取存储器（RAM）两大类。只读存储器通常只用来进行读出（取出）信息操作，其存储的内容往往是固定不变的，断电后也不消失；随机存取存储器是既能进行读出（取出）信息操作，又能进行写入（存入）信息操作。它存储的内容断电后消失。每个存储器的存储容量为字线×位线。

10.1　只读存储器（ROM）

只读存储器（ROM）有掩膜 ROM（固定只读存储器）、可编程 ROM 和可改写 ROM。

10.1.1　固定只读存储器

1. 固定 ROM 的结构

固定只读存储器（固定 ROM）是在制造时把信息存放在此存储器中，使用时不再重新写入，需要时读出即可。它只能读取所存储的信息，而不能改变已存内容，并且在断电后不丢失其中存储的内容，故又称固定只读存储器。ROM 主要由地址译码器、存储矩阵和输出缓冲器三部分组成，如图 10-1 所示。

每个存储单元中固定存放着由若干位组成的二进制数码——称为“字”。为了读取不同存储单元中所存的字，将各单元编上代码——称为地址。在输入不同地址时，就能在存储器输出端读出相应的字，即“地址”的输入代码与“字”的输出数码有固定的对应关系。如图 10-1 所示，它有 2^n 个存储单元，每个单元存放一个字，一共可以存放 2^n 个字；每字有 m 位，即容量为 $2^n \times m$（字线×位线）。存储体可以由二极管、晶体管和 MOS 管来实现。二极管矩阵 ROM 如图 10-2 所示，W_0、W_1、W_2、W_3 是字线，D_0、D_1、D_2、D_3 是位线，ROM 的容量即为字线×位线，所以图 10-2 所示 ROM 的容量为 4×4 = 16，即存储体有 16 个存储单元。

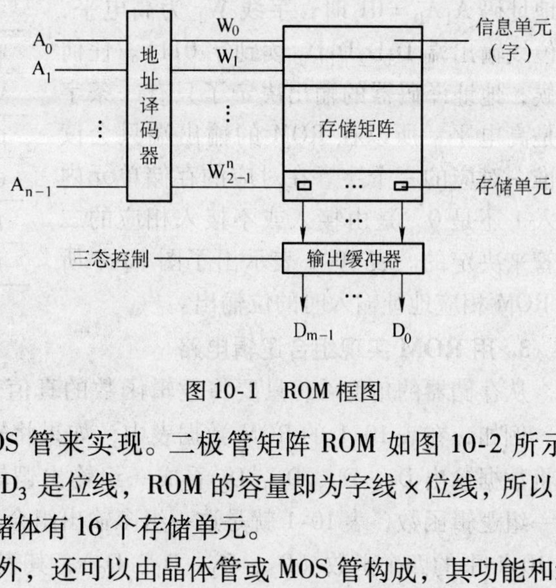

图 10-1　ROM 框图

ROM 电路的存储矩阵除用二极管构成外，还可以由晶体管或 MOS 管构成，其功能和结构都相同，此处不再赘述。

为了简化电路，可将图 10-2 所示电路改画成图 10-3 所示的简化 ROM 电路。图中，不再出现任何电路器件符号，只是在原存储矩阵中接有存储元件的交叉线处加黑点（表示真值表中的1），无存储元件的交叉线处不加黑点（表示真值表中的0）。这种简化图称为 ROM 矩阵逻辑图。

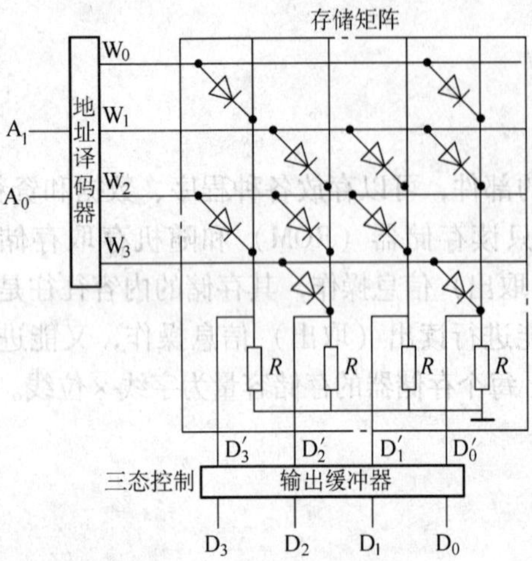

图 10-2　二极管 ROM 结构图

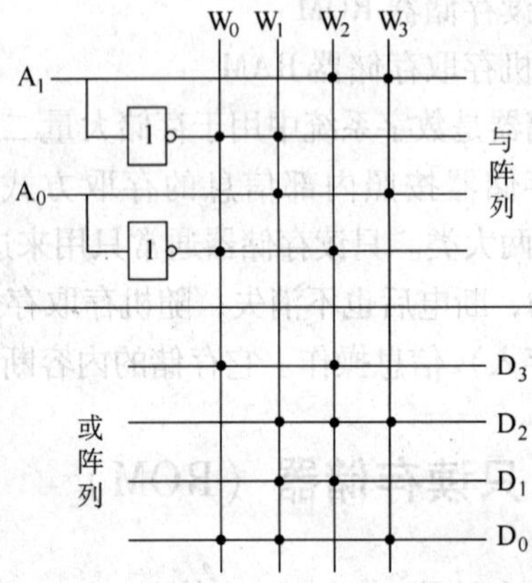

图 10-3　图 10-2 ROM 的阵列图

2. 字的读取

当地址码 $A_1A_0=00$ 时，译码输出使字线 W_0 为高电平，与其相连的二极管都导通，把高电平“1”送到位线上，于是 D_3、D_0 端得到高电平“1”，W_0 和 D_1、D_2 之间没有接二极管，故 D_1、D_2 端是低电平“0”。这样，在 $D_3D_2D_1D_0$ 端读到一个字 1001，如表 10-1 所示。它就是该矩阵第一行的字输出。在同一时刻，由于字线 W_1、W_2、W_3 都是低电平，与它们相连的二极管都不导通，所以不影响读字结果。

当地址码 $A_1A_0=01$ 时，字线 W_1 为高电平，在位线输出端 $D_3D_2D_1D_0$ 读到字 0111。任何时候，地址译码器的输出决定了只有一条字线是高电平，所以在 ROM 的输出端只会读到惟一对应的一个字。在对应的存储单元内存入 1 还是 0，是由接入或不接入相应的二极管来决定的。表 10-1 表示出了图 10-2 所示 ROM 相应地址输入时的位输出。

表 10-1　图 10-3 ROM 的位输出

地址输入		字线	位输出			
A_1	A_0	W_i	D_3	D_2	D_1	D_0
0	0	$W_0=1$	1	0	0	1
0	1	$W_1=1$	0	1	1	1
1	0	$W_2=1$	1	1	1	0
1	1	$W_3=1$	0	1	0	1

3. 用 ROM 实现组合逻辑电路

从存储器的角度看，只要将逻辑函数的真值表事先存入 ROM，便可用 ROM 实现该函数。例如，在表 10-1 的 ROM 数据表中，如果将输入地址 A_1、A_0 看成两个输入逻辑变量，而将数据输出 D_3、D_2、D_1、D_0 看成一组输出逻辑变量，则 D_3、D_2、D_1、D_0 就是 A_1、A_0 的一组逻辑函数，表 10-1 就是这一组多输出组合逻辑函数的真值表，因此该 ROM 可以实现表 10-1 中的四个函数（D_3、D_2、D_1、D_0），其表达式为

$$D_3 = \overline{A}_1\overline{A}_0 + A_1\overline{A}_0$$
$$D_2 = \overline{A}_1 A_0 + A_1\overline{A}_0 + A_1 A_0$$
$$D_1 = \overline{A}_1 A_0 + A_1\overline{A}_0$$
$$D_0 = \overline{A}_1\overline{A}_0 + \overline{A}_1 A_0 + A_1 A_0$$

从组合逻辑结构来看，ROM 中的地址译码器形成了输入变量的所有最小项，即每一条字线对应输入地址变量的一个最小项。在图 10-3 中，$W_0 = \overline{A}_1\overline{A}_0$，$W_1 = \overline{A}_1 A_0$，$W_2 = A_1\overline{A}_0$，$W_3 = A_1 A_0$

因此上式又可以写为

$$D_3 = W_0 + W_2$$
$$D_2 = W_1 + W_2 + W_3$$
$$D_1 = W_1 + W_2$$
$$D_0 = W_0 + W_1 + W_3$$

用 ROM 实现逻辑函数一般按以下步骤进行：

1）根据逻辑函数的输入、输出变量数目，确定 ROM 的容量，选择合适的 ROM。

2）写出逻辑函数的最小项表达式，画出 ROM 的阵列图。

3）根据阵列图对 ROM 进行编程。

【例 10-1】 用 ROM 实现一位二进制全加器。

解：全加器的真值表如表 10-2 所示，A、B 为两个加数，C_{i-1} 为低位进位，S 为本位的和，C_i 为本位的进位。由表 10-2 可写出最小项表达式为

$$S = \overline{A}\,\overline{B}C_{i-1} + \overline{A}B\,\overline{C_{i-1}} + A\,\overline{B}\,\overline{C_{i-1}} + ABC_{i-1}$$
$$C_i = \overline{A}BC_{i-1} + A\,\overline{B}C_{i-1} + AB\,\overline{C}_{i-1} + ABC_{i-1}$$

根据上式，可画出全加器的 ROM 阵列图如图 10-4 所示，C_{i-1} 为低位进位，C_i 为本位进位。

表 10-2 全加器真值表

A	B	C_{i-1}	S	C_i
0	0	0	0	0
0	0	1	1	0
0	1	0	1	0
0	1	1	0	1
1	0	0	1	0
1	0	1	0	1
1	1	0	0	1
1	1	1	1	1

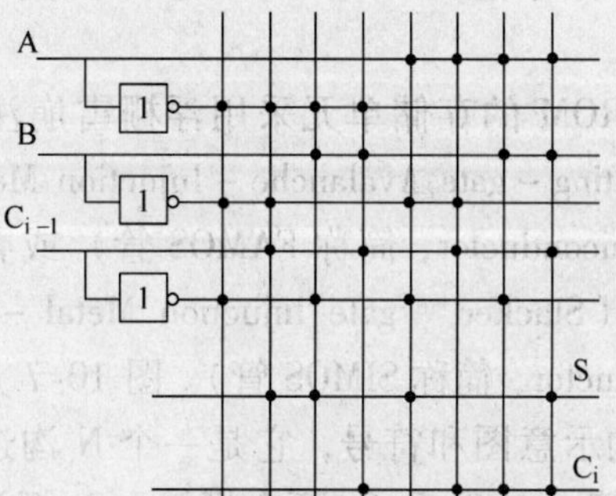

图 10-4 全加器的 ROM 阵列图

【例 10-2】 用 ROM 实现下列逻辑函数：

$$F_1 = A\overline{B} + \overline{A}B$$
$$F_2 = AB + \overline{A}\,\overline{B}$$
$$F_3 = AB$$

解：由表达式画出 ROM 的阵列图如图 10-5 所示。

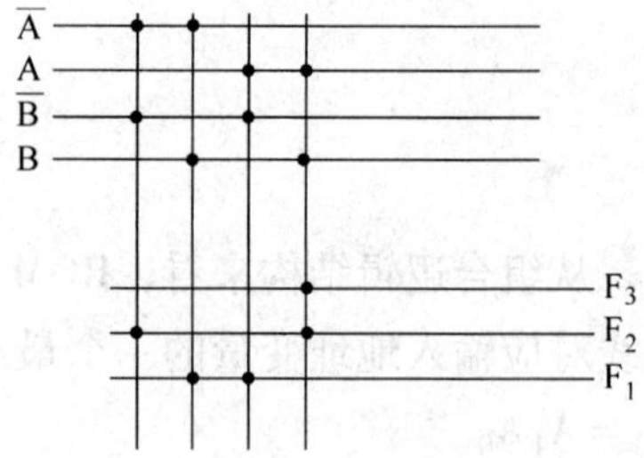

图 10-5　例 10-2 的 ROM 阵列图

10.1.2　可编程只读存储器

1. 可编程 ROM

掩模 ROM 中存放的信息是由生产厂家采用掩模工艺专门为用户制作的，这种 ROM 出厂时其内部存储的信息就已经“固化”在里边了，所以也称固定 ROM。它在使用时只能读出，不能写入，因此通常只用来存放固定数据、固定程序和函数表等。固定 ROM 适应于产品数量较大或有特殊要求的产品。由于需要专门制作掩膜板，成本高且制作周期长，因此不经济。

可编程 ROM 常称 PROM，在出厂时，存储体的内容为全 0 或全 1，用户可根据需要将某些内容改写，也就是编程。常用的双极型工艺 ROM，采用烧毁熔丝的方法使晶体管由导通变为截止，使晶体管不起作用，存储器变为“0”信息；而未被熔断熔丝的地方，即表示为“1”信息。PROM 只实现一次编写的目的，写好后就不可更改。熔丝型 PROM 的存储矩阵中，每个存储单元都接有一个存储管，但每个存储管的一个电极都通过一根易熔的金属丝接到相应的位线上，如图 10-6 所示。用户对 PROM 编程是逐字逐位进行的。首先通过字线和位线选择需要编程的存储单元，然后通过规定宽度和幅度的脉冲电流，将该存储管的熔丝熔断，这样就将该单元的内容改写了。

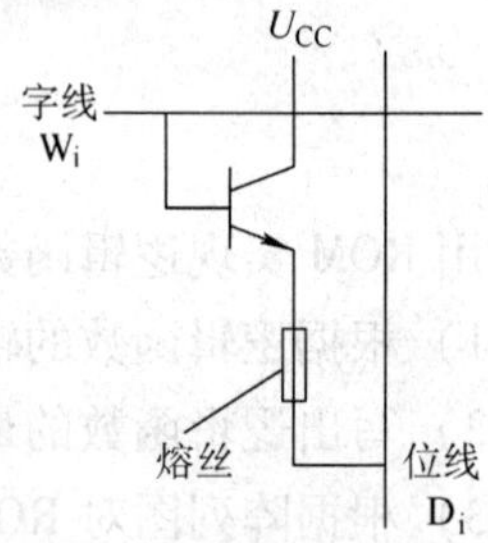

图 10-6　熔丝型 PROM 的存储单元

2. 可擦除可编程 ROM（EPROM）

由于 PROM 只可实现一次编写，熔丝熔断后不能恢复，存储器中存储的信息随之也就被固化，如果在编程过程中或研制过程中需要修改内容，只能更换新的 PROM，给使用带来了不便。如果想对一个 ROM 芯片反复编程，多次使用，需用可擦除可编程 ROM，即 EPROM。

EPROM 的存储单元采用浮栅雪崩注入 MOS 管（Floating - gate Avalanche - Injuction Metal - Oxide - Semiconductor，简称 FAMOS 管）或叠栅注入 MOS 管（Stacked - gate Injuction Metal - Oxide - Semiconductor，简称 SIMOS 管）。图 10-7 是 SIMOS 管的结构示意图和符号，它是一个 N 沟道增强型的 MOS 管，有 G_f 和 G_c 两个栅极。G_f 栅没有引出线，而是被包围在二氧化硅（SiO_2）中，称之为浮栅，G_c 为控制栅，它有引出线。若在漏极 D 端加上约几十伏的脉冲电压，使得沟道中的电场足够强，则会造成雪崩，产生很多高能量的电子。此时若在 G_c 上加高压正脉冲，形成方向与沟道垂直的电场，便可以使沟道中的电子穿过氧化层而注入到 G_f，于是 G_f 栅上积累了负电荷。由于 G_f 栅周围都是绝缘的二氧化硅，泄漏电流很小，所以一旦电子注入到浮栅之后，就能保存相当长时间（通常浮栅上的电荷 10

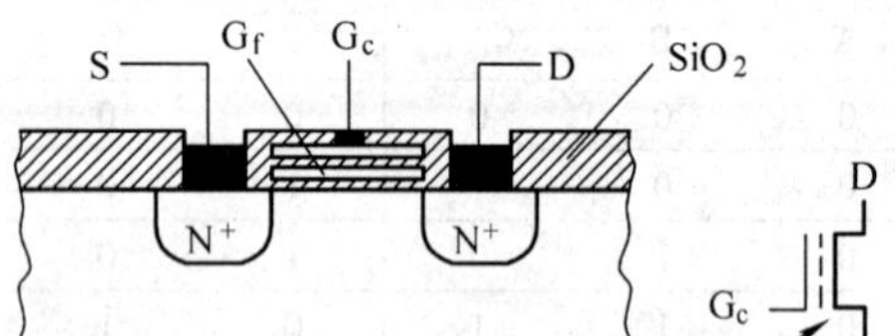

图 10-7　SIMOS 管的结构和符号

a）结构　b）符号

年才损失 30%）。

如果浮栅 G_f 上积累了电子，则使该 MOS 管的开启电压变得很高。此时给控制栅（接在地址选择线上）加 +5V 电压时，该 MOS 管仍不能导通，相当于存储了“0”；反之，若浮栅 G_f 上没有积累电子，MOS 管的开启电压较低，因而当该管的控制栅被地址选中后，该管导通，相当于存储了“1”。可见，SIMOS 管是利用浮栅是否积累负电荷来表示信息的。这种 EPROM 出厂时为全“1”，即浮栅上无电子积累，用户可根据需要写“0”。

擦除 EPROM 的方法是将器件放在紫外线下照射约 20 分钟，浮栅中的电子获得足够能量，从而穿过氧化层回到衬底中，这样可以使浮栅上的电子消失，MOS 管便回到了未编程时的状态，从而将编程信息全部擦去，相当于存储了全“1”。对 EPROM 的编程是在编程器上进行的，编程器通常与微机连用。

除 EPROM 外，目前应用较多的还有 E^2PROM 和快闪存储器（Flash Memory）等，其写入方式与 EPROM 基本相同，但擦除方法不同，E^2PROM 是采用电信号进行擦除，快闪存储器是利用隧道效应进行擦除，此处不再详细介绍。

10.1.3 ROM 容量的扩展

1. ROM 的信号引线

如图 10-8 所示，除了地址线和数据线（字输出线）外，ROM 还有地线（GND）、电源线（V_{CC}）以及用来控制 ROM 工作的使能输出控制线（$\overline{CS}$），使能输出控制线称片选线。当 $\overline{CS}=1$ 时，芯片处于等待状态，ROM 不工作，输出呈高阻态；当 $\overline{CS}=0$ 时，ROM 工作。

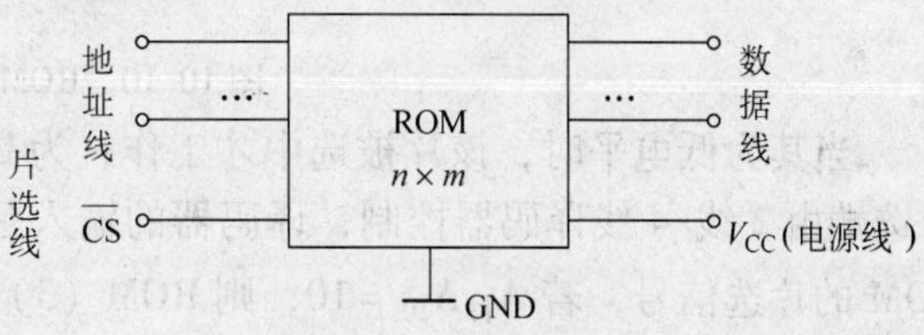

图 10-8 ROM 的信号引线

2. ROM 容量的扩展

一个存储器的容量就是字线与位线（即字长或位数）的乘积。当所采用的 ROM 容量不满足需要时，可将容量进行扩展。扩展又分为字扩展和位扩展。

（1）位扩展（即字长扩展）

位扩展比较简单，只需要用同一地址信号控制 n 个相同字数的 ROM，即可达到扩展的目的。由 256×1 ROM 扩展为 256×8 ROM 的存储器，如图 10-9 所示，即将 8 块 256×1ROM 的所有地址线、CS（片选线）分别对应并接在一起，而每一片的位输出作为整个 ROM 输出的一位。

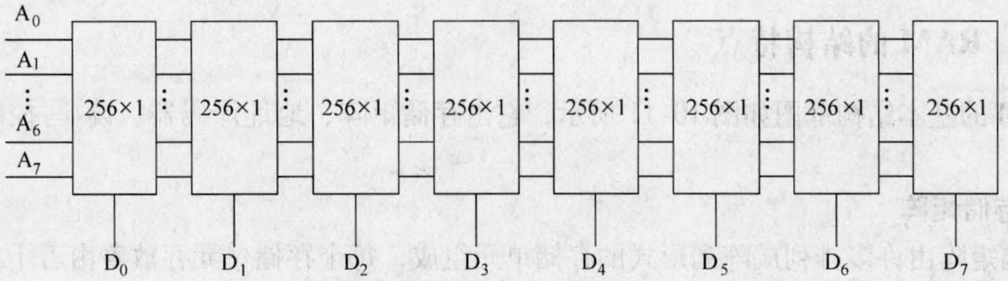

图 10-9 ROM 的位扩展

256 ×8 ROM 需 256 ×1ROM 的芯片数为

$$N = \frac{总存储容量}{一片存储容量} = \frac{256 \times 8}{256 \times 1} = 8$$

（2）字扩展

如图 10-10 所示是由 4 片 1024 ×8 ROM 扩展为 4096 ×8ROM。图中，每片 ROM 有 10 根地址输入线，其寻址范围为 $2^{10} = 1024$ 个信息单元，每一单元为 8 位二进制数。这些 ROM 均有片选端。

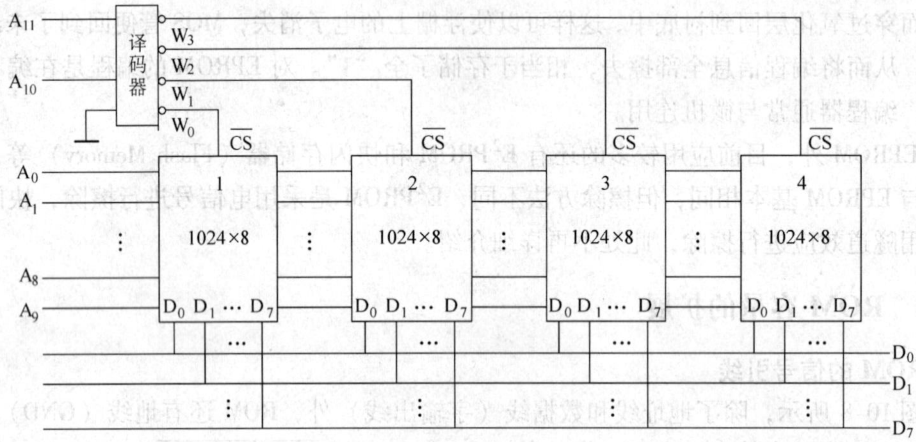

图 10-10 ROM 的字扩展

当其为低电平时，该片被选中才工作；为高电平时，对应 ROM 不工作。各片 ROM 的片选端由 2 线/4 线译码器控制；译码器的输入是系统的高位地址 A_{11}、A_{10}，其输出是各片 ROM 的片选信号，若 $A_{11}A_{10} = 10$，则 ROM（3）片的$\overline{CS} = 0$ 有效，其他各片 ROM 的片选信号无效为“1”，故选中第三片，只有该片的信息可以读出，送到位线上，读出的内容则由低位地址 $A_9 \sim A_0$ 决定，4 片 ROM 轮流工作，完成字扩展。字扩展的方法将地址线、输出线对应连接，片选线分别与译码器的输出连接。

10.2 随机存取存储器（RAM）

随机存取存储器（RAM）又称读/写存储器，通常可分为静态 RAM（SRAM）和动态 RAM（DRAM）两种。静态 RAM（SRAM）的读/写速度远远快于动态 RAM（DRAM），所以计算机中通常将 SRAM 作为 Cache（高速缓存）来实现 CPU 和 RAM 之间的速度匹配。

10.2.1 RAM 的结构特点

RAM 的基本结构框图如图 10-11 所示，它由存储矩阵、地址译码器、读/写控制电路组成。

1. 存储矩阵

存储矩阵由许多排列成阵列形式的存储单元组成，每个存储单元存放着由若干二进制码组成的一组信息，存储单元越多，存储容量越大，存储容量定义为

$$存储容量 = 字数 \times 字长$$

例如一个容量为256×4（256个字，每个字4位）的存储器，共有1024个存储单元，这些单元可排成32×32矩阵形式。

2. 地址译码器

为了能对某个选定的存储单元进行信息读/写操作，必须给每个存储单元赋予一个地址，不同存储单元地址不同，而地址的选择是通过地址译码器来实现的。地址译码方式分单译码方式和双译码方式。

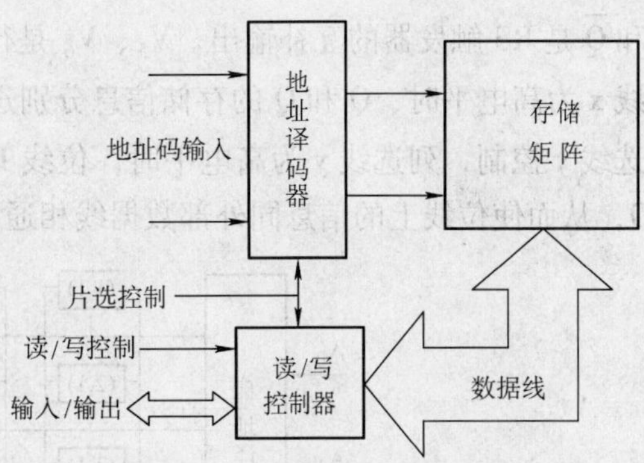

图10-11　RAM的基本结构框图

3. 读/写控制器

读/写控制器用来控制存储器进行读/写操作。

4. 输入/输出（I/O）电路

输入/输出（I/O）电路是数据进出的通道。

5. 片选控制器

大容量存储电路中需用到多片RAM，在对某一片进行读/写操作时，需通过片选控制器将这片RAM选中，其余未选中的RAM的I/O线呈高阻状态。

10.2.2　RAM的地址译码方式

RAM的地址译码方式可分为单译码方式和双译码方式。

单译码方式采用一个地址译码器，译码器的输出线就是驱动存储单元的字选择线（简称字线），每个存储单元上还有两条数据位线（简称位线），用来完成传输读/写的数据的工作。单译码方式中由于只有一个地址译码器，因此字线多，地址译码器结构复杂，这种缺陷随着容量增大表现得更为明显，因此单译码方式只适合小容量存储器。

双译码方式采用两个地址译码器，即行地址译码器（x地址译码器）和列地址译码器（y地址译码器）。如图10-12所示是一个8字×2位的双译码结构存储器的框图。x地址译码器用来控制存储矩阵中哪一行存储单元被选中，y地址译码器用来控制哪一列数据线与读/写电路接通。任何时候x地址译码器和y地址译码器中分别只有一个为1电平，其余为0电平，因此每次只会找出一个存储单元中的内容进行读/写操作。双译码方式虽然有两个译码器，但每个译码器都比较简单，当容量越大时，优势越明显。例如256×1的存储器采用双译码方式时，每个译码器采用4线—16线译码器，输出控制16×16=256个存储单元；采用单译码方式，必须是8线—256线译码器，输出才能控制256×1=256个存储单元。

10.2.3　RAM的工作原理

1. RAM的存储单元

静态RAM的存储单元如图10-13所示，由6个NMOS管（V_1～V_6）组成。V_1、V_2构成的反相器与V_3、V_4构成的反相器交叉耦合组成一个RS触发器，可存储一位二进制信息。

Q 和 $\overline{Q}$ 是 RS 触发器的互补输出。V_5、V_6 是行选通管，受行选线 x（相当于字线）控制，行选线 x 为高电平时，Q 和 $\overline{Q}$ 的存储信息分别送至位线 D 和位线 $\overline{D}$。V_7、V_8 是列选通管，受列选线 y 控制，列选线 y 为高电平时，位线 D 和 $\overline{D}$ 上的信息被分别送至输入输出线 I/O 和 $\overline{I/O}$，从而使位线上的信息同外部数据线相通。

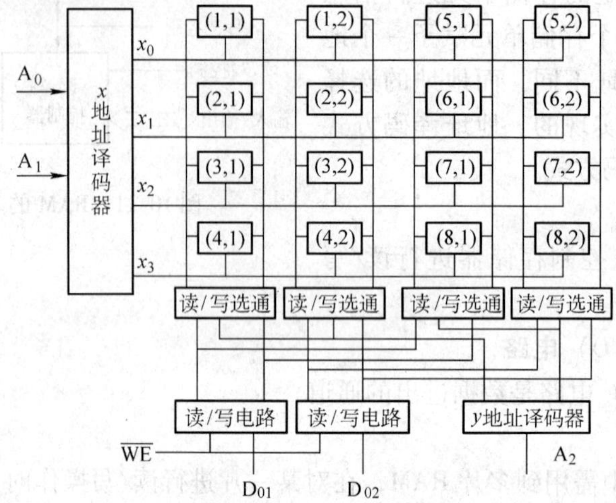

图 10-12　8 字 ×2 位双译码结构存储器

读出操作时，行选线 x 和列选线 y 同时为“1”，则存储信息 Q 和 $\overline{Q}$ 被读到 I/O 线和 $\overline{I/O}$ 线上。写入信息时，x、y 线也必须都为“1”，同时要将写入的信息加在 I/O 线上，经反相后 $\overline{I/O}$ 线上有其相反的信息，信息经 V_7、V_8 和 V_5、V_6 加到触发器的 Q 端和 $\overline{Q}$ 端，也就是加在了 V_3 和 V_1 的栅极，从而使触发器触发，即信息被写入。

2. RAM 的操作方式

下面以静态 RAM 存储芯片 2114 为例进行介绍，其管脚图如图 10-14 所示。其容量为 1024 字 ×4 位，A_0 ~ A_9 为 10 条地址线，其中 6 条（A_3 ~ A_8）用于行译码，产生 2^6 = 64 条 x 选择线，4 条（A_0 ~ A_2、A_9）用于列译码，产生 2^4 = 16 条 y 选择线，每条 y 选择线同时接 4 列存储位的选通电路，即同时接一个字的 4 位。I/O_1 ~ I/O_4 是 4 条数据线，$\overline{CS}$为片选

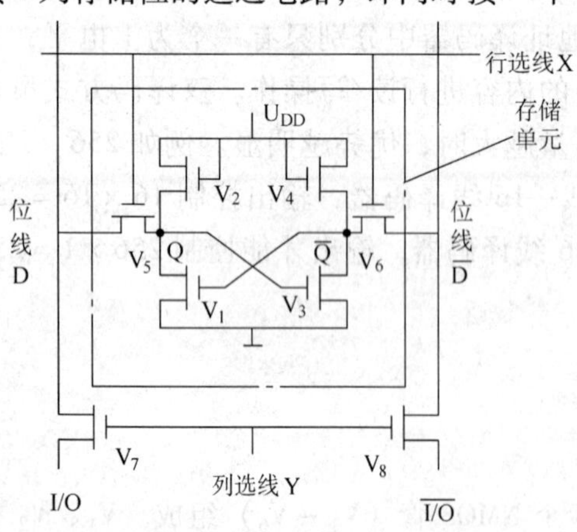

图 10-13　静态 RAM 的存储单元

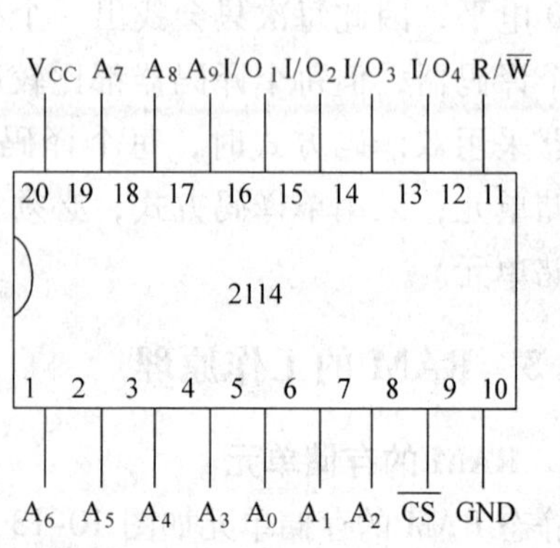

图 10-14　2114 管脚排列图

控制信号端，$R/\overline{W}$ 为读/写控制信号端。当$\overline{CS}=0$ 时，RAM 芯片被选中，这时可对 RAM 进行读/写操作。当$\overline{CS}$和 $R/\overline{W}$ 都为低电平时，该存储器可进行写操作；当$\overline{CS}$为低电平、$R/\overline{W}$ 为高电平时，该存储器可进行读操作。操作方式如表 10-3 所示。

表 10-3　2114 操作方式选择

$\overline{CS}$	$R/\overline{W}$	方式	功能
0	0	写	$I/O_1 \sim I/O_4$ 的信息写入 $A_0 \sim A_9$ 指定的单元
0	1	读	$A_0 \sim A_9$ 指定的单元的内容输出到 $I/O_1 \sim I/O_4$ 端
1	×	非选	$I/O_1 \sim I/O_4$ 线呈高阻

10.2.4　RAM 容量的扩展

1. 位数的扩展

存储器芯片的字长多数为一位、四位、八位等。当实际的存储系统的字长超过存储器芯片的字长时，需要进行位扩展。位扩展可以利用芯片的并联方式实现。图 10-15 是用 8 片 1024 ×1 位的 RAM 扩展为 1024 ×8 位 RAM 的存储系统框图。图中 8 片 RAM 的所有地址线、$R/\overline{W}$、$\overline{CS}$分别对应并接在一起，而每一片的 I/O 端作为整个 RAM 的 I/O 端的一位。

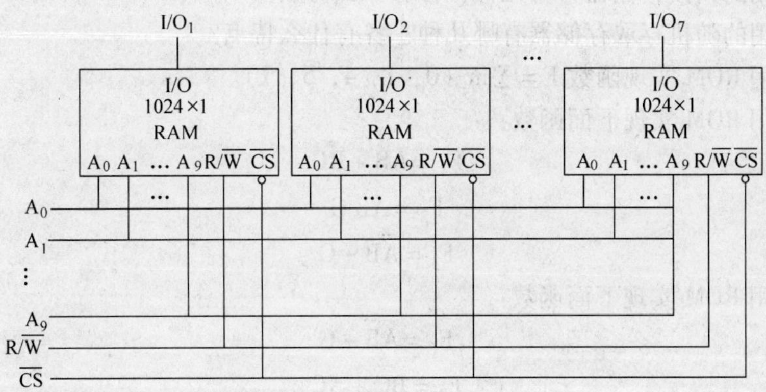

图 10-15　RAM 的位扩展连接法

2. 字数的扩展

字数的扩展可以利用外加译码器控制芯片的片选（$\overline{CS}$）输入端来实现。图 10-16 是用字扩展方式将 4 片 256 ×8 位的 RAM 扩展为 1024 ×8 位 RAM 的系统框图。图中，译码器的输入是系统的高位地址 A_9、A_8，其输出是各片 RAM 的片选信号。若 $A_9A_8=01$，则 RAM（2）片的$\overline{CS}=0$，其余各片 RAM 的$\overline{CS}$均为 1，故选中第二片。只有该片的信息可以读出，送到位线上，读出的内容则由低位地址 $A_7 \sim A_0$ 决定。显然，4 片 RAM 轮流工作，任何时候，只有一片 RAM 处于工作状态，整个系统字数扩大了 4 倍，而字长仍为八位。

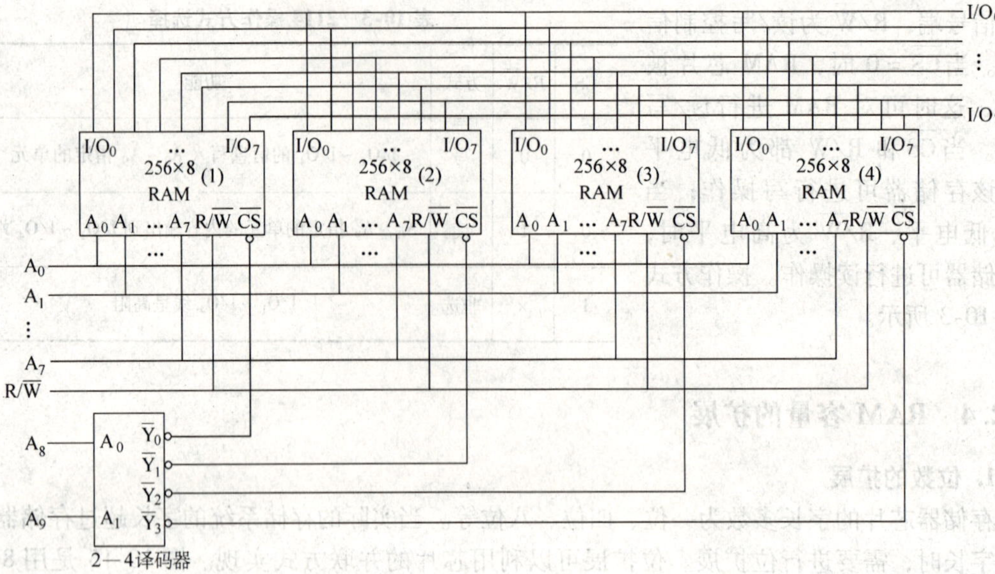

图 10-16　RAM 的字扩展

习题 10

10.1　常用的只读存储器有哪几种？各有什么特点？

10.2　常用的随机存取存储器有哪几种？各有什么特点？

10.3　试用 ROM 实现函数 $F=\sum m\,(0,1,4,5,7)$。

10.4　试用 ROM 实现下面函数：

$$F_1 = AB + \overline{B}C$$
$$F_2 = AB\,\overline{C}$$
$$F_3 = \overline{A}B + C$$

10.5　试用 ROM 实现下面函数：

$$F_1 = \overline{AB} + C$$
$$F_2 = \overline{BC} + AC$$
$$F_3 = \overline{A}BC + \overline{B}\,\overline{C}$$

10.6　试用 4 片 2144 扩展为 4096 字 ×4 位的存储器。